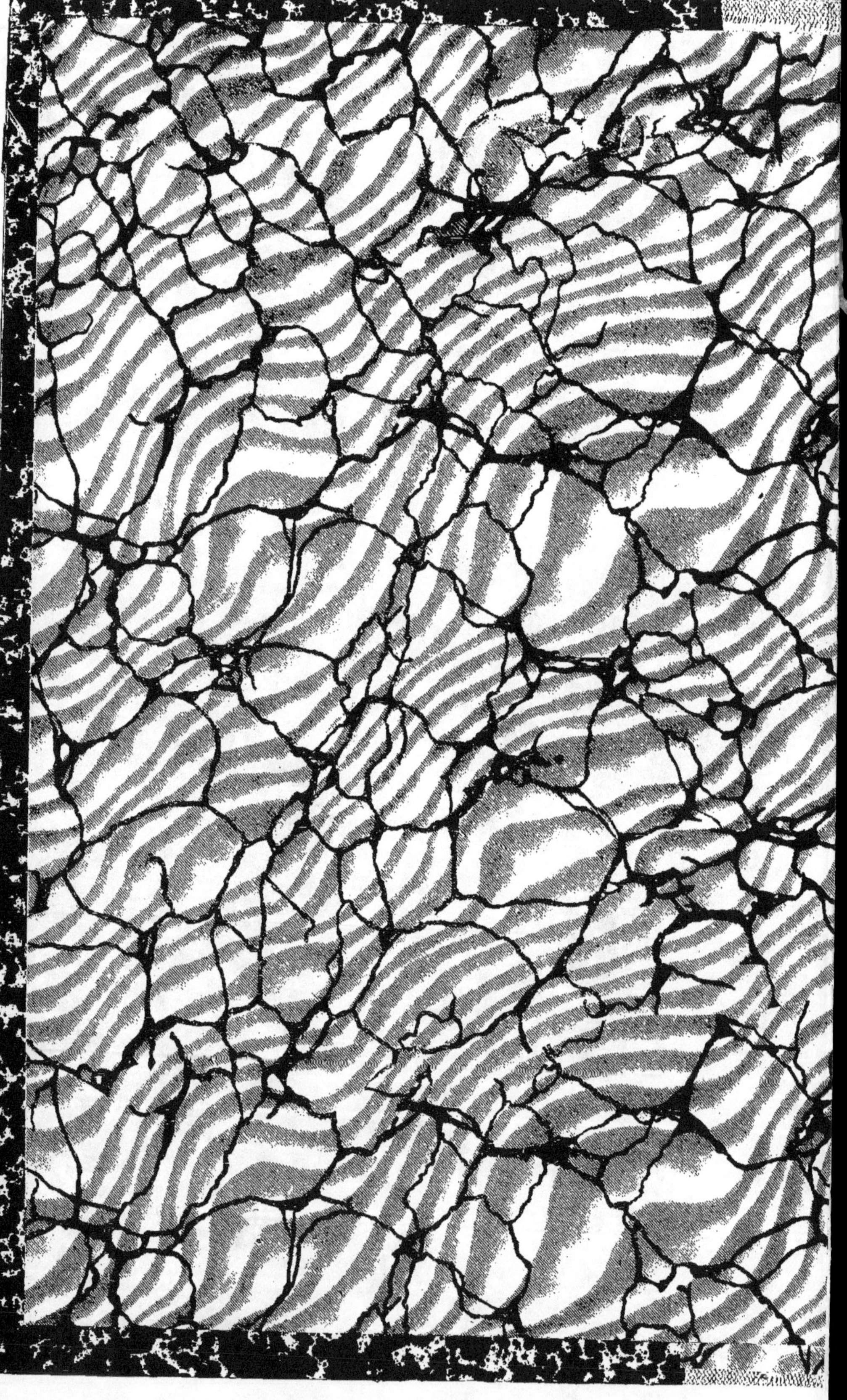

LE
Pur Sang Anglais
ET LE
Trotteur Français
DEVANT LE TRANSFORMISME

PAR

ÉDOUARD NICARD

NEVERS
MAZERON FRÈRES, ÉDITEURS
41, Rue du Commerce, 41

1898

LE

Pur Sang Anglais

ET LE

Trotteur Français

ÉDITION DE LUXE

Tirée à 300 Exemplaires.

N° 

LE

Pur Sang Anglais

ET LE

Trotteur Français

DEVANT LE TRANSFORMISME

PAR

ÉDOUARD NICARD

NEVERS

MAZERON FRÈRES, ÉDITEURS

41, Rue du Commerce, 41

1898

Introduction.

Les questions d'élevage en général sont restées jusqu'à présent dans le domaine des faits. Elles n'ont été l'objet d'aucune étude scientifique. Quelques écrivains, dits sportifs, publient, dans les journaux spéciaux, des articles dont le sujet est l'actualité journalière et ne sauraient prétendre à aucune idée de généralisation.

L'élevage cependant, marche, progresse et arrive à des résultats consignés dans des publications officielles, qui sont pour l'éleveur les seuls documents utilisables.

Les polémiques s'élèvent constamment sur des faits qui paraissent contradictoires, parce qu'ils ne sont pas groupés, les conclusions vont du particulier au général, et l'éleveur, ballotté d'une opinion à une autre, ne sait bientôt plus à quel saint se vouer.

En écrivant l'étude qui suit, je n'ai pas pour but de résoudre les questions de l'élevage général, qui sont d'une nature trop complexe pour être abordées à la fois dans tous les sujets. Mais qu'il s'agisse de chevaux, de bœufs, de pigeons, etc., les lois naturelles ne sauraient être transgressées sans amener des résultats radicalement à l'encontre de ceux que poursuit l'éleveur. Malheureusement, beaucoup de ces lois nous sont inconnues, et celles qui sont connues n'ont pas été étudiées la plupart du temps par l'éleveur, dont l'instruction est généralement insuffisante et qui ne procède presque toujours que par une sorte d'intuitisme ou par des hasards heureux dont le renouvellement est dès lors problématique.

Presque toujours tout se passe entre deux camps bien distincts. Dans l'un se trouve les partisans de la consanguinité, qui la pratiquent suivant leur tempérament avec plus ou moins d'intensité; dans l'autre sont les partisans de croisements judicieux destinés à former des variétés remarquables. Mais tous ces efforts restent l'effet de tempéraments divers, d'intuitions plus ou moins justes plutôt que le résultat d'études scientifiques qui auraient dû précéder l'entreprise, l'éclairer et la dégager des inconnues qui l'obscurcissent. Que de sommes énormes ont été jetées dans des affaires d'élevage et qui auraient été mieux employées si les connaissances nécessaires eussent été préalablement acquises. Presque toujours l'éleveur est un homme passionné pour son élevage. Si l'ardeur du but poursuivi était suffisante, presque tous les éleveurs réussiraient. Par malheur il n'en est pas ainsi, et bien souvent le temps perdu et la ruine sont le résultat de passions et d'ardeurs qui ne sont pas mises au service de connaissances suffisantes.

Le plus fréquemment l'éleveur est incapable d'études et est avant tout l'homme d'action et d'énergie : souvent aussi c'est l'instruction première qui fait défaut, là où les aptitudes spéciales seraient les plus grandes. Mais le plus gros obstacle que rencontrent les éleveurs, en général, c'est que l'instruction à cet égard est totalement nulle dans nos lycées et dans nos établissements d'instruction. On y apprend la botanique et l'anatomie comme on apprend la géographie et l'histoire. Les formes existantes sont classifiées avec une méthode officielle qu'il n'est pas permis de transgresser. Le cheval est de l'ordre des vertébrés; c'est un mammifère solipède (espèce et genre cheval). Le cheval a été créé ainsi : de tout temps il a existé tel qu'il est. Armé de pareils principes, l'éleveur du cheval est bien embarrassé. Il en est de même du bœuf, du pigeon, et dans les plantes, des orchidées, des chrysanthèmes, etc. De sorte qu'il ne reste plus à l'éleveur, qui sort d'un enseignement officiel, qu'à recommencer son instruction s'il veut faire de l'élevage.

Evidemment si les bœufs que nous élevons sont les mêmes que ceux qu'élevaient les Egyptiens il y a six ou huit mille ans, ça ne doit pas être bien difficile à faire, il suffit de réaliser l'accouplement de la vache et du taureau, ce qui ne doit pas fatiguer énormément le cerveau. Pourtant, il y a autre chose, et cet autre chose on passe sa vie à l'apprendre à ses dépens, quand il serait si facile et si agréable de l'apprendre au collège.

Je demandais un jour à un médecin de mes amis s'il ne pouvait pas m'indiquer un traité sur l'hérédité. Il fut surpris au dernier point et me dit qu'il n'y en avait pas. L'hérédité est un mot qui fait comprendre suffisamment la chose. On ressemble à son père ou à sa mère ou à son grand-père, etc. Voilà l'hérédité; il n'y a pas besoin de traité pour éclaircir une chose aussi simple. Hélas! je devais bientôt m'apercevoir à mes dépens que ce principe n'était pas aussi simple que voulait bien le dire mon ami le docteur.

Je fus donc amené à refaire entièrement mon instruction scientifique au point de vue des animaux et des plantes; mes idées se modifièrent complètement avec les connaissances nouvelles que je parvins à acquérir. L'élevage du cheval, que je pratiquais, devint pour moi l'occasion d'appliquer les lois naturelles que j'avais étudiées à un point de vue général. Les faits qui me tombaient sous les yeux s'éclairèrent d'un jour splendide; je vivais donc dans la lumière, et mes travaux s'accomplissaient avec le calme de la certitude. Je cessais d'avoir avec les autres éleveurs des interminables discussions où la conclusion ne peut se produire, les objections et les affirmations étant gratuites et dépendant de faits isolés.

Je résolus alors d'étudier, au point de vue strictement scientifique, le Trotteur Français d'hippodrome, ses origines, son état actuel et son avenir. L'étude ainsi limitée, circonscrite, j'ai voulu l'écrire. C'est donc le résultat de faits et d'observations que je présente ici avec la plus grande conscience. J'ai écrit tout cela sans parti pris, plutôt pour moi-même. J'ai serré de près la question, sans me laisser entraîner à des digressions inutiles sur le Trotteur Américain, qui a fait tourner tant de têtes, sur le Trotteur Russe, qui eut aussi son heure. Evidemment ces observations sont souvent arides, dénuées d'intérêt immédiat, le moindre feuilleton de journal attirera davantage le lecteur, mais ce n'est pas ma faute : la lecture de ces quelques pages sera un travail d'esprit, et l'assiduité la plus complète est nécessaire pour profiter de ces leçons.

Le lecteur est donc prévenu et pourra s'éviter la fatigue d'aller plus loin.

L'éleveur qui, au contraire, aura le courage de persister dans ce travail assidu, verra la question s'éclairer et se mettre au point. Il pourra corriger ses fautes, en éviter de nouvelles, et par une méthode bien sûre, armé pour la lutte, il ne la craindra plus et marchera avec certitude dans la voie du progrès. Est-ce à dire pourtant que j'aie la prétention de régenter, diriger les divers élevages, et qu'en appliquant les leçons contenues dans ce volume on sera sûr de vaincre? Evidemment non, et ce serait trop facile. Le but que je me propose est beaucoup plus modeste. Il consiste à mettre à la portée de tous la connaissance de lois naturelles déjà découvertes qui régissent les organismes. Je le répète et je ne saurais trop le répéter, le respect de ces lois est la condition *sine qua non* d'un bon élevage. Toutes les fois qu'on sortira de la stricte observation de ces lois, on se procurera une longue série de désillusions et de déboires de toutes sortes. Tandis qu'en les observant fidèlement, l'éleveur soigneux se prépare, sinon immédiatement, du moins pour l'avenir, une certitude absolue de réussite.

Il est bien certain qu'il y aura toujours des élevages qui feront mieux que d'autres; que la nature conserve encore assez de secrets et de contradictions apparentes pour que le hasard joue son éternel rôle. Mais n'y aura-t-il pas un progrès le jour où l'éleveur saura, sinon ce qu'il doit faire, au moins ce qu'il ne doit pas faire.

S'il faut m'expliquer par un symbole, je prendrai une comparaison chez l'homme lui-même :

Lorsque nos ancêtres vivaient dans l'immensité de l'univers, exposés aux attaques des animaux, aux intempéries des saisons, ils recherchaient, pour y séjourner, des grottes que les bouleversements de la nature avaient construites. Ces grottes se trouvaient formées soit par le passage d'anciens cours d'eau souterrains ou par la chute d'énormes roches qui, en s'entrecroisant, formaient des voûtes. Plus tard, lorsque l'homme connut les lois de la pesanteur, les conditions de l'équilibre stable, la facilité de travailler les matériaux, il construisit des huttes, des maisons, des palais. Eh bien! relativement aux lois qui régissent les organismes, nous sommes encore les habitants des cavernes. Qui pourrait dire qu'un jour ne viendra pas où l'homme saura manier et travailler la matière organisée comme il sait travailler aujourd'hui la matière inerte. Ce que la science nous enseigne aujourd'hui a bien peu d'action, mais avant de construire Notre-Dame de Paris, l'homme a dû, pendant des centaines de milliers d'années, pratiquer la taille du silex, qui nous semble aujourd'hui un enfantillage.

Il y a donc lieu pour l'homme intelligent de se livrer à une observation constante sur les animaux qui l'entourent, soit à l'état libre, soit à l'état domestique, et de consigner les moindres remarques résultant de ses études. C'est par l'accumulation constante de ces observations pendant des millions de générations, que l'homme pourra entrevoir de nouvelles lois qui lui permettront de modeler à son avantage le règne animal et le règne végétal et de le malléabiliser.

On voit donc que le livre que j'offre aujourd'hui aux éleveurs est plutôt un livre de science pure qu'une étude appliquée à des contingences immédiates : je désirerais seulement que ceux qui me liront, éprouvent à la lecture de ces lignes la dixième partie du plaisir que j'ai éprouvé à les rédiger. Et ce plaisir est certainement exempt de toute pensée orgueilleuse. Il résulte simplement de ce sentiment bien simple qui consiste à mettre au point une série d'observations, d'études, de remarques; analogue à celui qui pousse une bonne ménagère à avoir chez elle tout en ordre et à sa place. Elle peut alors accomplir le lendemain ses travaux habituels sans fatigue; elle sait où se trouvent ses instruments, son linge, sa vaisselle, ses aliments, etc. Elle n'ira point reposer ses membres fatigués avant que tout ne soit en place à l'abri des rongeurs ou des éléments, et alors seulement, l'esprit tranquille, satisfait, elle se couche et dort.

Il est utile de bien préciser que dans toutes les observations de la nature, l'homme ne doit s'attacher qu'à remarquer ce qui le concerne;

dans les transformations qu'il peut être appelé à constater, il ne doit retenir que ce qui peut lui être avantageux. L'homme doit tout rapporter à lui. C'est là une des conséquences de l'éternelle lutte de la matière organisée; tout ce qui est indifférent ou inutile à l'humanité, doit être abandonné. Ainsi, par exemple, j'ai pu constater l'existence de plusieurs chevaux portant des rudiments de cornes fixées à des protubérances osseuses, à la même place où se trouvent les cornes de bœufs. Cette particularité aurait pu certainement être développée et on aurait pu constituer une race de chevaux à cornes. Mais dans quel but? Pour subvenir à quels besoins humains? Aussi on ne l'a pas tenté. Il y a donc des observations de la nature qui doivent être abandonnées et consignées seulement à titre d'indication générale. Par exemple, l'apparition de rudiments cornés sur certains chevaux, indique une tendance à varier dans cette direction. Au contraire, la disparition de cornes chez certains bœufs (race d'Angus) a pu être développée, parce que cette disparition pouvait être utilisée par l'homme. Le bœuf d'Angus, élevé avec les chevaux, ne les blesse jamais, et certains éleveurs de chevaux précieux, ont adopté cette race à ce point de vue.

L'élevage du trotteur français d'hippodrome n'a donc à se préoccuper que de réaliser un cheval de course trottant vite. Toute autre idée que celle-là, doit être mise de côté. La conformation générale, la robe, les autres caractères extérieurs, doivent lui être indifférents. La variation importe peu tant qu'elle ne touche pas le point particulier qui est la vitesse au trot. Malheureusement, c'est une des choses les plus difficiles à l'homme que de se fixer un but sans jamais en dévier. La constance dans les idées, la direction déterminée, une fois pour toutes, sont des conditions indispensables de réussite dans n'importe quel genre d'élevage.

Beaucoup d'éleveurs de chevaux trotteurs se sont aussi demandé s'il n'y aurait pas lieu de fixer une limite à la vitesse demandée à cette variété de cheval de course. Quelques-uns prétendaient que le trotteur marchant à raison de 1' 40" le kilomètre, était assez vite, et qu'il ne faudrait pas aller plus loin. Je me demande véritablement pourquoi une pareille question a été agitée et quel intérêt il y aurait à une pareille réglementation, qui serait absolument vexatoire.

De plus, quelle utilité une semblable mesure pourrait-elle produire? Le véritable amateur d'une particularité ne voit pas de limite au perfectionnement d'un caractère naturel, d'un instinct, d'une aptitude. Il est impossible de savoir jusqu'où, par exemple, en viendront les éleveurs de pigeons voyageurs. De même, quelle sera la limite de la grosseur de la gorge du pigeon grosse-gorge ou de la grandeur de la queue du pigeon paon. Il est évident cependant qu'il y aura une limite à la vitesse des trotteurs, comme il y en a une à la vitesse du cheval galopeur, du pigeon voyageur, etc. Mais comment peut-on éprouver le besoin de fixer cette limite? De quel droit et dans quel but? Ces idées cependant ont été celles de personnes fort intelligentes et très versées dans l'élevage du trotteur, mais que je ne nommerai pas, car, avant tout, je ne veux pas faire œuvre de polémique. Je ne citerai aucuns noms autres que ceux des auteurs de livres que je serai forcé de consulter ou de citer. Dans un ouvrage du genre de celui-ci, il ne saurait être question de personnalités. Le sujet et le genre de discussion étant absolument scientifiques, domine de haut les personnalités pour s'attaquer aux idées. Le coup d'œil porté sur la nature, nous rejette bien loin des discussions terre à terre, et je ne me livrerai pas à l'éloge de certains éleveurs, pas plus qu'à la critique de certains autres. Encore moins trouvera-t-on ici une réponse aux articles de journaux et de revues parus dans les deux mondes.

En effet, en Amérique comme en France, cette question du pur sang galopeur, allié au demi sang trotteur, a fait l'objet d'une infinité de discussions qui ne pouvaient avoir de terme, car les faits isolés venaient à chaque instant donner tort ou raison aux deux parties en présence. C'est que toujours la question a été discutée à un point de vue étroit. Lorsque nous nous servons d'une lorgnette pour voir les objets éloignés, nous parvenons bien à distinguer certains détails qui nous échapperaient autrement, mais le champ de la lorgnette est lui-même très faible, et nous n'apercevons nettement que des objets isolés et encore est-il assez souvent difficile de les mettre dans le cône visuel produit par l'instrument. Par la méthode d'observation générale nous sommes certains de ne pas nous tromper. Il suffit d'apporter à son examen une conscience absolue, et quels que soient les résultats de l'étude, en tirer les enseignements utiles et les conséquences indiscutables.

Tout d'abord, dans cette introduction, je tiendrai à m'expliquer sur un point qui a frappé beaucoup d'esprits superficiels, qui a découragé injustement beaucoup d'éleveurs. Il s'agit d'une objection fondamentale très troublante au premier abord, mais qui s'évanouit comme une ombre sous la discussion raisonnée.

Comment peut-on espérer développer la vitesse au trot, s'écrient certains polémistes, lorsque nous savons d'une façon positive que cette allure n'est pas naturelle? Examinons donc cette objection devant le bon sens, soumettons-là à l'étude généralisatrice, et nous serons fixés de suite sur sa valeur.

Tout d'abord je déclare que l'allure du trot est commune à tous les chevaux. Lorsque nous observons de jeunes poulains à la prairie, nous les voyons alternativement adopter les trois allures, le pas, le trot et le galop. Si l'homme n'avait pas vu trotter le cheval, il n'aurait jamais pensé à le faire marcher à cette allure. Il faut donc bien expliquer ce qu'entendent les personnes qui prétendent que l'allure du trot n'est pas naturelle. Elles ne veulent certainement pas dire par là qu'un cheval quelconque, en venant au monde, ne sait pas trotter. Je crois que leur opinion signifie que cette allure est naturellement moins vite que le galop. De même le pas est une allure naturellement moins vite que le trot. Observons donc ce que les hommes ont su faire de ces trois allures.

Eh bien! le pas qui est une allure lente, avait été transformé, pour les besoins de l'époque, en une allure rapide, qu'on appelait le pas relevé. On trouvait, il n'y a pas encore bien longtemps, à Carentan (Manche), une race de chevaux qui existait également dans beaucoup de parties de la France et qui marchaient avec une vitesse remarquable. J'en ai connu des sujets très beaux : c'étaient des animaux près de terre, le genou et le jarret bas, la cuisse forte très descendue, le rein bien attaché comme il convient à une bête de selle. Quelques-uns faisaient quatre lieues à l'heure et pouvaient marcher ainsi de longues distances. Voilà je crois un exemple d'une allure lente transformée en une allure rapide. Et cependant personne ne peut nier que l'allure du pas est une allure naturelle. Ce que nous venons de dire du marcheur ne peut-il pas s'appliquer au trotteur d'hippodrome. Cette faculté trotteuse, qui était au contraire très naturelle, a été développée par l'homme suivant ses besoins ou ses plaisirs.

D'aucuns prétendent qu'elle a été développée à l'excès, mais j'ai fait justice plus haut de ce reproche. Lorsque je veux un dessert et que je demande des fraises, on m'apporte des fruits d'une grosseur énorme, avec des formes, des couleurs et des parfums différents. Que sont pourtant ces fraises? Ce sont les descendantes de petites fraises des bois qu'on a développées par la culture, la sélection raisonnée, etc., et jamais il ne me viendra à l'idée de dire que ces fraises ne sont pas naturelles, non plus que leurs parfums et leurs couleurs. Il en est de même de ces pommes qui atteignent une taille gigantesque avec des qualités qu'on ne soupçonnait pas dans la petite pomme des bois, dont elles sont les descendantes. Lorsque nous examinons les orchidées, les chrysanthèmes de nos expositions horticoles, pourrait-on croire que leurs ancêtres étaient de petites plantes bien modestes et bien peu remarquables, et cependant ces plantes perfectionnées sont on ne peut plus naturelles.

Si on examine la troisième allure, celle du galop, on voit ce qu'en ont fait les Anglais. Est-il possible de comparer la vitesse du cheval arabe, souche du cheval anglais pur sang, avec la vitesse de celui-ci. Il y a une différence énorme. L'éleveur anglais et plus tard l'éleveur français ont développé, par la sélection et les soins, l'allure naturellement rapide du cheval arabe. Mais au point où l'on est arrivé aujourd'hui, il n'y a plus aucune comparaison à faire entre la vitesse de l'arabe et celle de son dérivé, et le meilleur arabe ferait bien piètre figure sur nos hippodromes.

Pour en finir avec l'objection relative à l'allure trotteuse qui ne serait pas naturelle, je soumettrai au lecteur une définition qui montre bien ce qu'on doit entendre par ce qui est naturel et par ce qui ne l'est pas. « Le seul sens précis du mot naturel est la qualité d'être établi fixe » ou stable; donc, tout ce qui est naturel exige et suppose quelque » agent intelligent pour le rendre tel, c'est-à-dire pour le produire » continuellement ou à des intervalles déterminés. Tandis que ce qui » est surnaturel ou miraculeux, est produit d'une seule fois ou d'un » seul coup. » (Butler, *Analogy of Revealed Religion*).

De plus, une observation domine tous les efforts des hommes qui, depuis de longues périodes de temps, ont cherché à soumettre les organismes à leurs besoins. Il viendra bien à l'idée de l'homme de développer, dans son intérêt ou pour son plaisir, tel caractère apparent chez un animal, de faire disparaître tel instinct qui lui est nuisible chez un animal qui le possède, mais il n'imaginera jamais de créer dans une variété, dans un genre ou une espèce organisée quelconque, une particularité dont la nature ne lui aura pas donné, la première, des exemples qui l'auront frappé. Il en est de même des aptitudes. Il suffit de considérer quelques exemples pour comprendre l'importance de cette proposition. Prenons pour exemple les coqs de combat. Il est bien certain que s'ils n'avaient pas possédé d'éperons, tous les efforts de l'homme pour les créer eussent été inutiles; de même s'ils n'avaient pas eu l'instinct de la combativité. Les éleveurs de ce genre d'animaux n'ont fait que développer les armes et les instincts de cet oiseau par la sélection, mais ils n'ont pu faire autre chose. Si nous examinons certaines espèces de poules pondeuses, nous voyons qu'elles ont perdu l'instinct, pourtant bien fort, d'avoir des poulets. Elles ne couvent pas; cela tient à ce que l'homme a cultivé la tendance à la perte de cet instinct naturel et qu'il a fini par l'abolir par la sélection la plus sévère. L'homme ne fait donc que développer ce que la nature a d'abord indiqué. Il ne peut pas et n'a même pas l'idée de créer une habitude, un instinct, une aptitude, une conformation. Il a pris l'allure du trot qui existait dans la nature et l'a développée. Il l'a développée tous les jours et le chronomètre est là, pour dire qu'il n'a pas encore fini.

On s'étonnera sans doute de ce que, dans un ouvrage sur le Trotteur Français d'hippodrome, je n'indique pas les points de vue divers qui doivent engager à le produire. Les divers buts utilitaires ou patriotiques qui peuvent être mis en relief. Mais on se tromperait énormément si l'on supposait un seul instant que je m'arrête à ces considérations. Le trotteur d'hippodrome n'aurait pour l'homme d'autre utilité que la satisfaction d'une passion sportive, il y aurait lieu de l'étudier au point de vue naturel en sa genèse, en sa direction définitive, avec autant de sollicitude que dans le cas actuel. Oui, et de bons esprits l'ont déjà pensé, lorsqu'un reproducteur est arrivé à une origine aussi sélect que le Trotteur Français d'hippodrome, à une aptitude aussi remarquable, il peut être employé avec avantage pour les besoins du luxe, du service de l'armée et de la reproduction. C'est une richesse acquise pour un pays, il faut la développer. Mais je n'ai pas ici cette thèse à soutenir, je la laisse à des personnes plus aptes à ces sortes de sujets et qui y sont préparées par des luttes quotidiennes. Je ne vois dans le travail que je veux faire que le plaisir scientifique d'étudier la nature organique dans un des êtres les plus remarquables qui habitent le globe et dans la manifestation d'une de ses aptitudes distinctes.

Darwin a dit dans la *Descendance de l'Homme* : « L'organisme » le plus humble est encore bien supérieur à la poussière inorganique » que nous foulons aux pieds; et quiconque se livre sans préjugés à » l'étude d'un être vivant, si simple qu'il soit, ne peut qu'être transporté d'enthousiasme en contemplant son admirable structure et ses » propriétés merveilleuses. »

Savoir d'où vient le Trotteur Français, où il va, où il doit aller comme direction d'élevage, tel est mon but. Pour y arriver j'ai suivi la méthode d'observation, j'ai voulu faire toucher du doigt le fait et le fait constant qui se reproduit habituellement. Si après avoir lu ces pages avec attention, si après avoir examiné minutieusement les faits que je vais mettre sous les yeux, si après en avoir vu les déductions immédiates qui en découlent infailliblement, l'éleveur ne conclut pas, et si la lumière ne le frappe pas d'une façon éclatante, il fera mieux de renoncer de suite à l'élevage du Trotteur Français d'hippodrome car les résultats qu'il obtiendra ne seront que de purs hasards et ne constitueront jamais une direction définie, sûre et certaine, d'un élevage de ce genre. Et c'est précisément parce que notre race est encore en formation et que le stud boock n'est pas encore formé comme dans le Pur Sang Anglais, que l'éleveur est souvent attiré par des mirages, par des exemples pernicieux, par des tentations d'unions extraordinaires.

Il n'y a pas encore bien longtemps une partie des éleveurs normands avaient choisi le Trotteur Russe pour renouveler la race. Car c'est une expression favorite et usuelle : « Qu'il faut renouveler la race ». On dit cela couramment. Ou bien on dit : « Il faut infuser un sang nouveau ! » Ce sont des expressions commodes mais ce ne sont que des mots.

Il est très embarrassant, aujourd'hui, de définir un Trotteur Français, tandis qu'on peut définir un Pur Sang Anglais, un Trotteur Américain, ou un Trotteur Russe. Cela tient à ce qu'on ne peut aboutir pour la constitution d'un stud boock officiel du Trotteur Français. Aujourd'hui on appelle Trotteur Français tout cheval demi-sang né en France et y ayant été élevé jusqu'à l'âge de trente mois. De là une masse de bizarreries, de fraudes, d'inconséquences absurdes. Ainsi, par exemple, voilà un cheval notoirement issu de père et mère russes et qui est qualifié Trotteur demi-sang Français. Enfin nous assistons à la substitution de chevaux français par des chevaux nés et élevés en Amérique, qu'il est bien difficile d'empêcher avec le chaos actuel. La constitution du stud boock anglo-normand serait évidemment le meilleur moyen d'en finir avec toutes ces anomalies et toutes ces fraudes. Malheureusement notre caractère national nous a toujours rendu victimes de notre bienveillance. Nous ne voudrions pas porter atteinte aux intérêts de l'étranger. Nous n'avons pas d'argent pour favoriser notre Trotteur mais nous n'hésitons pas à en donner une belle part à l'Amérique, par gloriole, grandeur d'âme, dont nous sommes les dupes. L'introduction de nos chevaux à l'étranger est sévèrement prohibée par des tarifs énormes de douane et des refus d'admissions quarantenaires tandis que nous recevons avec le plus grand plaisir sans droits aucuns, au grand dam de l'élevage national, les chevaux qui nous viennent des pays plus ou moins éloignés du nôtre. Aussi la constitution d'un stud boock anglo-normand de Trotteurs Français ne sera-t-elle jamais un fait officiel.

D'autre part, l'initiative privée n'est pas assez grande chez nous pour que des éleveurs se chargent à leurs risques et périls d'une pareille entreprise.

Enfin, il y a une objection qui frappera beaucoup l'esprit du plus grand nombre c'est que la constitution d'un stud boock anglo-normand porterait atteinte à la liberté de l'élevage. Car il est évident qu'une fois le stud boock fermé, les étalons étrangers, ou les poulinières trotteuses Russes et Américaines qu'on amènerait en France ne pourraient plus prétendre à produire des poulains qualifiés pour le stud boock anglo-normand. Je n'ai pas besoin de dire combien cette objection est spécieuse et supporte peu l'examen. Au surplus, je tiens à en venir au réel empêchement.

Il est incontestable que l'initiative privée a jusqu'ici produit ce que nous appelons le Trotteur Anglo-Normand. Il s'est modelé sur une série de réglementations plus ou moins officielles, d'intérêts nationaux, de désirs administratifs. Par l'institution des haras, l'Etat a voulu faire un cheval monté et non attelé. Le Trotteur Anglo-Normand a donc dû être un trotteur monté et non attelé. La Société d'encouragement du demi-sang a voulu faire avant tout un cheval résistant, elle a donc établi des courses sur une longue distance; le Trotteur Français se distingue donc surtout par son endurance. L'administration des haras qui fournit en grande partie l'étalon trotteur aux éleveurs l'a voulu grand, fort, puissant, solidement charpenté, ample; l'éleveur a donc fait l'étalon dans ce superbe type. Mais nous verrons, dans le cours de ce travail, que c'est à force de puiser dans le Pur Sang Anglais la source de ces qualités, depuis cent ans et plus, que ce résultat a été obtenu. Dès lors pour fermer le stud boock, il faudra donc cesser de puiser dans cette source inépuisable. Interdire aux éleveurs le retour du Pur Sang Anglais serait arrêter tout progrès. Voilà pourquoi nous ne verrons jamais se fermer le stud boock de la race trotteuse anglo-normande. Un petit coup d'œil sur le stud boock du pur sang n'est pas en la circonstance une digression inutile.

Il est oiseux, je pense, de commenter l'institution du stud boock, son indispensabilité; c'est le facteur le plus essentiel de la sélection. C'est l'île idéale où est enfermée la race et où il ne peut aborder aucun navire, d'où il ne peut en partir aucun.

En France, le stud boock est publié par l'administration des haras. En Angleterre, il y a un entrepreneur libre qui travaille à ses risques et périls. Ce sont MM. Weatherby qui règlent à leur guise l'apparition des volumes. Inutile de dire que tout se passe bien mieux sous ce rapport en Angleterre qu'en France. Le stud bock anglais contient beaucoup de renseignements, à la suite de l'énumération des animaux, qui sont extrêmement intéressants. Nous y trouvons le nom de juments et d'étalons qui sortent d'Angleterre et de ceux qui y rentrent; le nom des pays importateurs ou exportateurs, etc. Voilà quelque chose qui serait utile dans le Trotteur Français d'hippodrome! — C'est pourquoi, sans doute, nous ne verrons jamais un pareil paradis. — Du Trotteur Français on ne parle jamais, on ne parle que du demi-sang.

On ne veut pas faire du Trotteur Français ou Anglo-Normand une caste, une famille dans le demi-sang, il faut au contraire tout laisser dans une ombre bienfaisante. Pour moi, qui suis partisan de l'institution des haras telle qu'elle est organisée, je ne puis que m'étonner d'une pareille négligence, au moment ou des personnalités (sans mandat du reste) l'attaquent si violemment pour mettre à sa place l'armée qui transformerait l'anarchie actuelle en un ordre tellement grand que l'existence de l'éleveur et ses travaux deviendraient impossibles.

La réflexion suivante ne manquera pas, au cours de la lecture du présent volume, d'être faite par plus d'une personne sérieuse : Nous connaissons des éleveurs qui réussissent parfaitement et constamment l'élevage du trotteur et qui n'ont pas étudié la métaphysique, ni le transformisme ; ils n'ont aucune instruction et cependant, détenteurs des meilleures poulinières, leurs succès du passé sont un garant de l'avenir. Loin de moi l'idée d'apporter un démenti à une pareille réflexion, que j'ai été le premier à me faire. Mais tout le monde ne peut pas être un grand éleveur intuitif. Il n'est pas donné au premier venu qui fait de l'élevage, de savoir choisir avec discernement ses poulinières et ses étalons. Il n'est pas donné à tout le monde d'avoir la constance dans les idées, l'acharnement à garder les poulinières sélectionnées par les courses et à n'en vendre aucune. Il n'est pas donné à tout le monde non plus d'avoir cette chose qui entre pour beaucoup dans le succès : la chance. Mais ce que tout le monde peut acquérir par l'étude, c'est une direction déterminée, une voie hors de laquelle il n'y a pas d'élevage possible. Ce que tout le monde peut connaître, ce sont les dangers de certaines alliances, la certitude absolue de certaines autres.

L'intuition ne peut pas se donner, c'est un don de nature. Mais ce que la nature n'a pas donné, tout homme intelligent peut l'acquérir par l'étude, par l'observation raisonnée des faits, par l'analyse des résultats, par la connaissance approfondie des lois naturelles. La chance est un grand élément de succès, mais compter seulement sur la chance est bien imprudent. C'est le jeu, et l'élevage doit être tout le contraire du jeu. L'élevage est une science par laquelle chaque éleveur doit chercher à enlever au hasard la plus grande partie de son influence puisque, hélas ! nos connaissances actuelles ne nous permettent pas de le supprimer complètement.

J'estime donc que tout éleveur, de n'importe quel genre d'animaux, devrait être muni d'un bagage scientifique suffisant pour lui rendre compréhensibles les divers phénomènes naturels qu'il provoque en faisant naître des êtres organisés, en développant leurs particularités, en utilisant leurs caractères distinctifs dans les courses ou les concours.

C'est pourquoi j'ai fait précéder toute la partie technique du présent volume d'un sommaire général sur la matière et la matière organisée, l'hérédité, la variabilité, etc. Je l'ai fait aussi court, aussi résumé que possible. Je me suis réservé de lui donner de plus grands développements dans des ouvrages purement scientifiques, qui sont depuis longtemps sur le chantier. Mais, tel qu'il est, ce résumé peut être lu avec fruit si on le fait accompagner de lectures philosophiques parues ces dernières années.

Ma théorie de la matière, — force, — mouvement, etc., de la matière organisée comme matière extériorisée, c'est-à-dire force visible et mouvement apparent, ma théorie de la sélection naturelle, de l'hérédité, de la variabilité, sont le résultat de longues lectures des auteurs les plus modernes et les plus estimés depuis la mise au jour de la philosophie darwinienne. Darwin, Carl Vogt, Herbert Spencer, Weissmann, Gœtte, Haeckel, Naegeli, Louis Büchner, etc., etc., m'ont permis de former ma conviction et de mettre à jour des théories qu'ils n'ont peut être pas formulées avec la franchise qui m'est inhérente. Mais, on peut dire que ces théories étaient dans l'air et qu'elles étaient le profit du premier venu qui saurait les condenser.

Weissmann m'a beaucoup avancé avec sa théorie de la continuité du plasma germinatif. Mais ce que j'ai de personnel, c'est la conception que la reproduction des êtres n'a pas changé depuis l'apparition de la première cellule organisée. Qu'elle est toujours le résultat d'un enkystement du plasma germinatif, qui redevient le plasma germinatif primitif des cellules primordiales dans l'accouplement sexuel.

Dans les espèces qui se reproduisent sexuellement, le plasma germinatif s'est différencié en deux parties : le plasma mâle et le plasma femelle. La réunion de ces deux plasmas, dans des conditions déterminées, provoque la formation du noyau dans les mêmes conditions que se faisait, par division, la reproduction des cellules primitives au commencement du monde organisé.

Je n'ignore pas que ces théories scientifiques, purement scientifiques, ne seront peut-être pas lues par les éleveurs, peu enclins aux spéculations philosophiques ou biologiques. Ils iront de suite à la partie technique de mon ouvrage et, si mes idées sont conformes aux leurs ils continueront la lecture, sinon ils l'abandonneront. La quantité d'hommes qui consentent à discuter leurs convictions, la plupart du temps basées sur des raisonnements absolument nuls, est tellement faible, que je n'espère pas faire de nombreux adeptes.

Cependant, si la partie théorique de mon travail, que je considère comme de beaucoup la plus importante, était négligée, l'étude spéciale et basée sur les faits dont je fais suivre ma théorie, suffirait à la rigueur pour donner l'éveil à un esprit attentif et à lui montrer la bonne voie.

Un élevage dans un pays est d'autant plus brillant, qu'il réunit le plus d'adhérents et les plus riches. Ce n'est pas le cas pour le trotteur. Encore, s'il n'avait pas d'ennemis. Mais je ne connais pas de sport plus ingrat, plus décevant et plus impraticable. Le Gouvernement qui seul le soutient (heureusement), est blâmé par beaucoup de gens qui ne connaissent, du reste, rien à la question. Les uns demandent le Norfolk, les autres l'Arabe, beaucoup le Russe (dans le Nord); un grand nombre sont indignés qu'on n'achète pas absolument que des Américains qui, disent-ils, sont les meilleurs trotteurs du monde. C'est le chaos! Les journaux arrivent, qui brochent sur le tout, et tous les éleveurs voudraient diriger les haras dans la bonne voie, sans pouvoir se mettre d'accord.

Au milieu de ce gâchis, le pauvre éleveur a souvent un très bon cheval qui peut à peine gagner son avoine et si les haras ne lui achetaient pas de temps en temps un étalon ou deux, il mourrait d'inanition. Voilà le tableau. Eh bien! c'est précisément l'état peu florissant de cet élevage, son abaissement qui est le fait des éleveurs eux-mêmes (ils ont commis toutes les fautes), qui a provoqué chez moi le désir de faire un peu plus de lumière.

Ce n'est pas que la clarté manque dans les faits de l'élevage, mais on ne veut pas ouvrir les yeux; c'est le cas de répéter la parole du psalmiste : « *Oculos habent et non videbunt, etc.* » C'est cette cécité que je voudrais guérir, c'est cette cataracte que je voudrais opérer.

L'administration des haras n'est pas non plus exempte de reproches. Certainement, comme administration, c'est la moins administrative de toutes celles qui composent l'Etat administratif. C'est sa gloire et son honneur. Mais elle non plus n'a pas vu le bon chemin; elle aussi s'est bandé les yeux pour ne pas voir et les fautes ont commencé. Première faute : abandon du stud boock en tant que stud boock du trotteur d'hippodrome; deuxième faute : abandon de ses prérogatives comme direction de l'élevage, et cette seconde faute vient de la première. Je ne veux pas dire dans cette seconde partie que l'administration des haras devrait indiquer aux éleveurs les croisements qu'ils doivent opérer entre leurs juments et ses étalons. Non, et au contraire, je suis le plus grand partisan de l'initiative personnelle. Mais je veux dire qu'elle a dirigé les éleveurs tour à tour vers cette fameuse rénovation de la race, par le Russe d'abord, par l'Américain ensuite. Ces fautes ont été aggravées par la complicité de la Société d'encouragement qui a subventionné les courses internationales de son argent, c'est-à-dire de l'argent français, sous le fallacieux prétexte que ces courses attiraient le public aux réunions du trotteur. Ce raisonnement me rappelle celui d'Ugolin qui dévorait ses enfants pour leur conserver un père. Comment! vous voulez intéresser le public au Trotteur Français et vous commencez par lui donner le goût de l'exotisme. C'est le comble de l'aberration. Des courses intéressantes? mais ce sont les programmes qui les rendent intéressantes. Au surplus, il faut avoir le courage de dire toute la vérité. Si l'élevage du demi-sang est actuellement dans le marasme au point que les poulinières sont presque invendables et les poulains (hors ceux de Fuschia) à vil prix, la Normandie n'a qu'à s'en prendre à elle-même et à se frapper la poitrine en disant c'est ma faute, c'est ma très grande faute. En fait, c'est l'élevage normand qui dirige les haras et la Société d'encouragement. C'est justice. On n'a jamais vu une production chevaline comme celle qui couvre la Normandie et les haras du Pin et de Saint-Lô. C'est tout simplement admirable. C'est le plus bel élevage du monde. Que croyez-vous que ces maîtres vont faire pour écouler cette belle et nombreuse production? Ils vont fonder des courses internationales attelées! mettant ainsi la réclame à la disposition de la nation la plus puffiste et la plus banquiste qui existe!

Les haras et la Société d'encouragement doivent aider l'Etat dans la production du cheval de guerre. Pourquoi faire des courses attelées? C'est un autre contre-sens. Ah! j'entends bien une voix qui me crie : « C'est pour vendre nos produits à l'étranger, qui n'achète que des chevaux attelés. » Eh bien! le résultat est diamétralement opposé, puisque ce sont les étrangers qui nous vendent des chevaux pour nos courses attelées.

J'aurais compris un meeting de quinze jours à Vincennes, où une dizaine de courses internationales auraient été disputées; nos champions montés et les autres attelés. Puis après, ces chevaux auraient disparu, se seraient dispersés dans leurs divers pays d'origine. Aujourd'hui, les courses internationales attelées sont devenues les courses favorites des Parisiens; de puissantes fortunes s'y intéressent, un personnel considérable leur est affecté, des sommes importantes sont engagées, les journaux spéciaux sont subventionnés, les rédacteurs de ces journaux sont des amis, des frères, pour les entraîneurs américains. Tous les jours la grosse caisse résonne, le boniment est fait; et, quand on parle de chevaux normands au public, c'est pour en faire des gorges chaudes. L'élevage américain s'est installé en France avec un matériel considérable d'étalons et de poulinières. Notre bel argent a été au pays des dollars et ce remarquable Uncle Sam continue à se moquer de nous en nous passant ses élèves. Si la dixième partie de l'argent dépensé à l'élevage international avait été employé à l'élevage du pays, il y aurait beaucoup plus d'argent en France, de bien meilleurs chevaux et l'écoulement de la production normande eût été bien plus facile. Que faire à tout cela? Rien. Il y en a pour vingt ans. Cela coûtera cinquante millions à la France, au bas mot. Puis la maladie sera guérie. Pour le moment, il faut laisser faire, encourager les croisements Américains-

Anglo-Russes-Français. On verra ce que cela produira. Il vaut mieux que le fait inévitable s'accomplisse, mais il était bon de rejeter sur la Normandie la cause du désastre qui la menace et l'atteint déjà. Si la lecture de ce volume pouvait faire ouvrir les yeux de quelques jeunes gens intelligents, de quelques amateurs riches, de quelques éleveurs en herbe, cela serait bien heureux. Peut-être alors un peu de cette manne qu'on fait pleuvoir si généreusement sur les Etats-Unis s'écarterait-elle sur quelques points de la France, au grand profit du Trotteur Anglo-Normand. Il faut le souhaiter vivement.

Je veux mettre aussi le lecteur en garde contre une interprétation malveillante qui pourrait être donnée à mes doctrines. Il va sans dire que je vais être traité de positiviste, de matérialiste, d'athée et autres gentillesses qui, dans l'esprit de leurs auteurs, sont des termes de mépris. Quant à moi, toute injure à propos de doctrine scientifique m'indiffère. Je ne puis relire l'histoire de Galilée sans rire à gorge déployée de la bêtise humaine. Voilà un professeur d'astronomie qui enseigne le système de Copernic vers 1610, à l'Université de Padoue. En 1616, le clergé le fait venir à Rome et on lui fait défense d'enseigner que la terre tourne, tandis que le soleil est immobile. Seize ans après, Galilée croyant tout oublié, publie un livre sur les deux systèmes de Copernic et de Ptolémée : cette fois, l'Inquisition le fait encore venir à Rome et, jugé en 1633, il fut obligé d'adjurer ses erreurs ? et de renoncer publiquement à ses théories ; il fut, de plus, jeté en prison où il serait mort sans des protections puissantes qui le firent élargir, mais il resta surveillé tout le reste de sa vie. Eh bien ! est-ce que tout cela a empêché la terre de tourner ? En quoi un fait aussi évident pour nous aujourd'hui que la rotation de la terre pouvait-il alarmer les chefs d'une religion quelconque ? N'aurait-il pas mieux valu établir la fausseté de la doctrine, que de persécuter un vieillard qui, voyant la terre tourner comme nous la voyons aujourd'hui, le disait simplement et que l'on força à jurer le contraire de ce qu'il voyait. Et tout cela au nom des doctrines de Jésus-Christ !

Et de qui était composée cette Inquisition ? Des serviteurs de ce même Jésus-Christ, que l'on avait mis en croix parce que, lui aussi, disait la vérité ! Il faut reconnaître véritablement que l'intelligence humaine devrait être très modeste devant de pareils résumés de l'histoire de l'humanité. Au contraire, ce qui est le plus blessé dans la doctrine transformiste, c'est l'orgueil de l'espèce. Quand on annonça qu'un nommé Darwin était arrivé à démontrer que l'homme avait été autrefois un animal de la famille du singe, ce fut un tolle général. Trois cents ans plus tôt, Darwin eût certainement été brûlé vif ou pour le moins écartelé. On le laissa vivre, mais il fut l'objet du mépris, de la risée et de la haine des quatre-vingt-dix-neuf centièmes de l'humanité. Pourquoi? Parce qu'il avait blessé l'orgueil de l'espèce. Quand les principes d'humilité arrivent par la religion, on s'en moque volontiers, cela ne tire pas à conséquence. L'Ecriture-Sainte a dit : « Dieu fit l'homme avec le limon de la terre :» l'Eglise le répète le jour des Cendres : *Tu es pulvis et in pulverem reverteris.* Voilà pourtant des formules qui s'accordent bien avec les doctrines transformistes et qui ne sont pas destinées à pousser l'homme à l'orgueil. Mais on cite aussi cet autre extrait des fameuses Écritures qui font dogme : « Dieu fit l'homme à son image. » J'ai toujours cru que les premiers traducteurs s'étaient trompés dans leur travail. Il devait y avoir dans ces Écritures Saintes : « L'homme fit Dieu à son image... » Mais les traducteurs orgueilleux durent se dire qu'il y avait erreur, et ils intervertirent volontairement les mots, ce qui donna lieu à un dogme absurde puisque nous arrivons à conclure à des invraisemblances monstrueuses, dont la première est de nous représenter Dieu sous les traits d'un ami quelconque plutôt que comme un principe supérieur. Puis arrive la création avec cette conception enfantine, si on s'en tient à la lettre, d'un brave homme qui prend de la terre glaise, en sculpte des animaux auxquels il souffle le principe vital et qui se mettent à boire et à manger comme nous le voyons aujourd'hui ! De plus, tous ces animaux sont soumis à l'homme, puisque le bon Dieu ne les a fait que pour nous être agréable !

Je comprends très bien qu'on combatte les principes du transformisme tel que Darwin et ses successeurs les ont expliqués. Je comprends encore mieux qu'on ne les comprenne pas et que, par conséquent, les intelligences moyennes ne puissent les admettre. De grands savants, des esprits ouverts et distingués les ont repoussés et combattus. Bravo ! voilà des hommes ! Mais que l'on se montre leur ennemi acharné dans la crainte que ces principes, basés sur la science d'observation, ne viennent à détruire la religion et sous ce seul prétexte, voilà une prétention qui nous conduit directement à l'absurde. En effet, ces principes sont vrais ou faux. S'ils sont faux, démontrez-le sans l'intervention du principe divin. S'ils sont vrais, on se demande en quoi l'énonciation et la démonstration d'un fait scientifique peut mettre en danger un principe aussi supérieur qu'une idée religieuse. Je l'ai dit et le répéterai toujours : l'énonciation d'une nouveauté, d'un fait inconnu, d'une doctrine quelconque cachée jusque là, est odieuse à l'homme et mérite sa haine. Pour répandre une idée aussi simple que la force contenue dans la matière, il faudra des siècles. Il est vrai que ces siècles ne sont pas même des secondes dans l'éternité. Cependant, on reste confondu, quand on pense qu'un homme qui prend le train tous les matins pour aller à son bureau, entre en fureur quand on lui dit que le charbon est une force, tandis qu'il admet, avec la meilleure volonté du monde, que Samson renversa les colonnes du temple en étendant les deux bras, ensevelissant avec lui plusieurs milliers de Philistins, ou bien que sous l'influence des trompettes, les fortifications de Jéricho s'écroulèrent toutes seules.

Remarquez que, personnellement, je ne discute pas ces deux faits puisqu'il m'est impossible de les vérifier et qu'ils sont, de leur essence, miraculeux. Mais ce que je vois tous les jours sous mes yeux devrait être pour moi une conception bien plus facile. Quant on sait qu'un obus à la mélinite détruit des fortifications qui sont elles-mêmes des forces considérables, on est bien obligé de conclure que la mélinite est une force supérieure. Parce que ces faits existent et se reproduisent tous les jours, portent-ils atteinte à la conception déiste d'une manière quelconque ? Il serait vraiment absurde de le prétendre ! Il n'est donc pas douteux que, dans quelques siècles, les doctrines transformistes seront enseignées publiquement dans nos écoles, comme on enseigne aujourd'hui la rotation de la terre, l'immobilité du soleil, l'attraction universelle, etc., etc., toutes doctrines qui, dans leur temps, ont jeté la perturbation dans l'esprit des personnes religieuses toujours disposées à croire que l'homme de science n'a qu'un but : détruire la religion.

Une autre face de l'esprit humain est tout aussi curieuse à considérer. A côté des adversaires d'une science basée sur l'observation des faits, il y a ses amis. Hélas ! il n'est pire ennemi qu'un maladroit ami. Nous allons voir comment ont été accueillies par une caste d'individus, l'apparition des doctrines matérialistes et Darwiniennes. Ces gens se sont d'abord donnés un nom. Ce sont les soi-disants intellectuels, espèce qui tend à se répandre autant que les déistes. Ce sont des gens encore plus terribles que les partisans de la divinité. Aussitôt qu'ils se croient en possession d'une vérité, qu'ils qualifient de nouvelle, parce que probablement ils ne la connaissent pas suffisamment bien, ils deviennent intraitables sur ce point. L'intelligence de ces intellectuels est en général très bornée. C'est ce qui les rend très dangereux. Ainsi, par exemple, si nous les considérons, lorsqu'on les eût mis en possession de la doctrine transformiste, entrevue par Darwin, leur joie fut énorme. Vous croyez sans doute que ces gens se donnèrent la peine de vérifier ces fameux principes : non ! ils les adoptèrent, en les défigurant du reste, pour faire la nique aux déistes ! puis, beaucoup pour leur singulier profit. Nous eûmes le struggle for life ! — Ça répondait à tout. On ne volait plus ? Non ! On luttait pour la vie. On ne tuait plus ses ennemis ? Non ! On détruisait un organisme devenu inutile ; ou bien on se conformait au principe naturel qui dit que le faible dans la nature doit toujours céder devant le fort, etc., etc. Ce fut un droit nouveau, le droit naturel qui se substitua au droit habituel.

Les plus malins exploitèrent les doctrines de Darwin, mal digérées, en écrivant des romans indigestes aussi, basés sur la doctrine de l'hérédité qu'ils ne connaissaient pas. Ils s'intitulèrent intellectuels scientifiques. Nous eûmes les anarchistes, les sans-patrie, etc. Ce pauvre Darwin serait bien étonné, s'il vivait encore, d'apprendre que de pareils gredins se réclament de lui. Il aurait été surtout bien peiné s'il avait vu quelle légion d'imbéciles applaudissait les gredins. Lui qui était si timide dans ses conclusions, si scrupuleux dans ses observations, si probe dans ses affirmations, il aurait assisté à ce spectacle inouï de gens se disant ses disciples qui n'avaient jamais lu deux lignes de ses écrits. S'il avait connu tous ces hommes qui ne savent pas si bien représenter les animaux qui existent dans la nature par leurs vices, leurs passions qui sont des besoins, leur intelligence qui n'est souvent que l'instinct des fauves, leur méchanceté qui est peut-être un retour de l'ancienne férocité animale, il n'aurait pas douté un instant que l'homme ne descendît certainement d'un fauve, peut-être du plus terrible des fauves. — Mais je me trompe : les hommes de son temps étaient les mêmes que ceux d'aujourd'hui et il n'a pas dû s'y tromper.

Mais que font au philosophe toutes ces criailleries des uns et des autres ; il sait ce que vaut l'humanité comme intelligence, il mesure, par l'histoire, la faiblesse du cerveau humain.

Le véritable philosophe, celui qui recherche la vérité du principe de la raison des choses, regarde avec calme la bêtise humaine, et s'il ne dit pas avec les déistes : l'homme s'agite et Dieu le mène ; s'il ne dit pas avec les faux intellectuels, que le cerveau humain conduit le monde, il sait au contraire que l'humanité, comme tous les organismes de la terre, est conduite par les lois naturelles vers une fin encore inconnue, et qui n'a du reste, par rapport à l'univers, qu'une importance absolument négligeable.

Dans la partie scientifique et philosophique de cet ouvrage, j'ai cru devoir m'exprimer avec la plus grande clarté : Je ne me suis servi de mots scientifiques que contraint et forcé. J'ai préféré souvent une tournure de phrase enfantine que des grands mots incompréhensibles. Je sais bien que cela ne peut pas contenter tout le monde, et la réflexion du grand Tyndall m'est souvent revenue à l'esprit : « Des hommes qui » n'appartiennent ni aux sphères intellectuelles les plus élevées, ni aux » plus inférieures, voient souvent dans une clarté parfaite la marque » d'un manque de profondeur. Ils sont réjouis et édifiés au contraire » par une phraséologie abstraite et savante. » Mon avis personnel est qu'il vaut mieux être ingénument très clair que savamment obscur. Si j'avais écrit pour des savants, je me serais servi de mots plus concis et dont le sens aurait été plus précis; écrivant pour des éleveurs, je me suis servi du langage usuel, autant que posible. Je sais du reste, parfaitement, que les vrais savants verront là un procédé d'initiateur et ne me tiendront pas rigueur de ma simplicité. Au surplus, mon travail a surtout été fait pour les simples et je m'estimerai heureux d'être compris du plus grand nombre.

En ce qui concerne la partie spéciale réservée au cheval de course, le lecteur verra que j'ai puisé mes renseignements dans le très petit nombre de documents mis à la disposition du public. Il y a lieu de tenir compte de leur bonne rédaction, aux journaux spéciaux : *La France chevaline,* par exemple, et son très consciencieux rédacteur en chef M. Louis Baume, rendent bien ce qu'ils doivent rendre. Il faut citer aussi le *Petit Eleveur de l'Ouest* et son inspirateur, M. L. Hamon, qui a été si complaisant et si aimable pour moi pour les renseignements que je lui ai demandés.

Dans l'administration des haras, beaucoup d'anciens inspecteurs ont écrit le résultat de leurs observations, M. Ch. du Haÿs, M. du Taya, etc., nous ont laissé des documents précieux. Le *Petit Stud Boock du demi-sang Anglo-Normand,* de M. Eug. Hornez, nous a été bien utile, et il faut le remercier ici de son travail si consciencieux publié en 1887.

Plus récemment, deux hommes intelligents et courageux ont réussi à mettre un peu d'ordre dans un chaos impénétrable comme une forêt vierge et y ont parfaitement réussi. Je veux parler de M. Paul Guillerot, dont le livre : *L'Elevage du Trotteur en France,* est indispensable à tout éleveur de trotteurs, et M. le colonel Cousté, dont le *Stud Boock Normand* est une œuvre impérissable par son principe même. M. le colonel Cousté fait remonter tous les étalons de demi-sang normands aux trois grands chefs de la race de Pur Sang Anglais pour ceux dont l'origine est connue.

Il y a là une idée précieuse et bienfaisante pour l'élevage.

Là, nous voyons poindre une méthode, une direction, un ordre déterminé. Ce travail est particulièrement important dans le cas qui nous occupe et doit attirer l'attention des éleveurs intelligents. Nous en reparlerons dans le cours de ce travail au moment opportun.

Je dois parler aussi de M. Arthur Enaud, de Loudéac, dont l'idée théorique consiste à essayer les Purs Sangs Anglais au trot et à sélectionner ainsi les reproducteurs les plus aptes au croisement. Malheureusement, cette idée n'est pas réalisable dans la pratique, comme nous le verrons.

Quant à l'administration des haras proprement dite, son rôle est critiquable dans beaucoup de circonstances, mais il est impossible de ne pas reconnaître qu'elle a joué aussi, au point de vue de l'étalon trotteur, un rôle prépondérant et particulièrement éclairé. Cette administration si attaquée, si blâmée par des personnalités, sans mandat et sans autorité du reste, est une des gloires de la France. Il faut visiter entre autres les dépôts d'étalons du Pin et de Saint-Lô, et on est émerveillé de l'esprit de suite, de la somme d'aptitudes, de connaissances, qu'il a fallu pour réunir une pareille collection de spécimens admirables de l'espèce chevaline. Depuis longtemps pourtant l'administration ne pousse plus à l'emploi du Pur Sang comme agent améliorateur. Elle s'est laissée influencer par des attaques renouvelées, par des conseillers incompétents, par des idées fausses qui ont arrêté le progrès. Nous allons démontrer, sans peine, que le chemin parcouru, l'amélioration obtenue dans les étalons et les poulinières, viennent uniquement de l'emploi de l'étalon de Pur Sang Anglais. Nous allons le démontrer scientifiquement et pratiquement, et si nous obtenions, soit auprès des éleveurs, soit auprès de l'administration des haras le plus petit succès, nous serions heureux et satisfait de notre œuvre. Ce serait là notre récompense la plus précieuse. Je suis persuadé, quant à moi, que l'administration ne demande qu'à être convaincue, et je serais dans le ravissement si elle arrivait à mettre à la disposition des éleveurs un plus grand nombre d'étalons de grande origine et de grand mérite de Pur Sang Anglais pour le croisement.

Tel est le but du travail que nous avons entrepris pour éclairer les éleveurs de bonne volonté et leur démontrer la véritable cause de succès des grandes écuries de Trotteurs d'hippodrome.

Nous allons donc étudier la question considérable qui a toujours été l'épouvantail des éleveurs, à savoir : Expliquer que le Pur Sang galopeur puisse arriver à donner des trotteurs, que les meilleurs trotteurs sont issus du galopeur; que cela est rationnel, conforme aux lois naturelles. Que cette transformation du galopeur en trotteur ne pouvait pas ne pas se faire et que non seulement elle est conforme aux faits que nous avons tous les jours sous les yeux, mais qu'elle est en même temps conforme aux lois naturelles, lois auxquelles il nous est impossible de rien changer et qu'il faut respecter sous peine de succomber complètement.

Nous allons démontrer que non seulement le Trotteur d'hippodrome est formé avec le pur sang, comme élément principal, mais que l'infusion de ce sang pur doit être constante, ne jamais s'arrêter et être, au contraire, renouvelée indéfiniment pendant des siècles. Que ceux-là seulement réussiront qui auront fait une provision considérable de sang anglais dans leurs poulinières et qu'ils entretiendront cette provision de manière à l'augmenter toujours et sans cesse, et que ceux-là qui se laisseront distancer dans cette course à mort à la conquête du sang pur, n'auront plus aucune chance de retrouver jamais les premiers rangs dans le trotteur. Ce problème, qui de prime abord a l'air d'un paradoxe, deviendra une vérité évidente pour tous ceux qui auront lu avec attention le présent volume.

Je ne voudrais pas clore ces quelques lignes d'introduction sans mentionner un très beau volume : *Le Cheval Normand et ses Origines,* par Edmond Gast. Ce très magnifique monument, élevé à la gloire du cheval normand, n'a qu'un inconvénient, c'est qu'il n'est pas à la portée de toutes les bourses. C'est un splendide recueil de belles héliogravures qui enchantent l'œil. Mais ce qui est aussi beau que les gravures, c'est la méthode qui a présidé au classement des étalons et des poulinières. M. Gast a classé les chevaux normands (d'origine connue), comme le colonel Cousté, par familles paternelles et il a toujours, naturellement, trouvé le pur sang à une courte distance. Ce sont donc des Purs Sang Anglais qui forment les têtes des colonnes de ses bataillons d'étalons et cette classification est tellement rationnelle qu'elle éclaire l'esprit le plus fermé à la vérité. Nous félicitons très sincèrement M. Edmond Gast de son beau travail; ses idées sont justes, ses critiques à l'administration des haras sont celles d'un ami sincère. M. E. Gast, sans mettre en branle l'appareil scientifique, me paraît un de ces esprits naturellement pondérés, justes, et qui savent, d'intuition, ce qui doit être. Il est arrivé à la même conclusion que moi, du sang, encore du sang, toujours du sang.

Je regrette de n'avoir pas trouvé, parmi mes compatriotes, un émule de l'allemand H. Goos qui aie remonté, pour les grandes familles de trotteurs, aux mères primitives de la race. Il doit déjà se dessiner des familles de Running et de Sire et des outside family comme dans le pur sang. Ces recherches seraient dignes d'attirer l'attention d'un Paul Guillerot; qu'il étudie le travail de Bruce Lowe et les tables d'Hermann Goos et de Frentzel et il verra combien une semblable étude jette de clarté dans un sujet aussi compliqué que l'élevage d'une variété d'une espèce quelconque et de l'espèce chevaline en particulier.

Avec ma théorie de l'hérédité sexuelle, entrevue par Darwin pour les caractères secondaires sexuels seulement, on aperçoit de suite l'importance d'une recherche des mères primitives. Malgré la très récente constitution de notre race de trotteurs, je crois qu'il ne serait pas difficile de distinguer ce qui va se passer. La prédiction que nous allons faire, en terminant ce volume, ne risquera pas d'être démentie par les faits. Mais nous voudrions que des recherches, qui se traduisent sous forme de tables, pussent être faites par des personnes compétentes et habituées à ces sortes de travaux. Nul doute que ces tables ne viendraient confirmer ce que nous allons démontrer par l'exposition aussi simple que possible des lois générales qui régissent les organismes et en appliquant ces règles au Pur Sang Anglais et au Trotteur Français, à savoir : que le Pur Sang Anglais est l'agent régénérateur par excellence du Trotteur Français, qu'il doit se trouver constamment en tête des ancêtres paternels et maternels de la race et que, par des alliances consanguines ou de nouvelles introductions de courants de sang pur, on doit entretenir ce foyer d'endurance, d'énergie, de vitesse, d'aptitudes générales et spéciales et que c'est sous ces conditions seulement qu'on arrivera à des vitesses que l'Américain n'a jamais atteintes. C'est ce que je souhaite vivement d'avoir fait comprendre scientifiquement et pratiquement dans la suite de ces pages.

E. N.

LE

Pur Sang Anglais

ET LE

Trotteur Français

LIVRE PREMIER

THÉORIE GÉNÉRALE DES ORGANISMES

CHAPITRE PREMIER

Quelques notions sur la matière en général. — La matière organisée. — Les organismes. — Le soma. — Le plasma. — Les cellules inorganiques. — Les cellules organiques. — Le retour de la matière organique à la matière inorganique. — La mort des animaux multicellulaires. — La mort des unicellulaires. — La reproduction des organismes. — Leur harmonie.

La Matière. — Il est indispensable, avant d'entrer dans l'étude toute spéciale qui nous préoccupe, de dire quelques mots sur la Matière. Il semble, au premier abord, que ce mot n'est pas susceptible d'explications et qu'il indique suffisamment ce qu'il veut dire. Nous n'avons pas la prétention, ici, de faire un cours de métaphysique. Nous voudrions seulement inculquer aux lecteurs quelques notions générales nécessaires pour bien comprendre les raisonnements qui vont suivre. — Lorsqu'un éleveur doit opérer pendant des années sur des animaux, il est intéressant de se rendre compte avec quoi ils sont faits. Pour le vulgaire, la Matière est le solide, le liquide ou le gaz. Les plus savants ont appris que la Matière se compose de métaux et de métalloïdes, de corps simples et de corps composés par des combinaisons chimiques. Cette conception n'est pas seulement incomplète, elle est fausse.

La Force. — La Matière est avant tout une force. La Matière n'est pas seulement ce qui entre dans la composition du globe, mais c'est ce qui entre dans la composition de l'univers. La Matière est la lumière, l'électricité, le mouvement. Si j'applique aux deux extrémités d'une barre de fer deux forces opposées de 50.000 kilos et que cette barre de fer ne se rompt pas, je dis qu'elle représente une force de 100.000 kilos. Si je mets en mouvement, avec la vapeur et le charbon, un train de 150.000 kilos, ma vapeur et mon charbon sont des forces d'au moins 150.000 kilos. Si je mets en activité une machine électrique avec du charbon, je produits de l'électricité qui me donne une lumière de 200.000 bougies, mon charbon est de la lumière équivalente aux 200.000 bougies. Qu'on ne vienne pas me dire que je change mon charbon en lumière et qu'il y a là une simple transformation. Non! mon charbon se transforme en cendres et en gaz, sans perdre un milligramme de son poids après avoir brûlé; il a changé d'état. Le charbon était un magasin de lumière que j'ai utilisé; je n'ai pas détruit de Matière. Les machines ne sont pas autre chose que les instruments plus ou moins convenables pour tirer de la Matière ce qui y est enfermé pour des raisons et par des circonstances qui nous sont inconnues. Les expressions de corps simples et de corps composés sont des commodités pour permettre d'étudier ce que contient la Matière en agents de force. Y a-t-il des corps simples? Oui, il y a la Matière qui est une, et les corps ne sont que des états transitoires de la Matière qui se transforme et se meut continuellement. L'équilibre des molécules qui forment tel ou tel corps n'est qu'apparent et momentané et la notion du temps pendant lequel ces molécules paraissent immobiles ou en équilibre est une notion qu'il nous est impossible de concevoir.

Le Temps. — Le Temps, tel que le sent l'humanité, est une conception imparfaite et grossière. L'unité de mesure du temps nous est donnée par une évolution de la terre sur elle-même ou par la durée du circuit exécuté par la terre autour du soleil. Dans les deux cas, ces unités de mesure sont adaptées à la faiblesse de l'homme et sont impuissantes à nous permettre d'imaginer la longueur d'une période géologique, par exemple. Il faut admettre que le Temps est inséparable de la Matière, qu'il en est partie intégrante et que lui aussi est une force. Cette idée métaphysique du Temps demanderait, comme presque toutes les propositions de ce chapitre, à être développée dans une proportion que nous ne pouvons lui donner ici. Si l'on réfléchit un instant que l'idée humaine du Temps rend cette notion adéquate à la Matière et que, d'autre part, on ne peut se figurer le Temps avec un commencement et une fin, on a la conception bien nette de l'infini. Dès lors, une période de temps telle que l'homme puisse l'imaginer se trouve une quantité mathématiquement négligeable par rapport à l'infini et je dirai plus, une quantité infiniment petite par rapport au temps indéfini. De sorte que l'équilibre actuel des molécules matérielles, tel que nous l'observons, n'est qu'un trompe-l'œil et le mouvement n'en existe pas moins par une modification constante de la Matière. Si, pour me faire mieux comprendre et laissant de côté l'abstraction, j'imaginais un homme gigantesque qui vivrait des millions d'années sur un globe monstrueux qui mettrait 1.000 ans pour tourner sur lui-même et 360.000 ans pour tourner autour d'un soleil colossal, les siècles tomberaient dans l'existence d'un tel être comme les minutes dans la nôtre. Dès lors, il est absolument hors de doute qu'un pareil individu assisterait à des modifications de la nature qui auraient pour lui un cours, une apparence, un aspect, un sens, tout différents de ce qu'ils sont pour nous. Il n'est, du reste, pas impossible que cette conception soit une réalité matérielle parmi l'infini des mondes qui nous entourent.

Les Corps simples. — Il n'y a pas plusieurs corps simples. Il y a plusieurs substances qui paraissent dans un équilibre momentané tellement puissant, que nous ne savons comment nous y prendre pour en tirer de la force, de la lumière, de l'électricité et tous autres agents qu'ils contiennent.

Je donne ces notions sous une forme vulgarisatrice. Je ne fais pas ici de la science à proprement parler, je cherche à me faire comprendre. Victor Hugo aurait dit : « La Matière, c'est Tout. Tout est dans Tout. » Tout cela, du reste, n'est pas neuf, c'est vieux comme le monde. Depuis l'alchimiste qui recherchait la pierre philosophale, c'est-à-dire la transformation de la matière quelconque en or, jusqu'aux religions antiques de Pan, Dieu était la Matière, puisque la Matière était Tout.

Dieu était partout, c'est, du reste, encore comme cela aujourd'hui. Les notions grossières que je viens de donner dans les quelques lignes ci-dessus ne sont donc pas neuves, et c'est ce qui permettra peut-être de les présenter avec succès, car toute chose non encore connue est odieuse à l'homme et le révolte. Nous dirons donc que la matière inerte qui semble former le globe terrestre est le résultat d'un état antérieur qui lui a fait emmagasiner les forces et les agents de la vie.

La Vie. — La vie! le grand mot est lâché. Qu'est-ce que la vie? La vie des êtres organisés n'est pas autre chose qu'un état spécial de la Matière. Les forces renfermées dans la Matière se sont manifestées. Elles ont surgi malgré l'état d'équilibre momentané des molécules inertes. La cellule organisée est apparue et a créé le monde des organismes, la vie végétale et animale. C'est là la conception ordinaire du mot vie opposé au mot mort, dont nous parlerons dans un instant. C'est la vie organique proprement dite. Mais si l'on conçoit l'univers d'une façon générale, on imagine facilement que tout vit dans la nature. Le soleil, les étoiles, la terre même, peuvent être assimilés à des êtres organisés, obéissant comme ceux qui vivent à leur surface et qu'on peut qualifier de parasites, à des lois éternelles qui ne nous sont qu'imparfaitement connues. De sorte que la vie métaphysique est aussi la Matière tout entière et, par conséquent, la force.

Le Plasma. — La cellule organisée est donc apparue, cellule que nous appellerons le plasma, la cellule vitale.

Le Soma. — A cette cellule plasmatique, se joint bientôt après une cellule somatique qui l'entoure, la protège, participe à la vie; c'est toujours la Matière, mais la matière organisée. La cellule somatique a dû suivre de très près l'apparition du plasma primitif. La constitution du soma a dû être l'œuvre immédiate de la cellule vie. Pour s'accroître, se multiplier, il fallait à la cellule plasmatique une enveloppe moins fragile, moins susceptible qu'elle-même.

Avec sa propre substance et la Matière, elle forma un tissu composé de cellules se rapprochant davantage de la matière inerte et destinée à y retourner. C'est par l'accroissement, l'adaptation, l'importance et la diversité des somas que les divers règnes des êtres organisés furent fondés.

Production et reproduction du Soma par le Plasma. — Mais il ne faut pas s'imaginer aujourd'hui que la cellule somatique s'étant différenciée de la cellule plasmatique, cette dernière était incapable de reproduire une cellule d'une nature qui lui est étrangère.

La cellule somatique n'est pas étrangère à la cellule plasmatique. C'est cette dernière qui a formé la première. C'est le plasma qui a produit le soma sous l'influence de la matière inerte et de ses agents. La Matière a dû produire le soma avec sa propre substance transformée et, par conséquent, doit le reproduire constamment.

La vie actuelle des Organismes. — Puis, les organismes prennent une énorme importance, les végétaux, les animaux supérieurs sont créés suivant des lois définies.

Aujourd'hui, nous nous trouvons en présence du fait accompli et nous avons besoin de connaître les lois qui nous régissent et qui régissent les animaux, les végétaux qui nous entourent. Nous voulons remonter le cours des âges et écrire l'histoire de la Matière et surtout de la matière organisée pour nous en servir.

Le Commencement. — Y a-t-il eu un commencement, c'est-à-dire une époque précise où la matière inerte s'est transformée en matière organisée? Je ne le crois pas. Je crois qu'aujourd'hui, comme hier et comme demain, des organismes primitifs émanent constamment de la Matière, mais l'homme, prisonnier de ses sens et de ses organes imparfaits, ne peut pas les voir. Je me servirai néanmoins d'une expression qui n'est pas exacte lorsque je dirai, par exemple : Au commencement, il a dû se passer telle chose. En réalité, ce sera une expression toute conventionnelle et je dois dire que j'admets que le commencement est un recommencement et que la transformation constante des organismes est accompagnée d'une création constante également de nouveaux organismes.

Les Unicellulaires, leur reproduction, leur mort. — Ce qu'il y a de certain, c'est que nous avons sous les yeux des êtres primitifs qui nous représentent bien ce qu'étaient les animaux avant la constitution du soma des organismes un peu supérieurs. Ce sont des êtres qui ne contiennent que des cellules plasmatiques et que, pour cette raison, on a appelé des Unicellulaires. Pour nous aider à comprendre le mode de reproduction et la mort des animaux supérieurs, nous sommes obligés de jeter un coup d'œil sur la vie, la reproduction et la mort des Unicellulaires. C'est ce qui nous donnera la clef des mystères qui enveloppent la vie, la reproduction et la mort des organismes supérieurs.

La reproduction des Protozoaires a lieu à la suite d'un certain *processus* d'enkystement autour de quelques points de la masse plasmatique. Lorsque ces petits kystes se sont développés, ils se séparent et forment autant de nouveaux individus qui ont été composés avec la substance du premier. De sorte que la naissance de ces êtres a coïncidé avec la disparition de celui qui leur a donné naissance. En réalité, ce sont des êtres nouveaux qui sont des divisions de l'ancien. La mort de l'Unicellulaire a lieu dans le moment même où il se remplace. Eh bien! si on observe d'une façon sérieuse ce qui se passe dans d'autres espèces, on arrive à la conclusion que les organismes même supérieurs n'ont pas d'autres manières de se reproduire et de mourir.

L'Unicellulaire paraît se diviser pour se reproduire et, par conséquent, ne pas mourir. Il ne laisse pas de cadavre derrière lui et le cadavre seul nous donne l'idée de la mort.

Analogie des Unicellulaires avec les animaux supérieurs. — En réalité, la mort et la reproduction des Protozoaires dont nous parlons, est simplement un mode primitif en usage dans la nature, et la mort et la reproduction des animaux qui possèdent un soma est identique à la mort et à la reproduction des animaux les plus primitifs, c'est-à-dire qui ne possèdent que des cellules de plasma.

Lorsqu'un animal supérieur cesse de pouvoir se reproduire, sa mort est une simple opportunité et le retour du soma à la matière inerte devient une nécessité.

Et ce ne sont pas là de vaines hypothèses. Ces doctrines résultent de l'observation des faits tels qu'ils se passent journellement sous nos yeux.

Les animaux supérieurs ont adopté, dans l'intérêt de l'espèce, de sa conservation, de son développement, des modes de vie, de reproduction et de mort qui, pour notre faible cerveau, apparaissent au premier abord comme absolument différents de ceux des Unicellulaires. Mais quand l'observateur examine attentivement les faits, il reconnaît qu'il n'a réellement à constater que des adaptations, qu'il peut tout au plus qualifier de progressives, pour les genres de vie, de reproduction et de mort des animaux supérieurs. En réalité, il n'y a rien de changé à ce qui se passait au commencement : lorsque les animaux supérieurs se sont suffisamment reproduits pour se remplacer ils peuvent vivre encore, mais leur existence n'a plus aucune raison d'être et les quelques instants qu'ils vivent après cette époque sont inutiles à l'espèce. Ce sont, du reste, des considérations de cet ordre qui donnent la clef de la longévité des espèces. De plus, l'homme s'imagine que les Unicellulaires, en réalité, ne meurent pas, puisqu'ils ne font que se fractionner et que ce sont les mêmes cellules qui prennent une vie nouvelle. Des naturalistes ont même cru à un rajeunissement des individus de ces espèces. Mais, chez les animaux supérieurs tout se passe de la même manière : les cellules somatiques meurent, mais les cellules plasmatiques sont aussi immortelles que celles des Protozoaires et se reproduisent par enkystement et division. C'est de cette théorie que nous tirerons dans quelques instants les lois de l'Hérédité chez les animaux supérieurs.

La Machine organisée. — Il faut maintenant donner un rapide exposé des immunités de la matière organisée, de ses facultés, de ses forces, sous une forme générale et pour ainsi dire abstraite.

La vie, nous le répétons encore, n'est pas autre chose qu'un état passager et provisoire de la Matière, par lequel les agents ou une partie des agents qu'elle renferme apparaissent. C'est même la vie qui donne la première idée de la force de la Matière. La vie permet à la Matière la manifestation du mouvement, de la chaleur, de l'électricité, de la lumière, etc. Cette manifestation est absolument analogue à celle qui est obtenue par l'homme à l'aide des machines. Il a semblé à l'homme moderne plus rapide de provoquer la sortie des agents contenus dans la Matière en utilisant la matière inerte, qu'en se servant de la matière organisée. Il a trouvé ainsi plus facilement la satisfaction de ses besoins, c'est-à-dire une plus grande commodité. Mais, en ce qui concerne l'étude des phénomènes organiques, il n'y a pas de différence pour nous entre une machine et un être organisé. L'intelligence des animaux supérieurs n'empêche pas leur corps d'être une machine soumise aux lois générales de la matière inerte. Cette machine se différencie des outils industriels par le fait même de la vie qui provoque la sortie des agents emmagasinés dans la matière inorganique. La vie n'est qu'une suite de réactions de la matière organisée contre la matière inerte et ses agents, la température, la lumière, l'électricité, etc. Cette lutte de la vie contre la force d'inertie a toujours lieu au détriment des organismes qui usent là leurs organes somatiques, les améliorent et les varient. De là les espèces, les genres, les variétés, etc. La poussée immense de la vie terrestre créée ainsi la lutte entre les organismes rivaux, qui semblent vouloir combattre pour arriver à une perfection individuelle sur des manifestations extérieures des agents emmagasinés dans la Matière et forment l'universelle harmonie des organismes.

CHAPITRE II

L'hérédité. — La Pangenèse de Darwin. — La théorie des plastidules de Haeckel. — La variabilité. — La reproduction de la cellule primitive. — La reproduction actuelle des Protozoaires. — La sélection universelle. — Les divers modes de reproduction des organismes — La reproduction sexuelle. — La reproduction sexuelle est toujours une division. — L'hérédité expliquée par la transmission du plasma germinatif à travers les âges. — La non-hérédité des maladies chez l'homme et chez les animaux. — La non-transmissibilité des caractères acquis pendant la vie individuelle. — La théorie de la variabilité. — Détermination, chez un individu, de la proportion de plasma germinatif d'un ancêtre déterminé. — Différenciation des plasmas mâles et femelles. — Les caractères secondaires sexuels. — L'hérédité sexuelle.

L'Hérédité. — Les notions qui précèdent demandent à être développées pour comprendre un problème qui paraît complexe, l'Hérédité, le problème que Weismann pose ainsi :

Quand nous voyons comment chez les organismes supérieurs les petites particularités de la structure, et les aptitudes corporelles et intellectuelles se transmettent d'une génération à l'autre, quand chez toutes les espèces d'animaux et de plantes nous voyons les proportions de structure de mille manières caractéristiques persister sans changement à travers de longues suites de générations, et souvent même, dans bien des cas, se prolonger sans changement à travers une période géologique toute entière, nous recherchons avec raison les causes d'un phénomène aussi étrange, et nous nous demandons comment il se peut que l'individu soit capable de transmettre à ses descendants sa propre structure avec une telle exactitude. Et on répond aussitôt : « Une cellule entre les millions de cellules hétérogènes, différenciées, qui composent le corps se sépare comme cellule de reproduction, se détache de l'organisme et jouit de la faculté de reproduire toutes les particularités du corps tout entier dans le nouvel individu qui sort d'elle par la division cellulaire et par la différenciation la plus compliquée. » Mais la question se précise de la façon suivante : « Comment la cellule unique parvient-elle à pouvoir reproduire le tout avec « la ressemblance d'un portrait ? » (Weismann : *La Continuité du Plasma germinatif*, page 163, introduction.)

L'explication de ce problème a tenté bien des esprits : La *Théorie de la Pangenèse* de Darwin, la *Périgenèse des Plastidules* de Haeckel, sont des essais bien compliqués d'esprits vastes qui ont senti eux-mêmes la faiblesse de leur conception. C'est que ces grands esprits ne s'appuyaient pas sur ce principe : *la Matière est la force, toute la force, rien que la force.*

Force et Matière. — Cette conception bien simple n'a jamais été assez affirmée. En dehors de la Matière il n'y a pas de force. Je sais bien qu'on oppose le miracle.

Le Miracle. — On prétend qu'il y a eu des miracles, mais le propre du miracle est d'être surnaturel, par conséquent de ne pas se reproduire régulièrement et d'être contraire aux lois naturelles. Il échappe par son essence même à l'observation scientifique et la science est obligée de le laisser de côté comme n'étant pas de son domaine. Nier le miracle? A quoi bon. Démontrer son impossibilité? C'est précisément sa définition d'être un fait impossible. Alors il devient négligeable au point de vue scientifique puisque la science n'a pour but que d'étudier ce qui se passe naturellement, c'est-à-dire habituellement.

La Pangenèse. — Darwin avait senti le besoin d'une théorie de l'Hérédité. Il avait imaginé dans sa Pangenèse des gemmules qui parcouraient le corps pour mieux en reproduire toutes les parties. Mais il avait senti que sa théorie était plutôt une hypothèse qu'il avait lui-même qualifiée de provisoire, en attendant la vraie théorie qui suit le fait, le presse, l'entoure, comme un maillot emprisonne le corps, et ne fait plus qu'un avec lui. Mais Darwin qui était un observateur minutieux, consciencieux, honnête, scrupuleux, était trop près des faits : il ne les voyait pas d'assez haut. D'une timidité naturelle très grande, Darwin était épouvanté de ses découvertes : son œuvre immense en faisait plus qu'un naturaliste. Il était devenu, sans le vouloir, un chef d'école, un penseur, un philosophe. Il se sentait attaqué de tous côtés, méprisé des savants et des docteurs, honni des partisans de la divinité, et il n'opposait à cette tourbe conjurée contre sa philosophie, que des faits, toujours des faits indiscutables et probants. Est-il étonnant, dès lors, qu'il ait passé à côté de la vraie solution sans la voir, lui qui était si bien fait pour la comprendre. Occupé à se défendre par l'observation la plus rigoureuse, il se pencha davantage sur la nature pour la scruter de plus près et répondre à ses détracteurs par de nouveaux faits plus probants encore, et pressé, insulté, honni, vilipendé, il nous donna enfin la Pangenèse, ce premier échelon pour arriver à la vérité; combattue, dénigrée par ses ennemis, la théorie n'en a pas moins rempli le but que se proposait Darwin et que je ne puis mieux indiquer qu'en citant l'avant-propos de son œuvre :

Nous avons, dans les chapitres précédents, discuté des groupes considérables de faits, relatifs aux variations par bourgeons, aux diverses formes de l'Hérédité, aux causes et aux lois de la variation; il est évident que ces sujets, ainsi que les divers modes de la reproduction, ont certains rapports les uns avec les autres. J'ai donc été amené à imaginer, ou plutôt, je me suis vu obligé de concevoir une hypothèse qui établisse dans une certaine mesure et de façon tangible un lien entre ces divers faits. Je me suis trouvé, en un mot, dans la position de quiconque veut s'expliquer, fût-ce même de façon imparfaite, comment il se fait qu'un caractère que possédait un ancêtre éloigné, réapparait tout à coup chez le descendant; pourquoi les effets de l'usage ou du défaut d'usage d'un membre se transmettent à l'enfant; pourquoi l'élément sexuel mâle peut agir parfois, non pas uniquement sur les ovules, mais sur la mère tout entière; comment l'union du tissu cellulaire de deux plantes peut produire un hybride en dehors de toute action des organes de la génération; pourquoi, après une amputation, un membre peut se reformer et prendre les proportions exactes de l'ancien membre; comment il se fait qu'un même organisme puisse être produit par des modes d'actions aussi différents que la reproduction par bourgeon et la génération séminale; enfin, pourquoi chez deux formes voisines, l'une, dans le cours de son développement, traverse les métamorphoses les plus complexes dont l'autre est absolument exempte, bien que les deux formes arrivées à l'âge adulte soient absolument identiques. Je sais parfaitement que les opinions que je vais développer ne constituent qu'une hypothèse provisoire; toutefois, en attendant qu'on en propose une plus complète, cette hypothèse pourra servir à grouper une multitude de faits, qui, jusqu'à présent, sont restés sans lien efficace, et n'ont été rattachés les uns aux autres par aucune cause. Whewell, l'historien des sciences d'induction, fait remarquer avec raison : « les hypothèses, quelque incomplètes ou même quelque erronées qu'elles soient, peuvent souvent rendre de grands services à la science. » C'est à ce point de vue que je me place, pour formuler l'hypothèse de la Pangenèse qui implique que chaque partie séparée de l'organisation entière se reproduit elle-même. Il en résulte que les ovules, les spermatozoaires et les grains de pollen, — l'œuf ou la graine fécondés, aussi bien que les bourgeons, — comprennent une multitude de germes émanant de chacune des parties séparées ou de chacune des unités de l'organisme. (1)

Je me propose dans la première partie, d'énumérer aussi brièvement que possible les groupes de faits qui me paraissent devoir être reliés les uns aux autres; toutefois, certaines questions que je n'ai pas encore discutées jusqu'à présent me forceront d'entrer dans des détails assez longs. Dans la seconde partie du chapitre, j'énoncerai l'hypothèse elle-même. Après avoir fait remarquer combien les suppositions nécessaires auxquelles elle entraîne sont improbables en elles-mêmes, nous verrons si elle permet de rattacher à une cause unique les divers faits qu'il s'agit de relier. (DARWIN, *De la variation des Animaux et des Plantes à l'état domestique*, chap. XXVII : Hypothèse provisoire de la Pangenèse, page 369).

---

(1) Plusieurs écrivains ont vivement critiqué cette hypothèse; il importe donc en toute justice d'indiquer les articles les plus importants écrits à ce sujet. Le meilleur mémoire sans contredit qui soit parvenu à ma connaissance est celui du professeur Delpino, intitulé : *Sulla Darwiniana teoria della Pangenesi*, 1869. Le professeur Delpino repousse l'hypothèse que j'ai avancée et j'ai tiré grand profit des critiques qu'il fait à ce sujet. M. Mivart (*Genesis of species*, 1871, ch. X) adopte les mêmes idées que Delpino, mais n'invoque aucun nouvel argument important. Le Dr Bastian (*The Beginnings of Life*, 1872, vol. II, p. 98) dit que l'hypothèse « semble être un reste de l'antique philosophie plutôt qu'elle ne paraît découler de la doctrine de l'évolution ». Il cherche en outre, à prouver que je n'aurais pas dû employer le terme Pangenèse dont le Dr Gros s'était servi précédemment en lui attribuant un autre sens. Le Dr Lionel Beale (*Nature*, 11 mai 1871, p. 26) se moque de toute la doctrine; ses remarques sont très acerbes, et quelquefois assez justes. Le professeur Wigand (*Schriften der Gesell. der gesammt. Naturwissen, zu Marburg*, vol. IX, 1870), considère que l'hypothèse ne repose pas sur des données scientifiques, et qu'il est par conséquent inutile de la discuter. M. G. H. Lewes, (*Fortnightly Review*, 1er nov. 1868) semble considérer que l'hypothèse peut être utile, mais il la critique assez vivement. M. F. Galton (*Proc. Royal Society*, vol. XIX, p. 393) après avoir décrit ses importantes expériences sur la transmission du sang entre des variétés distinctes de lapins, conclut en disant que, dans son opinion, les résultats qu'il a obtenus, sont absolument contraires à la doctrine de la Pangenèse. Il m'apprend que, subséquemment à la publication de son mémoire, il a continué ses expériences sur une plus grande échelle, pendant plus de deux générations, sans avoir remarqué le moindre signe d'hybridité chez les nombreux descendants de ces lapins. Je me serais certainement attendu à ce que le sang contînt des gemmules, mais ce n'est pas là une partie nécessaire de l'hypothèse, qui s'applique surtout aux plantes et aux animaux inférieurs. M. Galton, dans une lettre adressée à *Nature* (27 avril 1871, p. 502), critique aussi plusieurs expressions incorrectes dont je me suis servi. D'autre part, plusieurs écrivains ont défendu l'hypothèse que j'ai formulée, mais il serait inutile de renvoyer à leurs articles. Je puis toutefois citer l'ouvrage du Dr Ross, *The Graft Theory of disease; being an application of M. Darwin's hypothesis of Pangenesis*, 1872, car il relate quelques exemples intéressants qu'il discute avec beaucoup de soin. (Note de Darwin).

Nécessité d'une Théorie de l'Hérédité et de la variabilité. — Abordons donc cette si fameuse question de l'Hérédité qui, avec la variabilité, forme la base de l'élevage. Ce sont là, en effet, les deux grands principes qui dominent de bien haut tout espèce de direction, de procédé, d'empirisme et de méthode. Evidemment, du temps d'Aristote et de Platon on choisissait déjà les reproducteurs. Virgile, lui-même, fait intervenir dans *les Géorgiques* une sorte de sélection. Mais c'était là une sélection inconsciente et non une sélection raisonnée comme celle qui consiste à reproduire dans une espèce déterminée, un caractère, un principe, une aptitude, une disposition et à augmenter toujours ces particularités, non seulement dans le produit, mais encore à les rendre plus transmissibles dans les descendants. Toute personne qui fait de l'élevage aujourd'hui avec son intelligence et une instruction suffisante, doit donc s'appliquer, non pas à faire naître un animal ayant le caractère déterminé exigé par l'utilité, la mode, etc., mais à ce que cet animal puisse devenir lui-même la source d'une postérité qui soit le réservoir de ce caractère utile, de cette aptitude demandée ou de telle ou telle particularité exigée. La connaissance parfaite des principes de l'hérédité est donc indispensable pour se livrer à une pareille spéculation. Il en est absolument de la possession complète de ces théories comme de la possession des outils perfectionnés pour traiter la matière inerte. Si on réfléchit à l'énorme distance qui nous sépare de l'époque des instruments tranchants faits avec du silex, on sera moins surpris du progrès considérable accompli par les hommes dans l'usage des matériaux de toute espèce et des machines les plus compliquées. En revanche, la matière organisée n'a fait, jusqu'ici, l'objet d'études sérieuses que depuis un temps très court. C'est qu'on était persuadé de l'immutabilité des espèces, et qu'on n'avait d'autre but, en étudiant les organismes qu'une classification qui n'offrait, comme intérêt, que celui d'un énorme catalogue.

La matière organisée est une manifestation de la Matière, c'est-à-dire que, sous l'influence des organismes, la Matière manifeste la force aux yeux de l'homme. Si je regarde un cheval je le vois se mouvoir; il oppose donc une force intérieure qui fait équilibre à la pesanteur et je puis mesurer cette force. Tous les organismes représentent des forces qui équilibrent les manifestations de forces de la nature non organisée.

Les animaux les plus simples sont les Protozoaires. Ils se composent d'un amas de cellules germinatives et le type du Protozoaire qui a dû exister au commencement serait une cellule unique de reproduction. Le mode de reproduction des Protozoaires est la reproduction de la cellule par elle-même. L'animal se divise en deux et on comprend de cette façon le premier principe de l'Hérédité, puisque ce Protozoaire ne peut pas varier dans sa reproduction, il ne fait que se diviser.

Comment les animaux supérieurs qui peuplent maintenant le globe ont-ils pu dériver de cette simple cellule? C'est que cette cellule était une force et, qu'aussitôt créée, cette force se manifesta en essayant de se servir de la Matière et ses agents à la surface de la terre. Cette cellule plasmatique dût à l'origine se protéger en se construisant des cellules somatiques, elle fut d'abord un sac rempli de cellules plasmatiques qui se divisa par enkystement, comme nous le voyons encore chez les protozoaires. Puis peu à peu le soma prit une plus grande importance car la lutte pour la manifestation de la force contenue dans la Matière se doubla de la lutte entre les divers organismes. Chaque cellule avait d'abord formé des êtres distincts qui avaient adopté des cellules somatiques différentes pour mieux résister aux forces de la matière inerte. De là les espèces. Mais bientôt les espèces furent gênées et la variabilité se produisit par la sélection. Ceux qui furent en possibilité de varier vécurent; les autres succombèrent et disparurent. Il resta les plus aptes à triompher à la fois de la matière inerte et de leurs voisins organisés. Le nombre des organismes augmentant toujours, il y eut lutte pour la conservation des espèces les plus aptes; et grâce au soma qui prit de plus en plus d'importance autour des cellules plasmatiques, la lutte se fit de plus en plus âpre et les animaux supérieurs furent créés. L'origine de la variabilité vint de la force matérielle et de la sélection, et les cellules somatiques les plus aptes protégèrent leurs cellules plasmatiques par leur constitution. Les armes furent forgées pour la lutte, ce fut à qui détruirait son voisin; et de ce combat immense et ininterrompu naquit la vie organisée telle que nous la voyons à présent.

La reproduction des êtres, qui était d'abord celle des unicellulaires, fut changée par des moyens à la disposition de cette force initiale; la reproduction par enkystement des unicellulaires eut lieu par d'autres modes, différents en apparence, dont quelques-uns nous sont encore connus parce que nous les observons chez certaines espèces.

La Parthénogénèse. — Nous pouvons encore juger la Parthénogénèse qui disparaîtra peut-être de la surface du globe mais qui est encore l'apanage de nombreux êtres. La Parthénogénèse est la faculté de certains êtres supérieurs de produire des œufs féconds en dehors de toute sexualité: c'est toujours l'enkystement et, par conséquent, les animaux qui ont adopté ce mode de reproduction varient difficilement. D'autres ont adopté le mode de reproduction sexuelle et quelques-uns, par précaution, tout en se reproduisant sexuellement ont conservé la

Parthénogénèse. Exemple : les abeilles, le papillon du ver à soie. La reproduction sexuelle est, comme mode de reproduction, la dernière manifestation des animaux supérieurs munis d'organes somatiques les plus importants.

La Reproduction sexuelle. — Mais, qu'est-ce donc que la reproduction sexuelle? Encore un enkystement de cellules plasmatiques! Dans la reproduction sexuelle, deux êtres, un mâle et une femelle unissent leurs cellules plasmatiques dans des conditions voulues pour provoquer leur enkystement et, à partir de ce moment, l'être est formé.

Dans la reproduction sexuelle, lorsque l'on considère isolément un mâle, par exemple, cet être n'existe pas comme espèce; pour que l'être soit entier, il faut le couple. C'est cette idée métaphysique si simple qui empêche de comprendre la reproduction sexuelle. Pour sauver le plasma, l'espèce l'a partagé en deux et seulement quand les deux éléments sont réunis, l'enkystement peut se produire quand les autres conditions sont remplies et la division a lieu. L'être résultant de cette division des cellules est donc alors déterminé. Reprenons donc la conception, pour la graver plus profondément dans l'esprit du lecteur.

Les organismes qui ont adopté ce mode de conservation de l'espèce (la reproduction sexuelle), y ont vu un avantage. Pour mieux protéger leur plasma primitif, ils l'ont partagé en deux. Deux êtres, moitié de l'être primitif, ont été dépositaires chacun d'une partie de ce précieux plasma. Il faut la réunion de ces demi-êtres, le mâle et la femelle, pour reconstituer l'être primordial et le plasma primitif complet. Eh bien, pourquoi cet être serait-il différent de ses auteurs? parce qu'ils sont deux? En effet, il devra être le résultat des cellules plasmatiques des autres êtres sexuels qui avaient produit les deux derniers organismes. On comprend qu'ainsi la variabilité sera plus grande que dans la Parthénogénèse. Mais cette théorie si simple n'explique-t-elle pas que les cellules plasmatiques qui entrent en enkystement sont les mêmes que celles qui existaient il y a vingt ans, cent ans, mille ans, dix mille ans et plus. Il ne peut pas y avoir de changement entre cet être et la première cellule plasmatique qui a paru sur le globe, puisque c'est elle-même qui s'enkyste toujours.

L'Embryogénie. — Mais alors le kyste produit passe, dans chaque ontogénie, par toutes les phases qu'ont traversées les cellules ancestrales pour arriver enfin à l'époque actuelle. C'est la période embryonnaire, à laquelle succède la période fœtale, l'enfance et enfin l'être adulte parfait qui pourra de nouveau projeter ses cellules sexuelles et renouveler le phénomène indéfiniment. Mais quel admirable mécanisme que cette transmission du plasma germinatif à travers les âges et les obstacles! Quel travail que la construction de ce soma qui protège si jalousement ce que nous appelons la semence, le germe, qui n'est pas autre chose que la précieuse cellule qui existait au commencement du monde, cellule qui n'a pas changé, qui ne peut pas changer, et qui nous donnerait l'idée des premiers êtres qui ont précédé ceux d'aujourd'hui dans chaque espèce, si nos organes pouvaient en suivre le développement dans l'embryon et le fœtus!

Le problème qui trouble des esprits superficiels, c'est comment des cellules plasmatiques peuvent reproduire avec autant d'exactitude les cellules somatiques. C'est toujours le problème de la première cellule. Si l'on suppose que la première cellule plasmatique organisée soit apparue sur la terre sans aucune cellule somatique, il n'en est pas moins vrai que cette cellule plasmatique était de la Matière, c'est-à-dire de la terre. Mais cette terre était douée du pouvoir de manifester à l'extérieur les forces contenues et emmagasinées dans la Matière; c'est pourquoi dès le premier âge elle s'entoura d'un soma ou enveloppe de matière inerte, moins susceptible aux excitations extérieures. Nos Protozoaires actuels contiennent tous un soma, peu important il est vrai, mais qui n'en existe pas moins et qui s'en va à la dérive dans les mers lorsque les petits infusoires, par exemple, s'échappent de ce sac usé et déchiré. Ce sac est un commencement de cadavre. Nous voyons donc le soma naître presque en même temps que la cellule de plasma. Il accompagne et protège cette dernière et se reproduit dans chaque enkystement. Au fur et à mesure que la matière s'organise plus puissamment, le soma prend de l'importance, mais le mode de reproduction ne varie jamais. Les cellules plasmatiques entrent toujours en enkystement par suite de *processus* variables suivant les êtres et les époques. Mais au commencement de chaque ontogénie, c'est toujours la cellule initiale du commencement du monde qui reparaît et parcourt le cycle des transformations ancestrales pour arriver jusqu'à nous et reproduire le soma qui contient, abrite l'étincelle que les poètes ont appelée divine et que nous appelons la cellule de plasma germinatif initiale. S'il était permis de s'expliquer d'une façon plus vulgaire, nous dirions que le soma n'est que l'habit de l'être qui l'abandonne lorsqu'il est usé et qui s'en taille un autre tout neuf, qu'il fait de plus en plus fort, en étoffe plus solide que le précédent habit.

Dès lors, est-il besoin d'insister sur le phénomène de l'hérédité; l'être provenant d'une union sexuelle doit nécessairement être la moitié de chacun de ses parents, comme au commencement du monde; il est donc le quart de chacun de ses grands-parents, le huitième de ses arrière-grands-parents, etc., etc.; mais, au bout de vingt générations, il conserve toujours des traces de son origine; au bout de cent générations et plus, on pourra retrouver en lui ses ancêtres, seulement la variabilité lui sera plus facile. C'est ainsi que naîtront les aptitudes à résister aux agents extérieurs de la matière inerte ou aux autres organismes concurrents, et de là naîtra toujours la survivance du plus apte. Ce sera la sélection naturelle.

La Sélection naturelle. — Imaginons, par exemple, un animal qui vit en évitant les loups; par un hiver rigoureux, une grande partie de cette espèce est détruite, dévorée: mais certains sujets ont échappé, grâce à la vitesse dont ils sont doués. En se reproduisant, ils donneront naissance à des animaux rapides, doués de l'aptitude à courir plus vite que les loups. Dès lors, de ce côté, l'existence de l'espèce est assurée par cette sélection qui a créé l'aptitude à la vitesse.

Comme on le voit, le phénomène de l'hérédité est immédiatement et complètement uni à la variabilité et à la sélection. La lutte pour la vie qui serait plus justement nommée la lutte pour la conservation de l'espèce, est le résultat d'une hérédité étroitement liée à une variabilité qui nécessite la sélection.

La non-hérédité des Maladies. — Que sont les Maladies contractées par les animaux? Rien de plus facile à expliquer par l'hérédité. Comme on l'a cru longtemps, les Maladies ne sont pas héréditaires, il n'y a pas de Maladies héréditaires. Le raisonnement est toujours le même. Qu'est-ce qu'un organisme déterminé? une force ou un ensemble de forces qui constitue la vie. Pour que cet organisme résiste, il faut qu'il oppose une résistance égale à une attaque dont il est l'objet de la part des agents extérieurs de la matière ou des organismes qui le concurrencent; lorsque cet équilibre est rompu au détriment de l'organisme, celui-ci est malade. Supposons donc, par exemple, un homme qui s'enrhume facilement, c'est que son organisme résiste mal aux variations de la température, et dès lors il y aura tendance à ce que ses enfants craignent comme lui la variation de température, et qu'ils contractent facilement des rhumes. Ce n'est pas le rhume par lui-même qui est héréditaire et on ne pourra pas dire que la bronchite est héréditaire dans telle famille : on pourra dire que dans les conditions de l'existence, l'organisme a hérité d'un ancêtre la difficulté à réagir contre les variations de la température par la constitution de la peau, la faiblesse des organes respiratoires, etc., et qu'il aura conservé par hérédité une prédisposition à la bronchite.

La non-transmissibilité des Caractères acquis pendant la Vie individuelle. — Je ne puis mieux faire de citer Weismann :

Un organisme ne peut acquérir aucun caractère auquel il ne soit déjà prédisposé; des caractères acquis ne sont par suite autre chose que des variations locales ou générales provoquées par des influences extérieures déterminées. Si une manipulation du fusil pendant longtemps prolongée détermine l'ostéome, la base de l'ostéome réside bien dans ce fait que tous les os portent en eux la prédisposition à répondre à des excitations mécaniques déterminées par un accroissement déterminé pour la direction et pour le volume; il y a par suite une prédisposition à l'ostéome, autrement celui-ci ne pourrait se former, et il en est exactement de même de toutes les autres qualités acquises.

Il ne peut rien se produire dans un organisme qui n'ait préexisté chez lui à l'état de disposition, car toute qualité « acquise » n'est autre chose que la réaction de l'organisme contre une excitation déterminée. C'est pourquoi je n'ai jamais songé à contester la transmission des prédispositions, comme E. Roth semble le croire. J'admets parfaitement que la prédisposition à l'ostéome par exemple est variable, et qu'une grande prédisposition peut se transmettre du père au fils simplement sous la forme d'une constitution plus sensible du tissu osseux, mais je conteste que le fils soit atteint d'un ostéome sans s'être exercé lui-même, ou qu'il soit plus prédisposé à l'ostéome que son père, par le fait que ce dernier a beaucoup fait l'exercice, et a été atteint d'ostéome. Je crois ceci aussi impossible qu'il le serait pour la feuille d'un chêne de produire des galles sans être piqué par un cynips quand même des milliers de générations de chênes auraient été déjà piquées par ces insectes et eussent « acquis » cette propriété de produire des galles. (Weismann, *Essais sur l'Hérédité*, pages 167-168).

C'est ce qu'il faut comprendre lorsqu'on dit que les Caractères acquis pendant la Vie individuelle ne peuvent pas se transmettre.

Ainsi, par exemple, voilà une jument borgne par suite d'un coup de cravache; il est absolument hors de doute qu'elle ne produira pas de poulains borgnes par le fait de l'accident dont elle a été victime.

Et cependant ces faits ont été soutenus. Il a fallu des dissertations considérables pour arriver à démontrer l'inanité de pareilles prétentions. Il a fallu citer les Chinoises qui depuis mille ans et plus se font des pieds difformes, par compression, à l'âge le plus tendre, et reconnaître qu'il ne naît pas de Chinoise aux petits pieds.

Beaucoup de gens s'imaginent qu'en coupant la queue des chiens pendant un certain nombre de générations, on obtient une espèce de chiens courte queue. Il faut absolument que l'éleveur se guérisse de ces idées malsaines qui faussent le jugement et nous rendent esclaves de préjugés analogues à ceux des sorciers dans les pays barbares. Tout cela est renversé par la théorie de l'Hérédité si simple que je viens de donner.

La Variabilité. — Les organismes réagissent contre les excitations extérieures, et c'est ce qui provoque leur variabilité, les met à même de résister à ces excitations par la puissance de leurs organes, par suite de la sélection naturelle qui fait disparaître les faibles.

Cette faculté de varier a toujours été pour les naturalistes une grande difficulté théorique. La question est toujours la même. La force qui fait varier les organismes est-elle à l'intérieur ou à l'extérieur du plasma primitif? Si les caractères acquis pendant la vie individuelle ne sont pas transmissibles par hérédité, comment expliquer la Variabilité? Et cependant, il n'y a pas d'erreur, ce qui s'enkyste dans le prodrome de chaque ontogénie, c'est toujours le plasma germinatif primitif. Celui-là ne peut pas changer, il ne peut pas être atteint par les circonstances extérieures. Le problème est donc bien nettement posé, et tout le transformisme est là. Si l'on ne peut pas sortir de cette impasse, la théorie est fausse.

Donc il faut arriver à franchir cette barrière de la Variabilité des organismes et jusqu'ici tous les raisonnements, toutes les explications ne m'ont pas satisfait, et ils ne pouvaient pas me satisfaire. Il faut toujours en revenir à la théorie de la force. Ainsi nous sommes en présence de deux forces : la matière inerte et ses manifestations extérieures et la cellule primitive organisée, cette dernière encore de la Matière, mais de la Matière dont la force s'est extériorisée et qui peut produire par elle-même les divers phénomènes de la nature inerte, le mouvement, la lumière, la chaleur, l'électricité, et toutes les autres émanations de la Matière.

Il serait imprudent de dire que ces deux forces entrent en lutte. Il n'y a pas à proprement parler de lutte entre le milieu et l'organisme. En effet, comment voyons-nous s'extérioriser la matière inerte tous les jours sous nos yeux : par la transformation de cette matière inerte, c'est-à-dire sa combustion, sa décomposition chimique, sa compression, son évaporation. La matière organisée pour créer la force ou les manifestations de la force doit donc transformer de la matière inerte et pour cela il lui faut de la matière dans un état déterminé, c'est-à-dire ces éléments que nous appelons aliments, atmosphère, lumière, etc... Il en résulte donc que les organismes doivent appliquer leur force à une étroite adaptation des conditions où ils se trouvent dans la nature pour transformer de la matière inerte. Il n'y a pas d'autre explication à la Variabilité que l'accord de ces deux forces (celle de la matière simple et celle de la matière organisée) dans une adaptation continuellement exercée de la façon la plus intime. Il ne doit plus être question de savoir si la force de développement est intérieure ou extérieure. Il n'y a pas de force de développement proprement dite dans le plasma germinatif. Les organismes se développent, mais ils ne peuvent pas faire autrement. Il faut un équilibre constant entre la matière et l'organisme. La Matière étant la force infinie et variable, l'organisme a devant lui un développement infiniment variable. Il n'y a pas de raison pour qu'une espèce puisse s'arrêter dans ses changements.

Au commencement du monde organique nous devons supposer la matière organisée, la première cellule, comme un point presque mathématique : à ce moment la forme importait peu.

L'Adaptation et la Morphologie. — Qui a produit les formes? L'adaptation, l'équilibre des forces en présence. Mais cette adaptation, cet équilibre sont essentiellement instables et tous les jours, à toutes les minutes les organismes varient de quantités infinitésimales, et si nous faisons intervenir la lutte des organismes qui n'existait pas au commencement, nous nous trouvons en face d'une adaptation nouvelle et indispensable par l'intervention d'une nouvelle force; c'est l'influence des organismes les uns sur les autres. Cette fois c'est bien la lutte entre toutes les rivalités, le triomphe sera au plus apte ou plutôt au mieux adapté. Cette victoire sera le fait de la sélection.

La Sélection universelle ou Sélection naturelle. — C'est le grand principe de la sélection naturelle universelle que Darwin, son père, a entrevu, mais qu'il n'a pas poussé jusqu'à ses conclusions extrêmes. C'est le principe qui mène le monde des organismes. Celui qui explique tout, même la non-transmission des caractères acquis pendant la vie individuelle.

Un caractère naturel par opposition au caractère acquis. — Lorsqu'un caractère apparaît naturellement sur un individu, il est le résultat d'une série d'adaptations infinitésimales à tous les obstacles rencontrés par l'individu considéré comme espèce. La courte vie humaine nous force à regarder les individus composant les espèces comme des êtres isolés, mais il faudrait pouvoir concevoir l'individu comme s'il n'était pas séparé de ses ancêtres par une série presque infinie de générations. Un véritable individu est réellement celui qui part de la cellule primitive pour aboutir à celui que nous voyons. Dès lors le caractère qui apparaît naturellement était latent pendant des milliers d'années, et rien ne pouvait le faire apparaître que le développement normal de l'espèce par l'équilibre des adaptations nécessaires à chaque minute. Il est donc bien évident que, quel que soit l'effort de l'homme sur un organisme isolé, il ne peut causer aucune perturbation dans un développement constant qui est le fait d'une série d'efforts prolongés pendant un nombre d'années tellement grand que l'imagination humaine ne peut le concevoir.

Si nous imaginons par exemple que, par suite d'un accident un homme vienne à perdre le pouce. On doit se dire que sa descendance ne peut pas reproduire cet accident, car la présence du pouce tel qu'il est conformé dans la main humaine est le résultat d'une adaptation tellement longue qu'il serait absolument absurde de supposer qu'une seule excitation extérieure, si violente soit-elle, puisse détruire la faculté chez l'individu de transmettre ce pouce. Dès lors il serait bien plus absurde de supposer qu'une excitation bien moins grande, tel qu'un exercice prolongé par un homme, d'un muscle, par exemple, pourrait le rendre plus vigoureux chez le fils. Ou bien, que chez une femme, le fait d'avoir joué du piano pendant vingt ans, lui donnerait la faculté d'avoir des enfants doués d'une aptitude plus grande de l'agilité des doigts. Il est seulement vrai et raisonnable de dire : Quand un individu est doué naturellement d'une aptitude très grande dans un exercice physique ou dans un art quelconque, il y a des chances pour que cet individu transmette cette habileté à un degré plus ou moins grand à ses descendants.

On doit donc conclure en disant que les caractères qui apparaissent sont le résultat de la variabilité provoquée par la sélection naturelle, et qu'aucun caractère acquis pendant la vie individuelle, aucune maladie, aucune aptitude spéciale acquise ne sont transmissibles par hérédité.

Si nous prenons un cheval doué d'une grande vitesse au trot, mais qui soit gêné dans ses mouvements rapides par des atteintes, nous pouvons par des moyens tels qu'un exercice rationnel prolongé obtenir un bon résultat, mais nous ne lui donnerons pas la faculté de reproduire des chevaux qui ne se feront pas d'atteintes, quand même on l'exercerait pendant dix ans à trotter régulièrement par des moyens factices. De même si nous prenons un cheval ambleur, nous pourrons parvenir à le faire trotter, mais nous ne pourrons pas empêcher qu'il ait des descendants naturellement ambleurs, quel que soit le temps pendant lequel on l'aura exercé à trotter.

Je voudrais guérir pour toujours les véritables éleveurs de cette idée fausse de la transmission des caractères acquis pendant la vie individuelle ; c'est pourquoi j'engage ceux qui me liront à se pénétrer de la profonde exactitude scientifique des lignes qui précèdent, car ce n'est pas seulement dans les petits éleveurs sans instruction que de pareils principes faux jettent le désordre dans les idées, les plus grandes intelligences, les hommes d'une bonne instruction, d'une connaissance approfondie des organes du cheval, des classes entières de la société, en un mot, sont victimes de cette erreur énorme. (1)

(1) Voir la note sur cette question à la fin du volume.

Le dosage du Sang en élevage. — Ces notions mériteraient d'être développées pendant des volumes; malheureusement, je ne les indique ici que sommairement, vu le but spécial que je me propose de traiter. Cette théorie de l'Hérédité nous donne en même temps une formule pour les animaux à reproduction sexuelle. C'est la manière de calculer la quantité de plasma germinatif de tel ou tel ancêtre déterminé. Cette formule réduite est $1/2^n$, n représentant le nombre de générations qui sépare le sujet de l'ancêtre indiqué. C'est ce que les éleveurs expriment en disant que tel animal a du sang de tel autre. Le mot sang est ici improprement employé mais, par habitude, il est nécessaire de le conserver.

Prenons par exemple :

FUSCHIA	Reynolds. $1/2$	Conquérant. $1/2^2$	
		Miss Pierce. $1/2^2$	Succès. $1/2^3$
			Lady Pierce. $1/2^3$
	Rêveuse. $1/2$	Lavater. $1/2^2$	
		Sympathie(1) $1/2^2$	

On dirait que le sang de Lady Pierce entre dans Fuschia pour $1/2^3$ ou $1/8$, tandis que le sang de Lavater y entre pour $1/2^2$ ou $1/4$. Le sang de Reynolds pour $1/2$, etc.

L'Hérédité sexuelle. — Si nous revenons sur le phénomène d'enkistement qui produit l'être mâle ou femelle résultant du mélange des deux plasmas, mâle et femelle, qui forment le noyau dans des circonstances favorables, nous devons reconnaître que le plasma femelle est d'une nature différente du plasma mâle. Si par la pensée nous remontons à la première union sexuelle, il n'y aurait évidemment pas de raison pour que le produit fût plutôt mâle que femelle. Prenons donc acte, en passant, que de cette façon il n'y a pas de raison pour que, dans une espèce se reproduisant sexuellement, et non autrement, il y ait plus de mâles que de femelles. C'est ce qui a été constaté pour les chevaux de pur sang en Angleterre. (2)

Continuons notre raisonnement et nous dirons qu'aussitôt l'apparition des unions sexuelles dans une espèce, les mâles ont dû se reproduire sous l'influence du plasma germinatif mâle, et les femelles sous l'influence inverse. Il est donc impossible de ne pas admettre que si un

(1) Les chevaux pur sang sont indiqués en caractères italiques.
(2) Voir le chapitre consacré à ces observations dans Darwin : *La Descendance de l'Homme.*

caractère, une aptitude, une propriété apparaît sur un animal, elle ait une tendance à se reproduire sur un descendant du même sexe. En un mot les qualités du mâle auront chance de se maintenir dans sa descendance mâle, et les qualités femelles dans sa descendance femelle.

Caractères secondaires sexuels. — C'est ce qui permet d'expliquer les caractères secondaires sexuels. La sélection de ces caractères a pu se faire chez un sexe indépendamment de l'autre. Cette question de caractères secondaires sexuels, qui est susceptible d'un développement énorme, n'a pas besoin, au point de vue du cheval, d'être poussée à fond. (1)

Le mâle est plus beau, plus puissant, plus imposant, plus grand, en général que la femelle. Si nous considérons, par exemple, l'espèce des paons, le mâle affecte une apparence absolument différente de la femelle. Il y a entre les deux individus, mâle et femelle, par suite du sexe, une immense distance si on réfléchit que cette différenciation ne se comble jamais. Il en est de même dans certaines espèces de papillons chez lesquelles la dissemblance est tellement grande que les naturalistes ont longtemps classé le mâle et la femelle dans des espèces séparées. C'est le résultat d'une sélection qui se produit dans un sexe et non dans l'autre. Mais il était indispensable d'expliquer comment cela était possible.

Cela tient à la différenciation des deux plasmas qui, se réunissant pour former le plasma complet ancestral, ont chacun une influence déterminant non seulement les sexes, mais la transmission d'une sorte de sélection particulière dans chacun des sexes séparément. Il s'ensuit qu'il devra être important, pour connaître les qualités transmissibles d'un mâle, de remonter dans l'ascendance mâle et pour une femelle dans l'ascendance femelle. La théorie donne ainsi le dernier mot sur l'influence la plus importante du mâle ou de la femelle. La quantité de plasma germinatif fournie est la même; quant aux aptitudes ou particularités à reproduire, elles dépendent de conditions particulières que nous allons étudier. Mais si le produit est mâle, il sera apte à transmettre les qualités de son ascendance mâle et inversement. Nous verrons plus tard que si l'influence du mâle est prépondérante en élevage, cela tient à des causes en dehors des raisons naturelles et à des circonstances dont l'homme a profité.

---

(1) La question des caractères secondaires sexuels est traitée dans Darwin d'une manière assez développée. Voir à ce sujet : *La descendance de l'Homme.*

CHAPITRE III

La consanguinité. — Application de la théorie de l'hérédité. — Différents aphorismes sur la consanguinité. — La consanguinité dans la nature. — Attraction des animaux sauvages pour l'inceste. — Suppression de tout inconvénient de la consanguinité à l'état sauvage. — Influence de la sélection naturelle. — Dangers de la domestication. — La consanguinité est inoffensive. — Distinction entre la cause et l'effet. — Considérations sur la pratique de la consanguinité. — Nécessité de la consanguinité pour fixer une aptitude. — Le retour. — Le retour est la loi de l'hérédité chez les animaux domestiques. — Théorie complète de l'atavisme de l'humanité et des races domestiquées.

Enfin nous allons voir comment notre théorie de la Matière et de l'Hérédité va se comporter en présence du problème de la Consanguinité, et comme cette théorie s'adapte étroitement aux faits qui nous occupent elle doit jeter une grande clarté dans le débat. Jamais question d'élevage n'a peut-être fait dépenser autant de paroles, fait couler autant d'encre, et on n'est pas plus avancé que le premier jour. Les uns sont pour la Consanguinité à outrance, les autres pour le croisement. Les plus modérés sont pour un moyen système. La vérité, c'est que personne n'a vu clair, parce que tous les raisonnements n'étaient que le résultat d'observations particulières, sans lien entre elles, qu'un tissu d'aphorismes exclusifs ou conciliants. Les uns disent : « Aucune variété d'espèce ne peut se former si elle n'a pas la Consanguinité à la base. » Les autres : « On ne peut rien faire sans des croisements judicieux. » Enfin quelques-uns s'estimant sages s'écrient : « Il faut de la Consanguinité, pas trop n'en faut ! » Et c'est un déluge de preuves, d'exemples, de faits contradictoires, desquels il est impossible de tirer la moindre conclusion. Aucune conviction ne naît de pareils raisonnements qui n'ont aucune base et qu'aucune lumière ne vient éclairer. On reconnaît alors le besoin de ce flambeau qui seul peut éclairer la discussion, la nécessité de cette torche rédemptrice qui est une théorie (même provisoire, imparfaite) qui vous guide au milieu de pareilles ténèbres.

La Consanguinité dans la nature. — Si nous imaginons qu'on enclose, dans une forêt, une certaine grandeur, 25 hectares par exemple, et que, après avoir détruit les animaux nuisibles ou les lapins qui peuvent s'y trouver, on s'arrange de façon à ce qu'aucun autre animal ne puisse y pénétrer; si nous introduisons dans cet enclos un couple de lapins de garenne, nous pourrons y venir dans quelques années et l'enclos sera parfaitement peuplé de lapins de garenne, qui seront tous les enfants des deux premiers et qui, par conséquent, se seront reproduits sans aucun inconvénient entre parents aussi proches que possible et nous ne verrons là aucun des effets de la Consanguinité que nous sommes habitués de constater toutes les fois que nous pratiquons l'union de nos animaux domestiques entre parents rapprochés et même chez l'homme. Pourquoi donc ces lapins ont-ils été indemnes des conséquences que nous avons signalées dans le chapitre précédent qui nous rendent si craintifs dans nos unions en dedans? Nous pouvons tuer ces lapins nous les trouverons en parfait état, bien constitués, d'une bonne conformation bien uniforme, au point qu'ils se ressemblent tous à s'y méprendre. Nous avons ainsi la preuve certaine que dans la nature les mariages incestueux, consanguins à la première génération, sont pratiqués sans le moindre inconvénient.

Attraction des animaux sauvages pour l'inceste. — Tout le monde sait que la perdrix est monogame. L'accouplement se fait en janvier et toujours entre frères et sœurs et si le père a été tué la mère s'accouple avec un de ses fils et réciproquement, si la mère a été tuée, le père s'accouple avec une de ses filles et toujours sans le plus petit inconvénient. Il en est de même de tous les animaux sauvages qui ont leurs semblables en domesticité. Et cependant nous ne pouvons pas agir ainsi impunément avec nos animaux soumis au régime de la domestication. Nous n'apercevons pas la raison qui s'y oppose parce que nous laissons échapper un principe naturel que notre attention éveillée comprend ensuite parfaitement.

Dangers de la domestication. — En dehors de toute explication scientifique, je vais donner un exemple frappant de la naissance des dangers de la Consanguinité et j'espère ainsi me faire mieux comprendre. Cet exemple, de toute simplicité, je le prendrai dans ma basse-cour. Il y a quelques années j'eus l'idée de domestiquer des canards sauvages. On m'apporta un couple pris sur les bords de la Loire et je l'apprivoisai par de bons soins, une nourriture abondante, un régime presque libre. Au bout de quelque temps la cane fit son nid dans mon jardin et couva. Elle m'amena douze petits canetons parmi lesquels je remarquai de suite quelques gros et deux ou trois plus petits. Avec une patience infinie nous les élevâmes tous, gros, petits, moyens. Plusieurs fois nous fûmes obligés de réchauffer auprès du feu ces petits avortons qui ne pouvaient suivre la mère et qui auraient certainement succombé sans nos soins incessants. A deux mois, recouverts de leurs plumes, il aurait été déjà difficile de voir nos petits malades dans les autres. Quant aux gros nous les avions sauvés souvent d'indigestions ou d'ingestions d'escargots qui les auraient étouffés. Enfin à trois mois nos douze canards formaient une bande bien uniforme et nous en gardâmes quelques-uns pour reproduire. Au bout de quelques générations nous nous aperçùmes que nos canards dégénéraient. Ils étaient plus blancs en venant au monde. Plus tard il y en eut qui devinrent gros, d'autres restèrent longtemps chétifs, enfin leur plumage tirait de plus en plus sur le blanc. Je m'informai vers un autre éleveur de canards sauvages. Il me dit : c'est toujours ainsi; pour les conserver purs il faut de temps en temps prendre de nouveaux couples de sauvages, autrement ils dégénèrent; c'est me dit-il l'effet de la Consanguité pratiquée pendant plusieurs générations. Ainsi je retombais avec des canards sauvages dans les funestes effets de la Consanguinité des races domestiques. Pourquoi donc ces canards sauvages ne se comportaient-ils pas dans ma basse-cour comme dans la nature?

Influence de la Sélection naturelle. — C'est là que gît le problème. Dans la nature un principe entre immédiatement en jeu c'est l'éternelle sélection naturelle. Mes trois petits canards de ma première couvée, les petits, faibles, auraient succombé dans la nature. Mes gros, trop forts, trop vigoureux, indisciplinés, hardis, auraient aussi succombé : il ne serait resté que ceux qui auraient possédé la constitution nécessaire pour faire équilibre aux forces de la Matière et à la concurrence des organismes rivaux. Ceux-là auraient été exactement adaptés par leur couleur, leur force physique, leurs instincts et, en un mot, tous leurs caractères naturels au milieu qui devait leur permettre de vivre et tous les autres auraient succombé : les trop forts comme les trop faibles, tandis que nous avions tout élevé, gros, petits, moyens et dès lors leurs descendants devaient varier. L'apparition du blanc, par exemple, paraît une circonstance bien anodine et on croirait que, dans la nature, des canards sauvages pourraient impunément changer de couleur dans certaines limites. Il n'en est rien, la moindre plume blanche, un plumage un peu plus gris clair etc., attirent la mort sur les petits. Ils ne peuvent vivre qu'à la condition de se trouver exactement conformés comme l'exige une adaptation complète, constante, continue, intime aux circonstances habituelles de la vie du canard.

Aussitôt que cette adaption n'existe plus par la plus petite différence, l'équilibre est rompu et l'organisme doit fatalement succomber.

Nous apercevons donc des conclusions immédiates : c'est que d'abord la Consanguinité par elle-même est totalement inoffensive; exemple : mes lapins sauvages, les perdrix, etc. Ce qui la rend dangereuse c'est la suppression du principe de la sélection naturelle par la domestication. Cette suppression entraîne d'abord une plus grande facilité dans la variation. Des animaux qui, dans la nature, seraient livrés à leurs ennemis par l'apparition des caractères extérieurs qui les dénoncent, peuvent être élevés sans inconvénients, sous la protection de l'homme.

La Domestication. — Le danger des unions consanguines vient de ce qu'en domestication on élève des faibles qui succomberaient fatalement dans la nature. Dès lors, si ces faibles se trouvent unis à leurs parents, qui ont aussi le même inconvénient, le même point faible, la même tare, cette tare se trouve doublée par l'union entre parents, tandis que dans la nature il n'y a point de faibles, point de tarés; aucune cause de faiblesse ne peut se propager. Inutile même d'invoquer la Consanguinité pour la reproduction de certaines tares, il n'y a qu'à voir les inconvénients de la domestication. Mais on comprend sans peine que les points faibles seront soulignés avec plus de force si les prédispositions s'ajoutent par une consanguinité rapprochée. Ce sont ces prédispositions (accumulées pendant des milliers de générations) à ne pouvoir résister à telles ou telles influences ou excitations extérieures, qui causent les maladies dans les espèces domestiquées et dans l'humanité.

Dans la nature il n'y a pas de maladies. Les maladies ne sont nées que du jour où l'homme et les espèces domestiquées se sont soustraites aux lois de la sélection naturelle. Les considérations sont les mêmes pour la longévité. Les lois de cette longévité, qu'on a vérifiée à huit fois la période de croissance chez les espèces qui vivent à l'état de nature, sont absolument modifiées en domesticité. L'homme lui-même vit à peu près 20 ans une fois sa période de croissance terminée, tandis qu'à l'état naturel, il vivrait à peu près 140 ans après cette même période de croissance. Je ne puis ici entrer dans des détails scientifiques qui nécessiteraient des volumes, mais les conséquences d'une pareille étude, tout à fait élémentaire, ne s'en imposent pas avec moins de force. Par exemple, on peut conclure que la Consanguinité n'a par elle-même aucun inconvénient, que l'horreur de l'inceste chez l'homme est le fruit de la civilisation et non un sentiment naturel. L'inceste et toutes les unions consanguines sont pratiquées dans la nature non seulement sans répulsion mais avec une certaine attraction.

Nécessité de la Consanguinité pour fixer une aptitude. — On peut conclure aussi que dans les espèces domestiquées les unions consanguines les plus rapprochées n'auraient aucun inconvénient si on pouvait découvrir, par un examen quelconque, les divers points faibles des sujets à unir, mais, la plupart du temps, tous les examens du monde ne nous apprennent rien avant la naissance du nouvel organisme et l'apparition de tares qui étaient à l'état latent chez les parents Cependant il arrive aussi que des unions consanguines très rapprochées se trouvent par hasard avoir lieu dans des conditions favorables par suite de l'immunité des parents contre toutes espèces de prédispositions. Les produits obtenus ainsi sont bien supérieurs alors aux produits obtenus avec des individus non parents parce que les caractères communs, qu'on veut reproduire, se trouvent superposés ou plutôt multipliés et que la vigueur et l'énergie sont considérables. La qualité que l'on recherche apparaît toujours avec plus de force dans les unions consanguines, mais si les prédispositions à la faiblesse sont aussi décuplées, l'organisme produit est sans valeur.

Il faut donc admettre que les principes des lois qui gouvernent les êtres organisés dérivent tous de la sélection naturelle; que la sélection par l'homme qui ne s'exerce que pour la reproduction et l'accroissement d'un caractère déterminé, ayant lieu sur des individus soustraits depuis de longues années à la sélection naturelle, il faut s'attendre à une perturbation qui n'existe pas en liberté. Dans la domestication, le principe de la variabilité prend une énorme extension parce que les variations qui, dans la nature, ne pourraient subsister, n'éprouvent aucune difficulté à se maintenir en domesticité, et réciproquement, si les sujets qui ont varié se trouvent soumis de nouveau à l'action de la sélection naturelle, ils reviennent forcément au type primitif existant dans la nature.

Il en est absolument de même du principe de l'Hérédité; lorsque les organismes sont soumis à l'action de la sélection naturelle, l'uniformité des types qui composent l'espèce ou la variété est certaine, tandis que la multitude de variations qui naissent en domesticité amène souvent des surprises faciles à expliquer par des retours d'anciennes formes ou d'anciens caractères que l'on croyait disparus. Tous les dangers que l'on rencontre dans l'élevage viennent donc d'une cause unique : la domestication, c'est-à-dire la vie des organismes en dehors des lois de la sélection naturelle. A partir de ce moment tout est changé, il n'y a plus aucune certitude dans les alliances, les résultats les plus contradictoires viennent vous surprendre; l'un réussit bien par la Consanguinité, l'autre ne peut arriver à reproduire des animaux bien conformés par le même système d'unions : si ce sont des chiens qu'on élève, la maladie du jeune âge les emporte ou les laisse incapables d'aucun service; si ce sont des chevaux, on a des abaissements de la taille, une diminution dans le volume des os, etc., etc. C'est là que commencent les discussions sur les mérites et les inconvénients de la Consanguinité. Nous venons de démontrer que cette pratique n'est pour rien dans les résultats obtenus, que la cause est plus haut et que si on pouvait savoir le secret de la constitution intime des êtres, les effets de la Consanguinité pourraient être évités. Malheureusement cela n'est pas possible. Aussi, les éleveurs habiles, pour ne pas en abandonner la pratique, font de la Consanguinité moins rapprochée que dans la nature, coupant après chaque génération la Consanguinité par une union entre étrangers et revenant ensuite, pour me servir de l'expression consacrée en élevage, « dans le même sang. » Les éleveurs, depuis le commencement du monde, n'ont connu aucune théorie, néanmoins, ils ont fait de l'élevage, mais, toujours, par une sorte d'intuition les grands éleveurs qui ont voulu fixer une variété ont procédé par la Consanguinité et ils ne pouvaient pas faire autrement. Cela n'a pas toujours été sans danger pour leur bourse et souvent pour leur honneur. Nous venons de voir, en effet, que les animaux domestiques nous causent souvent, dans les unions consanguines, des déceptions telles que le principe de l'Hérédité paraît lui-même quelquefois atteint. Si des unions consanguines ne réussissent pas et qu'on persiste à les pratiquer, souvent les frais dépassent les bénéfices de l'entreprise.

Il arrivait aussi, à une époque qui n'est pas très éloignée, qu'être accusé de pratiquer la Consanguinité, ou seulement d'en être partisan, suffisait à déconsidérer un homme. Il faut voir avec quelle ardeur, des gens dans une situation élevée, se défendent de protéger le principe de la Consanguinité. Nous citerons un article paru dans *la Vie à la Campagne*, de 1864, sous la signature de M. Charles du Hays, qui montre bien l'état d'esprit de l'époque. Combien ces phrases paraissent puériles aujourd'hui que nous savons par la théorie transformiste et l'observation constante des lois naturelles, à quoi nous en tenir. M. du Hays est un de ces esprits fort embarrassés dans la circonstance, et sa phrase dépeint bien la fausseté de sa posture, lorsqu'il s'exprime ainsi : « Ces exemples choisis avec soin me vaudront peut-être *l'accusation* d'être partisan de la Consanguinité. En principe, je la *condamne*, mais dans certaines limites, je l'admets et je la conseille. »

Voici, du reste, tout cet article fort curieux :

La Consanguinité n'a ni partisans ni amis. Unanimes à la proscrire, le physiologiste, le médecin, le prêtre lui lancent le même anathème.

Tous, en la combattant, ont cherché un mode de fusion universel et ont cru trouver dans cette prohibition un niveau moyen destiné à tout égaliser.

On craignait que certaines races ne devinssent trop personnelles, trop accentuées dans leurs tendances, et tout le monde, sans se l'avouer, s'est efforcé de fermer une voie qui, inverse du Code, peut mener à l'accaparement des fortunes.

La Consanguinité chez le cheval n'a pas les mêmes inconvénients ; néanmoins, elle n'a plus trouvé grâce devant les ordonnateurs de toutes choses. Un fait frappe cependant d'abord quiconque a étudié les races chevalines, suivi pas à pas leurs produits, et s'est initié à la connaissance de leurs performances. Ce fait est celui-ci : un cheval s'est-il fait remarquer entre tous, par quelqu'un de ces trois côtés : beauté personnelle, hautes qualités, sûreté de reproduction, remontez à l'origine et vous vous trouverez à chaque instant face à face avec la Consanguinité, c'est-à-dire le redoublement d'une race sur elle-même, le produit de grandes qualités multipliées par les emprunts faits à la source d'un sang précieux.

En Angleterre, la race pure, qui n'a été formée qu'avec un nombre très restreint d'agents, et qui devint bientôt consanguine, s'est, à deux époques distinctes, assimilé à tous les degrés, et par centaines de fois, le sang de deux groupes fameux, le premier représenté par *Byerly, Darley* et *Godolphin*, le second par *Matchem, Hérod* et *Eclipse*. Aujourd'hui elle ne se maintient que grâce à une universelle Consanguinité, et tout ce qui existe de bon, remontant fatalement à ces seuls auteurs, ne forme plus qu'une même et unique famille.

De magnifiques résultats sont sortis de ces diverses alliances et, chaque jour, on peut constater que le mérite de ce sang ne s'est pas amoindri.

Il en est de même dans tous les pays d'élevage ; mais pour ne pas éparpiller notre attention, fixons-la sur ce qui nous entoure. Demandons à la France un théâtre : la Normandie, par exemple, cette terre classique du bon cheval. Parmi les berceaux que recèlent ses herbages, il en est un, célèbre entre tous, qui nous offrira les types les plus anciens, les plus nobles et les mieux confirmés. Nous voici dans le Merlerault !...

Depuis la réorganisation des haras, c'est-à-dire depuis l'époque qui permet de suivre, avec plus de sûreté, les filiations et les origines, si nous jetons un coup d'œil sur les célébrités qui ont eu le privilège de monopoliser chez elles la gloire des concours et la gloire de la production, de peupler tous les haras de France et de meubler les écuries les plus fashionables de Paris, nous verrons, non sans quelque étonnement, que ces types sont le produit de la Consanguinité.

Tout ce qui est hors ligne remonte presque infailliblement à King-Pépin, Glorieux, Docteur, Matador, Highflyer et Rattler. Rattler, lui-même, ce père de la Normandie, n'était-il pas le produit du même sang, celui de Snap, trois fois versé dans ses veines ? Il était issu d'une fille de Snap, et son père, fils de Snap, avait pour mère une Snapmare.

Ces croisements consanguins, appelés d'*in en in*, que je veux bien attribuer pour la plupart au hasard, à l'ignorance des filiations, ou à la nécessité, ont eu un succès des plus complets.

Nous en pourrions compter de nombreux exemples, même parmi ceux qui ont été officiellement avoués; prenons-en quelques-uns seulement, ne citons que des noms que chacun connait et que leur renommée désigne pour les princes de la race.

1° La Meunière, jument fameuse ; mère de Légère, de la grand'mère de Berthier et d'un grand nombre de produits de premier ordre. Elle était par Y. Highflyer et une fille de Matador, issue d'une Glorieux. — Y. Highflyer était issue d'une famille de Matador, propre sœur de la mère de la Meunière.

2° La Minerve, mère de Président, était, par un fils d'Highflyer, appelé le Matador, issu de la belle Matador ; quant à sa mère, elle était également par Matador, et s'appelait la petite Matador, pour la distinguer de sa sœur, la belle Matador.

3° La Diomède, mère du fameux Noteur, était par Diomède (fils de Y. Rattler); et Légère par Y. Rattler et la Meunière.

4° L'Aigle, la plus magnifique poulinière de la vallée d'Auge, mère de

Jéricho, était par Voltaire (petit-fils de Y. Rattler), et une fille de Y. Rattler, issue d'une Y. Topper.

5° Gallion, étalon d'un bon ordre, qui a donné du gros et des allures, était fils de Voltaire et d'une fille de Y. Rattler. Il avait donc trois fois du sang de cet étalon.

6° Noteur, l'un des étalons les plus parfaits qui soient entrés au Pin, père de Séducteur, Régnier, Eclaireur, Hérode, de la mère de Witch, etc., était par Eylau et la Diomède. Il a du côté maternel deux fois du sang de Rattler, deux fois d'Highflyer, deux fois de Malador et deux fois de Glorieux.

L'auteur cite plus de quarante exemples qui nous entraîneraient trop loin, puis il termine ainsi :

Ces exemples recueillis avec soin, me vaudront peut-être l'accusation d'être partisan de la Consanguinité.

En principe, je la condamne, mais, dans certaines limites, je l'admets et je la conseille.

Unir entre eux, vices de conformation, de caractère, de tempérament, c'est les rendre à jamais indélébiles.

Unir les qualités, les beautés, les aptitudes, c'est en conserver plus longuement le privilège dans une famille.

Ainsi, aimerais-je, lorsque apparaît dans la reproduction ou sur l'hippodrome un de ces types enviés, dont la Nature se montre d'ordinaire si avare, que de judicieux essais fussent patiemment tentés pour fixer des qualités sujettes à disparaître et cueillir, pour ainsi dire, la source complète d'où elles émanent.

Les frères, les sœurs, les collatéraux seraient conviés à ces alliances qui pourraient remonter même, s'il en était temps encore, jusqu'aux ascendants en raison des ressemblances qui se remarquent entre les aïeux et leurs petits-enfants.

Plus tard, les divers résultats, vraiment sérieux, et complètement réussis, d'une famille ainsi confirmée, seraient, d'après les règles d'un croisement intelligent, alliés aux représentants, également confirmés, de quelque autre famille précieuse, apte à former de nouveaux rameaux.

Charles du Haÿs.

M. Ch. du Haÿs est dans cette circonstance un intuitif fort embarrassé. Il commence par condamner la Consanguinité, puis il se ravise et, dans certains cas, il la conseille. Je crois, en effet, qu'il eût été bien en peine de nous dire dans quel cas il la conseillait plutôt que dans tel autre.

La théorie nous montre que pour développer un caractère, une aptitude, une singularité provenant de la variation des organismes nous devons unir les êtres doués de ce caractère, de cette aptitude ou de cette particularité. Et nous savons qu'à l'origine, les exemplaires des détenteurs d'un caractère spécial sont très peu nombreux et parents très rapprochés. Nous ne pouvons donc pas éviter la Consanguinité. Nous devons alors dire que la Consanguinité doit-être pratiquée, excepté dans des cas que nous ne pouvons prévoir parce qu'ils dépassent notre objectivité. L'homme doit fixer son attention seulement sur le caractère à reproduire, tout le reste doit lui être indifférent. Quand bien même cette indifférence n'existerait pas il ne doit pas chercher d'autre guide. La faiblesse des organismes, les prédispositions à telle ou telle tare, il ne les connaît pas et ne peut pas les deviner. Quand même les animaux qui en sont détenteurs pourraient parler ils ne pourraient pas l'en avertir, car ils ne connaissent pas leurs points faibles qui produiront une descendance tarée. La vérité, c'est que les éleveurs qui sont des intuitifs ont pris un effet pour une cause. La Consanguinité dangereuse est le résultat, et la cause dominante est la domesticité, c'est-à-dire la soustraction des organismes aux conséquences de la sélection naturelle. Quand à la question de moralité de telles unions, l'esprit humain s'est libéré aujourd'hui de son ancien esclavage ; bien rares sont les personnes, mêmes les plus croyantes, qui attachent aux unions entre animaux frères et sœurs un sens immoral. Nous avons démontré que dans la nature la reproduction sexuelle se fait toujours entre les parents les plus rapprochés, et que ce fait est indispensable au besoin de l'espèce car il la maintient héréditairement dans les conditions nécessaires à l'existence. La variabilité ne se produit plus que par les changements extérieurs qui peuvent influencer les organismes, c'est-à-dire le changement d'habitat, d'altitude du lieu, de latitude, puis les diverses conditions d'humidité, de sécheresse, de lumière, d'obscurité, etc..., où peuvent se trouver transportés les êtres organisés, et encore les nouveaux voisinages des organismes rivaux.

Si l'homme a répudié, pour lui-même, les unions consanguines, si les lois divines et humaines s'y opposent, si une horreur spéciale est le sentiment que cause l'inceste dans l'humanité on peut être certain que ces sentiments ont été acquis par l'homme depuis qu'il vit en société, c'est-à-dire depuis qu'il s'est soustrait à l'état de nature et aux conséquences des sévères lois de la sélection naturelle.

Nous savons qu'aujourd'hui l'espèce humaine se sélectionne sur l'aptitude à amasser de l'or, et que la variété qui paraît posséder cette aptitude au suprême degré est la variété Juive ; or, cette variété s'est longtemps reproduite et se reproduit encore aujourd'hui par des unions consanguines, c'est par là qu'elle a pris une grande avance sur le reste de l'humanité et que la propriété de transmettre cette aptitude est absolument particulière à la variété en question. Eh bien ! les Juifs ne se sont pas préoccupés de leur vigueur physique, qui est du reste médiocre ; détenteurs depuis des milliers d'années d'une aptitude particulière à drainer les capitaux du monde entier (on se rappelle la scène de Jésus-Christ chassant les marchands du temple) il ne se sont alliés qu'entre eux et souvent ils ont pratiqué des alliances entre parents très rapprochés ; nous voyons fréquemment chez les israélites modernes l'oncle épouser la nièce, le mariage entre cousins germains et souvent entre cousins germains issus, par exemple, d'un mariage où les deux frères ont épousé les deux sœurs. Aussi la faculté de conquérir l'or est-elle devenue très grande chez beaucoup de sujets de cette variété. Nous n'irons pas plus loin aujourd'hui dans cette direction et l'exemple n'a été cité que pour corroborer la doctrine de la Consanguinité en matière d'animaux domestiques.

Les Croisements. — Par opposition aux unions consanguines destinées à conserver une aptitude dans une variété déterminée il est facile de comprendre quel sera le rôle du Croisement entre deux variétés d'une même espèce ou des familles éloignées d'une même variété. Ces sortes d'unions produiront certainement des sujets physiquement plus vigoureux, plus puissants, plus développés. Mais le caractère que l'on veut reproduire s'y trouvera diminué et la faculté par les sujets de reproduire ce caractère sera moindre. Donc en pratiquant ce genre d'unions, dans le but de se soustraire aux conséquences dangereuses de la Consanguinité, on tombe dans un danger beaucoup plus grand qui est de ne pas reproduire le caractère particulier dont on a fait le but principal de l'élevage. C'est au milieu de ces difficultés sans nombre, que le grand éleveur triomphe par tempérament, instinct naturel, intuition, etc., tous termes qui constituent ce qu'on est convenu d'appeler son habileté. Mon but dans ce chapitre n'est pas de conseiller à chacun ce qu'il a à faire, loin de là; j'ai voulu seulement donner aux éleveurs une idée juste et scientifique sur la naissance des dangers de la Consanguinité et sur la nécessité absolue de l'employer malgré tous les périls qu'elle comporte si on veut réussir à reproduire le caractère ou l'aptitude cherchés.

Nécessité de la Consanguinité malgré ses inconvénients. — Je n'ai donc aucune frayeur d'être accusé de recommander la Consanguinité. Je prétends qu'aucun élevage n'est possible si on ne la pratique pas. Je n'ai pas à m'occuper de la façon dont chaque éleveur procède, mais la théorie et les faits observés dans le passé nous permettent d'affirmer que sans une Consanguinité souvent répétée on ne peut fixer un caractère d'une façon sérieuse. Pour résumer la question nous devons dire que la Consanguinité n'offre d'inconvénients que parce que nous la pratiquons sur des animaux soustraits depuis de longues périodes aux lois naturelles; que néanmoins, elle est le seul moyen à la portée de l'homme pour fixer un caractère naturel et le développer; que pour atténuer cette Consanguinité ou plutôt ses inconvénients qui ont été créés par le fait de la domestication il existe plusieurs moyens : d'abord, on peut éviter après une certaine période de temps, d'unir les proches parents et on obtiendra un excellent résultat en réunissant des mêmes courants de sang de familles possédant le caractère qu'on veut reproduire ou bien, si on veut absolument unir des parents rapprochés, ce qui est le mode le plus sûr, on les élèvera dans des conditions différentes, dans des pays éloignés, autant que possible, pendant deux générations. Le Pur Sang Anglais aujourd'hui ne s'unit que par une constante Consanguinité puisque le nombre des ancêtres mâles et femelles est très limité mais le nombre des sujets existants est tellement considérable, les familles sont divisées en rameaux si complexes, si variés, si nombreux, que la Consanguinité pratiquée actuellement n'offre aucune espèce d'inconvénient. Le Stud-book est clos depuis longtemps, et si de nouveaux sujets ne peuvent être introduits ce n'est qu'un bienfait incomparable au lieu d'être une cause de désordre.

Le Retour. — Après cette petite étude concise de la Consanguinité nous allons jeter un coup d'œil sur quelques-unes des lois de la Sélection naturelle, de la Variabilité, et de l'Hérédité. Ces trois grands principes naturels paraissent absolument inséparables dans l'étude de la production, du développement et de la vie des organismes à l'état domestique. A cet effet, nous allons donner quelques explications théoriques sur un fait constant en élevage et qu'on appelle le Retour. Le Retour ou Retour d'Atavisme s'appelle en Anglais Reversion ou Throwing-back et en Allemand Rückschlag ou Rückshritt. Nous allons montrer que le Retour n'est pas autre chose qu'un mode d'hérédité; qu'au lieu d'être un phénomène bizarre et très rare c'est un fait qui se produit constamment. Pour éviter toute complication nous ne nous occuperons du Retour que dans le cas des animaux domestiques, laissant de côté les plantes et tous les autres organismes. Du reste, notre raisonnement s'appliquera nécessairement à tous les êtres organisés. Nous commencerons par expliquer ce qu'est le Retour et cela par un exemple pour éviter les grands mots scientifiques :

Je me trouvais cette année chez M. Corbière, éleveur à Nonant-le-Pin, et il me montrait un troupeau de jeunes agneaux Oxford. Parmi tous ces petits agneaux blancs comme neige l'un d'eux, tout noir, attira mon attention. Je demandai l'explication à mon aimable hôte et il me dit aussitôt : Nous en voyons quelquefois; ceux-là ne servent pas à la reproduction, nous les vendons à la boucherie. Et il ajouta : C'est un cas de Retour d'un ancêtre éloigné qui était noir. Ainsi il se produit au bout d'un nombre considérable d'années et cela souvent malgré une sélection sévère, des Retours d'un ancêtre excessivement lointain. Comme ce fait a une très grande importance, il y a lieu de lui donner une explication scientifique et théorique, non pas pour le plaisir de mettre d'accord la théorie et la pratique mais dans le but de savoir s'il n'y aurait pas des moyens d'empêcher ou de provoquer, suivant le cas, ces Retours.

Avant de commencer cette étude nous rappellerons les principales dispositions de notre théorie de l'Hérédité.

Les plasmas, mâle ou femelle, qui entrent en conjugaison sous forme de noyau dans la reproduction sexuelle se composent par parties égales du plasma du père et du plasma de la mère, lesquels, sont également les moitiés de ceux de leurs proches parents et ainsi de suite, ces plasmas se transmettant ainsi de générations en générations à travers le temps. Si nous choisissons une conception pour faire comprendre l'action de tous ces plasmas germinatifs, nous imaginerons que le noyau est composé de couches concentriques de tous ces plasmas qui sont pour ainsi dire en nombre infini. Si les plasmas ancestraux les plus éloignés venaient à avoir l'influence prépondérante par suite de la suppression des plasmas récents, il naîtrait un produit qui serait le portrait d'un ancêtre très éloigné que nous n'avons pas connu, ce serait un monstre. C'est ce qu'on appelle l'arrêt de développement. Ainsi, par exemple, on a vu naître des moutons sans laine et avec du poil; nul doute que cette production ne soit, exactement, le résultat d'un arrêt de développement, et que le produit ne soit autre chose que le mouton ancestral avant la variation de l'espèce chez laquelle le poil a été remplacé par la laine. La production des monstres par arrêt de développement est une des manifestations du Retour d'un ancêtre existant avant la fixation de l'espèce. Le monstre produit sera la reproduction de l'embryon de la variété à une époque plus ou moins avancée de la gestation.

Si maintenant nous prenons une variété animale qui a été fixée par une sélection sévère et que nous supposions que dans un accouplement de deux animaux de cette variété les plasmas viennent, par suite de circonstances inconnues, à se trouver mélangés dans le noyau de conjugaison, de telle sorte que les plasmas de l'ancêtre qui a servi à fonder la variété soient aux lieu et place des plasmas des ancêtres plus rapprochés nous avons dans le produit un animal qui rappellera, par certains caractères, l'ancêtre en question. Telle est le mouton noir dans les races bien fixées et pures du mouton anglais qui sont blanches. C'est ainsi que se produit le phénomène du Retour. Quoique je sois peu disposé à donner ici une grande extension aux idées théoriques et que je considère plutôt le présent ouvrage comme formant les têtes de chapitres d'ouvrages à venir comportant un développement de plusieurs volumes pour chaque proposition, je suis forcé de m'arrêter sur cette question du Retour.

En effet, un point d'interrogation se pose à l'esprit de tout lecteur attentif. Comment se fait-il que dans les animaux sauvages il n'y ait pas de Retour? Il y a d'abord là une erreur de fait, car il y a des retours dans la nature, mais il y en a beaucoup moins que chez les animaux domestiques. Je n'insisterai pas sur le fait des cas de Retour observés sur les animaux sauvages mais je vais montrer que, précisément dans les animaux soumis à l'homme, le Retour est encore provoqué par le fait de la domesticité. Prenons, en effet, une espèce quelconque vivant à l'état sauvage et supposons qu'il se soit produit chez elle une variation; si le fait s'est produit et qu'une variété aie des tendances à succéder dans un milieu déterminé à l'espèce qui lui a donné naissance, c'est que cette variété est mieux adaptée aux circonstances extérieures que l'espèce elle-même qui lui a donné naissance. Dans ces conditions, c'est que le caractère qui différencie la variété de l'espèce est nécessaire à la conservation de l'espèce dans les circonstances particulières où est exposée la variété; par conséquent, si un cas de Retour venait à se produire il serait immédiatement condamné à disparaître, par la raison seule que la variété doit son existence au caractère spécial qui la distingue de l'espèce.

Pour donner un exemple imaginaire, supposons une espèce d'oiseaux blancs qui vit depuis longtemps dans un grand espace de l'Amérique du Sud. Par suite d'une série de circonstances naturelles, ces oiseaux n'attirent pas les ennemis de proie qui habitent la contrée; mais au bout d'un certain temps, une variété de proie vient à faire son apparition et éprouve un grand plaisir à manger la chair de l'espèce blanche dédaignée jusqu'ici. Il est certain dès lors que cette espèce d'oiseaux blancs est destinée à disparaître, à moins qu'elle ne vienne à former une variété d'une couleur plus facile à dissimuler que la couleur blanche : verte, par exemple. Imaginons que cette variété verte vienne à se développer et remplace au bout d'un certain temps l'espèce blanche mère disparue; s'il se produisait des phénomènes de Retour au blanc, ces individus blancs ne pourraient subsister, puisque, comme les ancêtres, ils seraient immédiatement exposés à l'oiseau de proie et détruits. En un mot, c'est encore la soustraction des animaux aux lois de la sélection naturelle qui favorise les effets du Retour. Lorsque le Retour a lieu par des caractères appréciables et que ce Retour est nuisible, il est facile d'en éviter les inconvénients. Par exemple, la couleur noire du mouton indique nettement un Retour à l'ancêtre qui a aidé à former la variété, et dès lors, on peut se dispenser d'employer un pareil mouton à la reproduction. Mais dans beaucoup de cas, le Retour a lieu par des caractères qui échappent à nos sens, et nous continuons à nous servir, pour la reproduction, d'animaux qui sont en regression. C'est là un des dangers du Retour qui est beaucoup plus fréquent qu'on ne le suppose, et nous allons montrer qu'il est même la règle générale chez les animaux domestiques; malheureusement, lorsque le Retour porte sur des caractères physiologiques ancestraux, que nos sens n'aperçoivent pas, nous obtenons des animaux qui, livrés à la reproduction, nous donnent des résultats absolument contraires à ceux que l'on désire. C'est là toute la question de l'élevage en général; c'est du moins le nœud de la question comme on va le voir.

Le Retour est la loi de l'Hérédité chez les animaux domestiques. — Théorie complète de l'Atavisme de l'humanité et des races domestiquées. — Nous venons d'expliquer des cas de Retour d'une variété très ancienne ayant donné naissance à la variété nouvelle, et qui nous frappe par le sens de la vue. Ces animaux produits par des Retours très anciens, sont dès lors, comme nous l'avons dit, faciles à éliminer par une sélection au premier degré. Mais nous allons voir que dans les animaux domestiques l'Hérédité se manifeste presque toujours par des phénomènes de Retour, de sorte que, en réalité, le phénomène du Retour, au lieu d'être une exception, doit être considéré comme la règle générale chez les animaux domestiques. C'est ce qu'on pourrait appeler *la loi de l'Hérédité des animaux domestiques.*

Comme nous l'avons déjà dit bien des fois, la variation des animaux et des plantes à l'état domestique peut se produire bien plus fréquemment puisque la lutte pour l'existence qui produit la sélection naturelle n'existe plus dans son entier en domestication. Tel animal, comme le lapin par exemple, peut naître avec du blanc en domestication qui serait immédiatement détruit en liberté s'il avait une autre couleur que celle qu'il possède naturellement. Par conséquent, toutes les fois que nous verrons apparaître un caractère, quelque petit qu'il soit, nous devons supposer qu'à moins de détruire l'organisme qui le possède, il pourra se reproduire chez ses descendants par voie de Retour.

Dans la nature, au contraire, la sévérité de la sélection naturelle ne laisse pas apparaître des caractères nouveaux à moins qu'ils ne soient nécessaires au maintient de l'espèce ou de la variété et dans le but de rendre l'adaptation complète. On comprend donc que théoriquement et pratiquement, le produit représente la moitié du père et de la mère. Le père et la mère étant eux-mêmes la moitié d'animaux identiquement semblables à leurs ancêtres, la variété se conserve naturellement dans toute sa pureté; si, au contraire, nous prenons un animal soumis à la domesticité habituelle, il est le résultat d'une série infiniment nombreuse d'ancêtres, et le plasma germinatif de chacun de ces ancêtres s'est transmis à travers les âges pour le former et entrer dans cette formation pour la quantité représentée par la formule $1/2^n$, n, indiquant la génération dont fait partie l'ancêtre. En général, les générations qui ont le plus d'influence sur la production sont les plus faibles en chiffres. La première génération qui représente le père et la mère, la seconde génération qui représente les grands-pères et les grand'mères, la troisième génération qui représente les aïeux. Mais il arrive que, dans la conjugaison de noyaux au moment de l'enkystement des plasmas germinatifs, des éléments cellulaires qui paraissent d'habitude relégués au second ou au troisième plan prennent la place des plasmas maternels ou paternels. Supposons, par exemple, qu'un plasma germinatif du troisième degré arrive dans l'enkystement à se trouver ramené au premier degré, la quantité de ce plasma qui entre dans la composition nucléaire sera de 1/8 ; ce 1/8 viendra donc prendre la place d'une quantité égale de plasma du père qui n'entrera plus que pour 3/8 au lieu de 4 au premier rang des influences. Si on imagine ainsi que dans chaque ontogénie il y a interversion de plamas, sans aucune correction de la part de la sélection naturelle, on voit de suite qu'un caractère quelconque qui a existé chez le grand-père, chez l'aïeul, etc., peut se reproduire par dessus le père ou à travers deux, trois ou quatre générations. C'est la théorie complète du Retour ou de l'Hérédité des animaux domestiques. Non seulement on assiste à la réapparition des caractères visibles, mais les prédispositions maladives dont nous avons expliqué l'origine peuvent ainsi revenir à travers deux, trois ou quatre générations et même plus; mais on voit en même temps qu'au fur et à mesure que les générations s'éloignent, l'influence de l'ancêtre va en diminuant suivant la progression géométrique $1/2^n$.

L'Hérédité chez les animaux domestiques n'est donc toujours qu'une série de Retours qui amènent des manifestations excessivement curieuses des variétés observées dans les ancêtres des individus. Le nombre infini de combinaisons dont les plasmas germinatifs peuvent faire l'objet et leur importance relative donnent naissance à des variétés sur lesquelles l'homme exerce une sélection artificielle; par ce moyen il fixe d'une façon plus ou moins sérieuse, le caractère spécial à l'aide d'unions consanguines destinées à empêcher l'apparition de particularités différentes. C'est l'élevage moderne.

Formule mathématique pour mesurer l'influence de la Consanguinité. — Cette théorie du Retour, que quelques éleveurs appellent aussi : « Coup en arrière ou rappel de sang, » nous donne une formule mathématique pour démontrer l'énorme importance de la Consanguinité.

Supposons qu'un ancêtre se trouve deux fois au deuxième rang et deux fois au troisième rang; l'importance de cet ancêtre dans le noyau de conjugaison sera $1/2^2 + 1/2^3$ c'est-à-dire 3/8. Si par suite de l'arrangement des plasmas dans la substance nucléaire enkystée, ces 3/8 viennent au premier rang du noyau, l'influence de cet ancêtre pourra devenir supérieure à celle du père qui n'est plus que de 1/8 et par conséquent redonne au caractère cherché une force considérable de réapparition, non seulement chez l'individu en question, mais chez ses descendants.

On voit dans ces notions théoriques combien les trois grands principes de la Sélection naturelle, de la Variabilité et de l'Hérédité se tiennent de près. La suppression d'une portion quelconque de l'autorité de la Sélection naturelle amène des troubles dans l'apparition des variétés et dans les manifestations de l'Hérédité. L'absence de contrôle au sujet de la puissance, de l'énergie, de la résistance des individus, la difficulté de reconnaître si dans leur constitution ils ne contiennent pas à un degré rapproché l'influence d'un caractère gênant et destiné à se reproduire sont des difficultés constantes dans l'élevage. La connaissance parfaite des principes théoriques qui peuvent s'appliquer à tous les êtres organisés et qui président à la formation et à la création des êtres permet certainement de se reconnaître au milieu de ces difficultés et non seulement de les vaincre mais surtout de les éviter.

CHAPITRE IV

Les croisements — Considérations générales sur l'humanité et les animaux domestiques. — Le bien-être, l'hygiène, la médecine. — Affaiblissement progressif des espèces domestiquées, diminution de la période de croissance et de la longévité. — Les variétés dites pures obtenues par la sélection. — Les espèces croisées. — Leur fixité. — Complication des lois de croisements. — Délimitation de l'étude actuelle. — Les croisements entre variétés voisines et entre variétés différenciées. — La variabilité des animaux domestiques — L'acclimatement. — Difficulté de former une variété fixe après un premier croisement entre variétés différenciées. — *Un seul passage* pour acquérir de nouveau un caractère qui tend à diminuer. — La différence entre les variétés, résultat de croisement, et les variétés obtenues par une longue sélection consanguine. — L'élevage des animaux à reproduction multiple et l'élevage des animaux à reproduction annuelle. — Provocation du Retour par le croisement.

Généralités. — Les considérations qui précèdent demandent la constatation de quelques-unes des conséquences importantes pour la suite de notre étude. La domestication des animaux doit avoir eu lieu aussitôt que l'homme a vécu en société et la soustraction de ces organismes aux lois de la sélection naturelle a dû accompagner, dans les diverses phases de la civilisation, les mouvements de l'humanité; on peut donc, dans une certaine mesure, en suivant les progrès de l'homme civilisé imaginer que les effets de la civilisation ont influé d'une manière identique sur les races domestiquées. Aussi loin que l'histoire puisse remonter on n'a pas connu l'homme à l'état absolument sauvage et quand Christophe Colomb découvrit l'Amérique (vers 1500) les peuplades qu'il rencontra dans les Antilles n'étaient pas dénuées d'un certain état de civilisation. Mais dans l'état sauvage où Christophe Colomb les surprit à cette époque relativement récente, ces indigènes étaient soumis, plus que notre société actuelle aux lois naturelles.

Au fur et à mesure que la civilisation progresse, l'homme tend à se soustraire davantage à ces lois de la nature.

Le Bien-être, l'Hygiène, la Médecine. — Les conséquences immédiates, au point de vue de la race humaine, sont, comme nous l'avons expliqué, une diminution constante de la vigueur des individus, l'apparition des maladies, des épidémies et la diminution de la moyenne de la vie humaine. Ces conséquences sont applicables aux diverses espèces d'animaux domestiques. De sorte que, ce qu'on est convenu d'appeler le progrès humain, paraît-être absolument en raison inverse avec la valeur de la constitution physiologique de l'espèce. La suppression des épidémies, les progrès de l'hygiène et de la médecine, paraissent avoir permis la conservation d'un plus grand nombre d'êtres, mais la reproduction des faibles entre eux paraît aller à l'encontre de la vigueur de l'espèce et tend à constituer un état général défavorable.

Ainsi, par exemple, si l'on suppose qu'on puisse parvenir à découvrir un vaccin contre la tuberculose qui permette aux individus atteints de cette maladie microbienne d'arriver à un âge relativement avancé comme on y est en partie parvenu par le bien-être que donne l'or, il est curieux d'examiner les conséquences qu'aurait une pareille découverte analogue à celle de Jenner. Il arriverait certainement que les tuberculeux, une fois immunisés contre le microbe de la tuberculose, se marieraient quelquefois et même entre eux et reproduiraient des enfants dont les prédispositions à ne pouvoir réagir contre le microbe de Koch se multiplieraient, et malgré que ce microbe serait mis par le vaccin dans l'impossibilité de nuire, les organismes ainsi produits n'en seraient pas moins dans un état d'infériorité considérable avec ceux qui seraient produits par des pères et mères en état de réactionner victorieusement contre les microbes nocifs.

Affaiblissement progressif des races domestiquées, diminution de la période de croissance et de longévité. — Le progrès de la civilisation en général, et de la médecine en particulier, paraissent donc avoir pour objet de faire vivre le plus grand nombre possible des enfants qui naissent, sans se préoccuper de l'avenir de l'espèce au point de vue de la vigueur et de l'énergie, de la résistance des sujets aux agents de la Matière. Quelles que soient les réflexions philosophiques que peuvent inspirer de pareilles constatations, il n'en est pas moins vrai que les faits sont des plus positifs et que la sélection humaine, telle qu'elle est pratiquée aujourd'hui, entraîne pour l'humanité une série de conséquences des plus curieuses.

D'abord, un développement numérique croissant en progression géométrique d'une raison élevée; par celà même une diminution considérable dans la longévité de l'espèce; une précocité qui indique sûrement une diminution dans la période de croissance des jeunes et qui s'accorde logiquement avec une diminution de la durée totale de l'existence individuelle, enfin, un affaiblissement progressif dans la vigueur de l'organisme humain que des progrès prochains de la médecine tendent encore à augmenter.

Ces progrès peuvent s'indiquer dans une soustraction des organismes faibles aux excitations de microbes nocifs par des vaccins dont l'effet sur le microbe n'est pas douteux mais qui ne détruisent nullement l'état d'infériorité des organes attaqués. Il n'y a pas lieu de se demander ici si l'espèce humaine se dirige vers un progrès réel ou si elle est trompée par une sorte de mirage; nous ne poursuivons pas un pareil problème, nous constatons seulement des faits dont l'exposé nous est indispensable.

Si, maintenant, nous considérons les races domestiquées, nous voyons que leur domestication n'est pas autre chose que l'application par l'homme d'une sélection spéciale, consciente ou non, qui a été substituée à la sélection naturelle.

C'est ce qu'on est convenu d'appeler l'Élevage.

Eh bien! cette sélection des animaux domestiques s'est absolument perpétrée à travers les âges, suivant les mêmes principes de la sélection humaine, et elle a eu absolument les mêmes résultats, les mêmes conséquences et elle a les mêmes lois. Cette sélection ne peut pas se soustraire absolument aux lois de la nature, mais elle s'en éloigne proportionnellement autant que la sélection humaine. Il en résulte une complication des lois qui régissent les organismes domestiqués d'autant plus grande, que les animaux qui en font l'objet sont plus heureux.

L'homme a toujours sélectionné les animaux domestiqués depuis le commencement de la domestication. Cette sélection qui était l'élevage des premiers âges était absolument inconsciente: c'est-à-dire qu'on choisissait pour reproduire, les plus beaux, les plus forts parmi les animaux utilisés par l'homme; plus tard, et dans un passé presque récent, la sélection est devenue raisonnée, c'est-à-dire qu'elle a eu pour but d'utiliser les caractères particuliers qui apparaissaient sur les animaux et qui pouvaient être utiles ou agréables à l'humanité. C'est ainsi que l'élevage actuel a été institué et que les variétés domestiques sont arrivées au point où nous les voyons actuellement.

Or, ces animaux soustraits dans une certaine mesure aux lois naturelles restent encore soumis aux mêmes lois avec les complications opposées par l'état de domesticité.

La Variabilité, par exemple, est plus fréquente comme nous l'avons vu, l'Hérédité est troublée par la loi du Retour et les croisements entre les variétés qui provoquent le Retour, c'est pourquoi il y a lieu aujourd'hui de se livrer à des études très importantes sur des variétés obtenues par des moyens qui, la plupart du temps, n'ont pas été consignés.

La fondation des variétés domestiques que nous possédons actuellement dérive de deux méthodes bien distinctes et qui ont besoin d'être énoncées clairement.

Les variétés dites pures obtenues par la Sélection. — La première méthode qui est la plus ancienne, et aussi la plus logique, a consisté à choisir, dans une espèce, les animaux, très rares au début, qui possédaient la variété à reproduire. On cherchait ensuite dans la production de ces animaux alliés entre eux, ceux qui possédaient le caractère désiré et on continuait, en éliminant toujours ceux qui n'étaient pas pourvus de ce caractère spécial. C'est ainsi que se sont formées les races pures.

Les Espèces croisées. — Mais dans un temps plus rapproché, on a encore obtenu des variétés spéciales dans les races pures. Enfin, dans notre siècle, on a cherché à reproduire des variétés fixes par le croisement de ces variétés de race pures et on y est arrivé.

C'est par l'étude de ces deux méthodes, qu'on a appelé la méthode de Sélection et la méthode du Croisement, qu'on arrivera à comprendre l'élevage moderne.

Nous donnerons dans la partie technique de ce volume un aperçu important de la façon dont on a obtenu la race pure de chevaux de courses en Angleterre. Nous laisserons donc de côté l'étude de la première méthode.

La race du Trotteur Anglo-Normand est une race obtenue par croisement; nous aurons donc à étudier surtout les lois des Croisements. Dans cette variété, nous trouvons d'abord l'élément indigène, c'est-à-dire l'ancien cheval Normand d'avant la Révolution, puis l'Arabe, puis le Pur Sang Anglais et le Norfolk, enfin, on a cherché à ajouter un élément nouveau, le Trotteur Russe, puis encore un autre élément plus nouveau, le Trotteur Américain. On voit que nous sommes loin de la méthode si logique de sélection pure et simple. Il faut donc voir si des éléments, qui au premier abord sont très divergents, peuvent arriver à produire une variété homogène, un type, en un mot, ce qu'on est convenu d'appeler une race et ce qui, à proprement parler, s'appelle une variété bien déterminée d'une espèce.

Il y a donc lieu de se préoccuper surtout de l'étude des lois des Croisements. Nous allons donc formuler, en les démontrant, ces lois des Croisements qui sont si compliquées par suite de la domestication.

Les lois des Croisements. — Les animaux domestiques et l'humanité, nous le répétons, malgré qu'ils sont soustraits en partie aux lois de la nature, ne peuvent pas s'y soustraire complètement. Il faut toujours revenir pour eux aux principes essentiels qui régissent la matière organisée; c'est pourquoi nous avons fait précéder cette étude des animaux domestiques d'un précis rapide de l'étude générale des êtres organisés; il faut toujours se reporter à ces grands principes dont l'oubli cause toutes les fautes, tous les déboires, toutes les désillusions de l'éleveur. Nous voulons d'abord mettre l'éleveur en garde contre un principe absolument faux et qui a été professé : à savoir que le Croisement est la seule cause de toutes les variations. Pour ceux qui ont lu et compris les pages qui précèdent, l'absurdité d'une pareille proposition apparaît clairement. La reproduction sexuelle a été adoptée par les espèces dans le but de varier avec plus de facilité, et par conséquent pour la conservation, pour le progrès, pour la dispersion de l'espèce; mais le Croisement entre les variétés d'une espèce ne produit pas le principe de la Variabilité. Le principe de la Variabilité dans la nature est, comme nous l'avons expliqué, une nécessité pour l'espèce, afin de se transformer à chaque instant, à chaque minute, pour s'adapter à la Matière qui l'entoure. Mais la Variabilité est dirigée, commandée, corrigée, dans l'état de liberté des espèces par le principe de la sélection naturelle, tandis qu'en domesticité, les espèces varient sans correction de ce côté, ou du moins sans une correction aussi grande.

On imagine bien, en effet, que les animaux domestiques qui sont élevés dans une contrée sont soumis à l'influence du milieu ambiant dans une certaine mesure. Ils mangent les produits de la région où ils vivent, ils boivent les eaux qui traversent les mêmes terrains, ils sont soumis aux mêmes fluctuations de la température et reçoivent les mêmes influences magnétiques. Dans un habitat géographique déterminé, les caractères qui différencient les variétés d'une même espèce ne peuvent donc être bien importants, mais, au fur et à mesure qu'on s'éloigne d'un point déterminé du globe, l'addition de toutes ces différences minimes finit par établir entre les variétés d'une même espèce des différences tellement considérables que l'union des individus de variétés différentes d'une même espèce peut devenir impossible.

Complication des Croisements. — On voit donc quelle complication apparaît dans la question des Croisements des variétés d'une même espèce et, effectivement, leur étude dans les plantes et les animaux domestiques demanderait des années d'études et remplirait des volumes.

Délimitation de l'étude actuelle. — Nous nous occuperons ici simplement des deux cas principaux qui peuvent intéresser l'élevage du cheval trotteur d'hippodrome :

1° Les croisements des animaux domestiques entre variétés voisines d'une même espèce;

2° Les croisements des animaux domestiques entre deux variétés qui se sont différenciées mais qui ont conservé un caractère commun.

Il faut ici bien établir ce qu'on entend par variétés voisines et par variétés différenciées. Je procéderai encore une fois par exemples : le cheval Arabe et le Pur Sang Anglais sont des variétés différenciées ; le cheval Arabe et le cheval Barbe sont des variétés voisines. Le cheval de Pur Sang Anglais et le cheval de trait pur, Boulonnais, Clydesdale, etc., sont des variétés différenciées. Le Trotteur d'hippodrome et le Pur Sang sont des variétés voisines; le gros camionneur et le poney du Shettland sont des variétés différenciées par un caractère qui saute aux yeux : la taille et le volume; mais le poney du Shettland et le poney Corse sont des variétés différenciées par l'habitat quoique la taille et le volume tendent à se rapprocher. Deux variétés peuvent être différenciées et être géographiquement voisines et même occuper le même habitat, mais deux variétés qui occupent depuis de longues années des pays différents par le climat, la température, la nature des terrains, la latitude, sont différenciées presque nécessairement.

Il convient cependant de faire des réserves, au point de vue scientifique pur, sur cette proposition et on voit combien il faut être prudent dans ses conclusions et combien nous devons exiger que le fait vienne confirmer les déductions théoriques. Des plantes et des animaux peuvent parfaitement se trouver transportés dans de nouvelles conditions d'existence et y trouver un avantage. Nous citerons à ce sujet un passage de Weismann :

> Le lapin débarqué, il y a 400 ans, par un matelot dans l'île africaine de Porto-Santo, s'y est fixé par des descendants innombrables; les grenouilles d'Europe introduites à Madère s'y sont multipliées au point de devenir une véritable calamité, et le moineau d'Europe réussit aussi bien aujourd'hui en Australie que chez nous. Mais ces faits prouvent-ils que l'appropriation aux conditions d'existence est une obligation moins étroite? qu'un organisme qui est approprié pour un habitat déterminé demeure capable de vivre dans d'autres conditions d'existence sans pourtant se modifier? A mon avis ces faits ne prouvent qu'une chose, c'est que les espèces en question ont trouvé dans ces pays étrangers les mêmes conditions d'existence que dans leur propre pays, ou tout au moins des conditions auxquelles leur organisme pouvait se soumettre sans se modifier. Toute différence d'habitat n'implique pas nécessairement pour toute espèce de plante ou d'animal un changement dans les conditions. Le lapin de Porto-Santo se nourrit certainement d'autres herbes que ses alliés sauvages d'Allemagne, mais cela ne signifie pas pour l'espèce un changement des conditions d'existence, car deux modes peuvent lui convenir également bien. (WEISMANN, *Essais sur l'Hérédité*, page 313).

Si l'on veut se livrer aux croisements entre variétés il faudra de toute évidence essayer des croisements entre variétés voisines dont l'assimilation se fera sans contredit beaucoup mieux qu'entre variétés différenciées. Par exemple, pour passer du trait pur au cheval plus léger il conviendra de se servir du gros carrossier du Cotentin préférablement au Pur Sang Anglais qui oppose une trop grande différence.

Ce ne sont plus ici des idées scientifiques; c'est le bon sens qui parle : *Natura non facit saltus.* Qu'il s'agisse de croisement d'animaux ayant des caractères différents ou d'animaux possédant un caractère commun, les croisements entre variétés voisines se recommandent d'eux-mêmes.

Généralement le croisement entre variétés voisines a pour but de développer dans une race un ou plusieurs caractères qui se trouvent dans une race voisine. Quelquefois de pareils croisements ont donné naissance à des variétés qui ont été fixes depuis lors. Ainsi : les moutons dits Oxfordshire Downs, bien fixes, ont été obtenus en 1830 par des croisements de brebis Southdowns ou Hanpshire avec le bélier Cotswold; ces trois variétés sont très voisines. La variété de lapins Himalayens est le croisement sans aucune sélection de deux variétés argentées très voisines.

Mais en général, le croisement qui n'a qu'un but : uniformiser les caractères, doit être suivi d'une sélection plus ou moins longue pour fixer la variété. Il est évident que si on croise des variétés voisines ayant des caractères communs, qu'on désire reproduire, on a les plus grandes chances de réussir dans le plus bref délai, mais si, au contraire, on croise des variétés différenciées ayant un caractère commun dans le but de l'augmenter on obtient un résultat inverse. Le caractère commun qu'on a pour but de développer tend à diminuer : cela tient évidemment à ce que les organismes qu'on unit renferment des oppositions dont il est facile de se rendre compte.

L'Acclimatement. — Lorsqu'on unit deux variétés différenciées d'abord par des habitats opposés, il faut procéder en somme à un acclimatement et ce n'est qu'après plusieurs générations qu'on arrive à un résultat appréciable et généralement mauvais.

Si on veut bien considérer des caractères spéciaux, les uns après les autres, on verra de combien d'obstacles sont entourées de pareilles unions. Si on imagine d'importer des chevaux de la République Argentine en France, quand on part de là-bas en été, on arrive ici en hiver, les animaux n'ont pas de poils et souffrent horriblement du froid; mais arrive l'été, que se passe-t-il ? J'ai vu au mois de juin, des animaux qui avaient été amenés en France dans les conditions relatées ci-dessus, prendre leur fourrure d'hiver. Ils souffraient alors horriblement de la chaleur. Et il en sera ainsi pendant toute leur existence et celle des produits obtenus par croisements pendant plusieurs générations. J'ai eu un poney de Shettland à mon service pendant 15 ans. Ce cheval ne perdait son poil qu'en juin et le reprenait dès le mois d'août malgré la chaleur. Son service était le plus agréable en plein hiver lorsqu'il était revêtu d'un long pelage épais et laineux; il ressemblait alors à un petit ours. Une année je voulus le faire tondre, je faillis le perdre et fus obligé de l'envelopper dans des couvertures depuis les pieds jusqu'à la tête. Quand il mourut, j'en rachetai un autre absolument semblable et j'observai les mêmes particularités.

Or, ces caractères que nous pouvons voir, desquels nos sens peuvent se rendre compte, sont de beaucoup les moins importants et les moins nombreux. Quel effet, par exemple, la nourriture française peut-elle produire sur un cheval Arabe dont les ancêtres vivent depuis des milliers d'années sur les bords de l'Euphrate? C'est ce dont il est impossible de se rendre compte. Mais certainement l'intestin doit éprouver une difficulté que plusieurs générations de croisements n'éteindront peut-être pas. Lorsqu'on se livre à l'élevage d'animaux issus de semblables alliances, il faudrait connaître non seulement les principes nécessaires aux éleveurs mais encore la science de l'acclimatement.

Un autre genre de difficulté pour le cheval expatrié c'est la nature du terrain. Voilà un animal, par exemple, né de parents qui ont toujours vécu sur un sol sain, sec; maintenant on va le faire vivre dans des marais avec souvent trois mois de pluie consécutive. Eau dessus, eau dessous. Il est indiscutable que lui et ses descendants croisés trouveront là un genre de souffrances que nous ne pouvons soupçonner. Si nous revenons maintenant au caractère commun entre les deux variétés différenciées que nous voulons unir dans le but de le développer, nous nous poserons d'abord la question suivante : Qu'est-ce qu'un caractère naturel? Chez les animaux domestiques, un caractère naturel hautement développé est le résultat d'une sélection méthodique. Mais son apparition provient d'un ensemble de circonstances qui se sont maintenues pendant un espace de temps relativement long pour l'homme, c'est-à-dire de plusieurs milliers d'années; ce n'est pas autre chose qu'une Variabilité de l'espèce produite par l'habitat géographique, l'altitude ou la latidude du lieu; il y a donc beaucoup de chance, si on change toutes les conditions de l'existence, pour que le caractère commun soit lui-même atteint dans la même mesure que les autres caractères et que les descendants même croisés n'obtiennent jamais la supériorité sur la variété pure qui n'a jamais quitté son habitat. Pour moi, je n'ai jamais eu le moindre doute à cet égard. C'est à ce point de vue que je ne puis m'expliquer la nouvelle variété que l'Administration des Haras veut créer dans le midi : la variété Anglo-Arabe de course. L'alliance de l'Arabe et du cheval Pur Sang Anglais est bien celle de deux variétés différenciées ayant un caractère commun : la vitesse au galop. Je suis surpris qu'on ne s'aperçoive pas que l'Anglo-

Arabe est moins vite au galop que ses deux parents et cela pendant plusieurs générations, probablement beaucoup de générations. Le même résultat s'est produit dans le croisement de l'Anglo-Normand avec le Trotteur Russe. A mon avis, le même effet doit se produire dans l'alliance de l'Anglo-Normand avec l'Américain mais il convient de ne pas insister sur une expérience encore en cours d'exécution.

Je ne vois pas d'intérêt absolu pour nous, éleveurs de chevaux, à étudier les mille et mille croisements par lesquels l'élevage moderne a produit et fixé des variétés domestiques souvent fort remarquables. Du reste, je le répète, le petit chapitre que je consacre à cette question ne formerait même pas le titre de chapitres de volumes qui pourraient être écrits sur une semblable proposition. J'ai voulu donner ici à l'éleveur de chevaux un petit guide pratique sur la méthode des Croisements qui est une méthode moderne, laquelle a produit, dans bien des cas, des résultats absolument surprenants. Je terminerai donc par des considérations, d'un ordre plutôt général, sur les Croisements.

Difficultés de former une variété fixe après un premier croisement entre variétés différenciées. — Lorsqu'on croise deux variétés différenciées ayant un caractère commun on obtient des produits qui sont ce qu'on appelle des premiers croisements. Par exemple, dans l'alliance de l'Arabe et de l'Anglais pur sang on a obtenu des produits avec 50 % de sang arabe 50 % de sang anglais. Eh bien ! que ferons-nous de ces produits ? Irons-nous avec eux de nouveau à l'Arabe ou de nouveau à l'Anglais. C'est ici que la difficulté commence. Il n'y a évidemment aucune raison pour aller plutôt à droite qu'à gauche. En effet, le résultat cherché serait la création d'une variété supérieure avec deux variétés mères bien fixes, mais on se demande comment on pourrait faire. Les premiers produits sont mauvais par suite de la différenciation des deux races, des difficultés de l'acclimatement, etc., mais le véritable obstacle consiste à retourner à l'une ou à l'autre des variétés pour améliorer la suite.

Cet exemple s'applique absolument aux croisements produits dans de pareilles conditions et dans le but de former une variété avec deux éléments hétérogènes, sauf par un caractère commun.

Un seul passage. — Certains éleveurs se servent du Croisement simplement pour un passage dans le but, par exemple, de donner une poussée à un caractère qui paraît péricliter dans leur variété, puis retournent après à leur sélection.

C'est ainsi que l'éleveur de trotteurs doit, de temps en temps, croiser ses juments avec le Pur Sang Anglais pour raviver la vitesse

Voici quelques lignes de Darwin :

Il ne peut y avoir de doute que le croisement, joint à une sélection rigoureuse continuée pendant plusieurs générations, n'ait été un moyen puissant de modifier d'anciennes races et d'en créer de nouvelles. Lord Orford a croisé une fois seulement sa fameuse meute de lévriers avec le bouledogue, afin de donner à ses lévriers du courage et de la ténacité. Rev. W. D. Fox m'apprend que certains chiens d'arrêt (*Pointers*) ont été croisés avec les chiens employés à la chasse du renard (*Foxhounds*), pour donner aux premiers de la fougue et de la rapidité. On a infusé quelque peu de sang de la race de Combat dans quelques familles de Dorkings; j'ai connu un grand éleveur de pigeons qui, dans une seule circonstance, a croisé ses Turbits avec des Barbes, pour augmenter un peu la largeur du bec.

Dans les exemples que nous venons de citer, les races n'ont été croisées qu'une fois, dans le but de modifier un caractère particulier; mais, chez la plupart des races améliorées du porc, qui actuellement se reproduisent fidèlement, des croisements réitérés ont eu lieu. Ainsi, la race Essex améliorée, doit sa valeur à des croisements répétés avec la race Napolitaine, et probablement à quelque infusion de sang chinois. Il en a été de même pour les moutons anglais, dont presque toutes les races, la race dite *Southdown* exceptée, ont été largement croisées; c'est, du reste, l'histoire de toutes les races principales. (Darwin, *Variation des Animaux et des Plantes*, tome II, page 77).

Différence entre les variétés, résultat de Croisement, et les variétés obtenues par une longue sélection-consanguine. — Dans un esprit de considérations plus générales, le croisement entre variétés d'animaux domestiques donne, comme nous l'avons déjà dit, une constitution plus solide, un développement plus considérable, une santé plus parfaite que les produits obtenus par la Consanguinité en général. Ces conclusions sont la conséquence des principes énoncés en tête de ce chapitre. La faiblesse de constitution des races pures et sélectionnées pendant de nombreuses générations sur un caractère déterminé est le fait absolu de la domestication. Ces variétés, dites pures, sont donc moins rustiques, moins résistantes que les variétés dites croisées. Les premières demandent, surtout pendant la période de croissance, des soins beaucoup plus grands, une nourriture plus abondante et plus choisie, mais elles sont bien supérieures aux espèces dites croisées à partir de la fin de leur jeunesse au point de vue de la fixité du caractère cherché.

Les races pures ont du reste une autre supériorité sur les animaux obtenus par croisement, c'est leur précocité, quand les soins nécessaires ont présidé à l'élevage. Elles possèdent une sûreté beaucoup plus considérable pour la transmission du caractère cherché et sont très précieuses comme agents de premiers croisements.

Il est donc bien facile de distinguer ce qui sépare une variété qui tend à se propager par des croisements répétés, d'une variété fixe depuis de longues années par une sélection sévère sur un caractère déterminé.

Ce qui trouble quelquefois l'éleveur c'est que des résultats ont été obtenus avec des variétés différentes croisées entre elles.

Animaux à reproduction rapide et animaux à reproduction unique et annuelle. — Mais il faut remarquer que quand ces résultats ont été obtenus, difficilement et souvent par de simples passages, c'est toujours avec des animaux à reproduction rapide et donnant 30 à 40 sujets par an : les lapins, les porcs, les gallinacés, etc. C'est ici qu'intervient la notion du temps qui représente en élevage un facteur de premier ordre. J'ai essayé de faire saisir plus haut cette conception métaphysique, le lecteur est prié de s'y reporter. Comme l'homme proportionne tout à lui-même il arrivera plus facilement au résultat de ses travaux avec des animaux à reproduction multiple et rapide qu'avec des animaux à reproduction annuelle et il est facile d'imaginer qu'un résultat obtenu avec des lapins en trois ou quatre ans demandera cinquante années et plus avec le bœuf, le cheval, le mouton. Dans ces conditions un éleveur de chevaux passera sa vie à poursuivre un idéal qu'un éleveur de lapins ou de pigeons arrivera à atteindre même après des échecs répétés.

Le Croisement considéré comme cause directe du Retour. — Il me reste à parler d'un fait biologique assez curieux et qui est dû au Croisement. Le fait même du Croisement provoque le Retour. Je traiterai cette question naturelle au point de vue général, mais après avoir lu le volume et les exemples de retour dus aux croisements qui seront cités dans la partie technique de l'ouvrage, le lecteur qui voudra bien réfléchir trouvera quantité de chevaux illustres qui ont été des retours provoqués par le Croisement ou l'union de deux animaux croisés de la même manière.

Ces réflexions doivent jeter un certain jour sur la méthode de croisement comme méthode pratique de la fixation d'une variété.

Darwin qui ne possédait pas de théorie de l'Hérédité et du Retour chez les animaux domestiques, était certainement très surpris dans ses observations des cas de retours causés par le Croisement. Au surplus il ne comprenait le Retour que comme ramenant au premier plan des types ou disparus, ou très anciens. Aujourd'hui nous considérons comme des cas de Retour l'apparition de caractères ayant appartenu au grand-père, à l'arrière grand-père ou à des ancêtres un peu plus éloignés mais que nous pouvons avoir connus. Voici au surplus ce que dit Darwin sur le Croisement, considéré comme cause directe du Retour :

Le Croisement considéré comme cause directe du Retour. — On sait depuis longtemps que les hybrides et les métis font souvent retour à l'une ou l'autre des formes parentes, ou à toutes deux, après un intervalle de deux à sept ou huit générations, et même, suivant quelques autorités, plus tard encore. Toutefois, je ne crois pas qu'on ait encore démontré que le Croisement lui-même détermine le Retour, en tant que provoquant la réapparition de caractères depuis longtemps perdus. Ce qui le prouve, c'est que certaines particularités, qui ne caractérisent pas les parents immédiats, et qui ne peuvent, par conséquent, provenir d'eux, apparaissent souvent chez les descendants de deux races croisées, tandis qu'elles ne se présentent jamais, ou du moins sont extrêmement rares, chez les descendants de ces mêmes races, aussi longtemps qu'on les empêche de se croiser. Cette conclusion est si curieuse et si nouvelle, que je crois devoir en donner les preuves en détail.

MM. Boitard et Corbié ont affirmé que, lorsqu'ils croisaient certaines races de pigeons domestiques, ils obtenaient presque invariablement, parmi les produits du croisement, des oiseaux présentant les couleurs du biset sauvage (*C. livia*), ou celles du pigeon de colombier ordinaire, c'est-à-dire des oiseaux bleu ardoisé, avec la double barre ou des taches noires sur les ailes, le croupion blanc, des bandes noires sur la queue, et les rectrices extérieures bordées de blanc. Frappé de ces observations, j'ai entrepris une série d'expériences dont j'ai donné les résultats dans le sixième chapitre. J'ai choisi pour mes expériences des pigeons appartenant à des races pures et anciennes, dont aucune n'avait la coloration bleue, ni traces des marques précitées : en les croisant ensemble et en recroisant leurs produits hybrides, j'ai obtenu continuellement des oiseaux plus ou moins colorés en bleu ardoisé, et ayant tout ou partie des marques caractéristiques qui accompagnent ce plumage. Je puis rappeler au lecteur le cas d'un pigeon qu'on pouvait à peine distinguer d'un shetlandais sauvage, et qui était le petit-fils d'un pigeon heurté rouge, d'un paon blanc et de deux barbes noirs : oiseaux reproduisant rigoureusement leur type, et chez lesquels, accouplés entre eux et sans croisement, la production d'un pigeon semblable au biset eut été un véritable prodige.

J'ai aussi décrit, dans le septième chapitre, les expériences que j'ai faites sur les races gallines. J'ai choisi des races fixes depuis longtemps, parfaitement pures, et chez lesquelles il n'y avait pas trace de rouge, couleur qui reparut cependant sur les plumes de plusieurs des métis issus de leur croisement : j'ai obtenu particulièrement un oiseau magnifique, produit d'un coq espagnol noir et d'une poule soyeuse blanche, dont le plumage était presque exactement semblable à celui du *G. bankiva* sauvage. Or, quiconque s'est occupé de l'élevage des oiseaux de basse-cour, sait qu'on peut élever des milliers de poules espagnoles pures et de poules soyeuses pures, sans rencontrer la moindre apparence d'une plume rouge. L'apparition fréquente, d'après M. Tegetmeier, chez les oiseaux hybrides, de plumes transversalement barrées, comme celles de beaucoup de gallinacés, est également un cas de retour vers un caractère que possédait autrefois quelque ancêtre reculé de la famille. Grâce à l'obligeance de cet excellent observateur, j'ai pu étudier quelques plumes de la collerette et quelques rectrices d'un hybride entre la poule commune et une espèce très distincte, le *Gallus varius* : ces plumes étaient rayées transversalement et d'une manière fort remarquable de gris et de bleu métallique, caractère qui ne pouvait provenir d'aucun des deux parents immédiats.

M. B.-P. Brent m'a appris qu'ayant croisé un canard Aylesbury blanc avec une cane Labrador noire, deux races pures et très constantes, il obtint dans la couvée un caneton mâle ressemblant beaucoup au canard sauvage (*Anas boschas*). Il existe deux sous-races assez constantes du canard musqué (*Cairina moschata*), dont l'une est blanche et l'autre ardoisée : or, le Rév. W. D. Fox, m'informe que, lorsqu'on accouple un mâle blanc avec une femelle ardoisée, on obtient toujours des oiseaux noirs, tachetés de blanc comme le canard musqué sauvage. M. Blyth m'apprend que les hydrides du canari et du chardonneret ont toujours sur le dos des plumes rayées : or, ces races doivent descendre du canari sauvage primitif.

Nous avons vu dans le quatrième chapitre que le lapin, dit himalayen avec son corps blanc et les oreilles, le museau, la queue et les pattes noirs, se reproduit exactement. On sait que cette race provient du croisement de deux variétés de lapins gris argenté ; par conséquent, lorsqu'une lapine himalayenne, accouplée avec un lapin gris, a produit un lapin gris argenté, il y a eu évidemment là un cas de retour à l'une des variétés parentes primitives. Les lapins himalayens sont blanc de neige en naissant, et les marques foncées ne paraissent que quelques temps après : mais il naît occasionnellement des lapins d'un gris argenté, clair, teinte qui disparaît bientôt : nous avons donc là une trace, pendant les premières périodes de la vie, d'un retour aux variétés parentes en dehors de tout croisement récent.

Nous avons démontré, dans le troisième chapitre, que quelques races de bétail, dans les parties les plus sauvages de l'Angleterre, étaient autrefois blanches avec les oreilles de couleur foncée, et qu'actuellement le bétail qu'on conserve à demi-sauvage dans quelques parcs, ainsi que le bétail marron dans deux parties éloignées du globe, affectent également cette couleur. Un éleveur habile, M. J. Beasly, du Northamptonshire, a croisé quelques vaches West Highland soigneusement choisies, avec des taureaux courtes-cornes de race pure. Ces derniers étaient rouges, rouge et blanc, rouge foncé, et toutes les vaches étaient rouge nuancé de jaune clair. Une notable portion des produits étaient blancs, ou blancs avec les oreilles rouges. Or, si on considère qu'aucun des parents n'était blanc et que tous étaient de race pure, il est excessivement probable que les veaux, en conséquence du croisement, ont fait retour à la couleur de quelque ancienne race à demi-sauvage. Le cas suivant rentre, sans doute, dans le même ordre de faits : à l'état de nature, les vaches n'ont que des mamelles peu développées, et sont bien loin de fournir autant de lait que les vaches domestiques ; or, on a remarqué que les animaux issus du croisement de deux races également bonnes laitières, telles que les Alderneys et les courtes-cornes, sont souvent très inférieurs sous ce rapport.

Nous avons indiqué, en parlant du cheval, les raisons qui nous autorisent à conclure que la souche primitive devait être rayée et de couleur isabelle ; nous avons ensuite démontré par des faits que, dans toutes les parties du monde, on voit souvent reparaître le long de l'épine dorsale, sur les jambes et sur les épaules, parfois même sur la face et sur le corps des chevaux de toutes races, et de toutes couleurs, des raies de couleur foncée quelquefois doubles ou triples. Toutefois, les raies se présentent plus fréquemment sur les chevaux de couleur isabelle. Elles sont parfois très apparentes chez le poulain, et s'effacent ensuite. La nuance isabelle et les raies sont fortement héréditaires lorsqu'on croise avec un cheval, appartenant à une race quelconque, un individu qui possède ces caractères ; mais je ne saurais fournir la preuve que le croisement de deux races distinctes, qui ni l'une ni l'autre n'affectent la couleur isabelle, amène généralement la production des chevaux isabelles rayés, bien que cela arrive quelquefois.

Les jambes de l'âne portent souvent des raies, fait qu'on peut regarder comme un retour à la forme primitive sauvage, ordinairement rayée de la même manière, l'*Equus tæniopus* d'Abyssinie. Chez l'animal domestique, les bandes des épaules sont parfois doubles ou se bifurquent à leur extrémité, comme chez certaines espèces de zèbres. Il y a raison de croire que l'ânon porte plus souvent des raies sur les jambes que l'animal adulte. De même que pour le cheval, je ne saurais affirmer que le croisement de variétés différemment colorées, détermine chez les produits la formation des raies.

Passons aux résultats du croisement de l'âne avec le cheval. Bien qu'en Angleterre les mulets soient moins abondants que les ânes, j'en ai vu un très grand nombre qui portent des raies sur les jambes, raies beaucoup plus apparentes que chez l'une ou l'autre des formes parentes, surtout chez les mulets de couleur claire. J'ai observé chez un individu une raie des épaules profondément fourchue à son extrémité, et, chez un autre, une raie double, bien qu'elle se confondît en une seule à certains endroits. M. Martin a dessiné un mulet espagnol, ayant sur les jambes des raies semblables à celles du zèbre, et il constate que ce genre de taches est très fréquent chez ces animaux. Roulin affirme que, dans l'Amérique du Sud, ces mêmes raies sont beaucoup plus fréquentes et beaucoup plus apparentes chez le mulet que chez l'âne. Aux États-Unis, d'après M. Gosse, les neuf dixièmes des mulets portent sur les jambes des raies transversales foncées.

J'ai vu, il y a quelques années, au Jardin Zoologique de Londres, un triple hybride singulier, provenant d'une jument baie et d'un métis de zèbre femelle par un âne. Cet animal, ayant déjà un certain âge, n'avait presque plus de raies : mais le surveillant m'a assuré, que lorsqu'il était jeune, il portait sur les épaules des raies accentuées, et sur les flancs et sur les jambes des raies assez indistinctes. Je mentionne surtout ce fait à l'appui de l'hypothèse que les raies tendent à disparaître avec l'âge.

Le zèbre porte sur les jambes et sur le corps des raies très distinctes ; on pouvait donc s'attendre à retrouver le même caractère chez les hybrides provenant de l'accouplement de cet animal avec l'âne ; or, les figures données par le Dr Gray dans ses *Knowsley Gleanings*, et plus encore celles données par Geoffroy et F. Cuvier, semblent prouver que les raies sur les jambes sont beaucoup plus apparentes que sur le reste du corps ; il faut, pour expliquer ce fait, admettre que, par sa puissance de réversion, l'âne contribue à développer ce caractère chez le produit métis.

Le quagga porte, comme le zèbre, des raies sur toute la partie antérieure du corps, mais il n'en a pas sur les jambes ou n'en a que de faibles traces. Toutefois, le fameux hybride élevé par lord Morton, hybride provenant du croisement d'une jument arabe baie, presque pure, avec un quagga mâle, portait sur les jambes des raies beaucoup plus nettement définies et plus foncées que celles du quagga. Couverte ultérieurement par un cheval arabe noir, la même jument mit bas deux poulains, qui, tous deux, comme nous l'avons déjà dit, portaient des raies distinctes sur les jambes, l'un avait aussi des raies sur le cou et sur le corps.

L'*Equus Indicus* porte une raie sur le dos, mais il n'en a ni sur les épaules, ni sur les jambes; parfois, cependant, on remarque des traces de raies sur les jambes des adultes. Le colonel S. Poole, qui a eu l'occasion de faire de nombreuses observations sur ces animaux, m'affirme que, chez l'ânon, à sa naissance, la tête et les jambes portent souvent des raies, mais que la raie des épaules est moins prononcée que chez l'âne domestique; toutes ces raies, celle du dos exceptée, disparaissent bientôt. Or, un métis élevé à Knowley, provenant d'une femelle de cette espèce, par un âne domestique mâle, portait sur les quatre jambes des raies très prononcées; il avait trois raies courtes sur chaque épaule, et même quelques raies zébrées sur la face. Le Dr Gray m'apprend qu'il a eu occasion de voir un second métis de même provenance, rayé de la même manière.

Ces divers faits prouvent que le croisement entre les différentes espèces du genre *Equus*, a une tendance évidente à déterminer la réapparition de raies sur différentes parties du corps, et surtout sur les jambes. Nous ignorons si l'ancêtre primitif du genre portait des raies semblables, nous ne pouvons donc les attribuer à un effet de retour qu'à titre de simple hypothèse. Toutefois, si on considère les faits analogues et incontestables qui ont été observés chez les pigeons, les poules, les canards, etc., on doit en arriver à la même conclusion relativement au genre cheval; il faut alors admettre que l'ancêtre du groupe devait porter sur les jambes, sur les épaules, sur la face, et probablement sur tout le corps des raies semblables à celles du zèbre.

Enfin, le professeur Jaeger a observé un cas très intéressant chez les cochons. Il a croisé la race Japonaise avec la race Allemande commune, et il a obtenu des produits possédant des caractères intermédiaires. Il a croisé alors un de ces métis avec un individu de race Japonaise pure: au nombre des petits, il y en eût un qui ressemblait absolument à un sanglier; il avait un museau allongé, des oreilles relevées et des raies sur le dos. Il importe de remarquer que les jeunes de race Japonaise ne portent pas de raies, qu'ils ont un museau court et les oreilles pendantes.

Il semble que les animaux croisés aient la même tendance à recouvrer les instincts aussi bien que d'autres caractères perdus. Il est certaines races de poules qu'on nomme pondeuses constantes, parce qu'elles ont absolument perdu l'instinct de couver, au point qu'on a cru devoir, dans les ouvrages sur la basse-cour, signaler les rares exceptions où on a vu couver des poules appartenant à ces races. L'espèce originelle devait cependant être bonne couveuse; d'ailleurs, à l'état de nature, il est peu d'instincts qui soient plus énergiquement développés que celui-là. Or, il arrive si souvent que des poules provenant du croisement de deux races qui, l'une et l'autre, ont perdu l'habitude de couver, deviennent des couveuses de premier ordre, qu'il faut attribuer à un retour par croisement la réapparition de cet instinct perdu. Un auteur va même jusqu'à dire qu'un croisement entre deux variétés non couveuses produit presque invariablement un métis qui se met à couver avec une constance remarquable. Un autre auteur, après avoir cité un exemple frappant du même genre, remarque que la seule explication de ce fait réside dans le principe que deux négations valent une affirmation. On ne saurait toutefois pas affirmer que les poules, provenant d'un croisement entre deux races non couveuses, recouvrent invariablement l'instinct perdu, pas plus qu'on ne saurait affirmer que les pigeons ou les poules croisés reprennent toujours le plumage bleu ou rouge de leurs prototypes. J'ai élevé plusieurs poulets provenant d'une poule Huppée par un coq Espagnol, — deux races qui ne couvent pas, — et aucune des jeunes poules ne recouvra d'abord l'instinct perdu; mais une de ces poules, la seule que j'aie conservée, se mit à couver pendant la troisième année, et éleva toute une couvée de poulets. Dans ce cas, la réapparition d'un instinct primitif se produit à un âge plus avancé, fait analogue à celui que nous avons signalé à propos du plumage rouge du *Gallus bankiva*, lequel réapparait, chez des individus croisés ou purs de diverses races, à mesure qu'ils avancent en âge.

Les ancêtres de tous nos animaux domestiques devaient évidemment avoir, dans le principe, un naturel sauvage; or, lorsqu'on croise une espèce domestique avec une espèce distincte, domestiquée ou simplement apprivoisée, on obtient souvent des hybrides tellement sauvages, que le seul moyen d'expliquer ce fait, que le croisement a dû provoquer, est d'admettre un retour partiel au naturel primitif.

Le comte de Powis a autrefois importé de l'Inde du bétail à bosse complètement domestiqué, qu'il croisa avec des races anglaises, lesquelles appartiennent à une espèce distincte; son garde me fit remarquer, sans que je lui eusse posé aucune question, que les produits de ce croisement sont singulièrement sauvages. Le sanglier européen et le porc chinois domestique appartiennent presque certainement à deux espèces distinctes; sir F. Darwin a croisé une truie appartenant à cette dernière race avec un sanglier très apprivoisé; or, bien que les petits eussent une moitié de sang domestique dans les veines, ils devinrent excessivement sauvages, et refusèrent de manger les lavures de vaisselle comme le font les porcs ordinaires anglais. Le capitaine Hutton a croisé dans l'Inde une chèvre apprivoisée avec un bouc sauvage de l'Himalaya; il m'écrit que les petits sont extrêmement sauvages. M. Hewitt, qui a opéré un grand nombre de croisements entre des faisans mâles apprivoisés et cinq races de poules, fait remarquer qu'une grande sauvagerie caractérise tous les produits de ces unions; j'ai cependant vu une exception à cette règle. M. S.-J. Salter, qui a élevé un grand nombre d'hybrides provenant d'un croisement entre une poule Bantam et un coq *Gallus Sonneratii*, a remarqué aussi qu'ils étaient tous très sauvages. M. Waterton a élevé quelques canards sauvages provenant d'œufs couvés par une cane ordinaire; il laissa ensuite ces canards se croiser librement, tant les uns avec les autres qu'avec les canards domestiques ordinaires, et remarqua que les produits de ces croisements étaient à moitié sauvages, à moitié apprivoisés, et que, tout en s'approchant des fenêtres pour venir prendre leur nourriture, ils conservaient un air défiant et circonspect tout à fait singulier.

D'autre part, les mulets qui proviennent du croisement entre la jument et l'âne, ne sont certainement pas sauvages, mais ils ont un caractère obstiné et vicieux. M. Brent, qui a croisé des Canaris avec plusieurs espèces de pinsons, n'a pas remarqué que les produits fussent particulièrement sauvages; je dois ajouter toutefois que M. Jenner Weir, la plus haute autorité en ces matières, a une opinion toute contraire. M. Weir fait remarquer que le tarin est un des oiseaux de cette famille que l'on apprivoise le plus facilement et que, cependant, les jeunes croisés sont aussi sauvages que les oiseaux dont on vient de s'emparer et qu'ils essaient continuellement de s'échapper. Trois personnes qui ont élevé des hydrides entre le canard commun et le canard musqué, m'ont affirmé qu'ils n'étaient point sauvages, mais M. Garnett a constaté, chez ses hybrides femelles, certaines dispositions sauvages et migratoires dont on ne trouve aucune trace ni chez le canard ordinaire ni chez le canard musqué. Le canard musqué ne cherche jamais à s'échapper, et il n'est redevenu sauvage ni en Europe, ni en Asie, sauf, toutefois, d'après Pallas, sur les bords de la mer Caspienne; quant au canard commun, il ne redevient sauvage que dans les pays où se trouvent de grands lacs et des marais. On sait cependant qu'un assez grand nombre d'hybrides provenant de ces deux canards ont été tués à l'état complètement sauvage, bien que le nombre de ceux qu'on élève soit très restreint relativement à celui des deux espèces pures. Il est improbable que ces hybrides doivent leur caractère sauvage à l'union d'un canard musqué avec un véritable canard sauvage; on sait, en tout cas, qu'il n'en est pas ainsi dans l'Amérique du Nord; nous sommes donc autorisés à conclure que, chez ces hybrides, la sauvagerie, ainsi que la faculté de voler, sont des effets de retour.

Ces derniers exemples nous rappellent les remarques que les voyageurs ont si souvent faites dans toutes les parties du monde, sur la dégradation et le caractère sauvage des races humaines croisées. Personne ne conteste qu'il existe des mulâtres dont le caractère et le cœur sont excellents; il serait difficile de rencontrer un peuple plus doux et plus aimable que les habitants de l'île de Chiloé, originaires de croisements, en proportions variées, entre Indiens et Espagnols. D'autre part, il y a bien des années, longtemps avant de songer au sujet que je traite actuellement, j'ai été frappé du fait que, dans l'Amérique du Sud, les hommes descendant de croisements complexes entre des Nègres, des Indiens et des Espagnols présentaient rarement, quelle qu'en puisse être la cause, un aspect sympathique. Après avoir décrit un métis du Zambesi, que les Portugais lui signalaient comme un monstre d'inhumanité, Livingstone remarque: « Je ne saurais dire pourquoi les métis, comme l'homme en question, sont infiniment plus cruels que les Portugais, mais le fait est incontestable. » Un habitant disait à Livingstone : « Dieu a créé l'homme blanc, et Dieu a créé l'homme noir; mais c'est le diable qui a créé les métis. » Lorsque deux races, toutes deux inférieures, viennent à se croiser, leurs descendants paraissent être extrêmement méchants. Ainsi, le grand Humboldt, qui n'avait aucun préjugé contre les races inférieures, s'exprime en termes énergiques sur le caractère sauvage et méchant des Zambos, ou métis des Indiens et des Nègres, et plusieurs observateurs ont confirmé sa manière de voir. Ces faits doivent peut-être nous faire admettre que l'état de dégradation dans lequel se trouvent tant de métis, peut être attribué autant à un retour vers une condition primitive et sauvage déterminé par le croisement, qu'au détestable milieu moral dans lequel ils sont généralement placés. (Darwin, *de la variation des Animaux et des Plantes*, tome II, pages 15 à 23).

Si l'on veut bien élargir la conception de Darwin on peut se dire que le Retour se produit plus facilement entre deux animaux croisés, en ce sens que cette sorte d'alliance provoque la production d'animaux qui sont des retours de leurs ancêtres d'un degré plus ou moins éloigné. Voici comment notre théorie du Retour ou de l'Hérédité chez les animaux domestiques explique et détermine les causes biologiques de pareils événements naturels. Si on imagine, par exemple, qu'on allie ensemble deux animaux provenant de variétés voisines, il y a dans l'enkystement du noyau de conjugaison une disposition des plasmas qui n'est plus aussi régulière que celle qui aurait eu lieu entre les plasmas d'animaux d'une même variété. Par suite d'une certaine opposition de ces deux plasmas de composition plus hétérogène, il peut y avoir une disposition de ces plasmas qui donne la prépondérance et le premier rang à des couches plus anciennes et qui placent le plasma plus récent de l'une des variétés au premier rang en rejetant l'autre plasma tout à fait en arrière, de sorte que le Croisement paraît produire un animal remontant à un degré plus ou moins ancien des ancêtres de l'un des parents.

Puisque cet ouvrage est écrit plus spécialement pour les éleveurs de chevaux, je n'hésiterai pas à mettre sous les yeux un exemple pris dans les trotteurs. Cet exemple c'est Email dont le pédigree succinct peut s'écrire ainsi :

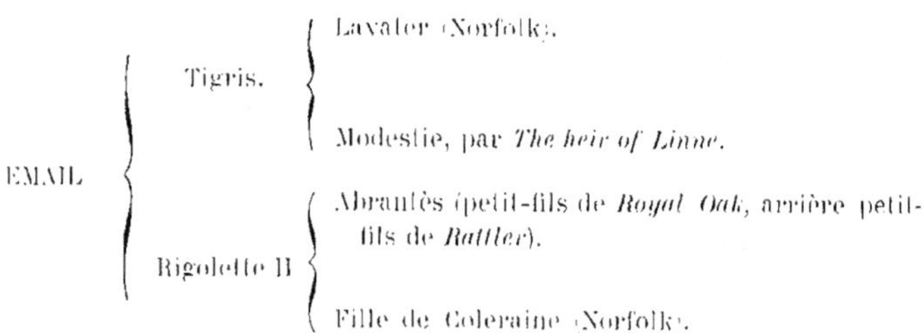

Il est assez curieux de remarquer que Email, produit d'un choc entre deux animaux croisés du Norforlk et du Pur Sang, rappelle absolument le Pur Sang et n'a conservé aucun caractère extérieur du Norfolk. Au physique et au moral c'est un Pur Sang. Distinction, finesse de tissus, beauté, intelligence, courage, endurance, il a tout de ses ancêtres Anglais purs et rien de ses courants de Norfolk qui paraissent avoir totalement disparu pour ne laisser apparaître que les seuls ancêtres purs. Toute personne qui a vu courir cet admirable animal ou qui le verrait encore aujourd'hui reconnaîtrait qu'il n'a plus rien du Norfolk et qu'il avait en courses toutes les qualités d'un admirable cheval de courses.

C'est là un exemple très important et très curieux entre mille du Retour obtenu par les méthodes de Croisement.

Dans la suite de cette étude nous aurons souvent à citer des faits de ce genre qui seraient absolument incompréhensibles s'ils n'étaient éclairés par la théorie aussi simple que profonde de la transmission du plasma germinatif à travers les âges de Weissmann, augmentée de notre théorie de l'Hérédité par retour chez les animaux domestiques.

Nous souhaitons vivement que ces idées biologiques impressionnent nos lecteurs et les incitent à poursuivre plus loin leurs études naturelles.

CHAPITRE V

De l'impression des organes génitaux femelle par la substance germinative mâle. — Une légende arabe. — Etude scientifique de Darwin. — Embarras des naturalistes pour fournir une explication théorique. — La théorie de l'imprégnation. — Inanité de la théorie de la saturation de Bruce-Lowe. — Conséquence de l'imprégnation au point de vue particulier de l'élevage du cheval. — Perturbation des lois de l'Hérédité et de la Variabilité. — Détermination des limites de ces perturbations.

L'Imprégnation. — Nous sommes arrivés à examiner une série de faits troublants qui ont été niés longtemps par les naturalistes les plus éminents et dont jusqu'ici aucune explication théorique n'a été fournie et qui paraissent attaquer jusque dans leur fondement les principes de l'Hérédité et de la Variabilité. Je vais formuler le phénomène naturel qui a poursuivi longtemps mon imagination sans que je pusse trouver une explication théorique, au point que j'en étais arrivé, malgré les preuves les plus flagrantes, à me ranger dans le camp de ceux qui veulent ignorer de pareils phénomènes. Malheureusement la négation n'apporte jamais avec elle la satisfaction intime chez le philosophe et à force de poursuivre la vérité j'ai trouvé l'explication de la façon la plus simple et la plus élémentaire.

La proposition s'énonce ainsi : Lorsque la substance germinative mâle vient à pénétrer dans les organes génitaux de la femelle pour provoquer l'enkystement avec le plasma germinatif de la femelle pour la formation du noyau, il y a ou plutôt il peut y avoir imprégnation des organes génitaux de celle-ci par la substance mâle; cette imprégnation peut avoir pour conséquences d'influencer la seconde fécondation consécutive à la première au point que la substance mâle de la première fécondation se retrouve dans une fécondation ultérieure. Comme je m'adresse dans ce volume à des éleveurs de chevaux, je dirai par exemple : si une jument est couverte une première fois par un étalon et une seconde fois par un autre étalon qui seul la féconde, le produit du second étalon peut être influencé par certains caractères du premier.

Des vétérinaires fort experts et de la plus grande probité, entre autres M. Caillet père, vétérinaire à La Charité-sur-Loire (Nièvre), m'avaient souvent affirmé qu'une jument ayant eu un poulain d'un étalon, quoique couverte l'année suivante par un autre étalon, avait produit un poulain qui avait des caractères de l'étalon de l'année précédente. Les mêmes observateurs m'affirmaient qu'une jument couverte à deux reprises par deux étalons différents et sans qu'il y ait de doute possible au sujet de la paternité du second avait donné un produit rappelant le premier cheval qui, en aucune façon, ne pouvait avoir fécondé la mère. J'avais toujours repoussé ces idées. Lorsque je me mis à l'étude et que je lus le résultat des observations consignées par Darwin, je fus bien forcé de reconnaître les faits qui étaient signalés et que chacun de nous peut reproduire, mais je me demandais toujours l'explication d'un pareil phénomène. Je fus amené à croire à un état de chose naturel dans la production de ces faits, par des considérations philosophiques.

Certains sentiments humains sont le résultat de conventions sociales de préjugés résultant de la civilisation ; ce sont, en un mot, des sentiments acquis mais non des instincts naturels ancestraux : tel est, par exemple, l'horreur de l'inceste dans l'humanité. Ce sentiment est presque universel et pourtant comme nous l'avons démontré dans notre théorie de la Consanguinité, l'inceste est pratiqué dans la nature d'une façon complètement permanente. Voici du reste quelques réflexions empruntées sur ce sujet à Darwin :

Relativement à l'homme, la question des unions consanguines, sur laquelle je ne m'étendrai pas longuement, a été discutée à divers points de vue par plusieurs auteurs. M. Tylor, a démontré que, dans les parties du monde les plus diverses, et chez les races les plus différentes, les mariages entre parents, — même éloignés — ont été rigoureusement interdits. Il y a toutefois bien des exceptions à cette règle, exceptions indiquées en détail par M. Huth. Il n'en est pas moins intéressant de se demander comment ces interdictions ont pu se produire pendant les temps primitifs et les époques barbares. M. Tylor est disposé à croire que la prohibition presque universelle des mariages consanguins doit son origine à l'observation des effets nuisibles qui en résultent ; il explique, de façon ingénieuse, quelques anomalies apparentes dans la prohibition, qui ne s'applique pas également aux mêmes degrés de parenté du côté masculin et du côté féminin. Il admet toutefois que d'autres causes, telles que le développement des alliances, ont pu jouer un rôle dans cette question. D'autre part, M. W. Adam pense que les mariages entre parents rapprochés sont vus avec répugnance et prohibés, par suite de la confusion qui en résulterait dans la transmission de la propriété, et d'autres raisons encore plus abstraites ; mais, je ne puis admettre cette hypothèse, en présence du fait que les sauvages de l'Australie et de l'Amérique du Sud, qui n'ont pas de propriétés à transmettre, ni de sens moral bien délicat, et qui s'inquiètent, d'ailleurs, fort peu de ce qui peut arriver à leurs descendants, ont horreur de l'inceste.

Ce sentiment, d'après M. Huth, est le résultat indirect de l'exogamie ; il soutient, en effet, que, dès qu'une tribu cesse de pratiquer l'exogamie pour devenir endogame, de sorte que les mariages se font strictement désormais dans le sein même de la tribu, il est probable qu'une trace des anciens usages se perpétue et qu'on défend le mariage avec des parents trop rapprochés. Quant à l'exogamie en elle-même, M. Mac Lennan attribue cette coutume à la rareté des femmes, conséquence du meurtre des enfants du sexe féminin et de quelques autres habitudes.

M. Huth a clairement démontré qu'il n'existe pas chez l'homme de sentiment instinctif contre l'inceste, pas plus qu'il n'en existe chez les autres animaux sociables. Nous savons avec quelle facilité un sentiment ou un préjugé quelconque peut se transformer en une véritable horreur, chez les Hindous, par exemple, par rapport à tous les objets qui peuvent leur causer une souillure. Bien qu'il ne semble y avoir chez l'homme aucun sentiment héréditaire bien prononcé contre l'inceste, il est possible que les hommes, pendant les temps primitifs, aient pu être excités davantage par les femmes qui leur étaient étrangères, que par celles avec lesquelles ils cohabitaient habituellement; M. Cupples, par exemple, a remarqué que les lévriers mâles préfèrent les chiennes étrangères, tandis que les chiennes préfèrent les chiens qui les ont déjà couvertes. S'il est vrai qu'un sentiment analogue ait autrefois existé chez l'homme, il est possible qu'il ait engendré une préférence pour les mariages en dehors des parents les plus rapprochés; cette préférence a dû se développer ensuite davantage, en raison de ce que les descendants de semblables mariages devaient survivre en nombre plus considérable, comme l'analogie nous porte à le penser.

On ne saura jamais avec certitude, jusqu'à ce qu'on ait fait un recensement particulier pour s'en assurer, si les mariages consanguins tolérés chez les peuples civilisés, et qui ne constitueraient pas chez les animaux domestiques des unions consanguines, sont ou non de nature à amener une certaine dégénérescence chez l'homme.

Mon fils, Georges Darwin, s'est livré à ce sujet aux recherches statistiques les plus complètes qu'il soit possible de faire à notre époque; ces recherches et celles du docteur Mitchell, qu'il a contrôlées avec soin, l'autorisent à conclure que les témoignages sont contradictoires en tant qu'il s'agit d'effets nuisibles, mais en tout cas, que le préjudice causé par ces mariages est extrêmement faible. (DARWIN, *De la variation des Animaux et des Plantes*, t. II, pages 108 à 110).

D'autres sentiments sont aussi forts que l'horreur de l'inceste dans l'humanité et ne sont pas des sentiments naturels. Par exemple, les sentiments religieux, l'amour de Dieu, le fanatisme, etc., sont des sentiments acquis par la civilisation et doivent être absolument distingués des sentiments naturels, tels que l'amour maternel, par exemple. Parmi ceux qu'il est impossible de ne pas classer dans cette catégorie, il faut noter au premier rang l'amour du mâle pour sa femelle et la jalousie chez l'homme et les mâles des animaux supérieurs.

Lorsque des chevaux vivent en liberté, comme dans les déserts de l'Asie, chaque troupeau a un chef qui est l'étalon le plus puissant, le plus vigoureux et le plus prolifique. C'est lui qui commande la tribu, donne les ordres pour la marche, le repos, le pâturage, etc. Comme les chevaux sont polygames, il a pour fonction également de féconder les femelles. Aucun autre mâle n'oserait attenter à son autorité et il veille avec jalousie aux prérogatives sexuelles qui sont son apanage. Les jeunes étalons qui suivent le troupeau n'ont aucun droit pour exercer leurs fonctions génitales; ils se soumettent ou ils combattent le chef jusqu'à la mort. (C'est ainsi que la sélection sexuelle nous a donné les caractères secondaires sexuels du mâle). Ou bien alors un jeune étalon s'empare de quelques juments et fuit avec elles, cherchant dans la lutte de vitesse à triompher ainsi d'un adversaire plus puissant dans le combat. Quoi qu'il en soit, tous les animaux sont jaloux de leurs femelles.

Au sujet de ce sentiment chez l'homme, je ne m'étendrai pas dans une dissertation inutile, lorsque tout le monde sait que ce sentiment cause à chaque instant des troubles dans la société, des crimes et des suicides. Nous savons donc que la jalousie a des racines profondes qu'il est impossible de détruire.

Il faut alors absolument que la nature l'ait créé pour qu'il soit aussi puissant et, en effet, il se trouve pour ainsi dire inné chez le mâle des espèces sauvages supérieures et chez l'homme. Il est l'expression la plus énergique du moi intime, car il est la revendication indispensable de la légitimité des enfants. Que les animaux soient monogames ou polygames, ils ne cèdent leurs femelles qu'à la mort. Ils déploient, pour empêcher leur possession par d'autres mâles, toute leur énergie, toute leur vitalité et ils succombent plutôt que de les voir passer à un autre.

Si nous nous rappelons la signification de la reproduction sexuelle, l'explication d'un pareil sentiment paraît évidente, car le mâle et la femelle, suivant notre théorie, forment l'être entier, complet, et ce n'est pas pour la femelle, c'est pour sa vie, sa propre liberté, son moi, que le mâle combat et qu'il meurt.

C'est en analysant ce sentiment simple dans la conception théorique de l'être sexuel que m'est apparue l'explication physiologique de l'imprégnation des organes femelle par la substance germinative mâle.

Une légende arabe. — Les Arabes ont été les premiers à nous enseigner qu'il ne fallait pas livrer une jument de haute origine, de race pure, à un étalon commun; ils considéraient comme une souillure indélébile le fait qu'une jument pure aurait été couverte par un étalon d'une race inférieure. Pour eux, une telle jument aurait été indigne, après avoir été ainsi salie, de reproduire des chevaux de haute race. Notez bien qu'il lui suffisait d'avoir été couverte, quand bien même elle n'aurait pas été fécondée, pour être déshonorée et impropre pour toujours à la reproduction de la race pure. A ce sujet, la doctrine était formelle et a été transmise correctement à travers les générations d'éleveurs arabes; les Anglais l'ont importée d'Orient avec leurs étalons et leurs juments. Elle a fait partie depuis des siècles du *credo* de tous les grands éleveurs anglais.

Etude scientifique de Darwin. — En France, cette influence du père, postérieure à la fécondation et en dehors de toute fécondation sur les organes génitaux maternels est connue et admise par une petite quantité de personnes, mais elle ne forme pas un corps de doctrine officielle, et nous savons que dans notre pays, pour qu'une doctrine soit admise, il faut qu'elle soit enseignée officiellement. Au contraire, cette doctrine est généralement combattue ou niée. Avec les théories anciennes ou mêmes nouvelles sur la Reproduction, l'Hérédité et la Variabilité, elle est inexplicable et de plus gênante. Elle renverse tout ce qu'on pouvait imaginer de plus stable. Disons le mot, cette idée de l'influence d'un autre mâle que le vrai père, est ennuyeuse et désagréable.

En effet, lorsqu'il s'agit d'un enseignement officiel, même supérieur, il faut avoir quelque chose à dire, et là on ne peut que dénoncer des faits constants, faciles à provoquer sur les plantes par exemple, mais on ne peut pas donner aux faits une explication en rapport avec les théories en usage. J'ai moi-même été dans ces dispositions, car lorsque j'essayais de faire intervenir ma théorie de l'Hérédité pour l'explication de l'influence de la substance germinative mâle sur les organes femelle, j'étais obligé de reconnaître que rien n'était expliqué. Je me proposais aussitôt de passer sous silence un phénomène aussi important par crainte d'avouer que ma théorie était en défaut et ne fournissait pas l'explication nécessaire à un ordre de faits considérables. J'avais la lâcheté, bien humaine, de ne pas oser reconnaître la faiblesse de mon intelligence et le peu de puissance de mon cerveau. Enfin, après de pénibles recherches, entremêlées de découragements, la lumière se fit d'un seul coup avec la clarté de l'évidence et la simplicité enfantine de la vérité. Avant de pénétrer dans la démonstration théorique, nous mettrons sous les yeux du lecteur, une série de faits naturels qui ne sont pas des contes ni des légendes mais des faits capables d'être reproduits à chaque instant. La légende arabe n'a qu'une importance relative, elle est d'un ordre plutôt anecdotique et pittoresque. Elle fait très bien dans le sujet, mais en elle-même ne prouve absolument rien. Si au contraire, nous arrivons à prouver que la prudence des Arabes avait été justement mise en éveil, et que leurs précautions au sujet des relations intimes de leurs juments avec les mâles n'étaient pas superflues, on avouera que les Arabes ont du obéir en se soumettant aux instructions de leurs ancêtres, aux résultats d'une expérience ancienne dont l'écho se répercutait chez eux de génération en génération.

Nous reproduisons donc ci-dessous l'opinion de Darwin ainsi que les cas nombreux d'influence de la substance germinative mâle sur les organes de la femelle qu'il a réunis. Nous voyons que lui et les autres naturalistes ne font que constater, sans pouvoir expliquer, des phénomènes qui paraissent surprendre tout le monde :

De l'action directe et immédiate de l'élément mâle sur la forme maternelle. — Nous avons maintenant à examiner une autre catégorie de faits remarquables, et qui doivent prendre place ici, d'abord parce qu'ils ont une grande importance physiologique et, en second lieu, parce qu'on les a invoqués pour expliquer quelques cas de variations par bourgeons; je veux parler de l'action directe que peut exercer l'élément mâle, non de la façon ordinaire sur les ovules, mais sur certaines parties de la plante femelle, ou, quand il s'agit des animaux, sur la progéniture ultérieure de la femelle fécondée par un second mâle. Il importe de rappeler que, chez les plantes, l'ovaire et les enveloppes des ovules sont évidemment des parties de la femelle, et on ne pouvait prévoir qu'elles dussent être affectées par le pollen d'une variété ou d'une espèce étrangère, bien que le développement de l'embryon dans le sac embryonnaire, à l'intérieur de l'ovule et de l'ovaire, dépende incontestablement de l'élément mâle.

Dès 1729, on avait observé que les variétés blanches et bleues du Pois se croisent mutuellement, lorsqu'elles se trouvent rapprochées les unes des autres (et cela sans doute par l'intermédiaire des abeilles), de sorte qu'en automne on trouve dans les mêmes cosses des pois bleus et des pois blancs. La même observation a été faite dans ce siècle par Wiegmann, et le même résultat a été fréquemment obtenu lorsqu'on a tenté des croisements entre des variétés de pois de couleurs différentes. Ces données déterminèrent Gartner, fort sceptique à cet endroit, à entreprendre une longue série d'expériences. Il choisit les variétés les plus constantes et obtint des résultats décisifs, qui prouvèrent que la couleur de la pellicule du pois est modifiée lorsqu'on emploie pour la fécondation le pollen d'une variété autrement colorée. De nouvelles expériences faites par le Rév. J.-M. Berkeley ont confirmé cette assertion.

M. Laxton, de Stamford, occupé aussi d'expériences sur les pois pour déterminer l'action d'un pollen étranger sur la plante mère, a récemment observé un fait nouveau et important. Il avait fécondé le *grand Pois sucré*, dont les cosses sont vertes, très minces et deviennent d'un blanc brunâtre lorsqu'elles sont sèches, avec du pollen du *Pois à cosses pourpres*, dont les cosses colorées, comme l'indiquent leur nom, sont très épaisses, et deviennent d'un rouge pourpre pâle à l'état sec. M. Laxton a cultivé pendant vingt ans le grand Pois sucré sans lui avoir vu produire une seule cosse pourpre, et sans jamais avoir entendu dire que cela soit arrivé, cependant, une fleur fécondée par le pollen de la variété pourpre produisit une cosse nuancée de rouge pourpré, que M. Laxton a bien voulu m'envoyer. Cette couleur occupait une longueur d'environ 5 centimètres vers l'extrémité de la cosse, et un espace plus petit près de la base. J'ai comparé cette cosse à celle du Pois pourpré, après les avoir fait sécher et ensuite tremper dans l'eau ; elles avaient absolument la même couleur, et, chez l'une comme chez l'autre, la coloration était limitée aux cellules placées immédiatemement au-dessous de la membrane extérieure de la cosse. Les valves de la cosse chez la variété croisée étaient certainement plus épaisses et plus fortes que chez celles de la plante mère, circonstance peut-être accidentelle, car je ne sais pas jusqu'à quel point l'épaisseur de la cosse est un caractère variable chez le grand Pois sucré.

Les Pois desséchés de cette dernière variété sont brun-verdâtre pâle, couverts de points foncés pourpres assez petits pour n'être visibles qu'à la loupe, et jamais M. Laxton n'a observé ou entendu dire que cette variété ait produit un pois pourpre; toutefois la cosse croisée contenait un pois affectant une magnifique teinte pourpre violacée, et un second irrégulièrement tacheté de pourpre pâle. La couleur réside dans l'enveloppe extérieure du pois. Comme les pois de la variété à cosses pourprées sont d'une couleur chamois verdâtre pâle à l'état sec, il semblerait que ce changement remarquable dans la coloration du pois croisé ne puisse pas avoir été causé par l'action directe du pollen de la variété à cosses pourprées; mais si nous remarquons que cette dernière variété porte des fleurs pourpres, que ses stipules et ses cosses portent des taches de cette couleur, et que le grand Pois sucré a aussi des fleurs et des stipules pourpres et que les grains sont couverts de points microscopiques pourpres, on peut admettre que la tendance à la production de cette couleur chez les deux formes parentes a, par sa combinaison, modifié la coloration du pois dans la cosse croisée. Après avoir examiné ces échantillons, j'ai croisé les deux mêmes variétés; les pois d'une cosse, mais pas les cosses elles-mêmes, étaient teintés de rouge pourpré d'une manière plus apparente que ceux contenus dans les cosses non croisées produites en même temps par les mêmes plantes. Je dois faire remarquer que j'ai reçu de M. Laxton divers autres pois croisés dont la couleur était plus ou moins modifiée, mais le changement était, dans ce cas, dû à une altération de la teinte des cotylédons, visible au travers de l'enveloppe transparente des pois; or, les cotylédons étant une partie de l'embryon, il n'y a là rien de remarquable.

Passons au genre *Matthiola*. Le pollen d'une variété peut affecter quelquefois la couleur des graines d'une autre variété employée comme plante mère. Je cite d'autant plus volontiers le cas suivant, que Gartner a mis en doute des résultats analogues signalés antérieurement par d'autres observateurs. Le major Trevor Clarke, horticulteur bien connu, m'apprend que les graines de la *Matthiola annua* (*Cocardeau*), plante bisannuelle à grandes fleurs rouges, sont brun clair, tandis que celles de la *M. incana* sont violet noirâtre; il a observé que, lorsqu'on féconde des fleurs de la plante rouge avec du pollen de la seconde, elles donnent environ cinquante pour cent de graines *noires*. Il m'a envoyé quatre siliques de la plante à fleurs rouges, dont deux fécondées par leur propre pollen renfermaient des graines brun pâle; les deux autres qui avaient été fécondées par du pollen de la variété violette, contenaient des graines fortement teintées de noir. Ces dernières produisirent des plantes à fleurs violettes, comme la plante paternelle, tandis que les graines brunes produisirent des plantes à fleurs rouges normales; le major Clarke a obtenu sur une plus grande échelle les mêmes résultats. Il y a donc là une démonstration concluante de l'action directe du pollen d'une espèce sur la couleur des graines d'une autre espèce.

Gallesio a fécondé les fleurs d'un oranger avec le pollen d'un citronnier; chez un des fruits ainsi obtenus une bande longitudinale du zeste avait la couleur, le goût et tous les caractères du citron. M. Anderson a fécondé un melon à pulpe verte avec le pollen d'un autre melon à chair rouge; chez deux des fruits obtenus il y eut un changement appréciable; quatre autres étaient quelque peu modifiés tant à l'intérieur qu'à l'extérieur. Les graines des deux premiers fruits ont produit des plantes qui participaient aux propriétés des deux formes parentes. Aux États-Unis, où on les cultive sur une grande échelle, on croit généralement que le fruit des Cucurbitacées est affecté par l'emploi d'un pollen étranger, et il en est de même en Angleterre pour les concombres. On sait que des raisins ont été ainsi modifiés au point de vue de la couleur, de la grosseur et de la forme; en France, on a modifié le jus d'une variété blanche en se servant du pollen de la variété foncée dite *Teinturier*; une autre variété, en Allemagne, a produit des grains modifiés par le pollen de deux variétés voisines; quelques grains n'étaient que partiellement affectés et marbrés

Dès 1751, on a observé que lorsque des variétés de maïs affectant des couleurs différentes croissent à proximité les unes des autres, les graines respectives de ces variétés sont mutuellement affectées; ce fait constitue une croyance populaires aux États-Unis. Le Dr Savi a fait des expériences précises à ce sujet; il sema ensemble des maïs à grains jaunes et à grains noirs, et obtint sur un même épi des grains jaunes, des grains noirs et quelques grains marbrés; les grains de différentes couleurs étaient disposés en rangées ou répartis irrégulièrement. Le professeur Hildebrand a répété cette expérience en ayant soin de s'assurer de la pureté de la race de la plante mère. Il a fécondé une variété produisant des grains jaunes avec le pollen d'une variété produisant des grains bruns et il a obtenu deux épis pleins de grains jaunes mélangés à d'autres affectant une teinte violet sale. Un troisième épi ne produisit que des grains jaunes, mais un côté du pivot se colora en brun rougeâtre; ce fait important prouve que l'influence du pollen étranger s'étend jusqu'à l'axe. M. Arnold, au Canada, a modifié l'expérience de façon intéressante : il a soumis « une fleur femelle, d'abord à l'action du pollen d'une variété jaune, puis à l'action du pollen d'une variété blanche; il a obtenu des épis dont chaque grain était jaune par dessous et blanc par dessus. » On a observé parfois chez d'autres plantes que le produit du croisement porte les marques de l'influence des deux espèces de pollen, mais dans le cas que nous venons de citer, les deux espèces de pollen ont exercé leur influence sur la plante mère.

M. Sabine affirme que la forme presque globulaire de la capsule des graines de l'*Amaryllis vittata* s'altère à la suite de la fécondation de cette plante par le pollen d'une autre espèce dont la capsule est anguleuse. Un botaniste bien connu, M. Maximowicz, a décrit en détail les résultats étonnants obtenus par la fécondation réciproque chez un genre voisin, le *Lilium bulbiferum* et le *L. davuricum*. Chacune de ces espèces fécondée avec le pollen de l'autre a produit des fruits non pas semblables aux siens propres mais presque identiques à ceux de l'espèce qui avait fourni le pollen. Il résulte, toutefois, d'un accident qu'on a pu examiner avec soin, seulement les fruits de la seconde espèce. Les graines présentaient des caractères intermédiaires au point de vue du développement des ailes.

Fritz Müller a fécondé le *Cattleya Leopoldi* avec le pollen de l'*Epidendron cinnabarinum*: les capsules obtenues contenaient très peu de graines, mais ces graines présentaient un aspect étonnant que, d'après la description qui en a été faite, deux botanistes, Hildebrand et Maximowicz, attribuent à l'action directe du pollen de l'*Epidendron*.

M. J. Anderson Henry a fécondé de *Rhododendron Dalhousiæ* avec le pollen du *R. Nuttallii*, une des espèces du genre qui porte les plus grandes et les plus belles fleurs. La plus grande gousse produite par la première espèce fécondée avec son propre pollen mesurait 32 millimètres de longueur et 38 millimètres de circonférence, tandis que trois des gousses, qui avaient été fécondées par le pollen du *R. Nuttallii*, mesuraient 41 millimètres de longueur et 51 millimètres de circonférence. Dans ce cas l'action du pollen étranger paraît se borner à augmenter les dimensions de l'ovaire: mais, comme le prouve le cas suivant, il faut être très circonspect avant d'affirmer que l'augmentation en grosseur a été directement transférée par l'élément mâle à la capsule de la plante femelle. M. Henry a fécondé l'*Arabis blepharophylla* avec le pollen de l'*A. Soyeri*, et a obtenu des gousses dont il m'a communiqué les dimensions et les croquis: ces gousses étaient beaucoup plus grandes que celles produites naturellement par les espèces parentes mâle ou femelle. Nous verrons dans un chapitre subséquent que, chez les plantes hybrides, les organes de la végétation se développent quelquefois à un degré monstrueux, indépendemment des caractères des parents, et il est possible que l'augmentation en grosseur des gousses dont nous venons de parler soit un cas analogue. D'un autre côté, M. de Saporta m'apprend que la *Pistacia vera* femelle est souvent fécondée par le pollen du *P. terebinthus* s'il en existe dans les environs; dans ce cas, les fruits produits par la plante femelle n'ont que la moitié de leur grandeur ordinaire, ce qu'il attribue à l'influence du pollen du *P. terebinthus*.

L'action directe du pollen d'une variété sur une autre n'est nulle part plus remarquable ni mieux démontrée que dans le cas du pommier ordinaire. Chez cet arbre, le fruit se compose de la partie inférieure du calice et de la partie supérieure du pédoncule floral métamorphosé, de sorte que l'influence du pollen étranger se fait sentir au-delà des limites de l'ovaire. Bradley, au commencement du siècle dernier, a enregistré des cas de pommes ainsi affectées, et on trouve d'autres cas analogues dans d'anciens volumes des *Transactions philosophiques*: l'un est relatif à deux variétés de Reinettes dont les fruits respectifs s'étaient réciproquement modifiés: l'autre à une variété lisse qui avait revêtu la peau d'une variété à peau rugueuse. On a encore signalé deux pommiers très différents, croissant à peu de distance l'un de l'autre, et qui portaient tous deux des fruits semblables, mais seulement sur les branches les plus rapprochées. Mais il est presque superflu de rappeler de pareils faits, quand on pense au pommier de Saint-Valéry qui, ne produisant pas de pollen par suite de l'avortement des étamines, est fécondé artificiellement chaque année: les jeunes filles de l'endroit exécutent cette opération, au moyen de pollen emprunté à plusieurs variétés. Il en résulte des fruits différents au point de vue de la grosseur, de la couleur et de la saveur, et ressemblant à ceux des variétés qui ont fourni l'élément fécondant.

Ces divers exemples empruntés à des observateurs distingués prouvent que, chez des plantes appartenant à des ordres très différents, l'application du pollen d'une variété ou d'une espèce, sur une plante femelle appartenant à une forme distincte, peut amener parfois des modifications chez les enveloppes des graines, chez l'ovaire ou le fruit, et même chez le calice et la partie supérieure du pédoncule de la pomme et chez l'axe de l'épi du maïs. Cette action s'exerce parfois sur l'ensemble de l'ovaire ou sur toutes les graines, parfois sur un certain nombre de ces dernières, comme chez le pois, ou sur une partie seulement de l'ovaire, comme chez l'orange striée, chez le maïs et chez les raisins marbrés. On ne saurait admettre qu'un effet direct et immédiat résulte invariablement de l'emploi d'un pollen étranger; tel n'est pas le cas, et on ignore complètement les conditions dont dépend cet effet. M. Knight affirme que, bien qu'il ait opéré des milliers de croisements entre des pommiers et d'autres arbres fruitiers, il n'a jamais eu occasion d'observer semblable modification chez leurs fruits.

Il n'y a aucune raison pour croire qu'une branche qui a produit des graines ou des fruits directement modifiés par l'action d'un pollen étranger doive elle-même être affectée de manière à produire ultérieurement des bourgeons modifiés; un pareil résultat semble presque impossible, vu le peu de durée des rapports qui existent entre la fleur et la tige. On ne saurait donc attribuer à l'action d'un pollen étranger, la plupart des modifications qui se produisent chez les fruits par variations de bourgeons, modifications dont nous avons parlé au commencement de ce chapitre; ces fruits, en effet, sont généralement propagés par bourgeons ou par greffes. Il est également évident que les changements de coloration qui se manifestent chez les fleurs longtemps avant qu'elles soient en état d'être fécondées, ou que les changements de la forme ou de la couleur des feuilles dus à des bourgeons modifiés, ne peuvent, en aucune façon, être attribués à l'action d'un pollen étranger.

Nous avons cité avec beaucoup de détails, les preuves de l'action d'un pollen étranger sur la plante mère, à cause de la grande importance théorique de cette action, comme nous le verrons par la suite, et parce qu'en elle-même cette action est un fait remarquable et qui semble même anormal. Cette action est remarquable au point de vue physiologique, en ce que l'élément mâle n'affecte pas seulement le germe comme le veulent ses fonctions spéciales, mais affecte encore les tissus voisins de la plante mère de la même façon qu'il affecte une même partie chez le produit des deux mêmes parents. Il en résulte qu'un ovule n'est pas un organe indispensable pour la réception de l'influence de l'élément mâle. Quand à l'anomalie de cette action, elle n'est qu'apparente, car en fait, l'élément mâle joue un rôle analogue dans la fécondation ordinaire d'un grand nombre de fleurs. Gartner a prouvé en augmentant graduellement le nombre des grains de pollen pour arriver à féconder une mauve, qu'un grand nombre de grains sont nécessaires pour développer, ou plutôt pour saturer, comme il dit, le pistil et l'ovaire. Quand une plante est fécondée par une espèce très distincte, il arrive souvent que l'ovaire se développe complètement et rapidement sans qu'il s'y forme aucune graine, ou que les enveloppes de ces dernières se complètent sans qu'aucun embryon se développe à l'intérieur. Le Dr Hildebrand a aussi prouvé que, dans la fécondation normale de plusieurs Orchidées, l'action du pollen propre de la plante est nécessaire pour le développement de l'ovaire, et que ce développement se fait non seulement avant que les tubes polliniques aient atteint les ovules, mais même avant que le placenta et les ovules soient formés; de telle sorte que, chez ces orchidées, le pollen agit directement sur l'ovaire. Il ne faut pas, d'autre part, exagérer sous ce rapport, l'efficacité du pollen chez les plantes hybrides, car un embryon peut se former et affecter les tissus voisins de la plante mère, puis périr. On sait encore que l'ovaire peut, chez un grand nombre de plantes, se développer complètement, même en l'absence totale de pollen. Enfin, M. Smith (ancien directeur de Kew) a observé sur une orchidée, *Bonatea speciosa*, le fait curieux qu'on peut déterminer le développement de l'ovaire par une irritation mécanique du stigmate. Toutefois, le nombre des grains de pollen employés pour la saturation du pistil et de l'ovaire, — la formation générale de ce dernier et des enveloppes des graines chez les plantes hybrides et stériles, — et les observations du Dr Hildebrand sur les Orchidées, nous permettent d'admettre que, dans la plupart des cas, l'action directe du pollen facilite, si elle n'en est la seule cause, le gonflement de l'ovaire et la formation des enveloppes des graines, indépendamment de l'intervention du germe fécondé. Nous n'avons donc, pour les cas ci-dessus énoncés, qu'à attribuer au pollen, outre sa propriété de favoriser le développement de l'ovaire et des enveloppes des graines de sa propre plante, la faculté d'influencer la forme, la grosseur, la couleur, la texture, etc., de ces mêmes parties, lorsqu'il est mis en contact avec la fleur d'une autre espèce ou d'une variété distincte.

Examinons maintenant ce qui se passe dans le règne animal. Si une même fleur pouvait donner des graines pendant plusieurs années consécutives, il n'y aurait rien d'étonnant à ce qu'une fleur, dont l'ovaire aurait été modifié par un pollen étranger, produisît ensuite, fécondée par elle-même, des produits modifiés par l'action de l'élément mâle antérieur. On a observé des cas analogues chez les animaux. On a souvent cité le cas observé par lord Morton : une jument alezane, de race arabe presque pure, après avoir été croisée avec un quagga, mit bas un métis; cette jument fut ensuite envoyée à sire Gore Ouseley qui, ultérieurement en obtint deux poulains par un cheval arabe noir. Ces poulains étaient partiellement isabelle et avaient les jambes plus nettement rayées que le métis, et même que le quagga. Un des deux poulains portait aussi sur le cou et sur quelques autres parties du corps des raies nettement accentuées. Les raies sur le corps sans parler de celles sur les jambes, sont extrêmement rares chez nos chevaux d'Europe, et presque inconnues chez les chevaux arabes. Mais ce qui rend cet exemple encore plus remarquable, c'est que chez les deux poulains, les poils de la crinière étaient courts, roides et redressés, exactement comme chez le quagga. Il est donc évident que l'influence du quagga a affecté les caractères des poulains ultérieurement engendrés par le cheval arabe noir. M. Jenner Weir me communique un cas analogue; M. Lethbridge de Blackheath possède un cheval provenant d'une jument qui, avant d'être saillie par un cheval, avait mis bas un hybride par un quagga. Ce cheval est isabelle; il porte une bande foncée sur le dos, des bandes moins nettement accusées sur le front, entre les yeux et sur le côté intérieur des jambes de devant, et d'autres encore moins accusées sur les jambes de derrière, mais il n'a pas de bande sur l'épaule. La crinière descend beaucoup plus sur le front que chez le cheval, mais pas autant que chez le quagga ou chez le zèbre. Les sabots sont proportionnellement plus longs que chez le cheval, de telle sorte que le maréchal-ferrant qui ferra ce cheval pour la première fois, sans rien savoir sur son origine s'écria : « Si je ne voyais pas que je ferre un cheval, je croirais ferrer un âne. »

On a publié (1) un grand nombre de faits analogues et parfaitement authentiques, relativement à nos variétés d'animaux domestiques, et on m'en a communiqué plusieurs autres, qui tous démontrent avec évidence l'action qu'exerce le premier mâle sur les portées subséquentes d'une femelle fécondée par d'autres mâles. Il suffit d'en citer un seul exemple publié dans les *Philosophical Transactions*, dans un mémoire qui suit celui de lord Morton : M. Giles a

(1) M. Wl. C. L. Martin (*Hist. of the Dog*, 1845, p. 104), cite plusieurs observations personnelles sur l'influence du premier mâle sur les portées faites ultérieurement par la femelle couverte par d'autres mâles. Jacques Savary, poète français, qui en 1665, a écrit sur les chiens, parait avoir connu ce fait singulier. — Le Dr Bowerbank me communique le cas extraordinaire suivant : une chienne turque noire et sans poils, ayant été accidentellement couverte par un épagneul métis à longs poils bruns, mit bas cinq petits, dont trois n'avaient pas de poils et deux étaient couverts de poils bruns *courts*. Livrée ensuite à un chien turc également noir et sans poils, les petits de cette seconde portée étaient pour moitié semblables à la mère, c'est-à-dire turcs purs, l'autre moitié des produits ressemblant tout à fait aux chiens à *poils courts* provenant du premier père. J'ai cité dans le texte un cas relatif aux cochons : on vient en Allemagne, d'en citer un autre également remarquable, (*Illust. Landwirth. Zeitung*, 1868, 17 nov., p. 143) Il convient de remarquer que les fermiers du Brésil méridional (ainsi que me l'apprend Fritz Müller) et ceux du cap de Bonne-Espérance (ainsi que me le disent deux personnes dignes de foi) sont convaincus que les juments qui ont engendré des mules, saillies subséquemment par des chevaux, engendrent très souvent des poulains rayés comme les mulets. Le Dr Wilckens, de Pogarth cite (*Jahrbuch Landwirthschaft*, II, 1869, p. 325), un cas analogue. Un bouc mérinos, portant au cou deux appendices charnus, couvrit pendant l'hiver de 1861 — 62 diverses brebis qui mirent bas des agneaux portant au cou de semblables appendices. Ce bouc mourut pendant le printemps de 1862, après sa mort, les mêmes brebis furent couvertes par un autre bouc mérinos, et en 1863 par un bouc Southdown, qui ni l'un ni l'autre ne portaient au cou d'appendices charnus; néanmoins, ces brebis produisirent jusqu'en 1867 des agneaux pourvus de ces appendices. (Note de Darwin).

fait couvrir par un sanglier sauvage marron foncé, une truie de la race d'Essex noire et blanche; les petits ressemblaient à la truie et au sanglier; chez quelques-uns, toutefois, la couleur du père prédominait. Longtemps après la mort du sanglier, on fit couvrir la même truie par un verrat appartenant à la même race qu'elle, c'est-à-dire à la race noire et blanche, race qui se reproduit avec une constance parfaite, et chez laquelle on n'a jamais signalé la moindre trace de marron; il résulta de cette union quelques petits à la robe marron comme ceux de la première portée. Ces faits sont si fréquents et si connus des éleveurs, que ceux-ci évitent toujours de faire couvrir une femelle de choix par un mâle de race inférieure, à cause du préjudice qui peut en résulter pour les produits des portées subséquentes.

Quelques physiologistes ont tenté d'expliquer ces résultats remarquables d'une première fécondation par le fait que l'imagination de la mère a été profondément affecté, mais on verra plus tard que cette explication repose sur des bases bien fragiles. D'autres physiologistes attribuent ces résultats à l'attachement intime et à la communication libre des vaisseaux sanguins entre l'embryon modifié et la mère. Mais l'action directe d'un pollen étranger sur l'ovaire, sur l'enveloppe des graines et sur d'autres parties de la plante mère permet de supposer que, par analogie, c'est l'élément mâle qui, chez les animaux, exerce une action directe sur les organes reproducteurs de la femelle, et non l'embryon croisé. Chez les oiseaux, il n'y a aucun rapport direct entre l'embryon et la mère, un observateur consciencieux, le Dr Chapuis, a constaté que chez le pigeon, l'influence d'un premier mâle se manifeste quelquefois dans les couvées subséquentes; cependant le fait mérite confirmation. (DARWIN, *de la variation des Animaux et des Plantes*, tome I, pages 442 à 452).

Embarras des naturalistes. — Après avoir lu attentivement ces quelques pages consacrées par Darwin à un fait évidemment surprenant, on doit être absolument convaincu de la profonde vérité de la proposition formulée au commencement de ce chapitre; pour ma part, je n'ai pas le moindre doute à ce sujet. Tout éleveur soigneux verra donc là une raison nouvelle de surveiller les alliances successives de ses femelles et d'apporter un scrupule plus grand encore au choix de l'agent mâle destiné à les féconder. Nous pouvons donc dire encore, dans ce cas, que les éleveurs ont précédé la science en lui révélant un fait que jusqu'ici elle n'a pas été à même d'expliquer et à plus forte raison de prévoir. Nous allons maintenant examiner comment théoriquement, l'imprégnation des organes femelle peut se produire par la substance mâle et comment chez les animaux domestiques, les enfants d'un second père peuvent reproduire les caractères du père d'un produit précédent.

Théorie de l'Imprégnation. — Il faut pour cela nous imaginer de nouveau ce qu'est la reproduction sexuelle : Les deux plasmas germinatifs, mâle et femelle, se sont séparés lorsque ce mode de reproduction a été reconnu une cause nécessaire d'adaptation pour l'espèce, mais leur réunion forme toujours le plasma germinatif primitif à l'époque où l'espèce était parthénogénétique. Il n'y a pas là deux plasmas différents, en ce sens qu'ils sont les deux moitiés d'une unité. Leur constitution moléculaire, leur composition chimique, leur développement cellulaire est absolument identique, leur origine est la même. Il ne suffit pas de les mettre en contact parfait pour qu'ils entrent en enkystement, il faut que des circonstances particulières soient obtenues pour qu'il y ait formation d'un noyau de conjugaison qui est le commencement d'une reproduction. Si nous supposons que le plasma mâle arrive dans les organes génitaux femelle en quantité trop grande pour former ce noyau, une certaine quantité de ce plasma restera à l'état libre et il pourra rejoindre le plasma femelle à travers les tissus de ces organes où il se trouve pour se mélanger à lui sans aucun enkystement et affecter ainsi ces parties organiques. Ce sera d'autant plus facile que, dans les plantes, par exemple, les cellules germinatives sont répandues non seulement dans l'ovule mais dans tous les tissus des ovaires et des enveloppes des ovules et même de la tige. Il y a donc, dans le phénomène qui se passe, non plus une alliance par enkystement, mais un mélange de deux substances jouissant d'affinités spéciales qui se rejoignent pour former l'ancien plasma parthénogénétique. Chez les animaux à reproduction sexuelle, l'explication est tout aussi simple : Le plasma mâle est presque toujours en quantité beaucoup trop considérable pour la fécondation, et il n'entre en enkystement qu'une portion bien minime de cette substance ; le surplus est répandu dans les organes génitaux de la femelle à travers des liquides et des tissus saturés également de plasma femelle, qu'il peut rejoindre dans ce milieu, pour s'y mélanger et s'unir à lui sans aucun enkystement et seulement pour y séjourner à l'état de tissu vivant qui s'y conservera pour jouer un rôle dans une seconde fécondation. Le plasma mâle qui serait perdu, s'il tombait dans des organes ne contenant pas le plasma femelle, trouve un milieu favorable à son existence, aussi bien que celui d'où il est sorti, et il peut par conséquent se retrouver dans une autre copulation et jouer un rôle physiologique au même degré que le nouveau plasma mâle introduit en second lieu. Il pourra donc se faire que dans cette deuxième reproduction une certaine quantité de ce plasma mâle, laissé par le premier père, vienne à prendre la place d'une égale quantité de plasma mâle du second père et que l'être produit présente quelques caractères du premier. Il y a lieu de croire que la saturation des organes génitaux de la femelle est plus complète chez une primipare, par la substance germinative mâle, de telle façon que les autres mâles successifs soient moins aptes à laisser des traces de leur plasma. Cela est même très facile à comprendre, car si on prend une femelle vierge et que ses organes génitaux se saturent de plasma mâle, le second mâle peut ne laisser aucune trace de sa substance germinative à l'état libre dans les organes génitaux saturés de la femelle.

Tout ce qu'on peut dire cependant en théorie c'est que, chez une femelle livrée au mâle pour la première fois, l'influence du germe mâle du premier père sera certainement plus grande que celle des pères suivants. On voit donc par là qu'il faut choisir avec soin, surtout le premier père, qui doit s'allier avec une femelle vierge. J'ai souvent entendu dire à des éleveurs de chiens que le choix du premier père avait une grande influence sur les portées suivantes de la mère, car on trouvait toujours, dans les portées successives, des chiens rappelant le premier étalon qui l'avait couverte.

Conséquences pour l'élevage du Cheval. — Si l'on imagine que des circonstances exceptionnelles puissent être réunies il peut arriver que chez les animaux qui ne donnent qu'un produit, le cheval par exemple, une jument soit couverte successivement par deux étalons; il est certain qu'un seul la féconde, mais le produit peut représenter des caractères physiques ou moraux des deux étalons. Monarque, par exemple, peut être en réalité le fils des trois étalons qui couvrirent sa mère. Je veux dire par là qu'effectivement il pourrait réunir dans sa constitution la trace du plasma germinatif des trois pères qui avaient servi la mère, quoiqu'un seul l'eût fécondée, et que, en réalité, effectivement, scientifiquement, il pouvait être le fils des trois étalons The Baron, Sting et The Emperor.

Presque tous les chevaux issus d'une poulinière non primipare peuvent contenir du sang de plusieurs étalons. On voit combien une pareille théorie, dont l'excellence est vérifiée par les faits, bouleverse dans les races domestiques les lois de l'Hérédité. Par une alliance mal entendue d'une jument avec un mâle, non seulement vous obtenez un produit ne représentant aucune des qualités désirées, mais encore pendant plusieurs années vos produits peuvent être semblables avec la même jument et des étalons mieux appropriés.

Perturbation des lois de l'Hérédité et de la Variabilité par l'Imprégnation. — Cette complication des lois de l'Hérédité qui provient, comme nous l'avons montré, de la domestication, nous conduit à des conclusions d'une importance considérable. On ne peut plus tabler comme dans la nature sur des propositions mathématiques; sur une fixité des règles et des lois se vérifiant d'une façon scientifique. Il faut procéder au contraire par des propositions négatives c'est-à dire indiquer non pas ce qu'il faut faire, mais formuler les règles de ce qu'il ne faut pas faire. Il est certain que l'éleveur qui a lu, en le comprenant, le chapitre qui précède, depuis la première jusqu'à la dernière ligne, doit avoir le plus grand respect pour les organes génitaux de ses juments et qu'il doit apporter toute son attention à ne pas y introduire de substance mâle qui ne soit soigneusement examinée, pesée, tamisée et comparée.

Non seulement, comme dans l'ancienne école d'élevage, ces précautions sont indispensables à prendre pour l'avenir du produit à naître et pour ses descendants, mais encore ces précautions doivent être prises pour les autres produits de la même jument. De plus, il apparaît de suite qu'il faut attribuer une importance plus grande à la substance mâle, c'est-à-dire à l'étalon, qu'à la substance germinative femelle, c'est-à-dire à la mère, car par suite de l'imprégnation des organes génitaux de la mère par la substance mâle, le courant de sang du côté de la mère perd de sa force. En effet, le plasma femelle (qui entre en conjugaison avec le plasma mâle), est déjà amalgamé avec du plasma mâle d'autres étalons; ce sont donc des courants de sang mâle qui dominent. La femelle ne fait que conserver son rôle normal suivant les grandes lois de l'hérédité sexuelle. L'élément femelle devient par conséquent plus passif et l'élément mâle garde pour lui toute l'activité. Ces conséquences logiques nous expliquent donc parfaitement pourquoi dans la production des Trotteurs avec le croisement du Pur Sang et de l'Anglo-Normand, la jument de pur sang amène bien plus vite la variabilité au trot que l'emploi de l'étalon de pur sang et de la jument trotteuse. Mais pour ce qui est de l'introduction du sang pur celle-ci a lieu avec bien plus d'intensité par le mâle pur sang que par la jument de même race. L'aptitude trotteuse seule met plus longtemps à se déclarer par l'usage du mâle que par celui de la femelle.

Inanité de la théorie de la Saturation de Bruce-Lowe. — Si on se reporte au chapitre XIII du traité d'élevage de Bruce-Lowe on voit que cet auteur était bien persuadé des principes de l'influence active du mâle sur la femelle. Malheureusement pour lui il n'avait pas compris le mécanisme de cette influence, il croyait à une certaine saturation par le foal dont la mère absorbait une partie de la *nature*. Cette conception était absolument imaginaire, mais les déductions qu'il tirait de cette idée fausse sont excellentes. Seulement la théorie que j'ai exposée ci-dessus et qui est si conforme à l'observation nous permet de tirer des conséquences qui ont échappé complètement à l'empirisme de Bruce-Lowe. De plus, beaucoup de personnes en lisant le chapitre de Bruce-Lowe, qu'il intitule *la théorie de la Saturation,* pouvaient supposer que cette homme remarquable avait obéi à une simple suggestion de son imagination. Rien dans sa conception n'est conforme aux lois scientifiques naturelles et aucun physiologiste ne pouvait le suivre après la lecture de sa première ligne.

Contrairement à l'opinion de Bruce-Lowe, le foal n'est pour rien dans la saturation de la mère, c'est tout simplement la substance mâle qui se mêle à la substance femelle, qu'il y ait ou qu'il n'y ait pas de fécondation.

Un cas entre autres, et il y en a des milliers, c'est celui d'une jument vierge saillie par un étalon et non fécondée, et resaillie par un autre étalon avec succès: le poulain aura chance de posséder des courants de sang du premier mâle, ce que la théorie de Bruce-Lowe n'expliquerait pas du tout, puisque pour qu'il y ait influence, d'après Bruce-Lowe, il faut qu'il y ait fécondation. C'est là une erreur complète. Le cas de Monarque, par exemple, cité plus haut, ne pourrait pas être compris dans les produits de chevaux issus de plusieurs pères et pourtant, en réalité, il peut se faire que les trois étalons fameux aient contribué à sa naissance. Il y a donc bien lieu, pour se rendre compte de la naissance d'un poulain, de savoir si la mère a été couverte par plusieurs mâles, mais il faut savoir aussi quels sont les mâles qui l'ont couverte depuis qu'elle a été livrée à la reproduction. Il est bien évident, pour tout naturaliste, qu'une fois le noyau de conjugaison commencé entre le plasma mâle et le plasma femelle, aucune portion de l'un quelconque de ces deux plasmas employés ne peut être soustraite dans cette ontogénie. A partir du moment où commence l'enkystement des deux plasmas, l'être tout entier est décidé; il existe. A plus forte raison lorsque plus tard le développement de l'embryon passe par les phases successives des transformations ancestrales, aucune partie de sa nature, suivant l'expression de Bruce-Lowe, ne peut passer dans les cellules germinatives de la mère.

Une autre théorie qui a été bien vite détruite par la science, admettait que les ressemblances et les caractères extérieurs du produit de la jument, qui étaient ceux d'un étalon précédant le père, devaient être attribués à l'imagination de la jument. De pareils faits ont été examinés sur l'espèce humaine et il a été reconnu que l'imagination des mères n'était pour rien, comme on l'a cru longtemps, sur les marques et signes des enfants. Je fais grâce au lecteur d'un chapitre tout entier à ce sujet. Il suffit de remarquer que l'imprégnation, qui a toujours lieu sur les plantes, est un fait indemne de toute imagination, et par conséquent que cette théorie de l'impression de la mère par l'imagination, doit être rejetée *a priori*.

La seule cause de ces phénomènes étranges parmi les animaux, se trouve dans les conditions particulières où ils sont placés depuis leur domestication qui a déjà une longue durée. Que les animaux domestiques soient rendus à la nature, toute perturbation disparaîtra.

Limite des perturbations. — A l'état libre, il n'y a pas de changement de mâle entre les femelles et quand, par suite de circonstances exceptionnelles, les femelles changent de mâle, l'uniformité de ces derniers est tellement grande, que ce changement ne peut faire apparaître aucun caractère nouveau dans les produits. La conformation des organes génitaux de la femelle provoque leur imprégnation facile par la substance mâle, tandis que la forme particulière des organes génitaux du mâle ne permet pas une imprégnation aussi facile par la substance femelle. C'est une cause de la supériorité et de la prépondérance des mâles sur les femelles dans la propagation des variétés d'une espèce domestiquée, mais notre loi primordiale des hérédités sexuelles n'en subsiste pas moins d'une façon absolue. Dans la constitution de l'être, la femelle donne toujours la moitié et le plasma mâle l'autre moitié du noyau de conjugaison. Le seul trouble qui puisse être apporté, c'est le mélange de plusieurs plasmas mâles dans la formation d'un noyau de conjugaison. C'est là qu'il y a réellement une atteinte aux principes de l'Hérédité mâle et de la Variabilité par suite d'une atténuation aux lois rigoureuses de la Sélection naturelle. Ce sont des conséquences qu'un véritable éleveur doit méditer avant de livrer une de ses juments au contact d'un étalon.

LIVRE DEUXIÈME

PARTIE TECHNIQUE

CHAPITRE PREMIER

Considérations générales sur l'élevage et l'éleveur. — L'ancien éleveur. — L'éleveur moderne. — Inanité des anciens errements. — Une série d'aphorismes de l'élevage et de l'hippologie. — Une méthode rationnelle : l'analyse et la synthèse du fait. — Difficultés de l'observation et du raisonnement avec l'inconnu qui existe en demi-sang. — L'origine exacte de Lady Pierce. — Une certitude absolue à cet égard résultant de l'observation. — Objet de la présente étude. — Position de la question. — Opinions diverses pour l'amélioration de la race trotteuse d'hippodrome en France. — Celle de l'Administration des Haras. — Laisser faire et laisser dire. — La question de l'amélioration du Trotteur Français doit être serrée de près. — L'agent améliorateur d'une variété de chevaux de courses ne peut être qu'un cheval de courses. — Elimination de l'Arabe, du Norfolk. — Le Trotteur Russe, le Trotteur Américain. — Le cheval anglais de pur sang. — Considérations générales sur l'origine de la race anglo-normande. — La sélection pure et simple du Trotteur actuellement existant. — Le dosage du sang pur. — Les éléments inconnus. — Dosage conventionnel. — Le pedigree en France et en Angleterre. — Le pedigree en Russie. — Tableau de quelques pedigrees français établis à la russe. — Conséquences, déductions, enseignements — Les autres aptitudes nécessaires au Trotteur Anglo-Normand pour faire un véritable cheval d'hippodrome. — La précocité, l'endurance, le tempérament, le cœur, l'unique source de toutes ces aptitudes.

Considérations générales sur l'élevage. — De la théorie, nous allons passer à la pratique. Il y a lieu de placer ici ce que j'appelle un intermède, c'est-à-dire quelques réflexions importantes sur le sujet qui nous préoccupe, c'est-à-dire l'élevage.

L'élevage a précédé la théorie. Qu'est-ce qu'un éleveur? C'est un observateur intuitif qui voit ce que les autres ne voient pas. Autrefois, on naissait éleveur et on ne pouvait pas le devenir. Aujourd'hui, avec la théorie et la science, si on ne devient pas éleveur on peut comprendre les efforts que fait l'éleveur pour rendre malléables les organismes.

Rien n'empêche aujourd'hui que naisse une nouvelle génération d'éleveurs qui, au lieu de procéder de l'intuition, procèdent de la connaissance des lois naturelles et marchent avec plus de sûreté dans la voie du progrès, sans s'en écarter par des tâtonnements inutiles et longs.

A ceux-là qui veulent comprendre, nous dirons : Etudiez la nature, scrutez-la, observez, lisez ce que les observateurs plus sagaces que vous ont pu découvrir, suivez leurs travaux qui ont duré toute leur vie, profitez des expériences et vous deviendrez rapidement des connaisseurs, des véritables éleveurs dégagés de tout préjugé. Que la jeunesse surtout travaille à cette éclosion qui nous sauvera de la décadence qui menace notre race latine. Que cette intelligence claire des Latins se mette à déchiffrer ces problèmes si attachants, si curieux, si étonnants de la transformation des êtres organisés, et nous recouvrerons notre suprématie intellectuelle. Marchons carrément en avant, au lieu de nous laisser traîner à la remorque des Allemands et des Anglo-Saxons. Soyons toujours les premiers dans cette lutte incessante de l'homme pour la recherche de la vérité. C'est notre rôle ancestral, c'est notre devoir naturel, c'est notre droit qu'il faut maintenir, si nous voulons rester les chefs du monde intelligent. Ecoutons les paroles de Carl Vogt dans sa préface de la *Variation des animaux et des plantes*, de Darwin, il y a plus de vingt ans :

Un éminent chimiste visitait, il n'y a pas longtemps, une des grandes fabriques de produits chimiques des bords du Rhin. Après avoir étudié dans tous les détails plusieurs procédés nouveaux, « il faut avouer, dit-il au propriétaire, que nous autres théoriciens, nous sommes toujours de quelques pas en arrière. Vous observez certains faits sans intérêt scientifique immédiat, mais qui nous échappent complètement; cependant, comme ils vous intéressent au plus haut degré au point de vue pratique, vous les poursuivez en les appliquant à votre fabrication, et, quelques années plus tard, nous devons rechercher à notre tour le pourquoi et le comment de certaines opérations, dont la théorie ne peut pas rendre compte ? »

Il en est de même, nous devons l'avouer, dans les domaines de la zoologie et de la botanique. Poussant nos recherches dans d'autres directions, nous avons trop délaissé, nous autres, naturalistes, certains côtés pratiques et aujourd'hui nous nous apercevons que les pratriciens, les éleveurs et les jardiniers, nous ont dépassés de beaucoup en façonnant les animaux domestiques et les plantes cultivées à leur gré, et ont ainsi battu en brèche, sans le savoir, ce que nous avons cru être établi d'une manière définitive. Les travaux de M. Darwin, en nous éveillant de notre sommeil d'une manière douloureuse, surtout pour certaines autorités, nous dévoilent l'abîme qui s'est creusé lentement entre la théorie et la pratique. La tâche d'un avenir prochain sera de combler cette lacune en mettant la science au niveau de la pratique.

Dans toutes les sciences d'observation, il se manifeste depuis un certain temps, une tendance générale à rechercher, à étudier des causes infiniment petites en apparence, mais qui, par la longueur des temps, comme par les masses sur lesquelles elles opèrent, accumulent leurs effets d'une manière surprenante. Je n'ai pas besoin d'insister sur les inévitables révolutions qui se sont opérées dans certaines sciences par la découverte de ces causes infiniment petites et souvent inappréciables dans les laboratoires. L'astronomie, la physique, la chimie, se sont enrichies d'une quantité de vues nouvelles; la géologie a secoué, sous l'influence de ces études, la stupeur dans laquelle l'avaient plongée le fracas des cataclysmes et des soulèvements soudains; — aujourd'hui le tour des sciences organiques est venu; elles doivent marcher dans la même direction et soulever un coin du voile qui couvre l'origine du monde organisé, celle des animaux et des végétaux.

Certes elle était bien commode cette théorie, aujourd'hui devenue insoutenable, mais à laquelle on s'accroche encore avec l'énergie du désespoir, comme le noyé à un brin de paille. Les espèces, créées toutes d'une pièce, avaient surgi, appropriées aux besoins de l'*habitat* par une volonté indépendante de la terre et du monde entier, et elles avaient été détruites par une explosion soudaine de cette même volonté capricieuse. Le zoologiste n'avait rien autre chose à faire que d'étudier minutieusement les caractères de ces types immuables, les enregistrer et les classer en attendant que Dieu qui les créa, rompît le moule comme disait le poète. Tranquilles sur l'immutabilité des espèces, qui ne devaient varier que dans des caractères insignifiants, nous assistions indifférents aux efforts des éleveurs, qui moulaient, pour ainsi dire, la matière organique vivante de nos animaux domestiques, pour l'adapter soit à nos besoins, soit à nos caprices, et leurs produits paraissaient bien sur les marchés et dans les expositions, mais jamais dans nos musées et dans nos collections.

Ce temps de quiétude inconsciente est passée. Nous sommes forcés de reconnaître que des domaines entiers et considérables de la science ont été négligés, abandonnés, dédaignés même; qu'il faut nous remettre au travail, réunir des faits, accumuler des observations, instituer des expériences multiples et de longue haleine, quitter les routes battues pour frayer de nouveaux sentiers étroits et difficiles! On se révolterait certes pour de moindres exigences, surtout si l'on sommeille en paix, sur un fauteuil académique, conquis avec peine et conservé par la force de l'inertie!

Or, c'est ici, si je ne me trompe, que se trouve le point saillant de l'influence que M. Darwin a exercée sur la science. Le monde organisé actuel nous offre partout les effets accumulés de petites forces agissant lentement, modifiant sans cesse la matière organique et plastique dans les moules qu'elle remplit, dans les formes qu'elle revêt : effets accumulés par un nombre d'individus, par des séries continues de générations à travers les siècles, et devant nous se dresse cette tâche formidable, de poursuivre les effets de force variée dans leurs moindres manifestations, de saisir le point où la divergence surgit, où l'effet minime d'abord, se manifeste pour la première fois. Il suffit de signaler cette tâche pour en faire comprendre la portée et la difficulté.

« Il a fallu des milliers de siècles disait un chimiste, pour que les eaux atmosphériques, si faiblement acidulées par la présence de l'acide carbonique, aient pu pénétrer les basaltes et les altérer jusqu'à une certaine profondeur. Ma vie ne suffirait point pour observer sur les colonnes basaltiques les progrès de cette altération; pour pouvoir les étudier, je dois accumuler les effets en augmentant les points d'attaque et en renforçant l'acide. Ce que la nature produit pendant un laps de temps avec un dix-millième d'acide carbonique dissous dans l'eau et à une température ordinaire, je l'obtiens en pulvérisant mon basalte, et en l'attaquant à une température plus élevée par une solution acide plus forte. Je ne fais ainsi qu'accumuler les effets naturels en les augmentant dans mon laboratoire. »

. . . .

La théorie de M. Darwin, les conséquences qui en découlent, les vues qui dirigent actuellement les découvertes dans les sciences exactes en général, ont été l'objet de beaucoup d'attaques. Rien de mieux! Les partisans de M. Darwin auraient mauvaise grâce en effet à refuser le combat, lorsque la base de leurs croyances est la lutte sans trêve ni merci pour l'existence, et quand ils prouvent que chaque modification, transformation et perfectionnement est le prix de cette bataille à laquelle nulle créature vivante ne saurait se soustraire. Qu'on oppose aux faits des faits, aux conclusions des conclusions, aux conséquences des conséquences, c'est là ce que nous demandons, c'est le terrain que nous acceptons.

Mais nous sommes en droit d'exiger que l'on reste dans la série des faits positifs et de leurs conséquences, et qu'on ne vienne pas nous jeter à la face ni l'injure personnelle, ni une prétendue ignorance, ni la raison d'État, ni même les autorités surannées, qui ne peuvent plus être invoquées. Que dirait un astronome, si un homme lettré au fond, mais complètement dépourvu de connaissances en mathématiques et en mécanique, venait l'attaquer en soutenant que tous les savants avant Copernic avaient admis le mouvement du soleil et la fixité de la terre, que les calculs des modernes sont faux, que le témoignage de nos yeux et de tant de millions de nos ancêtres, suffit pour démontrer que le soleil tourne et que la terre reste immobile? Que dirait cet astronome si l'on invoquait l'antiquité de cette croyance, si l'on prétendait que la science doit rebrousser chemin, jeter ses équations au feu, brûler la mécanique céleste, et en revenir à la religion des ancêtres et aux croyances du bon vieux temps? Certes, l'astronome rirait en entendant les palinodies de cet ignorant et le renverrait à l'école en disant : Apprenez les mathématiques, apprenez l'usage des télescopes et de nos instruments inconnus des anciens, apprenez ce que l'on a fait depuis en se servant de meilleures méthodes et d'instruments perfectionnés d'observation; mais cessez de me corner aux oreilles de vaines objections, car vous parlez d'une science que vous ne pouvez comprendre, parce que la base nécessaire, parce que les connaissances fondamentales sur lesquelles elle repose vous font complètement défaut.

Nous trouvons-nous dans une position différente vis-à-vis de certaines attaques ? Non, car nous pouvons dire que nous travaillons jour et nuit à examiner, à expérimenter les phénomènes de la vie, les fonctions mille fois plus délicates des êtres organisés : nous ne cessons d'interroger la nature sur les problèmes qu'elle nous pose, nous y apportons toute la sincérité imposée par la recherche de la vérité, et cependant voici venir des gens qui ne savent pas distinguer un muscle d'un nerf ou une écrevisse d'un poisson, qui se posent en juges de nos travaux et de nos résultats : ils nous disent que ces questions sont tranchées depuis bientôt deux mille ans ! Ne conviendrait-il pas de les renvoyer à l'école, de les rappeler à la pudeur ? (Darwin, *de la Variation des Animaux et des Plantes,* tome I, préface de Carl Vogt, pages VI à VIII et XI à XIII).

Aujourd'hui il n'y a plus de lutte pour la certitude de la théorie darwinienne, elle est universellement admise et cependant nous ne la connaissons pas dans nos écoles, dans nos lycées. Cette science n'est pas officielle, elle est l'apanage de certains cerveaux supérieurs qui ont osé sortir du moule officiel. Cela ne doit pas continuer, la jeunesse doit protester contre cette lumière tenue sous le boisseau; elle doit se révolter contre cette main-mise sur ce qui est du domaine public. Elle doit exiger qu'on lui montre et qu'on lui démontre ces nouveaux systèmes qui renversent les anciens.

Quelques aphorismes d'élevage. — Aujourd'hui l'élevage est basé en grande partie sur une série d'aphorismes, de proverbes anciens, d'axiomes, de soi-disant vérités, qui ne sont que la façade d'un édifice en ruine. En ce qui concerne l'élevage des chevaux, voici quelques-uns de ces aphorismes :

« *Lorsqu'on croise deux races, c'est toujours la plus ancienne qui domine.* »

Que répondre? Quoi dire? Il n'y a rien, rien, rien. Plus je réfléchis, moins je comprends.

Prenons le Trotteur. Si un animal issu du croisement du Pur Sang et du Trotteur réussit dans les courses par les qualités de vitesse, d'endurance, etc., on dit : il doit tout cela au Pur Sang et on s'écrie : « Lorsqu'on croise deux races, c'est toujours la plus ancienne, etc. » Si au contraire, un animal produit dans les mêmes conditions ne réussit pas, on s'écrie : « Pas étonnant, tout naturel, puisque lorsqu'on croise deux races, etc., etc., donc le Pur Sang devait arrêter toute direction dans l'aptitude trotteuse. »

Tous ces aphorismes sont à peu près de cette force! On ne cesse pourtant pas de les citer.

Un autre :

« *En général les mâles tiennent des mères et les femelles des pères.* »

Qu'est-ce que ça veut dire? De quoi est-il question? Est-ce d'une ressemblance générale au point de vue du modèle? est-ce de la robe? est-ce du caractère? est-ce de l'allure? est-ce de la vitesse?

Il suffit d'examiner quelques animaux que nous avons tous les ans sous les yeux pour se convaincre que ces animaux tiennent autant de leurs pères et de leurs mères, de leurs ancêtres, que cela doit être naturellement, et que rien ne justifie cette chose générale que l'aphorisme peut signifier.

A quoi une pareille maxime peut-elle conduire un éleveur soucieux de bien faire?

Encore un autre exemple cousin du précédent : des éleveurs me posent souvent cette question :

« *Attribuez-vous plus d'influence au père qu'à la mère pour les qualités du poulain?* »

Cette question m'a toujours laissé rêveur. Elle dénote une telle inexpérience en élevage, une telle notion générale fausse, que je me suis toujours tenu sur la réserve avec les jeunes gens qui me l'ont faite. Cependant il n'en est pas moins vrai qu'elle forme actuellement une des préoccupations les plus grandes dans l'élevage du demi-sang; il y a même deux camps, les uns pour le père, les autres pour la mère.

Voici le raisonnement très répandu des physiologistes fantaisistes, partisans de la prépondérance de la mère :

« Evidemment, le fait, par la jument, de porter pendant onze » mois son produit dans les entrailles, de le nourrir de son sang (encore » le mot sang employé dans un autre sens), puis après de l'allaiter de

» son lait pendant six mois, doit donner à la jument une prépondérance » énorme dans la reproduction. »

J'espère que les personnes qui auront lu les éléments scientifiques de la première partie de ce volume, seront libérées de superstitions aussi déplorables. C'est absolument comme si on imaginait que l'œuf ayant été fait par la poule, l'embryon qui s'y trouve pouvait être influencé par la matière de l'œuf.

Le raisonnement des partisans du père dans la production du poulain et de ses qualités, n'est pas moins curieux, mais nous ne pouvons nous étendre plus longtemps sur ce sujet.

Autre maxime (il y en a du reste par centaines) :

« *Il faut toujours choisir la mère d'une grande finesse de race et le père avec du gros et de la puissance.* »

D'autres éleveurs au contraire tiennent pour l'opinion opposée. Il est certain que rien ne s'oppose à ce que les deux manières de voir soient adoptées, mais ces armes à deux tranchants me paraissent bien faibles pour diriger l'éleveur.

Une méthode rationnelle. — Si j'ai écrit le présent ouvrage, c'est pour donner à l'éleveur une direction plus sûre, un critérium plus précis, un but plus certain; c'est en partie pour remplacer toutes ces idées vagues, qui forment aujourd'hui toute la science de l'élevage par une méthode: c'est en un mot pour substituer à l'empirisme un procédé plus intelligent, plus conforme à la science, c'est-à-dire : l'analyse ou la synthèse du fait observé.

Après avoir énoncé les principales lois générales qui dirigent les organismes en général et auxquelles ils ne peuvent pas plus se soustraire que la terre peut s'empêcher de tourner sur elle-même en 24 heures, nous allons appliquer ces lois à l'espèce chevaline domestiquée et en particulier au Pur Sang Anglais et au Trotteur Français et cette application nous permettra de dire par avance ce qui va se passer, ce qui doit se passer, ce qui ne peut pas se passer autrement. Ensuite, pour donner confiance au lecteur, nous nous livrerons à l'examen d'un certain nombre d'exemples qui viendront appuyer notre théorie et démontrer combien elle se moule sur le fait lui-même. Il est bien évident que nous ne pourrons citer tous les chevaux connus, mais le lecteur pourra toujours vérifier l'exactitude du principe invoqué sur n'importe quel cheval auquel il incombe.

L'inconnu en demi-sang. — Quelques trotteurs ont des ancêtres dont l'origine nous est inconnue. Il est certain que pour ceux-là nous serons forcés de ne pas conclure, mais il ne sera pas possible de conclure en sens contraire. En ce qui concerne les chevaux d'origine douteuse ou inconnue, il y en a beaucoup en demi-sang, mais il ne sont encore qu'une infime minorité à côté de la quantité considérable de ceux dont les origines nous ont été conservées et qui nous permettent de vérifier nos lois générales.

L'origine exacte de Lady Pierce. — Parmi ceux qui ont une origine douteuse se trouve l'un des plus importants ; je veux parler de Reynolds, le père de Fuschia. Il y avait un très grand avantage à être fixé sur l'origine exacte de la grand'mère maternelle de Reynolds, Lady Pierce : je me suis donc préoccupé de savoir si, réellement, cette jument était Américaine. C'est que je considère cette question comme des plus importantes, je crois que la naissance de Reynolds, et ensuite de Fuschia, ont été pour beaucoup dans l'engouement qui a porté un grand nombre d'éleveurs au croisement américain. Reynolds par lui-même n'était pas vite ; après les vicissitudes qu'on retrouve dans les livres de description des étalons normands, il fut envoyé à Saint-Lô où il reproduisit admirablement. Son propre frère, Uriel, fut étalon au Pin. J'ai connu ces deux étalons et rien dans leur conformation n'indiquait une sortie de l'Américain telle qu'on la voit aujourd'hui dans les croisements franco-américain. Reynolds surtout ressemblait à Conquérant, avec le dos aussi un peu noyé. J'ai souvent essayé de trouver chez lui quelque chose de ce type si accentué du Trotteur des Etats-Unis : je n'ai jamais pu y arriver. Les deux frères étaient deux Anglo-Normands paraissant trempés, ils ont surtout bien produit avec des juments issues du Pur Sang : Fuschia, Hémine, Isère, etc. J'ai vu des quantités de leurs produits ; chez aucun je n'ai constaté la moindre trace de retour de l'Américain. Fuschia s'est révélé comme le premier reproducteur de France, toujours avec des juments rapprochées du sang ; aucun de ses produits ne dénote le moindre métissage. J'ai vu des Fuschia de tout âge, plusieurs à la naissance, et rien n'est venu frapper mes yeux, si habitués cependant, à découvrir la moindre trace de Russe ou d'Américain après plusieurs générations.

En ce qui concerne les aptitudes, nous n'avons aucun cheval de cette descendance qui se soit signalé particulièrement par une aptitude à l'attelage sur les courtes distances, qui est le critérium des aptitudes américaines actuellement. Il y a plus, je possède une jument par Normand (La Mascotte), qui descend en ligne directe féminine de Miss Pierce. C'est une superbe jument dans le type anglo-normand affiné par le sang, mais c'est en vain que je me suis crevé les yeux pour trouver chez elle la plus petite remarque me permettant de douter de la pureté de son origine anglo-normande. J'ai connu sa sœur de mère,

Little (par Lavater); c'était une très belle jument absolument opposée au type américain que nous voyons tous les jours. J'étais donc très intrigué et je me demandais s'il n'y avait pas eu une fraude dans cette importation. On m'assurait pourtant que Lady Pierce formait paire au Havre avec une autre trotteuse et que leur propriétaire, un consul, les avait fait venir d'Amérique et que le doute n'était pas possible. Les conséquences étaient graves; je me creusais la cervelle sans pouvoir m'expliquer comment de pareils faits pouvaient se produire. J'étais prêt à capituler, lorsque l'explication surgit tout à coup de la façon la plus limpide. Si on réfléchit en effet que Miss Pierce est née en 1857, et que fort probablement Lady Pierce était née vers 1840, peut-être même plus tôt (car on ne parle pas qu'elle ait eu d'autres descendants); si d'autre part on imagine que le célèbre Hambletonian ne naquit qu'en 1849, on commence à comprendre que Lady Pierce faisait partie de la première période de production trotteuse américaine qui avait pour ancêtres paternels les nombreux Pur Sang importés à cette époque en Amérique. En effet, le fameux *Messenger* produisait jusqu'en 1808 et laissait la place à son fils *Mambrino-Messenger*, également de pur sang, ne l'oublions pas. Le premier demi-sang que nous voyons apparaître, vers 1830, et qui signale sa production par la naissance d'Hambletonian, en 1849, fut Abdallah. Raisonnablement, on doit supposer que Lady Pierce fût une fille ou une petite-fille de *Mambrino-Messenger* ou une fille de cette pléïade de Pur Sang qui se signalèrent à cette époque et dont nous parlerons plus tard. Dans tous les cas, par la date de sa naissance, nous devons supposer que cette Trotteuse Américaine était simplement une jument très rapprochée du sang, fille, ou tout au plus petite-fille de Pur Sang. Dès lors son influence sur Reynolds est toute naturelle et nous verrons que son action ne pouvait avoir aucun rapport avec celle du Trotteur Américain actuel.

Miss Bell a longtemps aussi passé pour une Américaine. Il paraît qu'on admet aujourd'hui que c'était une jument anglaise. A l'époque où Narquois courait, j'ai lu dans un journal français subventionné par l'Amérique, une note dans le goût suivant : « Notre grand Narquois » vient encore d'accomplir une performance extraordinaire. Celui-là, » au moins, nous pouvons le revendiquer hautement comme un Amé- » ricain, tant par le père que par la mère. Du côté du père nous trouvons » Miss Pierce, fille de Lady Pierce, américaine. Du côté de la mère nous » trouvons l'américaine Miss Bell. C'est grâce à ce double courant du » sang trotteur qu'il peut réussir à triompher des chevaux Anglo- » Normand, etc., etc. »

Cependant, je défie quiconque est habitué à voir des chevaux, de de me justifier par l'apparence extérieure de Narquois la moindre ligne américaine. Incontestablement, Narquois a l'apparence du Norfolk et rappelle étonnamment son grand-père Niger.

Niger lui-même était un très beau type de cheval dans la formule du Norfolk, dont aucun aspect d'ensemble ou de détail ne laissait soupçonner un métisage avec la jument américaine trotteuse telle que nous la connaissons aujourd'hui. Miss Bell doit être qualifiée Anglaise, ou bien, comme Lady Pierce, fortement imprégnée de sang pur à la première génération. Il ne faut pas voir dans cette discussion sur l'origine des deux juments contestées, Lady Pierce et Miss Bell, une chose puérile; il était indispensable de se rendre compte de l'origine des deux mères qui ont marqué une trace profonde dans l'élevage du Trotteur Français, l'une par son fils Niger, l'autre par son petit-fils Reynolds et son arrière petit-fils Fuschia. Si on réfléchit à la production de Reynolds, si on consulte son pedigree, on doit se dire que Lady Pierce devait être d'une haute origine dans le pur sang, et on ne peut que regretter de ne pas savoir le nom de ses ancêtres, car on aurait peut-être là le moyen de réunir les deux sangs de *Rattler* et de *Messenger* dans le pedigree de l'un des véritables Sires de notre race trotteuse.

Position de la question. — Nous voici donc arrivés à poser le problème qui fait le but de nos études. La position de la question est souvent aussi difficile que la solution du problème, car, de la position de la question dépend : 1° une solution négative, c'est-à-dire n'ayant aucun sens pratique; 2° plusieurs solutions, ce qui est toujours regrettable en cessant d'être précis; 3° une quantité infinie de solutions qui équivaut à la constatation d'un problème insoluble pratiquement.

Voici, suivant moi, comment le problème doit être proposé, circonscrit, restreint, pour qu'il soit susceptible d'une seule solution raisonnable et qu'il ne puisse pas lui en être donné d'autres : *Etant donné la variété française actuelle du Trotteur d'hippodrome qui est en formation sous l'influence d'éléments divers : la race du pays, le Norfolk, le Pur Sang Anglais, que convient-il actuellement de faire pour l'améliorer, c'est-à-dire aller en avant, au point de vue de la précocité, de l'endurance, de l'aptitude trotteuse et de la vitesse de cette variété en formation?*

Opinions diverses. — Voici quelques opinions qui courent le monde. Je parle pour mémoire de certaines personnes qui voudraient supprimer la variété trotteuse d'hippodrome pour l'améliorer; ceci est un moyen radical. Le cheval de bataille de ces ennemis du Trotteur est que la gymnastique du trot d'hippodrome déforme la colonne vertébrale et incline l'épaule en avant; de sorte que si on continuait à faire trotter les chevaux, nous arriverions à avoir une variété bizarre autant qu'étrange. Nous avons fait justice de cette théorie extraordinaire dans une autre partie de ce volume.

Un autre clan tient absolument à régénérer la race par l'infusion d'un sang nouveau et on a choisi le Trotteur Américain qui, dans le cas actuel, jouerait le rôle de Tisane des Shakers pour sauver ce soi-disant jeune malade, le Trotteur Anglo-Normand.

Enfin, un troisième groupe, c'est le plus nombreux, voit le salut dans le *statu quo*. Plus d'introduction de sang nouveau, plus d'Américain, plus de Russe, plus de Pur Sang. La sélection des meilleurs Trotteurs entre eux. Ecoutons M. Paul Guillerot dans l'*Elevage du Trotteur Français :* « Pour fabriquer des Juvigny, des Qui-Vive! des Lance-à-Mort, » des Michigan, des Narquois, etc., il faut choisir une jument bien » conformée dans le sang trotteur et la livrer à un étalon de la même » race, également confirmé. Accumuler des générations de trotteurs, » prendre des éléments qui ont la spécialité recherchée, est la voie la » plus certaine. Les chances de la *Variabilité* seront considérablement » diminuées en utilisant pour la reproduction des *multiplicateurs* » ayant affirmé, par des courses, l'hérédité des aptitudes dominatrices » de leurs ancêtres. » Voilà la doctrine condensée de ce groupe, de beaucoup le plus nombreux.

Enfin, il y a les partisans du croisement avec le Pur Sang; mais ceux-là sont rares. En général ils sont l'objet de moqueries dans les journaux; dans les conversations particulières, ces parias sont bafoués, on en fait des gorges chaudes. Et quand ces obstinés citent des exemples et mettent sous les yeux de leurs contradicteurs les faits les plus probants : des Fuschia, des Azur, etc., l'hilarité redouble et on leur répond : « Raison de plus, c'est avec le Pur Sang que ces chevaux » ont obtenu une si belle allure, une si grande vitesse, et par consé- » quent il faut cesser complètement de se servir du Pur Sang, autrement » vous obtiendrez des galopeurs. »

Alors, le malheureux partisan du Pur Sang se retire en désordre, accompagné des huées de ses adversaires et définitivement écrasé, anéanti, persuadé, il suit le courant général et fuit le Pur Sang comme la peste.

L'Administration des Haras est, très certainement, particulièrement heureuse de voir les éleveurs se servir de ses magnifiques étalons de pur sang comme agents de croisement avec le Trotteur; à ce sujet, aucun doute n'est permis, et pour ma part j'en ai des preuves absolues. La compétence de ses grands chefs n'est pas discutable et à part quelques défaillances, ses actes ont toujours tendu à diriger l'élevage du Trotteur dans la direction du croisement avec le sang pur. Malheureusement, l'amour de l'Administration des Haras pour le croisement avec le Pur Sang, est un amour platonique. Les mesures à prendre pour engager l'élevage dans cette voie, ne sont pourtant pas difficiles à trouver et l'Administration ne les ignore pas. Elles consisteraient à décerner les plus grands encouragements aux poulinières croisées directement avec le Pur Sang ou aux juments de pur sang croisées directement avec le Trotteur et aux produits issus de ces croisements.

Quand l'Administration des Haras, réserve dans le Midi, des primes aux Anglo-Arabes, à ce croisement que j'appelle une erreur, elle pousse à la production d'une variété déterminée. Pourquoi ne pas étendre ce système? et dans les concours de poulinières, dans les concours de pouliches, dans les concours régionaux, dans les courses faites avec l'argent de l'Etat, pourquoi ne pas créer des catégories de produits ayant 75 %, 50 %, 25 % de sang anglais pur. Nous faisons des courses de Pur Sang, l'Etat, le public, les départements, les villes, etc., subventionnent cet élevage : dans quel but? Pas absolument pour faire naître des animaux dont la plus grande partie est impropre au service militaire ou commercial, mais plutôt pour conserver un dépôt d'énergie, une source de vitalité, destinés à améliorer les races lymphatiques ou communes qui périraient sans cet agent améliorateur. Mais alors il faudrait s'en servir et engager les éleveurs à utiliser les services de ces animaux. Dans le cas contraire il faut abolir les courses de Pur Sang qui deviennent un non sens. Il faut les interdire ou leur refuser tout encouragement. Pourquoi les officiers de remonte qui achètent nos chevaux de cavalerie sont-ils si heureux de trouver des fils de Pur Sang : c'est assurément parce que la qualité de ces chevaux leur paraît supérieure. On ne s'explique pas, dès lors, que l'Administration des Haras ne favorise pas ce croisement de tout son pouvoir dans la formation de sa variété trotteuse par l'encouragement qu'elle donne dans les courses et les concours. Cette abstention de la part des Haras réside dans un malentendu : si cette Administration ne pousse pas à l'emploi du Pur Sang c'est qu'elle craint que les sacrifices faits jusqu'ici pour constituer cette si belle variété, ne se trouvent compromis en poussant davantage à l'emploi du Pur Sang Anglais. Elle est combattue d'une part par les ennemis de ses trotteurs qui les accusent, avec quelque raison, de s'éloigner du sang pur et d'en perdre ainsi les caractères, et de l'autre, elle se trouve en face d'une école très puissante qui s'imagine que le Trotteur peut vivre maintenant sur son propre fond et qui a une peur terrible de le voir prendre le galop. De sorte que, vivement sollicitée de tous les côtés, elle laisse aux éleveurs la plus grande liberté et la plus grande initiative. C'est peut-être la meilleure conduite à tenir dans les circonstances présentes.

Mais l'élevage a tout intérêt à se rendre compte lui-même si réellement le Trotteur Français doit continuer à s'améliorer par le Pur Sang, ou s'il doit se sélectionner sur les éléments actuellement existants. Il y a lieu de voir aussi si l'introduction d'une variété étrangère trotteuse pourrait l'avancer. C'est ce que je me suis proposé d'étudier ici.

La question doit être serrée de près. — Mais puisque nous sommes décidés à serrer de près le problème pour en tirer une solution claire, il faut remarquer que nous nous proposons seulement de savoir, par les procédés scientifiques, si la variété trotteuse actuelle peut être mise en progrès par l'un des moyens précités : c'est-à-dire si l'on peut augmenter ses aptitudes actuelles au premier rang desquelles figure l'endurance et la vitesse précoce et enfin l'allure trotteuse. Nous nous demanderons donc quel est le moyen le plus rapide, le meilleur, et nous chercherons par les idées scientifiques que nous avons étudiées au commencement de ce volume la solution de la question. De cette façon, avec l'appui de véritables principes déduits de la théorie et vérifiés par l'observation, nous sommes absolument certains d'arriver à un résultat satisfaisant et sans aucune crainte d'erreur.

Mais, je le répète, il ne faut pas diluer le problème dans une masse de considérations contingentes, multiplier les inconnues ni augmenter le degré de ces inconnues. Il faut au contraire éliminer dès le commencement diverses solutions qui ont un caractère non satisfaisant. On ne doit pas se proposer, par exemple, de déterminer un modèle : il y a autant de modèles que d'éleveurs. Les Anglais, quand ils ont commencé à sélectionner l'Oriental par les courses, ne savaient pas qu'ils arriveraient au modèle d'aujourd'hui; et il est probable que si le capitaine O'Kelly, propriétaire d'Eclipse, pouvait revenir à notre époque, il serait absolument surpris de voir la conformation qu'à prise la variété du Pur Sang Anglais; et à plus forte raison si on parvenait à ressusciter M. Darley qui importa vers 1712 l'aïeul paternel d'Eclipse, Darley-Arabian, il serait extrêmement curieux de jouir de la stupéfaction de cet honorable gentleman si on lui faisait passer en revue la nombreuse descendance de son Arabe.

Il ne faut pas chercher non plus à savoir si la future race de trotteurs sera bonne pour tel ou tel service, si on pourra reproduire avec elle le cheval de chasse, le cheval d'armes, le cheval de carrosse, le trait léger, le poney de polo, etc., etc. Car une grande quantité de personnes ont grand'peur que l'on constitue une race qui ne leur permette pas de produire leur cheval favori. Il est nécessaire de se dégager de toutes ces conceptions particulières sous peine de ne pouvoir diriger l'élevage d'une façon claire et raisonnée. Nous devons avoir pour but de faire d'abord un cheval de courses, de le produire conformément aux désirs exprimés dans les programmes des courses; enfin, il ne faut pas oublier que les courses sont des courses au trot. C'est avec intention que cette dernière condition est reléguée au dernier plan car, comme nous le verrons, elle ne doit pas, contrairement à ce que nous croyons généralement, faire l'objet d'une préoccupation principale mais plutôt accessoire. La production d'un cheval qui trotte naturellement serait enfantine s'il n'y avait pas d'autres conditions et dans le cas qui nous occupe elles doivent primer l'aptitude d'allures.

De plus, nous devons avoir pour but de former une race ou variété de chevaux de courses au trot, c'est-à-dire possédant une aptitude à cette allure, tellement considérable, qu'elle arrive à la reproduire avec constance. Cette dernière proposition est résolue d'avance puisque le mode de sélection adopté est la course. Il n'en serait plus de même si le mode de sélection devenait le concours. Heureusement, il n'y a plus à combattre pour ce sujet qui est épuisé. Je sais bien qu'il y a des sociétés puissantes de concours, mais ce ne sont pas des sociétés qui ont pour but exclusif de former une race ou de l'entretenir dans une direction déterminée pendant des siècles, et la preuve c'est que les sujets mâles qui ont seuls le droit d'y prendre part doivent être hongrés.

Nous allons donc d'abord nous préoccuper du premier point de notre problème, c'est-à-dire, étant donné la situation actuelle, de la race anglo-normande de Trotteurs d'hippodrome, s'il est possible d'assurer une amélioration rapide, quelle est la variété qui doit être choisie pour obtenir ce résultat.

L'agent améliorateur d'une variété de courses doit être un cheval de courses. — Nous l'avons dit, nous voulons produire d'abord et avant tout un cheval de courses tel que nous le comprenons aujourd'hui : c'est-à-dire ayant le tempérament, le caractère, le courage, le calme, l'énergie, l'amour de la lutte, etc., etc., enfin toutes les aptitudes d'un cheval de courses. Nous ne pouvons donc chercher ce cheval que dans les races de courses elles-mêmes.

C'est ce qui nous commande d'éliminer l'Arabe et l'Oriental en général, qui, pour d'autres raisons biologiques, ne peuvent être employés.

Le Norfolk également doit être rayé de la liste et nous verrons que son plus grand défaut est son manque de vitesse.

Parmi les chevaux de courses, je n'en connais que trois variétés distinctes, fixes, et qu'on peut qualifier pures, autant toutefois que ce mot puisse s'appliquer à une variété domestiquée. Ces trois variétés sont le Trotteur Russe, le Trotteur Américain et le Pur Sang Anglais. Jusqu'ici il n'y a pas d'autres chevaux de courses sur la surface du globe que ces trois variétés.

Le croisement du cheval russe et de l'anglo-normand a été essayé. Nous avons démontré scientifiquement qu'il ne pouvait pas réussir. Je ne suppose pas, du reste, qu'un grand nombre d'éleveurs sérieux voudraient recommencer l'expérience.

Le croisement américain est en ce moment très à la mode. Un grand nombre de poulinières, d'étalons, de cette race remarquable ont été importés en France pour la reproduction. De nombreuses juments trotteuses anglo-normandes sont livrées tous les ans à l'étalon américain et réciproquement. Il est bon de voir les résultats qui seront obtenus. Il y a donc lieu, avant de condamner expérimentalement ces essais, d'attendre encore plusieurs années. Cependant, il est permis d'ajouter que dans le passé aucun ordre de faits n'est venu infirmer la proscription théorique que nous avons faite de cette alliance. Nous ne reviendrons pas sur cette discussion ; l'étude des croisements des plantes et des autres animaux domestiques nous montre bien le sort réservé à ces essais. Dans le domaine expérimental, feu le duc de Vicence a consacré des millions à cet élevage de croisements. Il a employé simultanément l'Anglo-Normand, le Russe, le Pur Sang Anglais, l'Américain et le Norfolk, comme poulinières et comme étalons. J'ai connu chez lui des sujets où les quatre variétés de courses étaient représentées par des courants de sang de toute première qualité. Cette origine complexe apportait justement une opposition entre tous ces courants de sang éthérogènes et si le temps et l'argent qui ont été consacrés à cette colossale entreprise d'élevage avaient été employés conformément à des idées scientifiques et logiques, nul doute que des succès nombreux et une réussite complète seraient venus satisfaire la passion du grand seigneur et diminuer dans une grande proportion ses sacrifices pécuniaires.

Donc scientifiquement, théoriquement, nous condamnons l'alliance entre le Trotteur Anglo-Normand et le Trotteur Américain. Pratiquement, expérimentalement, nous accordons encore crédit pour les essais qui sont pratiqués avec une persistance, une constance, une énergie que rendent encore plus remarquables les résultats insignifiants obtenus jusqu'ici.

Le cheval anglais de pur sang. — Nous arrivons donc logiquement à nous trouver en face du Pur Sang Anglais comme agent améliorateur au point de vue des courses. A ce point de vue, le cheval anglais ne saurait être discuté. C'est le cheval de course par excellence. C'est le cheval de vitesse et d'endurance et je ne m'étendrai pas sur ce point.

La seule objection sérieuse qui ait été faite jusqu'ici contre l'emploi du Pur Sang, celle qui, aux yeux d'un observateur superficiel paraît capitale, c'est la différence d'aptitudes spéciales de deux variétés. C'est l'allure.

Si on se reporte à nos principes scientifiques sur les croisements entre deux variétés voisines, différentes par un caractère, on reconnaîtra que l'aptitude au galop doit se perdre rapidement au bout de quelques générations de croisement avec le Trotteur, de plus, les deux variétés sont tellement voisines qu'elles s'assimilent très bien. Enfin nous pouvons considérer notre variété trotteuse comme déjà imprégnée de Pur Sang Anglais dans une proportion moyenne de 33 %. Par des introductions constantes de pur sang on arrivera simplement à entretenir cette proportion.

Dernier argument, mais le plus topique, le Pur Sang Anglais est tellement facile à faire varier dans le trot que beaucoup de sujets y ont varié, y varient encore et y varieront constamment, spontanément. Cette proposition sera démontrée surabondamment dans la suite de cette étude. Il faudrait donc, autant que possible, rentrer dans le pur sang au moyens d'étalons et de poulinières ayant des tendances certaines à varier au trot. Cette manière de procéder dispenserait d'attendre plusieurs générations, que l'évolution naturelle de la variation d'une aptitude à l'autre se soit produite. C'est encore une étude très curieuse qui intéressera sans doute le lecteur, que celle des courants de sang pur qui tendent à varier spontanément au trot.

On verra par là combien l'étude des lois naturelles était indispensable pour se rendre compte de pareils phénomènes, les saisir, les interpréter et en chercher les raisons biologiques. L'usage du Pur Sang Anglais, ainsi compris, ne sera donc plus un danger, une appréhension, un aléa. Il deviendra une certitude, un facteur indispensable de succès.

Considérations générales sur l'origine de la race Anglo-Normande. — Notre étude va donc se développer régulièrement par l'examen attentif de l'origine de la race trotteuse d'hippodrome actuelle. L'Anglo-Normand est, comme son nom l'indique, fait avec le cheval anglais et le cheval normand. L'ancien normand qui a commencé la race n'y entre plus aujourd'hui que pour une bien faible part. Ce fait s'explique parfaitement en ce sens que l'ancien normand n'avait en réalité aucune aptitude particulière à trotter vite. Cet ancien normand était le cheval de carrosse à la mode avant la révolution et qui était tout imprégné de meklembourgeois. Le cheval anglais paraît l'avoir absolument absorbé. Il se produit encore, quelquefois, de loin en loin, quelques retours de ce type caractérisé par une tête busquée à l'excès. L'Arabe a été aussi employé en Normandie sous le premier Empire mais il a été complètement annihilé par l'énorme quantité de chevaux anglais pur sang ou demi-sang importés en Normandie. Il suffit de jeter les yeux sur un pedigree d'étalon trotteur actuel pour se rendre compte de combien peu d'éléments autres que l'Anglais pur sang ou demi-sang, il est composé.

Il apparaît donc que la variété trotteuse actuelle, comprise sous l'appellation générique d'Anglo-Normande est une variété très voisine du Pur Sang Anglais dont elle ne diffère que par l'aptitude trotteuse. Il est donc certain que le Pur Sang sera amené à varier dans l'aptitude trotteuse au bout de bien peu de générations.

Mais il y a une autre cause qui peut nous amener à nous servir avec plus de profit encore du Pur Sang Anglais, c'est que nous pouvons employer des représentants de cette race de galop, qui varient spontanément au trot et sans aucune alliance, comme nous le verrons.

Sélection pure et simple du Trotteur actuel. — Il reste à examiner, pour épuiser la question, le principe que conseillent beaucoup de personnes; je veux parler des partisans de la sélection entre les trotteurs existants sans introduction de sang étranger de quelque nature qu'elle soit.

Cette fois je ne ferai appel à aucun principe scientifique pour déconseiller cette sélection, le simple bon sens me suffira. Nos trotteurs ne sont pas vites, nous avons besoin de leur donner la vitesse; ce n'est pas en sélectionnant des animaux encore lourds, maladroits, peu souples, que nous obtiendrons de véritables animaux d'hippodromes. Prenons un exemple qui fera mieux comprendre notre sentiment :

Voilà Presbourg obtenu avec une fille de *Vichnou;* on se demande pour quelle raison on ne se servirait pas de ce cheval comme étalon. Parce que, disent les partisans du *statu quo,* la présence de son grand-père *Vichnou* va faire galoper ses poulains. Evidemment ce fait pourrait se produire si on l'alliait avec des juments de pur sang ou des juments issues d'un cheval de pur sang, mais avec des juments confirmées trotteuses ce fait n'est pas à craindre et il est bien plus convenable d'espérer que ce cheval communiquera à ses produits une partie de l'aptitude à la vitesse de ce grand-père pur sang. D'autre part, le fait de la naissance d'un Presbourg ne donne-t-il pas la voie pour produire de semblables animaux et n'y a-t-il pas lieu de se procurer des filles de cheval de pur sang avec des juments trotteuses pour les livrer à l'étalon Fuschia ou à tout autre étalon trotteur confirmé? Poser la question c'est la résoudre. On ne s'explique donc pas cette proscription du croisement avec le Pur Sang qui est toujours provoquée par la peur de produire l'aptitude au galop. En examinant nos différentes familles de trotteurs nous aborderons constamment cette question, et constamment, nous prouverons que sans le croisement avec le Pur Sang nous n'aurions pas obtenu la vitesse, et qu'en cessant de pratiquer ce croisement nous perdrions rapidement cette aptitude à la vitesse.

Le dosage du sang pur. — Il nous reste à nous rendre compte dans cet avant-propos du moyen pratique de doser la proportion de sang pur contenu dans un Trotteur Anglo-Normand. Cette question se trouve compliquée par la présence dans le pedigree de presque tous ces trotteurs, d'éléments anglais inconnus; tels sont : Lavater, Y, Crocus, The Norfolk-Phœnomenon, Niger, etc.

Il y a une quantité innombrable d'étalons anglais qui ont été employés et dont le degré de sang nous est inconnu. Il y a aussi quelques juments non tracées telles que Miss Bell, Lady Pierce, etc., dont la proximité du sang est probablement très grande. Il y a même dans le pedigree de certains étalons trotteurs des juments présumées de pur sang.

Nous allons donc donner un moyen pratique de doser le sang pur sans avoir la prétention de jamais opérer ce dosage d'une façon absolument exacte.

Si on imagine le pedigree d'un cheval tel que nous le pratiquons en France et en Angleterre, nous voyons que dans la première ligne verticale se trouve le père et la mère, dans la seconde ligne verticale les grands-pères et grands'mères, dans la troisième ligne les arrière-grands-pères et les arrière-grand' mères, etc.

Au point de vue de l'influence du Pur Sang Anglais sur le Trotteur et du dosage de ce sang, toutes les fois que nous rencontrerons un Pur Sang dans le pedigree d'un cheval nous nous arrêterons là. Le pedigree de Phaëton s'écrira ainsi :

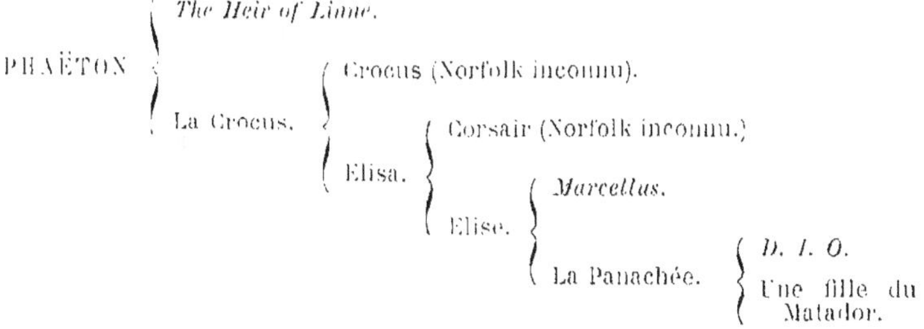

Si un Pur Sang se trouve dans la première ligne d'un pedigree il donne un dosage de 1/2; s'il se trouve dans la seconde il donne 1/4: dans la troisième 1/8; dans la quatrième 1/16; dans la cinquième 1/32; dans la sixième 1/64, et dans la septième 1/128, etc. On voit que, pratiquement, on peut s'arrêter à la sixième colonne. Pour Phaëton nous trouvons que son dosage s'obtient en ajoutant les fractions suivantes :

$$\frac{1}{2} + \frac{1}{16} + \frac{1}{32} = \frac{19}{32} \text{ ou environ } 60\ \%.$$

Mais il reste sous-entendu que les éléments inconnus ne sont pas calculés dans cette formule, puisque nous n'avons aucun moyen de le faire. Malgré cette perte, nous avons à constater que cet étalon trotteur est un de ceux qui rapprochent le plus le sang pur.

C'est ainsi que s'obtiendra le dosage arithmétique et conventionnel de tout Trotteur Anglo-Normand. La présence du Norfolk, des étalons anglais de chasse, des juments importées de sang anglais, tous d'origine inconnue, ne permet pas d'avoir un dosage mathématique. Mais ce dosage deviendra de plus en plus exact car la présence de ces chevaux dans un pedigree tend à s'éloigner de plus en plus et perd de son importance à chaque nouvelle génération.

C'est par cette méthode, et sous les réserves expresses formulées ci-dessus, que nous trouvons pour le dosage du sang pur des principaux étalons :

Normand.............	38,00 %
Conquérant...........	44,00 %
Fuschia...............	39,00 %
Cherbourg.............	38,00 %
Serpolet-Bai...........	27,50 %
Edimbourg.............	38,75 %
Juvigny................	25,00 %

Mais il faut encore le répéter, le dosage ainsi compris est conventionnel puisque pour Juvigny, par exemple, la présence de Niger dans la seconde ligne nous cause une perte considérable par suite du redoutable inconnu qu'il renferme.

Le pedigree en Russie. — A côté de cette compréhension de l'origine des animaux, qui est celle pratiquée en France et en Angleterre et qui est si complète par suite de l'examen facile, au premier coup d'œil, de divers courants de sang, il en existe une autre qui est basée sur notre théorie de l'Hérédité sexuelle.

Dans les pedigrees anglais nous nous trouvons en présence des parents immédiats, le père et la mère, les quatre grands-parents, les huit arrière-grands-parents, les seize arrière-arrière-grands-parents, les trente-deux grands-parents de la cinquième ligne, les soixante-quatre grands-parents de la sixième ligne, etc. Mais si l'on considère seulement l'ascendance mâle en ligne directe et l'ascendance féminine directe, on a ce qu'on appelle le pedigree à la Russe. A titre de curiosité je reproduis le pedigree d'une jument importée au haras de Chambeaudoin par M. Popoff et qui a été traduit par l'ambassade de Russie à Paris :

CERTIFICAT DE LA JUMENT ROGNIEDA

DU HARAS DE D. A. ENGELGARDT

Noire, jument, le pied droit de derrière blanc jusqu'à la brosse, avec une étoile au front, les lèvres supérieures et inférieures blanchâtres, née dans mon propre haras, le 2 février 1868, de l'étalon bai Bytchok du haras de D. D. Golokhwostow, fils de Piétouchok, bai, du haras de D. P. Golokhwostow, et de Prélesnitzka, noire, issue de Pokhwalny; aïeul, Bytchek, du haras de Smessowsky; bisaïeul, le jeune Atlasny, du haras de W. P. Schichkine; trisaïeul, le vieil Atlasny; quatrisaïeul, Mougik Ier; cinquième aïeul Lubesny Ier; sixième aïeul, Bars Ier (chef de la race des trotteurs); septième aïeul, Polkan Ier; huitième aïeul, Smétanka, blanc, amené d'Arabie, en 1775, par le comte Orloff-Tchesmensky;

Sa mère, jument noire Néwosderjnaïa, du haras de W. J. Toulinow, née de Bézymany Ier et de Néwosderjnaïa II, née de Barsyk Ier; aïeule Néwosdernaïa, du haras de Krénowsky (*Haras des trotteurs en Russie*, édition de 1854, page, 583); née de Tchistiak; bisaïeule, Tartaka, née de Molodetz; trisaïeule, Tolstaïa, née de Barsik-le-Grand; quatrisaïeule, Gnédaïa, née d'un étalon bai d'Arabie; cinquième aïeule amenée de Pologne et marquée au chiffre 73-15.

A été saillie par l'étalon Proussak, de mon propre haras, fils de Prisa, né de Matisty; petit-fils de Krolik II du haras de W. J. Toulinow, et de la jument Proussatchka, du haras de Korobyne, née de Visapour.

Le 22 mars 1879.

Vendue à M. Michel Mikhaïlowitch Popoff, le 10 juin 1879.

Signé : DIODORE ENGELGARDT.

La lecture de ce pedigree ainsi compris m'ayant paru assez suggestive, je fis un tableau d'un certain nombre de chevaux français et je reconnus bientôt qu'une telle façon de comprendre l'origine d'un cheval portait un enseignement important. Je mets donc sous les yeux du lecteur une certaine quantité de chevaux qui aideront à expliquer ce qui va suivre et à faire comprendre l'importance de l'ascendance paternelle en ligne directe et la même importance en ligne directe maternelle :

FAMILLE DES NORFOLKS

THE NORFOLK-PHOENOMENON	Origine du Norfolk.
CROCUS.	Origine du Norfolk.
Y.	The Norfolk-Phœnomenon. Henriette par *Incincible*.
LAVATER.	Y, ou Crocus. Candeleria (jument anglaise, origine inconnue).
NIGER.	The Norfolk-Phœnomenon. Miss-Bell (jument anglaise, origine inconnue).
VALENCOURT.	Niger, The Norfolk-Phœnomenon. Alphérie par *Fitz-Pantaloon*, Ida II par *William*, Ida par Basly (*Eastham*), Valient, *D. I. O.*
TIGRIS.	Lavater. Modestie par *The heir of Linne*.
ETENDARD.	Lavater. Espérance par *The heir of Linne*.
ACQUILA.	Niger, The Norfolk-Phœnomenon. Lucrèce, Esmeralda par *Lully*.
COQ-A-L'ANE	Lavater. Allumette par *The heir of Linne* et Kindler par *Eylau*.
DOMINO-NOIR	Lavater. *La Pastourelle*.
JAGUAR III.	Lavater. Friandise par *Ministère*.
IPSILANTY	The Norfolk-Phœnomenon. Fille de *Sylvio*, fille de Valient, fille de *D. I. O.*, fille de *Bacha* (arabe).
NOVILLE	Ipsilanty, The Norfolk-Phœnomenon. Thérence, Esmeralda par *Sylvio*.
JOURDAN.	Valencourt, Niger, The Norfolk-Phœnomenon. Constance, *Fortuna*.
ESPOIR.	Tigris, Lavater. Reinette, *Gitana*.
CICÉRON II.	Tigris, Lavater. Mlle de Bréville, N. de *Trouville*.
HOMARD	Tigris, Lavater. Diva, *Miss-Mowbray*.

KALMIA, LEDA.	Tigris, Lavater. Bank-Note, *Débutante*.
EPINAL II.	Tigris, Lavater. *Tontine*.
QUI VIVE! (1887. . . .	Tigris, Lavater. Suzon (par Phaëton), Lisette, Alma, N. par *Paradox*.
FONTENAY.	Tigris, Lavater. Coquette, Fridoline, N. (arabe).
CORLAY.	Flyng-Cloud (origine du Norfolk). Thérésine par *Festival*, N. par *Craven*, N. par *Lully*.
VOLTAIRE.	Corlay, Flyng-Cloud. Mina, N. de *Kérim*.
SOBRIQUET.	Lavater. Nila (mère d'Arcole), Ida par *Royal-Oak*, Thérence, Esmeralda par *Sylvio*.
MARIN	Espoir, Tigris, Lavater. N. par Reynolds et *Sympathie*, grand'mère de Fuschia.

FAMILLE DE MATCHEM

CONQUÉRANT.	Kapirat, Voltaire, Impérieux, Y. Rattler, *Rattler*. Elisa, Elise par *Marcellus*, et La Panachée par *D. I. O.*
NORMAND.	Divus, Québec, Ganymède, Xercès, Y. Rattler, *Rattler*. Balsamine, La Débardeur par *Débardeur*.
REYNOLDS, URIEL. . .	Conquérant, descendance de *Rattler*. Miss Pierce, Lady Pierce (importée d'Amérique).
RIVOLI	Conquérant, descendance de *Rattler*. Jument d'origine inconnue.
CHERBOURG	Normand, descendance de *Rattler*. Peschiera, Anita, Petite-de-Mer, N. d'Introuvable, N. par *Royal-George*.
FUSCHIA	Reynolds, Conquérant, descendance de *Rattler*. Rêveuse, *Sympathie*.
SERPOLET-BAI.	Normand, descendance de *Rattler*. Margot, N. d'Introuvable, N. de *Royal-George*.
SERPOLET-ROUAN . .	Conquérant, descendance de *Rattler*. La Mère par une jument irlandaise d'origine inconnue.
ALBRANT.	Normand, descendance de *Rattler*. Simonne, N. par *Hercule*.
VALDEMPIERRE.	Normand, descendance de *Rattler*. Rosières, Papillotte, N. de Succès, jument anglaise.

Beaugé	Conquérant, descendance de *Rattler*. Miss-Ambition, Mlle de Criquerville, Annette, N. par Perfection.
Jaguar	Beaugé, Conquérant, descendance de *Rattler*. Belle-Charlotte (par Phaëton), Harmonie, N. de Séducteur, N. par *Eylau*, N. par *Napoléon*.
Ilotte	Beaugé, Conquérant, descendance de *Rattler*. Eva, Pégriotte, Frétillon, Pégriotte par *Eylau*.
Arcole	Quinola, Conquérant, descendance de *Rattler*. Nita, Ida, par *Royal-Oak*, Thérence, Esmeralda par *Sylvio*.
Elan	Serpolet-Bai, Normand, descendance de *Rattler*. Rosière, Fortunée, N. de Kramer, N. de Doyen, N. d'Eclatant, N. de *D. I. O.*
Jeune Toujours	Serpolet-Rouan, Conquérant, descendance de *Rattler*. Pluta par *Plutus*.
Colporteur	Normand, descendance de *Rattler*. Zaïne, Atalante, N. d'Egrillard (plus de renseignements).
Dictateur	Conquérant, descendance de *Rattler*. Libertine par *Usbekych* (arabe), Brunette, Tamisienne, Zaïre par *Napoléon*.
Juvigny	Cherbourg, Normand, descendance de *Rattler*. Formosa, Confiance, Céline par *Brocardo*.
Faustine	Serpolet-Bai, Normand, descendance de *Rattler*. Folie (ex-Ran-Ja-I-Mé) par *Kaolin*, fille de Gaulois, fille de *Tamberlick*, fille de *Schamyl*.
Echo	Normand, descendance de *Rattler*. Vilna, Victoire (présumée pur sang).
Moonlighter	Fuschia, Reynolds, Conquérant, descendance de *Rattler*. *Niniche*.
Presbourg	Fuschia descendance de *Rattler*. Jessie par *Vichnou*, Iris par Phaëton, Adolpha par Urus et une fille d'*Adolphus*.
Narquois	Fuschia, descendance de *Rattler*. Hébé III, Bank-Note, *Débutante*.
Mars	Fuschia, descendance de *Rattler*. Guinée, Vendéenne (par Pactole), Sauterelle, N. par *Brocardo*.
Quartier-Maitre	Fuschia, descendance de *Rattler*. Laura, Iris (par Phaëton), Adolpha par Urus et une fille d'*Adolphus*.
Réclame	Fuschia, descendance de *Rattler*. Miss-Cherbourg, Jessie par *Vichnou*, Iris par Phaëton, Adolpha par Urus et une fille d'*Adolphus*.

Oran, Pompéï.	Fuschia, descendance de *Rattler*. Fatma, Camélia, Crinoline, *Orpheline*.
Quinquina.	Jaguar, Beaugé, Conquérant, descendance de *Rattler*. Ve Cliquot, Champagne, N. de *The heir of Linne*.
Polka, Qui-Va-La, Résistante	Fuschia, descendance de *Rattler*. Belle Charlotte (par Phaëton), Harmonie, N. de Séducteur. N. d'*Eylau* (anglo-arabe), N. de *Napoléon*.
Hippomène.	*Bagdad*. Barbe d'or (origine inconnue en ligne maternelle).
Aramis.	Hippomène, *Bagdad*. Sylvia, Fridoline par *Schamyl*.
Content (ex-Jovial) .	Hippomène, *Bagdad*. Mlle de Sainte-Opportune, Jarnicoton, N. de *Schamyl*.
Azur	Fuschia, descendance de *Rattler*. Tricoteuse (par Phaëton), fille de *Montfort*.
Quinola	Conquérant, descendance de *Rattler*. Fridoline par *Schamyl*.
Serviteur	Y. Quick-Silver ou Normand. *Victorieuse*.
Fred-Archer.	Normand, descendance de *Rattler*. Verveine, Vilna (mère d'Echo), Victoire (présumée pur sang).
Galant Ier.	Uriel, Conquérant, descendance de *Rattler*. Coquette par *Faust*.
Galant II.	Uriel, Conquérant, descendance de *Rattler*. Yvonne par *Faust*.
Pegase	Fuschia, Reynolds, Conquérant, descendance de *Rattler*. La Fontaine, Indépendante par *Trouville*.

FAMILLE D'ECLIPSE

The heir of Linne. .	Pur sang de la descendance d'Eclipse en ligne mâle, chef d'une famille de trotteurs.
Phaeton.	*The heir of Linne*. La Crocus, Elisa, Elise par *Marcellus*, et La Panachée par *D. I. O.*
Pactole.	*The heir of Linne*. Tarare, N. de *Tarare*.
Orphée	*The heir of Linne*. Ugoline (ascendance inconnue en ligne maternelle).
James-Watt	Phaëton, *The heir of Linne*. Dame-d'Honneur par *Vichnou*.

HARLEY.	Phaëton, *The heir of Linne.* Turlurette, Niska, Petite-de-Mer, Margot, N. d'Introuvable, N. par *Royal-George.*
FLIBUSTIER.	Phaëton, *The heir of Linne.* Voltigeuse, Belle-de-Jour, Fatmey par *Tipple-Cider.*
GALBA, LEVRAUT . . .	Phaëton, *The heir of Linne.* Fleur-de-Genêt, Belle-de-Jour, Fatmey par *Tipple-Cider.*
TRICOTEUSE	Phaëton, *The heir of Linne.* Fille de *Montfort.*
ESCAPADE, FINLANDE, GÉRANCE.	Phaëton, *The heir of Linne.* Glorieuse, Ecolière, Théreza, Brillante, Ida par *Eastham.*
ROSCOFF.	Harley, Phaëton, *The heir of Linne.* Jouvence, Deuil, *Harriet.*
ROCAMBOLE.	Harley, Phaëton, *The heir of Linne.* Rosière, Orpheline par Orphée par *The heir of Linne,* Eclatante par *Quid-Juris.*
RITOURNELLE.	Harley, Phaëton, *The heir of Linne.* Eclatante, *Pauvrette* par *The heir of Linne.*
MERLERAULT (1846 . .	*Royal-Oak,* descendant d'*Eclipse.* Fille de *Sylvio.*
PLEDGE (1846)	*Royal-Oak.* Fille de Y. Rattler.
ABRANTÈS (1856). . .	Pledge, *Royal-Oak.* Fille de Noteur, jument d'origine inconnue.
FRIDOLINE (1860) . . . (Record 1'45").	*Schamyl.* (1) Marquise par Phœnomenon et jument anglaise.

FAMILLE D'HÉROD

ELU (1860)	Idalis, Don-Quichotte, *Sylvio.* N. par *Tipple-Cider* et une fille d'*Eylau.*
JACTATOR (1865). . . .	Elu, Idalis, Don-Quichotte, *Sylvio.* Fille *d'Eylau.*
CAMBRONNE (1880) . .	Oriental, Jactator, Elu, Idalis, Don-Quichotte, *Sylvio.* Fille de Niger, fille de Pledge, fille de Dupleix, La Pilott, fille de *Bacha* (arabe).
NOTEUR (1847).	*Eylau, Napoléon.* Fille de Diomède, Légère, La Meunière, fille de Matador, fille de Glorieux.
SÉDUCTEUR (1852) . .	Noteur, *Eylau, Napoléon.* Fille de Fatibello, La Ragonne, Ouricka par *Eastham.*
QUI VIVE ! (1872) . . .	*Affidavit.* N. d'Esculape, N. de Baryton, N. de *Biron.*

(1) *Schamyl* descend d'Eclipse par la même ligne mâle que *The heir of Linne*, King-Ferrus, Bening-Brough, Orville.

Conséquences, déductions. — Si on veut bien examiner attentivement les tableaux qui précèdent on se trouve d'abord en présence des reproducteurs issus du Norfolk. On constate que leur illustration, soit en courses, soit au haras, est toujours accompagnée dans leur ascendance maternelle par une très grande proximité de sang anglais pur.

Dans la famille de *Rattler* (descendance de Matchem-Godolphin Arabian), le chef de cette famille se trouve assurément très éloigné (7e ou 8e génération) mais la loi de l'Hérédité sexuelle maintient son influence en ligne mâle à la condition que le Pur Sang soit près dans la ligne maternelle pour développer la vitesse.

Dans la famille de *The heir of Linne* (descendance d'Eclipse-Darley-Arabian) le Pur Sang peut être indifféremment près ou loin dans la ligne maternelle, il y a production de vitesse à cause d'un rapprochement très grand du sang pur en ligne mâle.

D'autres Pur Sang ont donné naissance à quelques lignées, mais leur descendance mâle tend à disparaître parce qu'ils n'avaient pas d'aptitude trotteuse et leur sang a été seulement utilisé dans les juments.

Il m'a semblé que cette façon de présenter l'origine des chevaux était plus impressionnante et qu'elle dégageait mieux l'influence du sang pur à cause de l'énorme importance des ascendances directes en ligne mâle et en ligne féminine. Si le lecteur cherche d'autres exemples, il arrivera toujours aux mêmes conclusions et il semble qu'étant donnés les faits du passé, les étalons existants et la manière dont ils ont été obtenus, la vitesse au trot s'obtiendra forcément en livrant à ces étalons des juments issues directement de l'étalon de pur sang et même des juments de pur sang. C'est le seul moyen, actuellement, d'acquérir la supériorité dans la vitesse au trot.

C'est ce qu'une étude détaillée de chaque famille trotteuse va nous apprendre dans les pages qui vont suivre.

Mais il faut insister aussi sur la vitalité que donne a une famille le passage par le Pur Sang. Si nous consultons le petit tableau sans prétention qui précède ces quelques lignes, nous voyons, par exemple, que Harley, Serpolet-Bai, Cherbourg, descendent de la même souche : la fille de *Royal George;* Serpolet-Bai, à la troisième génération, Cherbourg à la cinquième génération et Harley à la sixième.

Conquérant et Phaëton descendent de la même famille : Elise par *Marcellus;* Conquérant à la seconde génération et Phaëton à la troisième.

Galba et Levraut, les deux propres frères, descendent, avec Flibustier, de la même souche : Fatmey par *Tipple-Cider,* à la troisième génération.

Presbourg, Quartier-Maître, Réclame, sont également sortis de la même souche ravivée par le sang pur.

Il y a là une démonstration pratique que les deux courants de sang extérieurs d'un pedigree, c'est-à-dire la descendance directe de mâle en mâle et la descendance directe de mère en mère sont de beaucoup les plus importants, tandis que les courants de sang intérieurs forment des remplissages très utiles sans doute, mais beaucoup moins prépondérants.

Il nous reste à considérer les autres aptitudes nécessaires au cheval d'hippodrome et à voir encore quelle en est la source la plus certaine. Ces aptitudes sont : la précocité, l'endurance, le tempérament, le cœur. Nous allons les passer en revue rapidement, tout en regrettant de ne pouvoir nous étendre davantage sur des questions aussi intéressantes et qui, si on laissait aller sa plume et son esprit, rempliraient des volumes.

La Précocité. — Une des causes qui plaident le plus pour l'emploi du Pur Sang Anglais, comme agent de croisement, est son extrême précocité. La raison de cette précocité est bien simple : elle résulte du principe de sélection des étalons et des poulinières par la course. Or, les courses de chevaux de pur sang, de beaucoup les plus importantes, ont lieu à deux ans et à trois ans. C'est à ces âges que se courent les épreuves classiques si anciennes.

Tout cheval qui ne gagne pas quelques-unes de ces grandes épreuves ne peut pas être un grand reproducteur, puisqu'on ne lui confiera pas de grandes juments. Nous avons donc la certitude, en nous servant du Pur Sang, de nous servir d'un agent de précocité unique au monde. Et nous avons besoin de cette précocité puisque nos épreuves classiques au trot, les plus importantes, ont lieu toutes à trois ans.

Les trotteurs qui sont vites après trois ans sont très nombreux en France, mais on ne les connaît pas. Ils disparaissent à l'armée, au commerce ou au haras. Nous ne savons pas ou ne voulons pas les attendre. Dans ces conditions il faut absolument un agent de précocité de tout premier ordre pour l'amélioration de notre race trotteuse d'hippodrome.

Le Russe a été abandonné et nous n'y reviendrons pas; mais l'Américain, au premier coup d'œil, paraît jouir d'une précocité considérable. Il y a des courses de deux ans, d'un an et même, on nous a assuré, des courses de poulains de six mois, en Amérique. Ce qui n'empêche pas de trouver dans un ouvrage, écrit à la gloire du Trotteur Américain, les lignes suivantes copiées textuellement : « En effet, à quoi sont bons les restants de chevaux de courses d'Epsom, du Derby, de Chantilly? A améliorer la race direz-vous? Peut-être, si votre but est d'élever une haridelle efflanquée qui, contractant souvent des maladies à cause de l'entraînement que le cheval de courses subit trop jeune, transmet invariablement à ses descendants ce dont il souffre lui-même. » Ainsi, dans ces quelques lignes, l'auteur prétend que les gagnants des grandes courses classiques ne sont bons qu'à engendrer des haridelles efflanquées, tandis que les Trotteurs Américains sont des animaux ménagés dans leur jeunesse.

Il n'en est cependant rien et les chevaux américains trotteurs sont essayés et entraînés très jeunes, et je n'y vois aucun inconvénient. Il y a là un fait naturel et dont il est bon de se rendre compte biologiquement.

La précocité à la vitesse est en effet une aptitude que les éleveurs de chevaux ont cultivée d'une façon remarquable et dans laquelle le Pur Sang Anglais est passé maître. Il a été reconnu, en effet, que certains Pur Sang étaient d'une précocité à révéler la vitesse véritablement surprenante et, par la sélection des courses de deux et trois ans, on est arrivé à connaître à peu près les familles de flyers et les familles de stayers.

Les flyers sont les plus précoces, et sont généralement des chevaux de deux ans, mais il ne faut pas s'imaginer que cette précocité se révèle par une structure légère ou une petite taille, en un mot, que ces animaux précoces nous représentent des haridelles efflanquées. Au contraire, le cheval précoce est précoce de toutes façons; son développement est généralement complet à deux ans et il représente plutôt un animal bien charpenté. C'est que celui-là s'est toujours bien nourri, qu'il n'a été arrêté dans sa croissance par aucune maladie et qu'il est apte à travailler un an ou deux avant ses congénères élevés cependant avec lui.

Le stayer, au contraire, a besoin d'être attendu. Il lui faut un temps plus long pour son développement complet; quand il reparaîtra à trois ans, il étonnera tous ceux qui l'auront vu *two year old;* il aura développé sa poitrine en hauteur, élargi son arrière-main, dégagé son encolure et pris jusqu'à dix centimètres de taille.

En Amérique, les trotteurs précoces sont nombreux, mais on ne sélectionne pas les reproducteurs sur les courses de deux ans; par suite d'une erreur bizarre, la sélection des grands étalons se fait généralement sur le record obtenu contre le temps et parfois à un âge avancé. La folie du record, poussée aussi loin qu'elle l'est en Amérique, a faussé l'élevage. On n'a pas procédé comme en Angleterre sur la sélection des précoces par la course de deux ans et de trois ans. On a procédé à la sélection des trotteurs recorders par la lutte contre le temps, à n'importe quel âge. De là un résultat inverse de celui que nous cherchons.

Plus les Trotteurs Américains vieillissent, plus ils sont vites. Alors que nos éleveurs ont perdu depuis longtemps le souvenir de leurs produits, qu'eux-mêmes sont morts, que leurs enfants ont déjà d'illustres élèves, la gloire en Amérique consiste à améliorer le record d'un étalon de vingt ans ou d'une jument plus vieille encore. Evidemment, c'est un système qui peut avoir sa valeur, mais n'en résulte-t-il pas jusqu'à l'évidence que le croisement américain avec l'Anglo-Normand ne donnera jamais un type de précocité, c'est-à-dire un poulain de trois ans en possession de tous ses moyens?

Le Norfolk n'étant pas un cheval de courses, il n'a pu être sélectionné non plus sur la précocité. C'est ce qui fait que son emploi a été souvent une cause de non-réussite pour des poulains de cette origine. Combien de chevaux sont devenus extraordinaires à quatre, cinq ou six ans, et qui, à trois ans, n'avaient donné aucunement leur mesure? C'est que ces animaux avaient un courant de sang Norfolk qui arrêtait non seulement leur développement physique, mais l'épanouissement de leur aptitude précoce à la vitesse. Tels sont par exemple : Epinal II, par Tigris et *Tontine;* Email, par Tigris et Abrantès; Ismérie, par Aequila et Normand; Geneviève, par Apis et Bick, etc., etc. De là aussi le fait que des reproducteurs issus de Norfolk n'ayant pas réussi à faire le cheval de trois ans, ont été abandonnés pour cette raison, puisque dans nos courses, c'est ce cheval seulement qui est recherché. Nous sommes donc forcés de revenir au Pur Sang comme un facteur certain de la précocité que nous avons besoin d'introduire dans nos Trotteurs Français d'hippodrome. Car, que le Pur Sang soit un stayer ou un flyer, il est toujours au moins un cheval de trois ans. La sélection sur la course à deux et trois ans est une règle absolument formelle pratiquée depuis de longues années et l'introduction du sang anglais dans notre race trotteuse nous assure une production de poulains capables de se développer complètement à trois ans, susceptibles d'absorber une quantité de nourriture suffisante pour assurer ce développement physique et pouvant donner à cet âge le maximum de leur vitesse.

Beaucoup d'éleveurs s'imaginent que la précocité est due à un bon élevage; qu'un poulain bien soigné, bien nourri, bien avoiné est nécessairement précoce. C'est une idée radicalement fausse.

Pour nous en rendre compte, prenons comme exemple un des nombreux haras de Pur Sang Français, où les poulains sont bien élevés. Tous les poulains naissent de bonne heure, tous reçoivent une quantité de nourriture absolument surabondante, de sorte qu'aucun d'eux ne souffre du côté de l'alimention. Cependant, beaucoup d'entre eux ne seront pas complètement développés à deux ans, tandis que quelques-uns auront non seulement pris un développement physique qui permet de voir qu'ils sont finis, achevés, accomplis, mais encore leur aptitude à galoper est tellement épanouie qu'elle ne laisse plus rien à désirer et qu'ils peuvent donner leur mesure. Ceux-là seront des chevaux de deux ans et les autres ne viendront bien qu'à trois ans. Ce fait d'élevage, si connu des professionnels, ne nous montre-t-il pas clairement que, toutes choses égales d'ailleurs, la précocité est différente, et qu'elle est une véritable aptitude. Nous concluons donc, sans entrer dans des détails plus longs, que le Pur Sang Anglais est un agent de précocité de premier ordre et que, pour cette raison encore, nous devons chercher à en pénétrer notre race trotteuse d'hippodrome.

L'Endurance, le Tempérament, le Cœur. — Une des qualités qui distinguent le Trotteur Anglo-Normand, c'est l'endurance. La définition de ce mot, au point de vue sportif, est des plus importantes. Pour arriver à bien comprendre cette aptitude précieuse qui est l'apanage du Trotteur Anglo-Normand, il faut entrer dans quelques détails. Il est en effet plus difficile qu'on ne pense de donner une définition concise d'un mot qui est employé ici dans un sens sportif et qui a été compris de façons bien différentes par des personnes assurément compétentes. Il ne faut pas s'engager dans une dissertation sur l'endurance avant de s'être expliqué sur la signification très importante de ce mot. Je crois donc que, plutôt que de vouloir enfermer dans une phrase plus ou moins longue la définition de l'endurance, il vaut mieux procéder par des exemples et par des éliminations qui indiqueront bien le vrai sens sportif qui doit être attribué à ce mot.

Il m'est arrivé souvent d'assister à des discussions fort vives qui n'avaient pas d'autres causes que le défaut d'entente sur la valeur et le sens précis des mots. Justement cette question de l'endurance a été des plus controversées. Il faut d'abord voir les synonymes de ce mot pour nous faire plus tard à l'idée exacte qu'il exprime.

Le mot endurance est souvent remplacé dans le langage de certaines personnes par le mot fond. Dire d'un cheval qu'il a de l'endurance ou du fond, c'est absolument la même chose. On dit aussi de certains chevaux de fond qu'ils sont des chevaux de longue distance. Toutes ces expressions ne font que paraphraser l'idée sportive si difficile, comme nous allons le voir, à condenser dans un mot.

Les Anglais, par exemple, appellent les chevaux de fond des

stayers, par opposition aux flyers, qui sont des chevaux de vitesse sur 1.000 ou 1.500 mètres au plus. Du reste les deux termes sont très imagés (flyer vient du verbe *fly* qui veut dire voler et stayer vient du verbe *stay* qui veut dire durer).

Il faut d'abord constater que l'endurance est ce qu'on appelle, au point de vue naturel, une aptitude. Or comme pour tous les caractères naturels, la fixation d'une aptitude dans une variété, est le produit d'une sélection pratiquée pendant longtemps.

Comme il faut préciser, nous dirons que parmi les variétés de courses une aptitude quelconque ayant trait à la pratique du sport des courses, est le résultat d'une direction générale donnée par les programmes, c'est la suite naturelle d'une impulsion première dont le mouvement a été entretenu pendant de longues années. Donc, en ce qui concerne l'endurance telle qu'elle doit être comprise au point de vue sportif, il ne faut pas chercher son extension dans les variétés qui ne sont pas de courses.

Ainsi, par exemple, on dit du cheval arabe qu'il est sobre, honnête, courageux, mais on ne peut pas dire au point de vue du sport qui nous occupe, que le cheval arabe soit un cheval endurant. Cela n'aurait aucun sens, puisque l'endurance telle que les sportmens la comprennent, est une qualité de courses et que le cheval arabe n'est pas un cheval de courses. Il en est de même du Norfolk.

Si maintenant nous considérons les seules variétés de courses vraiment fixées qui, avec le Trotteur Anglo-Normand en formation, représentent tous les chevaux de courses du monde entier, nous remarquons d'abord que le Russe a toujours passé pour manquer d'endurance, et j'ai pu me rendre compte que dans beaucoup de sujets, même des croisements avec l'Anglo-Normand, le manque d'endurance se transmettait avec une fidélité remarquable. Cette variété ayant été abandonnée comme croisement améliorateur du Trotteur Anglo-Normand, nous n'insisterons pas sur un examen inutile et long des programmes de courses en Russie qui ont préparé la sélection actuelle, nous ne parlerons pas non plus des exceptions si brillantes telles que Kozyr et autres chevaux russes qui étaient très endurants. L'explication de pareils phénomènes est des plus simple comme nous allons le voir pour le cheval américain et pour le cheval anglais de pur sang.

La seconde variété de courses que nous avons à examiner au point de vue de l'endurance, c'est le Trotteur Américain. Les programmes de courses américaines sont faits à partir de trois ans pour le parcours d'un mille (1.609 mètres) et sur le record obtenu sur cette distance la sélection est opérée. La qualité est basée sur la quantité de temps la plus petite qui est employée à franchir cette distance de 1.609 mètres, à l'allure du trot, et par extension, à l'allure de l'amble, qui est le résultat d'une variation de l'allure trotteuse.

Tout cheval qui n'a pas une aptitude particulière à parcourir rapidement cette distance de 1.609 mètres est abandonné pour la reproduction comme pour les courses où il ne peut être d'aucune utilité en Amérique. Le résultat d'une pareille sélection n'est pas douteux ; on a créé une race de flyers remarquables, et quant aux stayers, s'il y en a, ils sont expédiés en France pour un faible prix, et ils peuvent souvent réussir d'une façon extraordinaire en courses, témoin le célèbre Lysander-Pilot qui était imbattable sur les très longues distances. Après 4.000 mètres, parcourus sur le pied de 1'40" le kilomètre, Lysander-Pilot aurait pu parcourir un mille anglais aussi vite que n'importe quel flyer de profession.

Ces sortes de chevaux issus d'une race sélectionnée sur la courte distance représentent un retour des premiers ancêtres de la variété qui étaient des stayers. Ces retours forment évidemment des exceptions, surtout lorsque le retour est aussi complet que chez Lysander-Pilot, mais néanmoins ils sont assez nombreux jusqu'à ce que l'éloignement du temps et la sévérité de la sélection aidant, ils tendent à disparaître de plus en plus.

Il est donc certain qu'une race qui a été sélectionnée sur le mille anglais ne peut, en aucune façon, servir à améliorer le Trotteur Français d'hippodrome, dont les aptitudes sur l'endurance sont exigées par les programmes. Il est juste de remarquer que jusqu'ici les croisements opérés avec l'Américain, s'ils ont manqué de la précocité nécessaire, n'ont pas paru manquer d'endurance. Cette circonstance est peut-être due à ce qu'on a plutôt employé, pour le croisement Anglo-Normand-Américain, des étalons de cette dernière race qui étaient plutôt des stayers que des représentants très sélects de la véritable variété trotteuse américaine.

Milton, Lysander-Pilot, Lenox, Uncle-Sam, etc., qui ont fait la monte en France sont des stayers. Ce sont des chevaux qui n'auraient joui d'aucune considération dans l'élevage des Etats-Unis puisqu'ils ne remplissent pas les conditions exigées par les éleveurs pour que leurs produits soient utilisés sur l'hippodrome. Il peut donc se faire que ces chevaux qui sont des retours, au point de vue de l'aptitude à tenir la distance, des premiers Pur Sang Anglais qui ont fondé la race trotteuse américaine donnent immédiatement une aptitude dont ils sont munis, mais il ne faudrait pas s'étonner si plus tard la seconde génération revenait, par un autre rappel, à la tendance à la vitesse et à la production d'un flyer comme je l'ai déjà vu plusieurs fois.

Il importe de bien prévenir les éleveurs du résultat d'observations qu'il est difficile de faire connaître en détail et avec des preuves à l'appui. Les faits que j'ai relevés pourraient porter atteinte à des intérêts respectables et immédiats, et c'est pourquoi je n'insisterai pas sur le sujet. Je me contenterai de dire qu'au point de vue scientifique, l'emploi d'un stayer américain comme étalon est plus certain que l'emploi d'un flyer pour la production de chevaux de fond. Mais que si cet étalon, tout en ayant fait preuve d'endurance est issu d'une variété de course sélectionnée sur la courte distance, il y a des raisons pour que des cas de retour puissent se produire et ramener en avant le principe de vitesse au détriment du principe d'endurance.

A un point de vue absolu, et en nous mettant à la place d'un sportman complètement indifférent à des intérêts financiers, patriotiques, d'une contingence quelconque, en un mot ce que j'appellerai le sportman idéal, le flyer est peut être plus intéressant que le stayer, et si je ne consultais que mes propres goûts, je sacrifierais probablement sur l'autel de la vitesse. Mais au point de vue de la direction d'un élevage en France, pour y récolter des lauriers dorés, l'élevage du Trotteur de fond est indispensable à moins que les programmes ne viennent à changer.

D'autre part, nous allons voir, par un curieux exemple dans le Pur Sang, comment une aptitude à l'endurance peut se transformer en aptitude à la vitesse, et que les flyers finissent par dériver, par une variation naturelle, des stayers. L'endurance et la vitesse sont donc des aptitudes qui peuvent varier l'une dans l'autre. Nous sommes donc amenés à considérer l'endurance dans le Pur Sang Anglais.

Lorsque les courses de Pur Sang furent créées, elles avaient d'abord lieu sur une grande distance, témoin les Kings'plates qui se couraient sur 8.400 mètres, en particulier sous le règne de la reine Anne. Au fur et à mesure de l'amélioration de la race anglaise de pur sang, la facilité avec laquelle les animaux devenaient plus vites par des alliances appropriées a fait diminuer les distances. Aujourd'hui en Angleterre, il y a beaucoup de courses de flyers. Je ne puis malheureusement m'étendre bien longtemps sur ce sujet. Ce qu'il y a de certain, c'est que les chevaux sont devenus à la fois plus précoces et moins endurants. Il faut en effet remarquer que la précocité et la vitesse sont deux aptitudes concomitantes.

Voici en quelques mots l'analyse de ce qui s'est passé en Angleterre : Au fur et à mesure que l'élevage s'est développé, on a uni les étalons les plus rapides, les performers les meilleurs avec des juments dans les mêmes conditions; or il s'est produit un fait inévitable, c'est que ces unions furent nécessairement des *inbred* quelquefois très prononcés. C'est pourquoi certaines personnes s'imaginent que la vitesse et *l'inbreeding* sont des conditions inséparables.

Il n'en est rien, seulement le fait devait fatalement se produire, attendu que les vainqueurs étaient nécessairement parents à cause du petit nombre des descendances mâles et femelles. Il est donc arrivé que la qualité du flyer s'est de plus en plus accentuée et le Jockey-Club Anglais a modifié ses programmes en diminuant constamment les distances. La sélection s'est alors opérée en Angleterre bien plus sur la vitesse que sur le fond, ou plutôt on a distingué deux catégories de Pur Sang, les flyers et les stayers. En France, un mouvement semblable s'est produit, mais avec moins de rapidité. Mais les courses de deux ans, qui sont si utiles à l'élevage, nous amèneront forcément aussi à produire le flyer.

Si on veut voir par quelles transitions passent les chevaux anglais pour varier de l'aptitude d'endurance à la vitesse, il faut prendre un exemple curieux. Nous donnons ci-dessous le pedigree de Le Sancy. Presque tous les chevaux anglais dérivent de chevaux endurants, puisqu'à une époque antérieure et pendant une période très longue, la sélection sur l'endurance a été la règle.

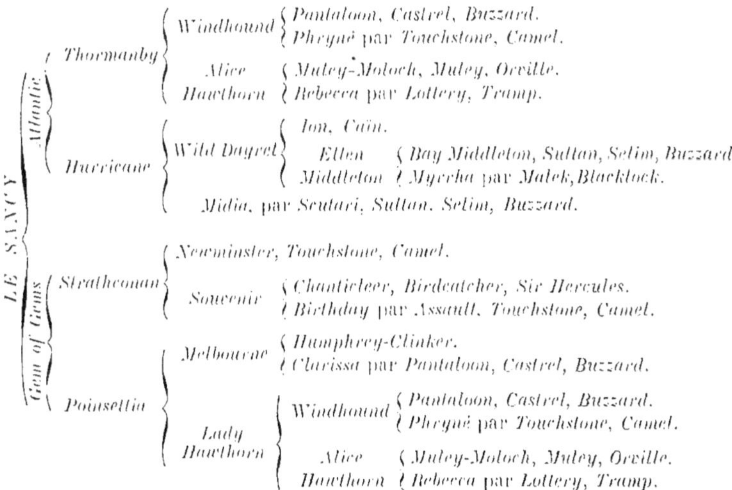

Cet étalon n'était pas précoce; à deux ans et à trois ans, il fut presque toujours battu. Ce n'était pas non plus un flyer, mais il était encore moins le stayer. Enfin Le Sancy, à quatre ans, fut surprenant, surtout sur les distances de 2.000 à 2.200 mètres. Par une étrange aberration, son propriétaire, le baron de Schickler, voulut lui faire gagner le prix Gladiateur. On se rappelle qu'il n'existait plus au bout de 3.500 mètres, quoique le train fût très ordinaire, et il reste bien avéré que le cheval n'était pas un stayer. Eh bien, chose curieuse, ce cheval qui n'était pas un cheval de longues distances, mais qui était plutôt sur les distances moyennes de 2.000 à 2.200 mètres, ce cheval qui n'était pas précoce, a donné des produits qui brillent par la précocité et la vitesse. Il y a donc deux changements concomitants d'aptitude absolument complets entre les aptitudes de *Le Sancy* et de ses enfants. C'est là une des variations des aptitudes dans le Pur Sang Anglais.

Au point de vue du croisement avec le Trotteur Anglo-Normand, on devra toujours choisir autant que possible des stayers qui ont ainsi une communauté d'aptitudes les uns avec les autres. Il arrivera du reste, comme pour le Pur Sang, qu'il naîtra nécessairement des flyers parmi les trotteurs, mais si les programmes restent les mêmes, ces flyers seront éliminés et n'auront pas d'influence sur la production. Si, au contraire, on fait des courses de petites distances on arrivera comme pour le Pur Sang à diviser le Trotteur Français en deux éléments bien distincts, les chevaux de fond et les chevaux de vitesse.

Quelques écrivains hippiques et quelques éleveurs qualifient encore par le mot endurance, la résistance qu'opposent certains chevaux de courses aux fatigues de l'entraînement et des courses. Je crois que c'est une erreur et que le mot tempérament explique mieux l'idée que le mot endurance. Ainsi, par exemple, *Le Sancy* n'était pas un cheval d'endurance et cependant il resta cinq ans sur la brèche, et il montra toujours un tempérament très résistant. Généralement, du reste, le tempérament à résister à la fatigue et l'endurance sont aussi deux caractères concomitants.

Enfin il faut dire quelques mots de ce que les sportmens appellen le cœur. Cette expression sportive signifie le courage à la lutte dans la course. Cette aptitude à la lutte est l'apanage par excellence du Pur Sang Anglais. Elle est le résultat de la sélection des courses telles que nous les comprenons et non comme les comprennent généralement les Américains qui luttent surtout contre le temps pour obtenir un record.

On doit évidemment chercher un étalon qui, indépendamment de sa classe, ait montré un grand courage, car souvent le cheval de courses triomphe par le cœur autant que par ses autres aptitudes. On dit aussi, d'un cheval qui revient plusieurs fois à la lutte dans une course, qu'il a le cœur bien accroché : cette expression est une paraphrase qui veut dire que le cheval a beaucoup de cœur ou bien qu'il ne s'écœure pas facilement.

Résumé. — Avant d'entrer dans le fond de la question, nous avons voulu établir le plan de notre raisonnement. L'amélioration de la race trotteuse d'hippodrome ne peut avoir lieu que sous l'influence d'un cheval de courses. Le meilleur et le plus ancien est le Pur Sang Anglais. La différence des allures n'est pas un obstacle. La transformation de l'aptitude galopeuse en aptitude trotteuse a lieu par deux méthodes : la méthode du croisement, qui provoque la variabilité des caractères naturels. Cette manière de procéder fera l'objet de notre chapitre IV : le Norfolk.

La seconde voie employée est venue du Pur Sang Anglais lui-même, qui a varié spontanément et transformé sans aucune autre aide son allure de galop en aptitude trotteuse. Cet aspect du Pur Sang fera l'objet des chapitres III, V, VI, qui sont consacrés aux étalons *Messenger*, *Rattler* et *The heir of Linne* et à leur descendance. Le chapitre VII montre les Pur Sang qui ont joué un rôle intermédiaire entre la première et la seconde méthode. Enfin, le chapitre II qui suit immédiatement celui-ci, est consacré à une petite étude très concise de la formation de la race anglaise de chevaux de pur sang qu'il est indispensable de connaître au moins dans les grandes lignes de sa formation et de son développement.

CHAPITRE II

Le Pur Sang Anglais, sa genèse, son amélioration, sa sélection par les courses. — Le Stud-Book Anglais. — Opinions diverses sur l'origine controversée du Pur Sang Anglais. — La vérité. — Le Pur Sang Anglais est le produit du croisement de l'étalon arabe et de la jument barbe. — Comment il faut comprendre que les trois grands arabes sont les pères de la race actuelle. — Les juments primitives, comment elles ont été les mères de la race. — Herman Goos, Frentzel, Bruce Lowe. — Les juments barbes, les Royal Mare. — *Godolphin Arabian. Darley Arabian.* — Confirmation de la théorie de l'hérédité sexuelle. — Un préjugé contre le Pur Sang Anglais. — Première importation de l'arabe en Angleterre en 1121. — Le système empirique de Bruce Lowe. — Les tables d'Herman Goos, traduction de sa préface. — Les familles Running, Sire, Outside. — Un article d'Hermann Goos sur le système de Bruce Lowe, traduit du *Sport-Velt*. — La nomenclature des cinquante juments primitives. — Un résumé du système d'élevage de Bruce Lowe. — Préjugé sur le sang barbe comme courant de sang trotteur. — La variabilité de l'aptitude galopeuse en aptitude trotteuse du Pur Sang Anglais. — Diverses erreurs à propos de *Rattler*, de *Messenger* et de *The heir of Linne*. — La prépondérance d'*Eclipse*. — La grande objection des adversaires du croisement du Trotteur et du Pur Sang Anglais galopeur. — Un lancier dans les dragons. — Le Pur Sang trotteur.

Notions sommaires sur le Pur Sang Anglais. — Il est indispensable de donner quelques notions sommaires sur le Pur Sang Anglais. Lorsqu'on veut parler de l'influence d'une race sur une autre il faut au moins les connaître toutes les deux et surtout la race amélioratrice.

Le Pur Sang Anglais n'est pas ce qu'un vain peuple pense. Son histoire exacte n'a jamais été et ne sera jamais écrite parce que pendant de longues années elle fut le chaos. Ce fut un chaos qu'on pourrait comparer à celui de notre race de demi-sang trotteuse actuelle. Pas de Stud-Book, tout le monde maître. Des introductions de tous les points du monde, excepté de l'Amérique qui n'avait pas de chevaux ou qui n'était pas découverte. Des étalons et des juments barbes, turcs, persans, arabes, égyptiens, du Dongola, de l'Abyssinie; c'était à qui trouverait un cheval inconnu, qui devait tout régénérer, comme aujourd'hui en demi-sang du reste.

A cette époque on voulait déjà régénérer ce qui n'existait pas. De grands seigneurs, dont les noms sont restés, importèrent des zèbres d'Abyssinie, des hémiones du Cap de Bonne-Espérance, mâles et femelles, qui furent utilisés à la reproduction par le croisement. Les sujets ainsi obtenus furent naturellement, avec le cheval et la jument, des mulets, la plupart du temps inservables.

Quoi qu'il en soit, les courses mirent bon ordre à tout cela, les meilleurs furent les premiers et les descendances se dessinèrent.

Le Stud-Book fut clos (1799).

Opinions diverses sur l'origine du Pur Sang. — Néanmoins un doute subsiste. La race autochtone fut-elle pour quelque chose dans la constitution de la race pure actuelle? Les chevaux d'avant l'importation formèrent-ils un appoint? C'est impossible. Il est de bon ton, je le sais, de dire aujourd'hui avec aplomb et mépris : la race de Pur Sang Anglais est le résultat d'un métisage. C'est le produit de l'étalon arabe avec la jument du pays. Cela n'est nullement vrai; c'est plutôt une pétition de principes.

La vérité. — On a pu faire remonter les gagnants des courses jusqu'à trois étalons orientaux, importés du reste à des époques bien différentes, *Godolphin Arabian* (1724), *Byerly Turk* (1689), *Darley Arabian* (1712). Mais c'est par milliers qu'il faudrait compter les autres étalons et juments orientaux qui ont servi à constituer la race.

Il a fallu d'abord l'acclimater, ce qui n'était pas une petite affaire. Il est vrai que ces chevaux étaient la propriété de gens forts riches, qui les mirent dès l'abord à l'abri des intempéries britanniques. Ils furent couverts, habillés, nourris à l'avoine. La sélection sur la vitesse fut rapidement obtenue par la course et il ne resta bientôt plus en présence que les descendants en ligne mâle des trois orientaux célèbres. Tous les autres étalons importés ne furent plus que des facteurs de second ordre et furent éliminés par les mâles de la fameuse descendance.

Puis une seconde période se produisit et trois nouveaux étalons issus des premiers à quelques générations : *Eclipse* (1764), *Hérod* (1758), et *Matchem* (1748) prirent la place de leurs ancêtres. Ils sont encore aujourd'hui les chefs incontestés de la race anglaise auxquels remontent tous les vainqueurs en ligne directe masculine. Mais les juments qui ont produit cette illustre descendance d'où venaient-elles? C'est ce qu'on sait à peu près en parcourant le premier volume du Stud-Book.

Les juments primitives. — Un auteur allemand, Hermann Goos, s'est livré à un travail duquel il résulte que tous les chevaux de pur sang vainqueurs depuis l'origine remontent tous à cinquante juments initiales dans la ligne maternelle. Au-delà de ces cinquante juments, on ne connaît rien. Il est donc bon, en étudiant ces cinquante juments, de remarquer qu'elles sont africaines en grande majorité ou qu'elles remontent en ligne directe à quelques juments barbes qui sont, elles aussi, le fondement de la race. Cet examen nous prendrait beaucoup de temps, néanmoins nous examinerons les plus célèbres.

D'abord, la quantité des juments orientales importées était tellement grande à cette époque (entre 1600 à 1700), que les produits de ces juments avec les étalons orientaux, importés également en nombre considérable, durent être plus vites que les croisements obtenus avec la jument autochtone. Cette race de chevaux indigènes ne devait pas, ne pouvait pas être vite. C'était le cheval du Nord, tel qu'il se trouve dans certains pays où n'a pas pénétré encore le sang arabe ou anglais. Par conséquent les grands seigneurs qui faisaient courir durent préférer de suite les produits de pure race aux croisements avec les juments indigènes. Voici ce qu'en dit Darwin :

Chez les chevaux de course la sélection a été méthodiquement poursuivie en vue d'augmenter la vitesse, et nos chevaux actuels battraient facilement leurs ancêtres. L'augmentation de taille, et l'apparence différente du cheval de course anglais sont telles, qu'il serait impossible de concevoir actuellement qu'il descend de l'union du cheval arabe avec la jument africaine. La sélection inconsciente, c'est-à-dire les efforts faits dans chaque génération pour produire des chevaux aussi beaux que possible, jointe à une nourriture abondante et à un entraînement régulier, sans aucune intention préconçue de leur donner l'apparence qu'ils ont aujourd'hui, a probablement joué un grand rôle dans l'élevage du cheval. Youatt affirme que l'importation, au temps de Cromwell, de trois étalons célèbres venant d'Orient, modifia promptement la race anglaise, car lord Barleigh se plaignait que le grand cheval disparût rapidement. C'est là une preuve excellente de la façon rigoureuse avec laquelle on a appliqué la sélection, car, autrement, les traces d'une si petite infusion de sang oriental n'eussent pas tardé à disparaître et à être absorbées. Bien que le climat de l'Angleterre n'ait jamais été considéré comme particulièrement favorable au cheval, une sélection longtemps soutenue, tant méthodique qu'inconsciente, succédant à celle pratiquée par les Arabes, dès une époque très reculée, n'en a pas moins fini par nous donner une des meilleures races de chevaux qui soit au monde. Macaulay fait à ce sujet la remarque suivante : « Deux hommes qui étaient réputés de grandes autorités dans la matière, le duc de Newcastle et sir J. Fenwick, avaient prononcé que la moindre rosse, venant de Tanger, donnerait une meilleure descendance que celle qu'on pourrait espérer du meilleur étalon indigène. Ils étaient loin de prévoir qu'il viendrait un temps où les princes et les nobles des pays voisins seraient aussi désireux de se procurer des chevaux anglais que les Anglais d'alors l'étaient de se procurer des chevaux arabes. » (Darwin, *Variation des Animaux et des Plantes*, tome II, page 207).

Si nous parcourons le Stud-Book et que nous examinions les cinquante juments des tables d'Hermann Goos nous constatons que presque toutes ces juments, surtout les plus illustres, sont des juments barbes. La plus illustre de toutes ces juments, le N° 1 des tables, qui a donné une quantité énorme de gagnants des grandes courses anglaises, par ses produits en ligne maternelle était appelée par son propriétaire, M. Trégonwell, *Natural Barbe Mare*, soit jument barbe pure. Le N° 2 est *Burton Barbe Mare* (*M. Burton's Natural Barbe Mare*), la jument barbe pure de M. Burton, et elle n'est guère moins illustre que le N° 1 par ses produits en descendance maternelle.

Le N° 3. *Byerly Turk Mare* (dam of the two true blues), littéralement : jument *Byerly Turk* (mère des deux vraies bleues). C'était une fille de *Byerly Turk* et, par le mépris profond qu'on avait de la race du pays, il est à supposer que sa mère était barbe ou issue de juments et d'étalons orientaux pour qu'elle ait eu l'honneur des faveurs de *Byerly Turk*.

Au surplus, d'après le premier volume du Stud-Book anglais, il y a tout lieu de croire que cette jument était une fille ou descendante en ligne maternelle de la *Burton's Natural Barb Mare*. C'est du reste la plus considérable des juments primitives, et nous verrons dans la suite de cette étude que M. Bruce Lowe l'a classée seule dans les deux catégories, Running and Sire Family. Quand aux *Royal Mare,* que l'on trouve dans ces juments primitives, il faut rappeler les faits suivants : les premières *Royal Mare* qu'on voit apparaître furent importées d'Afrique par Jacques Ier (1566 à 1625), puis plus tard par Charles Ier (1625 à 1650). Cromwell importa également des juments de sang oriental et un étalon turc, *White Turk*. Mais les *Royal Mare* que l'on trouve au premier volume du Stud-Book étaient les *Royal Mare* ou leurs descendantes importées par la reine Anne (1664-1714).

Dans aucune des chroniques de l'époque, il n'est question d'allier ces *Royal Mare* qui venaient de Tanger ou de Tripoli, avec l'étalon indigène. Cette idée est de nos jours, et on ne s'explique pas que des esprits tant soit peu habitués à l'élevage puissent accepter que des grands seigneurs, qui étaient à cette époque la gloire de l'élevage anglais, auraient eu la faiblesse de laisser salir des juments aussi aristocratiques par l'étalon indigène abâtardi qui existait à cette époque dans la Grande-Bretagne et l'Irlande. Au surplus, les courses auraient expulsé ces bâtards par la sélection la plus ordinaire.

Godolphin Arabian. — Quand on pense que *Godolphin Arabian,* qui était un superbe arabe dont nous avons conservé les traits, servait de boute-en-train à l'étalon célèbre *Hobgoblin,* et qu'il ne dût qu'à un hasard de saillir *Roxana;* quand on imagine qu'il fallut, que de cette union fortuite, naquit un grand cheval, *Lath,* pour que *Godolphin Arabian* fut employé; quand on réfléchit que ce n'est que sur une preuve aussi éclatante qu'on se déclara convaincu de la haute naissance de l'Arabe, ramassé par charité à Paris par M. Coke, on conviendra que les haras de cette époque étaient peut-être plus scrupuleux qu'aujourd'hui sur les alliances, et que jamais on n'aurait eu cette idée enfantine de prendre pour jument poulinière ou pour étalon, un animal possédant le moindre courant de sang indigène.

Enfin, quoique cette étude ne soit pas absolument dans notre rayon d'action, je dirai qu'il résulte des documents les plus probants et qui feraient les éléments de plusieurs volumes, que la race de chevaux de pur sang anglais est le produit de l'étalon arabe importé (*The Arabian* stallion imported) et de la jument barbe pure (*The Natural Barb Mare*) et que vers 1700 il aurait paru absurde de croire qu'une de ces *Royal Mare,* qui étaient toutes des juments importées, put descendre d'une façon quelconque du cheval anglais autochtone. Cela eût paru monstrueux et ridicule.

L'Hérédité sexuelle. — Mais si j'ai fait cette disgression sur l'origine du Pur Sang, j'avais un double but : je voulais montrer d'abord l'influence des mères primitives d'une race et la confirmation du principe d'hérédité sexuelle que j'ai démontré dans ma théorie de l'Hérédité et qui se trouve ici parfaitement confirmé.

Le préjugé contre le Pur Sang. — Puis, en second lieu, et comme complément naturel, je voulais sortir les éleveurs de demi-sang, ou du moins une grande partie d'entre eux, de préjugés déplorables qu'on nourrit contre le Pur Sang Anglais depuis de longues années et surtout extirper de leur esprit cette erreur énorme : le cheval de pur sang anglais est le métis du cheval arabe avec la jument anglaise autochtone. C'est au contraire le cheval anglais de pur sang qui a amélioré toutes les races autochtones.

Première importation de l'Arabe. — On trouve dans les vieilles chroniques que c'est en 1121, sous le règne de Henri Ier, que le cheval arabe fut pour la première fois importé en Angleterre probablement à la suite de la première croisade.

Depuis, les importations ne firent qu'augmenter. Les lords anglais, fort riches, n'hésitaient pas à payer des étalons 180 ou 200.000 francs, à frêter des vaisseaux pour aller chercher des étalons et des juments en Orient. Le nombre de ces animaux fût tellement considérable qu'on s'étonne du petit nombre de reproducteurs d'élite qui ont survécu à la sélection par la course. Trois étalons, cinquante juments, voilà tout ce qui reste de cette fabuleuse importation orientale.

Voilà les lignes primitives dont tous les gagnants modernes descendent. Cette constatation doit être pour nous un enseignement. Si les éleveurs n'avaient pas compris ma théorie de l'Hérédité sexuelle, ils ont là sous les yeux le fait réalisé, l'exemple indiscutable. Les pères impriment leurs aptitudes particulières en ligne mâle, les mères les donnent en ligne féminine. C'est toujours dans la descendance féminine des six premières juments primitives barbes pures que nous trouvons encore aujourd'hui les gagnants de nos courses qui, à la vingtième génération ne possèdent cependant que un millionième environ (exactement $1/2^{20}$) du sang (plasma germinatif primitif) de la jument barbe de 1700.

Hermann Goos, Frentzel, Bruce Lowe. — Trois hommes se sont trouvés, il y a quelques années pour rechercher presque à la même époque, l'origine des chevaux de pur sang en ligne maternelle : deux allemands, Hermann Goos, Frentzel, et un anglais-australien Bruce Lowe.

Le système de Bruce Lowe. — Ce dernier n'a pas publié son travail sous forme de tables, mais un traité d'élevage du Pur Sang Anglais qui est le résultat de l'étude du Stud-Book et qui peut être qualifié de système empirique. Son travail est très intéressant. Au contraire, les deux allemands ont publié des tables très ingénieuses par lesquelles on arrive à ce résultat curieux, qu'il ne reste plus que cinquante juments primitives qui ont donné et donnent encore les gagnants des courses au galop dans le monde entier.

Voici quelques lignes de la préface de Hermann Goos que j'ai traduites à l'intention de mes lecteurs, car ces ouvrages, pas plus que celui de Bruce Lowe ne sont publiés en français :

Le travail qui suit est un essai destiné à indiquer la descendance du cheval anglais de pur sang, en remontant jusqu'aux mères primitives de la race ; comme on a souvent déjà exposé, par des tables, l'origine paternelle en remontant aux trois pères primitifs *Godolphin Arabian, Byerly Turk* et *Darley Arabian.* On voit par l'ouvrage du comte Lehndorff, intitulé : *Manuel des éleveurs de chevaux,* qu'il importe à l'éleveur de chevaux de pur sang et de demi-sang de course, de savoir si tel ou tel cheval destiné à la reproduction est sorti par la mère d'une famille qui a déjà donné plus ou moins de bons chevaux de course ou d'étalons remarquables; l'auteur espère, en conséquence, fournir par ces tables un moyen, grâce auquel il pourra constater, promptement et facilement cette qualité dans la famille à laquelle il aura affaire, sans pour cela être obligé de consulter d'abord péniblement le Stud Book des haras et les calendriers des courses. Les tables donnent, dans leurs différentes indications de famille ou de reproducteur, le cadre pour les constructions des courants de sang maternels que recommande le comte Lehndorff, et comme dans les tables le père de chaque cheval est indiqué au-dessous du nom, on reconnait en même temps quels sont les croisements qui ont le mieux réussi entre les différentes familles.

Ces tables se laissent tout aussi bien utiliser pour dresser les pedigrees complets ou pour utiliser le système des nombres de Bruce Lowe.

Si on examine les soixante-dix-huit groupes de chevaux figurant dans les tables (1), on peut raisonnablement prétendre qu'ils représentent l'élite des chevaux pur sang des pays cités (Angleterre, France, Amérique, Australie, Allemagne, Autriche-Hongrie, Scandinavie, etc...), et on peut dire que les cin-

(1) Il y a 11.618 chevaux enregistrés dans les tables d'Hermann Goos.

quante juments primitives des cinquante familles figurant dans les tables, sont les origines maternelles du cheval de pur sang anglais, de la même manière qu'on regarde les trois célèbres chevaux orientaux comme les pères de la race.

Au contraire, on ne peut pas poser en principe que tous les chevaux anglais de pur sang peuvent être ramenés à ces trois étalons et à ces cinquante juments, car les chevaux qui ont commencé la race, en tête de la généalogie complète de chaque cheval pur sang anglais, ne devraient comprendre que ces trois étalons et ces cinquante juments, ce qui n'est nullement le cas. Mais de même que *Godolphin Arabian*, *Byerly Turk*, *Darley Arabian* parmi les nombreux chevaux arabes, barbes, turcs, employés au commencement, ont prouvé que tous les chevaux de pur sang actuellement vites remontent à ces trois en ligne droite directe des mâles, de même ces cinquante juments ont été tellement supérieures à toutes les autres par leur production, que tous les chevaux de pur sang actuellement vivants remontent à une de ces juments par la ligne des femelles.

On peut voir, par la différence de grandeur des tables, que l'importance des juments originelles varie d'une manière extraordinaire et que beaucoup n'ont plus aucun intérêt à l'époque actuelle (1).

Les familles 1, 2, 3 et 4 (3e édition) dépassent absolument le niveau des autres, et le petit tableau ci-dessous le prouve par des nombres d'une manière plus évidente.

	Résumé des 50 tables	Table 1	Table 2	Table 3	Table 4	Les tables 1, 2, 3, 4 réunies	
TOTAL des chevaux.	5.458	341	523	327	517	1.708	
En tant pour cent	100 %	6 %	12 %	6 %	9 %	31 %	*b*
Vainqueurs des 2.000 guinées.	77	17	7	5	9	38	
» des 1.000 guinées.	72	14	4	8	12	38	
» Derby	106	12	9	5	13	39	
» Oacks	107	16	16	8	12	52	
» Saint-Léger . . .	107	12	18	6	10	46	
TOTAL de tous les vainqueurs des cinq courses.	469	71	54	32	56	213	
Expression en tant pour cent.	100 %	15 %	12 %	7 %	12 %	46 %	*a*

Ces quatre familles 1, 2, 3, 4, renferment donc environ 1/3 de tous les chevaux qu'on a fait figurer dans les tables réunies, et ont fourni 46 % et par conséquent à peu près la moitié de tous les vainqueurs des cinq courses : Deux mille guinées, Mille guinées, Derby, Oacks et Saint-Léger.

Si on désigne les rapports des deux tant pour cent ci-dessus, comme rapport de bonté, par a et b, si on suppose toutes les familles réunies, $a = b$, et naturellement $\frac{a}{b} = 1$. Mais dans le cas du présent tableau pour les quatre familles prises ensemble, $\frac{a}{b} = \frac{46}{31} = 1,48$, c'est-à-dire près de 1 ½.

De même pour la famille 3, le rapport de bonté $\frac{a}{b} = \frac{7}{6} = 1,17$.

Pour la famille 2, ce rapport de qualité est de $\frac{a}{b} = \frac{12}{10} = 1,20$.

Pour la famille 4, il est $\frac{a}{b} = \frac{12}{9} = 1,33$.

Mais c'est la famille N° 1 qui remporte la palme, car dans celle-ci le rapport

(1) Quelques-unes sont éteintes en ligne féminine.

de bonté est de $\frac{15}{6} = 2.50$. Cela veut dire que cette famille, avec la moindre dépense de matériel, a fourni la quantité absolument la plus forte des vainqueurs des courses ci-dessus. Ou bien, si l'on peut s'exprimer ainsi, le succès de reproduction est représenté dans cette famille de la façon la plus concentrée.

Le principal mérite dans cette lignée revient à *Prunella*, née en 1788, de *Highflyer* et *Promise* par *Snap*, et à son importante fille *Pénélope*, née en 1798 par *Trumpator*.

Parmi les noms célèbres qu'on trouve dans cette table N° 1, outre les 71 vainqueurs des cinq courses classiques, nous citerons encore les suivants :

Woodpecker par *Herod*, *Partisan*, *The Nob*, *Trumpeter*, *Dollar*, *Mortemer*, *Orphelin*, *Spéculum*, *Melbourne*, comme dernier venu de cette famille *The Bard*, et par ironie notre *Plaisanterie* allemande (und zum Scherz auch unser deutscher Scherz); *Paradox* qui a failli décrocher le Blue-Riband, appartient aussi à cette famille (il a du reste gagné le Grand Prix de Paris). (HERMANN GOOS, *les Mères primitives de la race du cheval anglais de pur sang*, préface).

Nous appelons également l'attention des éleveurs sur un article d'Hermann Goos publié dans le *Sport-Velt* et dont je reproduis ci-dessous la traduction de quelques passages.

Cet article se rapporte à un commentaire du système d'élevage de M. Bruce Lowe, au moyen des numéros de familles. M. Bruce Lowe, mort après un travail de vingt années sur les familles maternelles des chevaux de pur sang, avait laissé à un de ses amis, M. Allison, le soin de publier ses notes. Malheureusement il ne laissait pas de tables et ses nombres étaient un secret.

M. Hermann Goos rechercha les familles correspondantes aux nombres et fit coïncider les numéros de ses cinquante familles dans sa troisième édition avec les nombres de M. Bruce Lowe. On comprend dès lors combien le traité d'élevage de M. Bruce Lowe est inséparable des tables d'Hermann Goos :

BREEDING RACEHORSES BY THE FIGURE SYSTEM

compiled by

THE LATE C. BRUCE LOWE (rédigé par feu BRUCE LOWE)

Edited by

William Allison

LONDON

HORACE COX

Comme on le sait depuis longtemps, tous les chevaux de pur sang descendent des trois orientaux : *Godolphin Arabian*, *Byerly Turck*, *Darley Arabian*.

Trois grandes familles se sont donc formées d'après la descendance paternelle, et il y a lieu de classer chaque cheval de pur sang anglais dans une de ces trois familles. Si maintenant on examine la descendance des chevaux de courses d'après la ligne directe féminine, on trouve environ cinquante juments. De même que les trois étalons ci-dessus nommés sont les pères primitifs du cheval anglais pur sang, de même ces cinquante juments en sont les mères primitives. On peut en conséquence, former cinquante grandes familles et chaque cheval anglais pur sang de ce siècle peut être incorporé dans une de ces familles. Le tableau de ces familles, d'après les mères primitives, fait l'objet de nos tables d'élevage, dont j'ai publié la première édition en 1885, sous le titre : *Die Stamm-Mütter des Englischen Vollblutpferdes.* Ces familles forment la base du système de M. Bruce Lowe. Il n'a appris à connaître mes tables de reproduction que plus tard, lorsqu'il avait presque terminé son ouvrage, et il s'est probablement représenté comme moi ces tables de famille dressées d'après les mères primitives. Il a donné un numéro à chaque famille et ces numéros indiquent les nombres du système.

Plus loin, il a établi combien chacune de ces familles en ligne directe maternelle a fourni de vainqueurs aux trois plus célèbres courses : Derby, Oacks, Saint-Léger. Il a classé les familles d'après le chiffre des vainqueurs. De sorte que la famille N° 1 renferme le plus grand nombre des vainqueurs dans ces courses. Par conséquent, plus le numéro de la famille est élevé, moins elle a produit de vainqueurs et quelques familles même ne peuvent citer aucun vainqueur dans l'une des trois courses classiques.

En examinant une grande quantité de généalogies, dans lesquelles il a fait entrer chaque cheval avec son numéro familial, il a établi de plus que vingt de ces familles jouent un rôle important dans les généalogies modernes, et que parmi ces vingt familles il n'y en a que neuf qui figurent en si grand nombre et si généralement qu'elles sont absolument indispensables pour dresser une table de descendance moderne; c'est-à-dire qu'il n'y a pas dans ce siècle un seul cheval de courses ou reproducteur d'une valeur supérieure qui ne renferme des courants de sang puissant de ces neuf familles.

Les chiffres de ces neuf familles sont :

1, 2, **3,** 4, 5, **8, 11, 12, 14.**

Les mères primitives de ces neuf familles sont :

1. Tregonwell's Natural Barb Mare.	a fourni	42	grandes courses;
2. Burton's Barb Mare.	—	44	—
3. Byerly Turk Mare, dam of the two True Blues	—	42	—
4. Laiton (Violet) Barb Mare.		28	—
5. Massey Mare by M. Massey's Black Barb. .	—	24	—
8. Bustler Mare	—	13	—
11. Sedbury Royal Mare	—	9	—
12. *a* Royal Mare	—	9	—
14. The Oldfield Mare	—	6	—

Comme on voit, le numéro ne correspond pas toujours avec le nombre des vainqueurs, probablement parce que M. Bruce Lowe a commencé sa classification à une date antérieure à 1894.

M. Bruce Lowe divise ces neuf familles en deux classes :

Running (chevaux de vitesse, performers, etc.);
Sire (pères, étalons, reproducteurs célèbres, etc.).

J'ai dû conserver ces deux expressions originales, un peu à regret j'en conviens, mais je ne trouve pas d'expression allemande correspondante qui rende d'une manière aussi concise le sens du mot Sire et du mot Running, et qui soit d'un emploi aussi commode.

Les familles de Running sont : 1, 2, **3,** 4, 5.

Les familles de Sire sont : **3, 8, 11, 12, 14.**

Les numéros Sire, pour mieux appeler l'attention, seront dorénavant imprimés en caractères gras.

La famille **3** réunit les deux qualités; elle est à la fois Running et Sire.

Des numéros 1, 2, 4, 5, se rapportent à des juments orientales importées; les numéros **3, 8** et **14** sont de vieille origine anglaise. Les numéros **11, 12,** sont appelés juments Royales (Royal Mare).

Il appelle Outside toutes les autres familles, c'est-à-dire celles qui ne sont ni Running, ni Sire.

Les Running family 1, 2, **3,** 4 et 5 ont mérité cette désignation par suite du rang distingué qu'elles ont pris par la production de la plupart des gagnants des trois courses : Derby, Oacks, Saint-Léger. Comme toute la race a été formée par environ cent juments et que ces cent juments ont été à même dès le commencement de devenir des juments primitives et d'engendrer des vainqueurs, il y a là un tour de force véritablement extraordinaire que ce soit ces cinq familles qui, à elles seules, aient fourni 180 vainqueurs et par conséquent plus de la moitié des 348 vainqueurs des trois courses.

Les numéros 1, 2, **3** ont fait dans cette lutte pour la production des vainqueurs, une course pour ainsi dire à tombeau ouvert, puisqu'elles ont livré chacune plus de quarante sujets par conséquent toutes les trois ensemble 37 °/o.

Les Sire family Nos **3, 8, 11, 12, 14** doivent l'honneur de cette distinction à ceci : c'est qu'à peu près tous les plus fameux étalons du monde sont descendus directement, depuis et y compris *Eclipse*, de ces cinq familles par la ligne directe féminine, ou bien que ces étalons sont étroitement apparentés à ces cinq lignées par le père ou les grands-pères. S'il y a à cela quelques exceptions, ces étalons d'exception se sont distingués dans la reproduction quand ils ont été accouplés avec des juments qui étaient fortement imprégnées du sang de Sire.

M. Bruce Lowe est arrivé à cette constatation en examinant avec le plus grand soin la généalogie et la suite des produits obtenus par tous les étalons d'élite jusqu'à *Eclipse*, le roi des Sires.

Il qualifie d'Outside family, les Nos 6, 7, 9, 13, 15 et les suivants, ainsi que toutes les autres familles C'est ce qui, avant que j'eusse appris à connaître le livre de Bruce Lowe, m'avait prévenu contre son système; car il me semblait absurde au premier chef, qu'il flétrit du nom d'outside ce qu'on était habitué à regarder comme exceptionnel; par exemple : The Queen Mary family ou The Agnès family. Si on examine la chose de plus près, on verra qu'il n'y a pas là de mauvaise intention de sa part, car il écrit lui-même : « Du fait que ces familles sont désignées sous le nom d'outside, il ne faut pas conclure qu'elles ne jouent aucun rôle dans les pedigrees. Beaucoup des plus célèbres chevaux de courses remontent, par la ligne directe féminine à ces Outside family. On prouvera dans tous les cas de ce genre que les pedigrees de ces chevaux sont fortement traversés de numéros Running et Sire et que je n'ai pas pu trouver un seul exemple d'un grand cheval de course de ce siècle provenant de la production intérieure des Outside family, qui ne contienne pas, dans les trois premiers rangs de son pedigree un nombre Running ou un nombre Sire. »

De plus j'ajoute, et il ne faut pas l'oublier, que M. Bruce Lowe a fixé les nombres d'après l'état actuel de la reproduction. Il est possible et même vraisemblable qu'après un certain nombre d'années cet ordre soit renversé; que plus tard, de certaines familles méritent la qualification de Running ou de Sire, qui sont encore comprises actuellement dans les Outside family. Il ne faut donc pas négliger les familles qui sont en train de percer. Les produits de la famille 10, par exemple, sont encore récents; ils proviennent principalement de *Queen Mary* (1843), et de *Torment* (1850). La famille 18 doit ses principaux succès à *Agnès* et à *Carcarella*, toutes deux nées en 1844. De plus, les familles, 6, 7, 9, et plusieurs autres, peuvent encore s'élever à une haute distinction.

Les nombres dont l'origine a été développée plus haut et dont la signification a été expliquée, seront inscrits de la manière suivante dans le pedigree d'un cheval. Comme exemple je choisis le célèbre ancien cheval d'Oertzen :

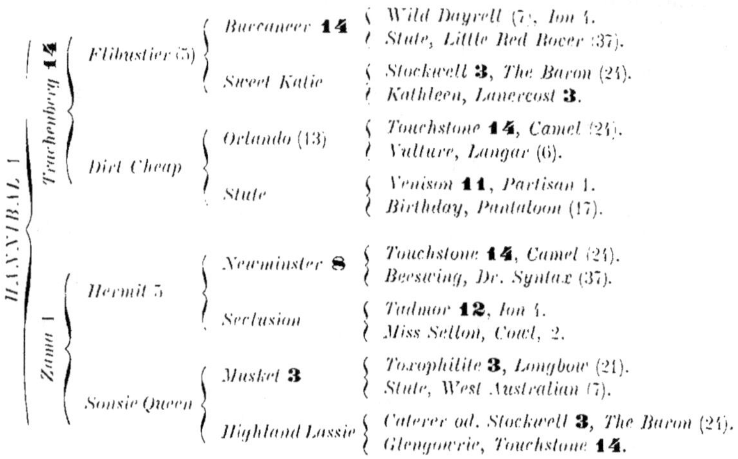

Ou bien, suivant le procédé de Bruce Lowe :

$$\text{Hannibal } 1 \quad \frac{\mathbf{14} - 5 - \mathbf{14},\ 13 - \mathbf{11},\ \mathbf{14},\ \mathbf{3},\ 7 -}{5 - \mathbf{8},\ \mathbf{3} - \mathbf{3},\ \mathbf{3},\ \mathbf{12},\ \mathbf{14}}$$

L'image devient encore plus claire si on indique les chiffres de Sire en rouge, le chiffres de Running en bleu et les nombres outside en noir. *Trachemberg*, le père d'*Hannibal*, appartient donc à la famille Sire 14, sa mère et lui-même, par conséquent, à la meilleure famille Running 1. Ses deux grands-pères appartiennent tous les deux à la Running family 5. De ses quatre arrière-grand-pères, il y a trois Sire et un outside. Des huit arrière-arrière-grand-pères, il y a sept Sire et un outside. Des seize arrière-arrière-arrière-grands-pères, il y a deux Sire, quatre Running et dix outside.

On ne joint pas les nombres aux noms des juments, parce que, d'après leur signification, les nombres des juments sont les mêmes que ceux de leurs fils ou de leurs filles. On voit du premier coup d'œil quelles sont les familles qui ont concouru à la production d'*Hannibal*. On se rend compte immédiatement si *Hannibal* a une forte dose de sang de Sire ou de sang de Running. J'ai étudié de cette manière une quantité de pedigrees, et le jeu des nombres est quelquefois des plus intéressants et des plus surprenants. Le cadre d'un article de journal serait loin de suffire si je voulais m'étendre davantage sur les preuves et les exemples nombreux que M. Bruce Lowe cite à l'appui de sa théorie. Cela occupe une grande partie du livre, et c'est très intéressant. Ceux que la chose intéresse suffisamment, pourront se procurer le livre; il vaut la peine d'être lu. Il est en outre des plus commode et devrait se trouver dans la bibliothèque de tous les éleveurs de chevaux de pur sang (prix, 33 marks).

Pour l'explication des nombres de Sire qui me paraissent la chose la plus importante dans toute l'affaire, je vais citer encore quelques-uns des exemples les plus frappants.

Tout éleveur de chevaux de pur sang sait qu'*Eclipse* vient en tête dans la ligne directe masculine, et qu'il a laissé bien loin derrière lui ses deux rivaux *Herod* et *Matchem*. Si on examine les trois tableaux suivants, on sera surpris de voir avec quelle simplicité Bruce Lowe a expliqué ce fait au moyen de ses nombres.

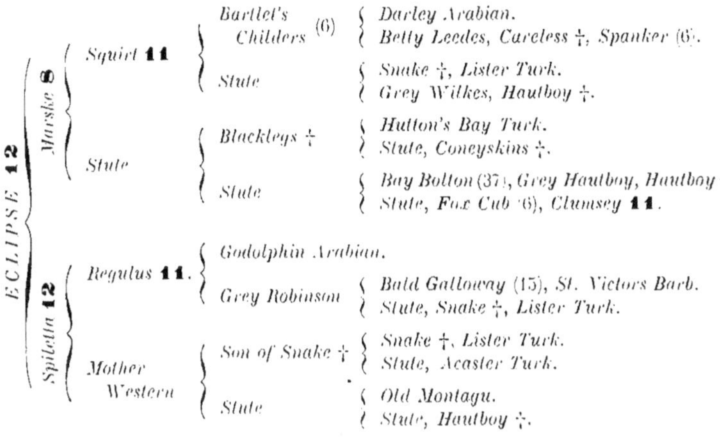

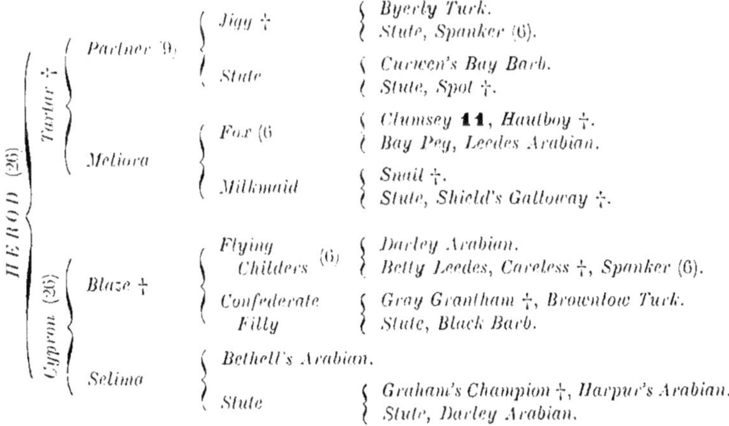

- **MATCHEM 4**
  - *Cade (6)*
    - *Godolphin Arabian.*
    - *Roxana*
      - *Bald Galloway* (15)
        - *St. Victor's Barb.*
        - *Grey Whynot, Whynot †, Fenwick Barb.*
      - *Stute*
        - *Acaster Turk.*
        - *Cream Cheeks, Leedes Arabian.*
  - *Stute 4*
    - *Partner* (9)
      - *Jigg †*
        - *Byerly Turk.*
        - *Stute, Spanker* (6).
      - *Stute*
        - *Curwen Bay Barb.*
        - *Stute, Spot †.*
    - *Brown Farewell*
      - *Makeless †, Oglethorpe Arabian.*
      - *Stute*
        - *Brimmer †, Darcy's Yellow Turk.*
        - *Stute, Place's White Turk.*

La mère d'*Eclipse*, et par conséquent lui-même, son père, ses deux grands-pères, appartiennent à des familles de Sires, tandis que le pedigree d'***Herod*** ne représente que des nombres outside avec un nombre Sire au quatrième rang. Le pedigree de *Matchem* présente un numéro Running, aucun de Sire, mais seulement des nombres outside. (Quand il se trouve une croix au lieu des nombres, cela indique que la famille est éteinte en ligne maternelle).

Quant à la descendance d'***Herod*** et de *Matchem* en ligne masculine directe, qui est parvenue jusqu'à nous, elle est résultée d'une adjonction essentielle de sang de Sire.

- **BLACKLOCK 2**
  - *Whitelock 2*
    - *Hambletonian 1*
      - *King Fergus* (6), *Eclipse* **12**.
      - *Stute, Highflyer* (13).
    - *Rosalind*
      - *Phoenomenon* 1, *Herod* (26).
      - *Atalanta, Matchem* 4.
  - *Stute 2*
    - *Coriander 4*
      - *Pot 8'os* (38), *Eclipse* **12**.
      - *Lavender, Herod* (26).
    - *Wildgoose*
      - *Highflyer* (13), *Herod* (26).
      - *Coheiress, Pot 8'os* (38).

Les fils qui ont obtenu le plus de succès comme reproducteurs, *Brutandorff* **11**, *Vélocipède* **3**, *Voltaire* **12**, *Buzard* **8**, *Belshazzar* **11**, proviennent tous de famille de Sire.

Le célèbre *Gladiateur*, vainqueur des Deux mille guinées, Derby, Grand Prix et Saint-Léger, avait par sa mère beaucoup de sang Running mais très peu de sang de Sire; c'est par là que Bruce Lowe explique son fiasco complet de reproducteur en comparaison de ses succès sur le turf. Parmi ses fils qui méritent d'être cités, il nomme *Grand Master* **14**, provient de *Cellerima* **14** par *Stockwell* **3**, *Lory Gough* **12**, provient de sa mère **12** par *Rataplan* **3**, de sa grand'mère **12** par *Faug-a-Ballagh* **11**.

J'ajoute encore *Highborn* 5, dont la mère était par *Faugh-a-Ballagh* **11**. Il a fallu aussi ici un mélange important de sang de Sire pour lui permettre d'arriver à certains résultats. M. Bruce Lowe ne s'occupe que très peu de la production française, naturellement il ne s'occupe absolument pas de la production allemande: c'est pourquoi je choisis l'exemple de *Flageolet* pour ces deux élevages.

FLAGEOLET (6)	*Plutus* (15)	*Trumpeter* 1	*Orlando* (13), *Touchstone* **14**.
			Cavatina, *Redshank* (15).
		Stute	*Planet* (6), *Bay Middleton* 1.
			Alice Bray, *Venison* **11**.
	La Favorite (6)	*Monarque* (19)	*Emperor* 5, *Defence* 5.
			Poëtess, *Royal Oak* 5.
		Constance	*Gladiator* (22), *Partisan* 1.
			Lanterne, *Hercule* **3**.

Conclusions à en tirer : une certaine dose de sang Running, très faible en Sire. Je crois qu'il n'y a pas en Allemagne un seul étalon qui soit aussi faible en sang de Sire que *Flageolet*. Ses fils les plus marquants sont actuellement *Ismaël* **3**, *Rayon d'or* **3**, *Zut* (17), sa mère par *Stockwell* **3**, *Beauminet* (6) issu d'une fille de *Knowsley* **3** par *Stockwell* **3**; *Xaintrailles* (2) issu d'une fille du *Flying Dutchman* **3**; *Geier* (10) sa mère par *Chamant* **3**, sa grand'mère par *Buccaneer* **14**, son arrière-grand'mère par *Kingtom* **3**; *Le Destrier* (1), sa mère par *Black Eyes* **11**, celui-ci par *Malton* **3**, celui-ci par *Sheet Anchor* **12**; le meilleur fils du *Destrier* est *Stuart* **3**, sa mère par *Stockwell* **3**, sa grand'mère par *Touchstone* **14**.

On voit le même jeu des nombres que pour *Blacklock*. *Dalberg* qui n'est pas non plus très riche en sang de Sire, a dans le troisième rang 2, dans le quatrième 5, dans le cinquième 8 nombres de Sire. Son meilleur fils jusqu'ici est *Rondinelli* **14**, par sa mère issue de *King of Diamands* **3**, par *King Tom* **3**. Comme d'un côté les nombres 1, 2, **3**, 4, 5, (6), etc., n'ont aucune valeur si on ne les joint pas aux nombres **3**, **8**, **11**, **12**, **14**, d'un autre côté ces derniers nombres n'ont aucune valeur sans les premiers. (Hermann Goos, *Sport-Velt*, Berlin, 6 février 1896).

---

(1) Sa famille manque dans Bruce Lowe.

Hermann Goos termine son article en disant que, dans sa troisième édition actuellement en vente, il a fait concorder les nombres du livre de Bruce Lowe avec ses tables, et il donne un tableau que nous reproduisons ci-dessous et qui est très instructif.

C'est la répartition par famille de tous les vainqueurs des Derby, Oacks et Saint-Léger, jusqu'à 1896 inclusivement.

Famille	Derby	Oaks	Saint-Léger	Total
1	14	17	12	43
2	9	17	19	45
3	15	14	13	42
4	7	11	11	29
5	8	9	6	23
6	11	5	2	18
7	10	2	4	16
8	3	3	8	14
9	5	3	6	14
10	5	3	3	11
11	3	1	3	7
12	1	6	2	9
13	5	3	2	10
14	1	2	3	6
15	3	1	5	9
16	2	2	1	5
17	-	2	3	5
18	3	3	1	7
19	1	-	3	4
20	-	2	2	4
21	-	3	1	4
22	2	1	-	3
23	1	3	1	5
24	-	-	1	1
25	2	1	-	3
26	1	2	1	4
27	1	-	1	2
28	1	1	-	2
29	-	1	2	3
30	2	-	-	2
31	-	-	1	1
32	-	1	-	1
33	1	-	-	1
34	-	-	2	2
35	-	-	-	-
36	-	-	-	-
37	-	-	-	-
38	1	-	-	1
39—50	-	-	-	-
Total. . . .	118	119	119	356

Je crois maintenant devoir étaler sous les yeux des lecteurs la nomenclature exacte des cinquante juments primitives avec les observations et remarques qui les concernent. Cette nomenclature n'est pas une simple nomination faite avec sécheresse; ceux qui la liront avec attention se feront une conviction raisonnée sur leur origine et par conséquent sur l'origine de la race du Pur Sang Anglais.

ÉNUMÉRATION DES CINQUANTE MÈRES PRIMITIVES

avec les numéros d'Hermann Goos et de M. Bruce Lowe et ceux de Frentzel et les observations sur chacune de ces juments d'après le Stud-Boock anglais (1er volume).

(Les désignations de Running, Sire, Outside, sont celles de Bruce Lowe).

1. **Running family**).

M. TREGONWELL'S NATURAL BARB MARE

(Jument barbe pure de M. Tregonwell).

Glanz-Familie 11 de Frentzel.

2. **Running family**).

BURTON BARB MARE

M. Burton's Natural Barb Mare (La jument barbe pure de M. Burton).

Glanz-Familie 5 et Familie 55 de Frentzel.

3. **(Running and Sire family.)**

BYERLY TURK MARE (dam of the two true blues).

(Jument fille de *Byerly Turk*, mère des deux vraies bleues).

Glanz-Familie 4 de Frentzel.

Cette célèbre jument *Byerly Turk Mare* appartenait à M. Bowes de Streatlam.

4. **Running family**).

LAYTON (violet) BARB MARE

Familles 1 et 7 de Frentzel.

Cette famille a produit *Matchem.*

5. **Running family**).

THE MASSEY MARE

M. Massey's Black Barb Mare (Jument issue du barbe noir de M. Massey).

Familles 16, 50 et 70 de Frentzel.

6. (**Outside family**).

OLD BALD PEG

Old Bald Peg, got by an arabian out of a Barb Mare (Produit d'un cheval arabe et d'une jument barbe pure).

Familles 3, 17 et 38 de Frentzel.

De cette famille est sorti *Cade* (*Godolphin Arabian* et *Roxana*).

7. (**Outside family**).

DARCY'S BLACK LEGGED ROYAL MARE

(Jument royale aux jambes noires de Lord Darcy).

Famille 19 de Frentzel.

Cette jument est probablement fille d'une des juments royales de Hampton-Court et transportée à Sedbury, près Richmond, après la mort de la reine Anne. (Note du tome Ier du Stud-Boork anglais).

8. (**Sire family**).

BUSTLER MARE

(Jument issue de l'étalon *Bustler*, un fils de *Helmsley Turk*).

Famille 27, 33, 56, 57 et 62 de Frentzel.

9. (**Outside family**).

VINTNER MARE

Familles 2, 40, 44, 47, 53 et 67 de Frentzel

The Old Vintner Mare était des mieux nées pour l'époque aussi bien que n'importe quel cheval de courses du Nord. Ce n'était probablement pas une barbe pure, mais elle provenait presque certainement du haras de Lowther, et elle a dû pouliner avant de courir. (Note du tome Ier du Stud-Book anglais).

10. (**Outside family**).

CHILDERS MARE

Famille 32 de Frentzel.

Cette jument est probablement la *Grey Childers Mare*, née en 1741, dont la mère était *Fair Helen*, par *Williams Squirrel fils* et *Oysterfoot Mare*. (Note du tome Ier du Stud Book anglais).

11. (**Sire family**).

SEDBURY ROYAL MARE

Famille 13 de Frentzel.

Cette famille est issue de la jument *Miss Betty Darcy's Pet Mare* dont le père n'est indiqué dans aucune généalogie, et probablement cet étalon était à l'étranger attendu que c'est le seul cas où le père ne soit pas indiqué. Elle était fille de la *Sedbury Royal Mare* ou de *Grey Royal Mare;* dans ce dernier cas, cette famille appartiendrait à la famille 13.

12. (Sire family).

ROYAL MARE

Familles 9 et 28 de Frentzel.

Famille qui a produit *Eclipse*.

13. **(Outside family).**

ROYAL MARE

Familles 23 et 29 de Frentzel.

Grey Royal Mare serait la petite-fille de cette *Royal Mare* et la fille de l'étalon *Darcy's White Turk*, et la *Miss Betty Darcy's Pet Mare* pourrait bien être la fille de cette *Grey Royal Mare*. (Voir famille 11).

14. (Sire family).

THE OLDFIELD MARE

(La jument du vieux Champ).

Famille 31 de Frentzel

On ne sait rien de cette jument, mais elle a toujours été considérée comme étant de race pure. (Note du tome Ier du Stud Book anglais).

15. **(Outside family).**

ROYAL MARE

Familles 20 et 34 de Frentzel.

La souche de cette famille est une des deux filles de cette *Royal Mare*, dont l'une au moins s'appelait *Grey Whynot* par *Whynot* (fils de *Fenwick Barb*). (Note du tome Ier du Stud Book anglais).

16. **(Outside family).**

SPOT MARE (sœur de *Stripling*)

Famille 68 de Frentzel.

Stripling par *Spot* courait en 1751, mais c'est tout ce qu'on sait au sujet de son origine. (Note du tome Ier du Stud Book anglais).

17. **(Outside family).**

BYERLY TURK MARE

Famille 6 de Frentzel.

18. **(Outside family).**

WOODCOCK MARE

Familles 25 et 15 de Frentzel.

19. (**Outside family**).

WOODCOCK MARE

Famille 18 de Frentzel.

20. (**Outside family**).

DAFFODIL'S DAM

Famille 37 de Frentzel.

Cette jument doit être fille d'un étalon étranger ou de *Sir T. Gascoigne*.

Cette famille a produit *Mambrino*, père de *Messenger*, chef de la race trotteuse américaine.

21. (**Outside family**).

QUEEN ANNE'S MOONAH BARB MARE

(Moonah, jument barbe pure de la Reine Anne).

Famille 12 de Frentzel.

Cette famille a produit *The heir of Linne*.

22. (**Outside family**).

BELGRADE TURK MARE

Famille 36 de Frentzel.

23. (**Outside family**).

DUKE OF KINGSTON'S PIPING PEG

Familles 8, 66, 78 de Frentzel.

24. (**Outside family**).

HELMSLEY TURK MARE

Famille 15 de Frentzel.

25. (**Outside family**).

BRIMMER MARE

Famille 41 de Frentzel.

26. (**Outside family**).

MERLIN MARE

Famille 22 de Frentzel.

Cette famille a produit *Herod* appelé aussi *King Herod*.

27 (**Outside family**).

SPANKER MARE

Famille 40 de Frentzel.

28. (**Outside family**).

MARE BY PLACE'S WHITE TURK

Familles 30 et 87 de Frentzel.

29. (**Outside family**).

ARABIAN MARE

Famille 39 de Frentzel.

30. (**Outside family**).

MARE BY DUC DE CHARTRES'S HAWKER

Cette famille manque dans Frentzel parce qu'elle est éteinte en descendance féminine.

31. (**Outside family**).

DICK BURTON'S MARE

Familles 43 et 49 de Frentzel.

La jument de Richard Burton (*Dick Burton's Mare*) est quelquefois indiquée comme une jument barbe pure (*Dick Burton's Natural Barb Mare*).

32. (**Outside family**).

ROYAL MARE DODSWORTH'S DAM

Famille 26 de Frentzel.

Cette jument est une jument barbe pure (*Natural Barb Mare*) importée comme foal de Tanger sous le règne de Charles II. (Note du tome Ier du Stud Book anglais).

33. (**Outside family**).

TAFFOLET BARB MARE

Manque dans Frentzel parce qu'elle est éteinte en ligne féminine.

34. (**Outside family**).

HAUTBOY MARE

Famille 63 de Frentzel.

35. **(Outside family)**.

BUSTLER MARE

Famille 48 de Frentzel.

36. **(Outside family)**.

CURWEN BAY BARB MARE

Famille 58 de Frentzel.

Cette famille a donné *Engineer* (1756), père de *Mambrino* et grand-père de *Messenger*, chef de la race trotteuse américaine.

37. **(Outside family)**.

SISTER TO OLD MERLIN (by Bustler).

Famille 75 de Frentzel.

38. **(Outside family)**.

THWAITE'S DUN MARE (Akaster Turk).

Manque dans Frentzel parce qu'elle est éteinte dans sa descendance féminine. Cette famille a donné *Pot 8'os* par *Eclipse*.

39. **(Outside family)**.

MARE BY A PERSIAN STALLION

Famille 51 de Frentzel.

Sa fille *Bonny Black*, née en 1715, par *Black Hearty*, fils de *Byerly Turck*, fût la meilleure jument de courses de son temps. (Note du tome Ier du Stud-Book auglais.)

De cette famille est sortie *Wandora*.

40. **(Outside family)**.

A ROYAL MARE

Manque dans Frentzel.

41. **(Outside family)**.

GRASSHOPPER MARE

Famille 32 de Frentzel.

42. **(Outside family)**.

SPANKER MARE

Famille 54 de Frentzel.

43. (**Outside family**).

A NATURAL BARB MARE

Famille 21 de Frentzel.

Cette *Natural Barb Mare* fût achetée par M. Wilkinson de Lord Arlington, secrétaire d'état du roi Charles II, à qui elle avait été offerte par l'empereur du Maroc. (Note du tome Ier du Stud-Book anglais).

44.

BUSTLER MARE

Famille 64 de Frentzel.

Manque dans Bruce Lowe.

Cette famille a produit *Le Destrier.*

45.

Y CADE MARE

Famille 65 de Frentzel.

Manque dans Bruce Lowe.

46.

BARBRAHAM MARE

Manque dans Frentzel parce que sa descendance féminine est éteinte.
Manque dans Bruce Lowe.

47.

SPECTATOR MARE

Manque dans Frentzel parce qu'elle est éteinte en descendance féminine.
Manque dans Bruce Lowe.

48.

SHIELD'S GOLLOWAY MARE

Manque dans Frentzel parce que la descendance féminine est éteinte.
Manque dans Bruce Lowe.

49.

WITENOSE MARE

(Jument Nez-Blanc).

Famille 59 de Frentzel.

Manque dans Bruce Lowe.

50.

MISS EUSTON

Famille 79 de Frentzel.

Manque dans Bruce Lowe.

De l'examen de cette nomenclature, des quelques notes du premier volume du Stud-Book reproduites après chaque jument, il y a lieu de tirer quelques conclusions. Tout d'abord il apparaît comme certain à toute personne qui a parcouru le tome Ier du Stud-Book du Pur Sang Anglais, qu'une foule d'étalons et de juments orientales qui ont produit vers 1700 jusqu'en 1750 environ, ont contribué à former la race. On trouve aussi des étalons et des juments sur la naissance desquels on n'a que peu ou pas de renseignements. Mais rien n'autorise à penser que ces étalons ou ces juments pourraient être issus de reproducteurs autochtones, et l'aspect du Stud-Book indique au contraire une recherche constante de l'étalon et de la jument orientaux, arabes, barbes, turcs, persans, etc., etc.

Si on lit les chroniques de l'époque, on reconnaît chez les grands seigneurs sportmens du temps, une horreur, probablement justifiée du reste, contre le cheval du pays, et cette sorte de mépris s'est bien transmise jusqu'à nous, puisque encore aujourd'hui il paraît impropre à un sportman anglais de s'occuper d'élevage de demi-sang de course. Comme notre noblesse a toujours copié et singé la noblesse anglaise, surtout dans ses défauts, elle a immédiatement déclaré que le demi-sang trotteur était indigne de retenir son attention. J'avoue au surplus que la question a été mal posée et qu'on n'a rien fait jusqu'ici de raisonnable pour changer cette situation ; mais ce n'est pas le moment de traiter cette proposition.

Non seulement il apparaît en présence de ces présomptions « graves, précises et concordantes, » que les juments et étalons employés pour constituer la variété anglaise dite de Pur Sang, étaient tous de race orientale, mais encore que très peu de ces étalons et de ces juments ont eu une énergie suffisante pour parvenir jusqu'à nous par des descendants de valeur. Nous savons que trois chevaux seulement se sont propagés en ligne mâle, mais il est certain déjà que la descendance du *Darley Arabian* par la ligne d'*Eclipse* tend à prendre une énorme prépondérance. Pourtant il ne faut pas perdre de vue que beaucoup d'autres étalons que les trois célèbres orientaux ont servi au commencement, avant que les courses n'eussent révélé la suprématie de ces trois lignées mâles.

C'est dans cet esprit qu'on peut dire que les cinquante juments primitives sont les mères de la race. C'est aussi, dans ce sens, qu'il faut voir les premiers numéros prendre une importance de premier ordre au-dessus des autres. En effet, nous constatons déjà la disparition, en ligne féminine, des familles 30, 38, 46, 47 et 48; quelques autres familles ont une telle pauvreté de femelles existantes, qu'elles sont sur le point de disparaître. C'est la sélection par les courses des bonnes poulinières qui continue son œuvre. Je ne crois pas que dans un siècle il reste plus d'une quinzaine de juments primitives dont la descendance féminine existe encore. De plus, il y a des doutes très grands, des présomptions graves sur la réelle différence qu'il y a entre plusieurs des familles énumérées. Le Stud-Book considère, par exemple, comme nous l'avons déjà dit, la jument **3** comme une fille ou descendante en ligne féminine de la jument n° 2 *M. Burton's Natural Barb Mare.*

Avec des raisons encore plus plausibles, on a toujours cru, sans pouvoir le prouver absolument, que les deux *Royal Mare* **11** et 13, formaient une seule ligne par suite du doute qu'il y a sur la mère de la *Miss Betty Darcy's Pet Mare* (la jument favorite de Miss Betty Darcy).

On conçoit donc que le nombre réel des courants qui ont une influence sur le Pur Sang Anglais actuel, tend à diminuer par l'extinction constatée déjà de cinq familles en ligne féminine et par l'extinction, dans un délai peu éloigné, d'un certain nombre d'autres familles et encore par la confusion qui a dû être faite à l'origine sur la véritable naissance des juments qui sont devenues dans la suite des juments primitives.

Si j'ai soumis ces considérations à mes lecteurs, ce n'est pas sans une nécessité absolue. En effet, je considère la situation actuelle du Trotteur Français d'hippodrome comme analogue, au point de vue de l'origine de la variété, à la situation de la race du Pur Sang Anglais avant la publication du premier volume du Stud-Book en 1791. Les premières juments primitives existaient, en effet, vers 1725. Il serait du plus grand intérêt de remonter, pour les étalons et les poulinières qui ont commencé à former la race du demi-sang trotteur français au commencement de notre siècle, vers 1815 : dans ce volume, il ne saurait être question de pareilles recherches. Mais ce serait le fait de très bons esprits, de très utiles auxiliaires du progrès, de tenir un registre des juments primitives, de M. Constant Hervieu, par exemple, de chez qui sont sortis Normand, Serpolet-Bai, Cherbourg, Harley. Nous verrons que des personnes qui se croient bien informées sont loin d'être d'accord à ce sujet. Il faudrait aussi le faire pour l'élevage de M. Lallouet et de tant d'autres grands éleveurs qui produisent beaucoup d'étalons.

Enfin, quand nous serons au terme de notre étude sur le Trotteur

Français, nous aurons besoin de nous reporter à cette nomenclature pour nos conclusions, et nous considérons l'examen du tableau des cinquante juments contenu dans ce chapitre, ainsi que les réflexions qu'il suggère, comme une excellente préparation de l'esprit à recevoir l'enseignement qui va suivre.

Préjugé sur le sang barbe comme courant de sang trotteur. — Maintenant que nous connaissons un peu mieux cette race anglaise pur sang tant décriée par des personnes qui ne la connaissent pas, il y a lieu de faire justice d'un préjugé qui est entré dans beaucoup de cerveaux. Ce préjugé est le suivant : « Dans les Pur Sang qui ont donné naissance à des Trotteurs, on a prétendu que le sang des juments barbes était celui qui avait obtenu ce résultat et non pas le sang arabe. » Je me suis toujours demandé quelle raison plausible avait pu donner naissance à une pareille prétention. Comme nous venons de le voir, il y a eu beaucoup d'étalons arabes, barbes, turcs, etc., qui ont commencé la race actuelle; beaucoup de juments orientales de toutes provenances. On a même cru que *Godolphin Arabian* était un barbe. Mais je ne vois aucune raison de choisir le sang barbe comme la source de l'aptitude trotteuse que l'on a trouvée dans le Pur Sang Anglais. On a des raisons de croire que la source des cinquante juments primitives étaient des juments barbes; un grand nombre sont bien des *Natural Barb Mare,* comme on le voit dans l'énumération qui précède, mais rien n'est venu nous démontrer que c'est à leur origine qu'est due la faculté du galopeur à varier au trot. La race barbe est dérivée de l'Arabe et n'a pas été différenciée sensiblement par l'habitat et le mode d'élevage.

Les chevaux barbes, arabes, turcs, etc., forment les variétés très peu distinctes du cheval oriental, et les Anglais les ont choisis pour former leur race pure, non pas à cause de ces variétés insignifiantes, mais à cause des qualités qu'ils possédaient et qu'ils voulaient développer pour leurs besoins et leurs plaisirs. J'ai vu bien des chevaux barbes et l'aptitude à une allure rapide du trot est une rare exception comme chez l'Arabe, comme chez le Pur Sang Anglais. Aussi, on se demande ce que veut dire, par exemple, cette phrase que j'extrais du *Trotteur aux États-Unis,* de M. le professeur Roussel : « C'est le fameux cheval pur sang *Messenger* par *Mambrino,* qui est la souche reconnue des Trotteurs d'Amérique; et je crois qu'une des vraies causes de son succès comme tel, remonte à ce qu'il possédait une forte infusion de sang barbe en contradistinction de l'Arabe. »

Mais à ce compte là tous les Pur Sang contiennent une grande proportion de sang barbe, et s'il suffisait de cette circonstance pour les faire varier facilement à l'aptitude trotteuse, le problème serait bientôt résolu. Eh bien! il n'empêche que des affirmations semblables, aussi gratuites que dénuées de portée, courent le monde de l'élevage. Les chevaux barbes d'aujourd'hui sont les mêmes qu'il y a cent ans et on ne trouve chez eux qu'une aptitude extraordinaire pour le galop, une endurance étonnante, une sobriété aussi grande que celle de l'Arabe dont ils ne diffèrent que par une conformation légèrement plus importante et un type un peu moins distingué et moins aristocratique. Il faudrait encore reléguer cette prétention extraordinaire au rang des légendes en se demandant seulement où et comment elle a pu prendre naissance.

Ainsi, par exemple, des trois étalons orientaux qui ont dominé dans la formation de la race de pur sang, *Darley Arabian* est certainement le plus connu. M. Darley était agent d'affaires à Alep, et dans une de ses chasses aux environs avec les grands seigneurs du pays, il rencontra un Arabe monté sur un cheval bai-brun qu'il admira. Il finit par s'en rendre acquéreur. Ce cheval s'appelait *Mannicka*. Il l'envoya en 1712 à son frère, M. John Brewster-Darley, esquire d'Aldby Park aux environs d'York. Le cheval avait environ 1m52 de taille. Il était de pur sang arabe et il appartenait par son père et par sa mère à la tribu préférée des Arabes. Tous ces détails sur le *Darley Arabian* sont connus et courent les vieilles et les nouvelles chroniques. J'avoue même qu'ils sont très intéressants dans leur précision.

Eh bien! cela n'empêche pas de lire dans le livre de M. Roussel des passages aussi singuliers : « Or, un grand nombre des ancêtres du cheval de course plate d'aujourd'hui, connu sous le nom du sang anglo-arabe (?), n'étaient pas réellement des Arabes, mais des Barbes. C'est un fait bien avéré que c'est surtout au sang de *Darley Arabian* et de *Godolphin Arabian* qu'on doit la grande excellence du Pur Sang d'aujourd'hui ; et il est parfaitement reconnu aussi que ces deux patriarches n'étaient pas Arabes, mais Barbes, c'est-à-dire venaient de Barbarie en Afrique et non d'Arabie en Asie. » Et voilà comme on écrit l'histoire! Dans quel but du reste dénaturer à ce point la vérité? Le lecteur ne comprendra pas qu'on se donne tant de peine pour un si mince résultat. A seule fin de prouver que *Messenger* était un descendant de cheval barbe et non de cheval arabe! Eh bien! d'abord, c'est inexact; ensuite, qu'est-ce que ça prouve? absolument rien puisque le Barbe est une variété de l'Arabe très peu différenciée.

C'est ainsi que de très braves gens, tout simplement parce qu'ils ne savent pas, s'emballent sur une idée fausse qui ne peut les mener à rien. Pourquoi supposer, *a priori*, que *Godolphin Arabian*, sur lequel on ne sait rien, comme origine, était Barbe? A quoi cela peut-il mener?

Quelles déductions logiques, scientifiques, sérieuses, probantes, tirer de pareilles sources?

J'ai vu des portraits du *Godolphin Arabian*. C'est le dernier venu des trois arabes; son âge est peut-être indiqué par ce fait qu'un des fils qu'il eut avec *Roxana, Cade,* est né en 1734.

C'était un bai-brun comme *Darley Arabian*. Il avait environ 1m48 de taille, beaucoup de lignes, une encolure d'une puissance extraordinaire et une charpente des plus développées. Il est probable que son propriétaire devait mieux l'apprécier que nous ne pouvons le faire, et s'il l'avait qualifié d'Arabian, qui veut dire arabe, nous devons nous en rapporter à lui, car il aurait pu le qualifier de barbe s'il l'avait supposé de cet origine. Il ne faut pas croire, en effet, que les étalons barbes étaient repoussés par les Anglais pendant la période de 1600 à 1750. Il y en eut des centaines, et leur nom était toujours suivi de l'appellation de Barb. C'étaient tout simplement des chevaux arabes achetés à Tripoli, à Alger ou à Tanger. C'est de ce dernier pays qu'il a été tiré le plus de mâles et de femelles à cette époque. Mais nous le repétons, cela n'a pas d'importance au point de vue qui nous occupe, qui est celui-ci : le Pur Sang comme galopeur a des tendances à varier dans son aptitude et à adopter l'allure trotteuse si on le met dans des conditions où cette variabilité peut se manifester.

Diverses erreurs. — Une tendance des plus fâcheuses se fait jour aussi par la croyance de certains bons esprits que la faculté du Pur Sang à varier au trot remonterait à *Darley Arabian* plutôt qu'à *Godolphin Arabian* ou à *Byerly Turk*. Je n'ai jamais pu m'entourer d'une assez grande quantité de faits pour déduire de mes observations une pareille tendance. Voici ce que je lisais dans la *France Chevaline,* sous la signature de M. Louis Baume, lorsque parut en librairie le volume de M. Paul Guillerot : « D'autre part, M. Guillerot observe » que : Dans la race de Pur Sang Anglais qui remonte dans son » ensemble à trois étalons orientaux, il existe certains sujets qui » ont une affinité pour le demi-sang au point de vue des aptitudes » trotteuses.

» C'est parfaitement exact et si *Young Rattler,* l'ancêtre dont le nom » revient jusqu'à dix ou douze fois dans les bons pedigrees de la généra- » tion actuelle, remonte par son père *Rattler* à *Darley Arabian,* si *Tarare,* » arrière-grand-père de *Pactole* et de *Jaguar III,* y remonte également, » et *The heir of Linne* aussi, M. Guillerot me permettra d'ajouter une » autre constatation qui a peut être son prix, c'est que *Messenger,* le » fondateur de la race américaine, remonte du côté paternel à la même » source. Il est vrai que par sa mère le champion américain remonte à

» *Godolphin Arabian* dont le sang n'est guère répandu dans nos familles » trotteuses, etc. »

Evidemment les lecteurs du journal, en immense majorité, ont été très heureux d'apprendre des faits aussi curieux. Mais au fond, ces faits n'ont aucune importance, et si ce n'était pour le simple rétablissement de la vérité, je n'insisterais pas sur des conclusions inoffensives, quoi qu'inexactes. Mais pourquoi prétendre que *Y. Rattler* remonte par la ligne paternelle à *Darley Arabian* lorsque le Stud-Book, les pedigrees publiés mille fois, nous indiquent : *Y. Rattler* par *Rattler, Old Rattler, Magum-Bonum*, *Matchem, Cade,* ce dernier par *Godolphin Arabian* et *Roxana,* la célèbre épouse répudiée par *Hobgoblin.*

M. Baume ajoute : « En résumé, si les trois étalons orientaux qui, » primitivement, ont donné naissance à la race dite de pur sang, sont » un peu mélangés tous dans nos familles trotteuses, c'est la filiation » de *Darley Arabian* qui domine de beaucoup et je ne suis pas fâché » de constater en passant que *Young Rattler* et *Messenger* le père du » Trotteur Français et le père du Trotteur Américain descendent d'un » auteur unique. »

Bien entendu nous regrettons de ne pas laisser à M. Baume le plaisir de croire plus longtemps que la ligne paternelle chez *Rattler* soit la même que chez *Messenger,* mais nous le répétons, cela ne signifie rien. Nous avons vu que la ligne des pères a son importance, mais il ne faudrait pas laisser de côté la ligne des mères, la famille du cheval. C'est plutôt dans ces familles que pourrait se dessiner un courant; mais pour cela, il faudrait utiliser le Pur Sang pour faire le Trotteur, et on arriverait peut-être à trouver le fil directeur que M. Baume paraît chercher dans les mâles.

De ce côté-là, nous pouvons apporter à M. Baume une compensation.

Nous lui présenterons le petit tableau suggestif suivant :

Y. Rattler, par *Rattler,* par *Old Rattler,* par *Magnum-Bonum,* par *Matchem,* par *Cade,* par *Godolphin Arabian* et *Roxana.*

Mambrino père de *Messenger* (ligne paternelle et ligne maternelle).

- *Engineer,* par *Sampson,* par *Blaze,* par *Flying Childers,* par *Darley Arabian.*
- *Cade Mare,* par *Cade*
  - *Godolphin Arabian.*
  - *Roxana.*

Ainsi *Mambrino,* le père de *Messenger,* remonte à *Godolphin Arabian* par sa mère, fille de *Cade.* Nous voyons donc là la vraie liaison entre les deux célèbres fondateurs de race trotteuse, *Rattler* et *Messenger.*

Prépondérance d'Eclipse. — Ce qui trompe l'observateur superficiel, c'est de toujours remonter la ligne des mâles, soit pour une jument, soit pour un cheval. Or, à notre époque, la prépondérance d'*Eclipse (Darley Arabian)* comme étalon est tellement énorme, que nous pouvons le dire, sans faux jeu de mots, il éclipse complètement les deux autres lignes *Herod* et *Matchem (Bierly Turk* et *Godolphin Arabian).*

Nous espérons, par le travail que nous avons publié sur les juments primitives, détourner un peu l'attention qui est toute entière concentrée sur la ligne mâle et en reporter une partie sur la ligne féminine dont l'importance est absolument aussi grande.

Les amateurs de sang barbe seront satisfaits, puisqu'ils reconnaîtront que leur sang favori tient une place considérable, sinon totale, dans l'origine féminine de la race de Pur Sang Anglais.

Mais nous le répétons, il est absolument enfantin de croire que le sang barbe a une faculté plus grande à varier dans le trot que le sang arabe. Nous voyons là deux variétés très voisines que les Anglais ont unies ensemble pour former une troisième variété aujourd'hui bien différenciée de ses ancêtres, à tel point, qu'elle ne peut plus leur être alliée pour la conservation et la propagation du caractère commun, la vitesse précoce au galop.

Nous dirons donc seulement que le Pur Sang actuel a des tendances à varier au trot, puisque nous trouvons des Pur Sang qui, sous l'influence de l'alliance avec une variété trotteuse acquièrent, au bout de peu de générations, non seulement des aptitudes trotteuses, mais la faculté de les transmettre.

Nous démontrerons en plus, que certaines lignées de chevaux de pur sang ont des tendances à varier au trot spontanément et sans aucune alliance trotteuse, de sorte que par leur seule alliance avec une variété non trotteuse, ils provoqueraient la naissance et l'épanouissement d'une race trotteuse avec, bien entendu, le secours de la sélection par la course.

Objection des adversaires du croisement du Pur Sang et du Trotteur. — Tel a été le but de ce livre, car il y a toujours quelque chose d'impressionnant dans cette objection si souvent faite : « Comment est-il possible de faire des trotteurs avec des galopeurs? »

Un lancier dans les dragons. — Cela me rappelle la fameuse scie débitée avec tant de succès avant 1870, dans les cafés-concerts : « *Un lancier dans les dragons!* » Après toutes sortes d'effarements, d'informations, de questions, etc., on finit par découvrir que c'est un lancier qui a permuté! Alors l'Empereur s'écrie : « Il a permuté, qu'on le décore ! » Eh bien, le Pur Sang qui devient trotteur est, si je puis m'exprimer ainsi, un Pur Sang qui a permuté ! Il y en a qui permutent seuls, d'autres qu'il faut solliciter et attendre pour les faire permuter ; je crois même qu'il peut bien y en avoir qui ne veulent pas permuter du tout. Mais l'essentiel était de démontrer d'une façon claire, précise, scientifique, qu'il existait dans la race de Pur Sang des courants de sang trotteur. Que ces courants se perpétuent et qu'aujourd'hui comme au temps de *Messenger* et de *Rattler*, on peut encore découvrir ce phénomène soit disant inexplicable, ce lancier dans les dragons : un Pur Sang trotteur.

CHAPITRE III

Une digression nécessaire. — *Messenger*, le pur sang, anglais fondateur de la variété trotteuse américaine. — M. le professeur J. Roussel. — Histoire de *Messenger*. — Son origine. — Ses descendants : *Mambrino-Messenger, Abdallah, Hambletonian*. — Une étude chronologique du trotting, aux Etats-Unis. — Un lien entre *Messenger* et *Rattler*. — La sélection du Trotteur Américain. — La folie du record. — Les ambleurs, variété du trotteur. — Le croisement du Trotteur Français et du Trotteur Américain. — Conclusions.

- *MAMBRINO* 20
  - *Engineer* 6 (1756)
    - *Sampson* (†) par *Blaze, Flying Childers, Darley Arabian*.
    - *Y. Greyhound Mare*
      - *Y. Greyhound* 4 (1723)
        - *Greyhound* (†).
        - *Brown Farewel* par *Makeless*.
      - *Curven Bay Barb Mare* (Jument primitive 36).
  - *Cade Mare* 20 (1751)
    - *Cade* 6 (1734)
      - *Godolphin Arabian*.
      - *Roxana*.
    - *Little John Mare*, petite fille de la *Daffodil's Dam* (Jument primitive 20).

Une digression nécessaire. — J'avais pris la résolution de ne pas effleurer dans ce volume la question du Trotteur Américain. Les circonstances en ont décidé autrement. La genèse du Trotteur Américain est la confirmation la plus éclatante des théories qui ont précédé cette étude. J'ai donc voulu exposer brièvement la question de la fondation de cette variété de trotteurs d'hippodromes qu'est le Trotteur Américain dont l'importation en Europe atteint aujourd'hui des proportions colossales. On peut affirmer que cette fortune immense est venue toute entière à la République des Etats-Unis par le fait d'un seul cheval : le célèbre *Messenger* pur sang anglais. Cette affirmation n'est pas de moi et elle est admise par tous les écrivains de sport d'Amérique.

Je ne puis mieux faire ici, pour éviter tout reproche d'incompétence en ce qui concerne le cheval américain, que de reproduire des extraits d'un livre publié il y a quelques années par le professeur Jules Roussel (Franco-Américain).

M. Jules Roussel est un homme très sûr au point de vue de la conviction. Au point de vue des théories il y a lieu de faire des réserves, car malheureusement il n'a pas à nous offrir d'autre criterium que les axiomes qui ont cours habituellement en élevage. Comme exemple, je cite cette phrase entre mille : « Il existe aux Etats-Unis, maintenant, des familles de trotteurs qui, pour l'énergie et le fonds, ne le cèdent en rien au Pur Sang et quoiqu'ils dérivent ces qualités d'ancêtres coureurs Pur Sang, pourquoi en revenir à ceux-ci comme reproducteurs et risquer de perdre par là la qualité acquise du trot. » (*Le Trotteur aux Etats-Unis*, pages 62-63).

C'est précisément pour mettre le fait exact face à face avec les idées gratuites habituelles que je prends le livre de M. Jules Roussel (Franco-Américain)[1] et que je lui emprunte les extraits qui vont suivre.

MESSENGER, LE PUR SANG ANGLAIS, FONDATEUR DE LA RACE TROTTEUSE AMÉRICAINE

Quoique les Américains des États-Unis se soient adonnés plus ardemment que tout autre peuple à l'amélioration de l'allure du trot chez le cheval, il ne s'ensuit pas que l'origine des *trotting-matches* leur revienne de droit. Le trot est une allure naturelle à cet animal, comme à beaucoup d'autres quadrupèdes et peut s'améliorer dans tous les pays où il s'attelle. Un cavalier préfère généralement le galop, comme étant une allure plus douce; et, dans les pays où les bonnes routes ou les voitures légères sont rares, on dresse de préférence les chevaux à cette allure. C'est ainsi que le cheval de selle se trouve plus fréquemment en Asie, en Afrique, dans l'Europe orientale et dans toute l'Amérique, excepté aux Etats-Unis et au Canada. En revanche, le cheval de voiture abonde en Angleterre, en France et aux Etats-Unis, excepté dans les Etats du Sud, où les routes moins bonnes encouragent l'élevage du cheval de selle.

Ce fut en 1791 que le goût du « *trotting* » commença à se répandre en Angleterre, chez les amateurs du « sport. » Cette année-là, une jument brune, de dix-huit ans, trotta sur la route d'Essex, nous dit-on, 16 milles (25 kil. 744 m.) en 58 minutes. Le 13 octobre 1799, il y eut un *trotting-match* à Sunbury-Common, entre un cheval hongre, brun, appartenant à M. Dixon, et un gris, à M. Bishop, chacun portant 75 kilos. La distance n'est pas mentionnée, mais le parcours fut achevé en 27 min. 10 sec., ce qui montre que c'était une épreuve de fonds, aussi bien que de vitesse. Presque tous les *trotting-matches*, en Angleterre, à cette époque, étaient d'un long parcours. Un M. Stevens trotta, ses chevaux attelés en « tandem, » en 1796, de Windsor à Hampton-Court, une distance de 16 milles (25 kil. 744 m.) en moins d'une heure; et le célèbre trotteur anglais *Archer* fit la même distance en 55 minutes, avec un poids de 94 kilos 1/2. — C'est vers cette époque que parut une variété de « *roadsters,* » connus sous le nom de trotteurs de Norfolk, qui maintiennent encore aujourd'hui une bonne réputation de vitesse.

Aux Etats-Unis, le trotting, comme amusement public, parut un peu plus tard. Voici ce qu'en dit Porter's, *Spirit of the Times* du 20 décembre 1856 : « Ce fut » en 1818 qu'un cheval trotta pour la première fois en public pour un enjeu; » c'était un match de 1.000 dollars (5.000 fr.) contre le temps. Ce fut à la suite » d'un dîner au Jockey-Club, où l'allure du trot avait été discutée, qu'un pari » s'engagea qu'il n'y avait pas de cheval qui pût faire un mille (1.609 mètres) » en 3 minutes. Le pari fut accepté par le major Jones, de Long-Island, et le

(1) *Le Trotteur aux Etats-Unis*, 1881.

» colonel Bond, du Maryland; mais avec un grand avantage en faveur du temps.
» Le cheval nommé était « Boston-Blue, » qui gagna facilement, se faisant ainsi
» une grande réputation. Il fut vendu, quelque temps après, à Thomas Cooper,
» le tragédien, qui lui fit faire, à plusieurs reprises, le trajet de New-York à
» Philadelphie (environ 160 kilomètres) pendant la journée, afin de pouvoir
» jouer, le soir, dans l'une des deux villes alternativement. » Ce match eut lieu plus de vingt ans après la première présentation publique de trotteurs en Angleterre; ce genre de sport y recevait alors quelque encouragement, et Boston-Blue y fut amené, et trotta 8 milles (12 kil. 872 m.) en 28 min. 55 sec., gagnant 100 souverains (2.500 fr.). Il y trotta aussi plusieurs autres courses de moindre durée, à raison d'un kilomètre en 1 min. 52 sec. 1/2 à peu près. — C'était un cheval hongre, gris, mesurant 1 m. 60, avec une queue mal fournie; sa généalogie est inconnue.

Ce ne fut guère qu'en 1820 que l'on commença à s'occuper de courses au trot aux États-Unis. A cette époque, les descendants de « *Messenger* » commencèrent à attirer l'attention, surtout dans les environs de New-York et de Philadelphie, par leur vitesse, leur ardeur et leur fonds extraordinaires.

En 1825, on organisa le « *New-York-Trotting-Club*, » et on établit, à Long-Island (près de New-York), une piste pour les courses au trot.

En 1828, se forma, à Philadelphie, le « *Hunting-Park-Association*, » pour « l'encouragement de l'amélioration de la race chevaline, et surtout de la famille nombreuse des trotteurs. »

Avant cette époque, aucun cheval, soit en Angleterre, soit en Amérique, n'avait fait son kilomètre en moins de 1 min. 52 sec. 1/2. Le parcours des courses, à cette époque, était presque toujours de 4.800 mètres au plus, et on ne s'attachait pas, comme maintenant, à développer la plus grande vitesse pendant un parcours d'un mille (1.609 mètres). Pendant plusieurs années, les courses consistèrent en « *heats* » continus de 3.200 et de 4.800 mètres chacun, qui se trottaient à raison de 1 min. 39 sec. par kilomètre environ, tandis que, maintenant, on trouve un grand nombre de chevaux, aux États-Unis, qui peuvent trotter 1.609 mètres en 2 min. 30 sec. (soit 1 kilomètre en 1 min. 33 sec. 3/4); un bon nombre, 1 kilomètre en 1 min. 30 sec.; plusieurs, en 1 min. 26 sec. 1/4, et quelques-uns en 1 min. 24 sec. *Edwin Forest*, à M. Bonner, a fait, l'été dernier (1879), 1.609 mètres en 2 min. 11 sec. 3/4, soit à raison d'une minute et 22 secondes par kilomètre. Parmi les premières célébrités de ces temps-là, nous trouvons *Screwdriver*, *Betsy Baker*, *Top-Gallant*, *Whalebone*, *Shakespeare*, *Paul Pry*, *Trouble* et *Sir Peter*, tous petits-fils de *Messenger*, excepté le premier, qui était un arrière-petit-fils. Comme un grand nombre de trotteurs distingués d'aujourd'hui remontent à la même source, et que l'influence de ce grand reproducteur sur les trotteurs d'Amérique a été immensément plus grande que celle de tous les autres réunis, l'histoire de *Messenger* doit intéresser quiconque recherche l'amélioration de la race chevaline.

Messenger était un pur sang anglais, né en 1780 et importé, comme beaucoup d'autres, aux États-Unis, comme cheval de courses plates, et comme reproducteur de cette race. Sa généalogie le fait remonter au *Darley Arabian*, qui était le père de *Flying Childers*, et à la jument *Cade*, qui était une petite-fille de *Godolphin Arabian*. C'était donc un représentant du Pur Sang Anglais le mieux choisi. Il avait gagné plusieurs courses en Angleterre, entre autres le *King's Plate*, à l'âge de cinq ans. Ce fut trois ans après, en 1788, que M. Benger l'importa aux États-Unis; il passa le reste de sa vie (à l'exception d'un an, dans l'État de New-Jersey) dans l'État de New-York, et y mourut, le 28 janvier 1808, âgé de vingt-huit ans.

Toutes les descriptions qui restent de *Messenger* nous le représentent comme un animal superbe de forme, possédant une vitalité et une énergie remarquables.

Il était d'un beau gris, d'une taille de 1 m. 58, la tête forte et osseuse, un peu courte, le cou droit, la trachée-artère et les naseaux d'une grandeur double de l'ordinaire, le garrot bas: les épaules peu obliques, mais fortes et larges; les reins et l'arrière-main remarquablement musculeux, les jarrets et les genoux très forts, soutenus par des canons moyens, mais très plats et bien dessinés, et possédant toujours, soit au repos, soit en mouvement, un port frappant et un maintien parfait. On raconte que les trois autres chevaux qui l'accompagnaient souffrirent de la traversée au point de devenir très décharnés et d'une faiblesse telle que les grooms furent obligés de les soutenir, presque de les porter à leur débarquement : mais, quand vint le tour de *Messenger*, celui-ci, avec un hennissement prolongé, s'élança de lui-même sur la passerelle, quoique retenu, de chaque côté, par un nègre, et enfila la rue au grand trot, malgré tous les efforts que ceux-ci faisaient pour le retenir, et les entraînant avec lui.

Ce portrait à la plume de *Messenger* indique qu'il possédait encore plus la forme du trotteur que celle du pur sang en général; et pourtant quoique célèbre surtout par sa postérité de trotteurs, il n'en a pas moins été le père des meilleurs coureurs (galopeurs) de son temps, parmi lesquels on compte *Potomac, Fair Rachel, Miller's Damsel* (la mère d'*American Eclipse*), *Bright-Phœbus, Hambletonian, Sir Salomon* et *Sir Harry*. La fameuse jument de course *Ariel*, qui fournissait un parcours continu de 6.400 mètres, comptait *Messenger* dans sa généalogie quatre fois en cinq générations. A l'époque où vivait ce fameux reproducteur, la fièvre du « *trot* » n'avait pas encore envahi les Etats-Unis; on n'a donc jamais pu savoir quelle vitesse il eût pu acquérir lui-même comme trotteur. Ni ses fils, ni ses filles, ne furent non plus dressés et entraînés pour cette allure. Ce fut la seconde génération, ses petits-enfants, et surtout ceux qui provinrent d'un croisement avec les chevaux ordinaires du pays, qui attirèrent l'attention par leur rapidité au trot. Ce fait s'explique facilement. Les Pur Sang qu'il produisit furent entraînés pour courses plates, mais, si on les avait entraînés pour le trot, ils eussent sans doute surpassé les descendants demi-sang dressés au trot. Cependant, les demi-sang même qu'il produisit ne se signalèrent pas eux-mêmes comme trotteurs; mais quelques-uns se firent remarquer comme reproducteurs de trotteurs distingués. Ceci paraît remarquable; mais il faut nous rappeler que le trot n'était pas à la mode à cette époque, les routes étaient moins bonnes, les voitures plus lourdes, et que, aussi, la génération suivante étant plus nombreuse, il y avait plus de chance pour y découvrir en plus grande abondance la qualité remarquable de cette famille.

En résumé, on peut dire que la forme splendide, l'énergie extraordinaire et la vitalité presque miraculeuse de *Messenger* ont été transmises par lui aux chevaux des États-Unis, de telle manière que l'on ne peut estimer à moins de cent millions de dollars (un demi-milliard de francs) la somme que son importation a value à ce pays.

Il me faudrait un volume entier pour rendre justice à la première génération qui sortit des reins de *Messenger*. Ce serait fatiguer le lecteur sans l'intéresser. Je me bornerai donc à nommer les plus célèbres. Les voici : *Plato, Mambrino, Hambletonian, Engineer, Commander, Mount Holly, Why-Not, Black-Messenger, Gray-Messenger, Ogden's-Messenger*. Parmi eux, le plus distingué de tous était *Mambrino*, dont je vais rapidement tracer l'esquisse, à cause de sa valeur individuelle aussi bien que de celle de son fils *Abdallah*, qui, lui, mérite, à cause de l'excellence de ces descendants, le nom de *Roi des reproducteurs de trotteurs*.

Mambrino, fils de *Messenger* et portant le même nom que le père de celui-ci, était un pur sang, ayant une robe bai clair magnifique qu'il devait à sa mère, pur sang, fille de *Sour-Croud*, descendu lui-même d'une jument barbe. Il mesurait 1 m. 60, était très long de corps et, comme son père, avait les épaules un peu à pic. Non seulement c'était un fort cheval, mais même un cheval d'une structure grossière et affligé d'un éparvin sec, maladie héréditaire dans son cas, ne lui faisant individuellement aucun tort, mais qu'il transmit à plusieurs de ses descendants. Né en 1806, il fut acheté, à l'âge de quatre ans, par le major William Jones, qui l'entraîna pour les courses de Long-Island, représentant un parcours continu de 3.200 mètres; mais, montrant des symptômes de gourme, il fut envoyé au haras.

En parlant de son allure, voici ce que disait le major : « J'ai élevé bien des » chevaux, j'ai eu l'occasion de former un jugement sûr, et je puis dire, après » avoir monté *Mambrino* (il ne s'attelait pas) et lui avoir fait faire des centaines » de milles, que c'était bien le meilleur trotteur naturel que j'aie jamais monté. » Au pas, son allure était franche, rebondissante, élastique; son trot était régu- » lier, et distinct, avec un mouvement de genou superbe et une foulée de derrière » d'une longueur surprenante. »

Ce langage suffit pour nous faire comprendre que *Mambrino* possédait l'action du trot au plus haut degré, et, comme il est un des fondateurs les plus éminents des familles actuelles de trotteurs, surtout par son fils *Abdallah*, il est intéressant de découvrir si lui-même avait une tendance innée à cette allure.

C'est d'*Abdallah* qu'est descendu le fameux *Rysdick's Hambletonian,* dont nous parlerons plus tard, mort il y a quatre ans seulement, et qui a laissé derrière lui plus de cent descendants, remarquables par leur vitesse au trot, dont cinquante, au moins, sont disséminés comme étalons reproducteurs de trotteurs, dans tous les États de l'Union américaine.

Mambrino était aussi le père de *Mambrino Paymaster*, d'où proviennent le fameux *Mambrino Chief* et tous ses descendants, y compris des célébrités telles que *Lady Thorn, Mambrino-Pilot* et *Bay Chief* qui trotta 800 mètres, à quatre ans, en 1 min. 8 sec., mais dont la carrière fut coupée court par les blessures reçues pendant la guerre de sécession. Cet illustre fils de *Messenger* occupe donc le premier rang, sans le moindre doute, dans la famille, comme reproducteur de trotteurs.

Et maintenant parlons du fameux *Abdallah,* fils de *Mambrino,* par conséquent petit-fils de *Messenger* et dont la mère était *Amazonia*, elle-même fille de *Messenger,* naissance qui le rend issu trois fois de ce fameux sang. C'était un bai, 1 m. 56, né le 27 avril 1823, disent les uns, 1826, disent les autres; il portait une étoile au front, une balzane au pied gauche de derrière. La tête était forte et osseuse, les oreilles un peu longues, mais non lourdes d'apparence; l'œil châtain et très ouvert éclairait une physionomie expressive, qui indiquait une forte volonté plutôt que de l'amabilité dans le caractère. Les épaules étaient plus obliques, et le garrot plus haut que ceux de la plupart des trotteurs, montrant par là l'infusion du sang de course. Le cou était de longueur moyenne, moins développé à la crête qu'il ne l'est ordinairement chez l'étalon, et la trachée-artère se dessinait vigoureusement en relief, comme celle de son grand-père *Messenger*. La poitrine était plutôt profonde que circulaire, et les côtes plates. Le dos était exceptionnellement bien fait; mais, une fois passé les reins et la projection des hanches, le train de derrière présentait une apparence désagréablement étroite et malingre. La queue était bien plantée, mais excessivement mal fournie, presque nue; la crinière fort maigre, quoique longue. Quant aux jambes, jamais cheval n'en eut de meilleures, quoique les pieds fussent peut-être un peu fortement développés.

Certes, ce portrait n'est pas flatteur, mais les mérites de l'animal le font accepter, car on savait que son père et sa mère étaient tous deux des trotteurs de mérite, et que lui-même excellait dans cette allure. Il n'avait jamais été entraîné pour les courses, mais son trot possédait une précision et un pouvoir qui ne pouvaient que captiver les connaisseurs, et on lui rendit justice de plus en plus, à mesure que l'on vit les qualités qu'il transmettait invariablement à tous ses descendants.

On raconte qu'ayant été attelé pour la première fois à l'âge de quatre ans, il brisa immédiatement à coups de pied tout ce qui l'entourait. Quoi qu'il en soit à ce sujet, il ne fut jamais attelé par la suite; non pas que ce fût un cheval vicieux ou d'un mauvais caractère, mais simplement qu'il ne pouvait supporter la sensation de la moindre courroie pendillant sur son corps. Dès le commencement, il y eut guerre acharnée entre le groom et le poulain, et ce dernier finit par être victorieux. Il ne reçut jamais d'autre entraînement, et du commencement de sa longue carrière jusqu'à la fin, il faut le considérer comme un trotteur *naturel*, mais non développé. Il passa sa vie dans les haras du Kentucky et de New-York, et mourut misérablement en 1852 ou 1854, abandonné par un maître inhumain sur la plage sablonneuse de Long-Island, où venaient se briser les vagues de l'Atlantique, transpercé par les vents glacials de novembre, et périssant littéralement de faim, sans abri et sans ami. *Sic transit gloria equi!* Telle fut la triste fin du *Roi des reproducteurs de trotteurs.*

Et maintenant, pourquoi *Abdallah*, reconnu sans rival parmi les contemporains comme reproducteur, a-t-il transmis ses qualités à sa postérité, tandis que d'autres de la même époque, *Andrew Jackson*, par exemple, plus beau et plus rapide que lui a complètement échoué dans ce sens? Nous ne pouvons que répéter le dire compréhensif et significatif de son éleveur, M. Treadwell : « Que l'on se contente de savoir qu'il avait *Mambrino* pour père et *Amazonia* pour mère. » De ces deux sources provient son héritage; il leur doit tout ce qu'il a transmis à ses descendants. Le peu d'entraînement qu'il a reçu nous prouve bien que son instinct de trotteur n'a pu être ni fortifié ni augmenté. Son père, quoique pur sang, était un trotteur assez remarquable; sa mère possédait non seulement l'instinct naturel du trot, mais cet instinct chez elle avait été développé et fortifié. Quant à *Abdallah* lui-même, on ne peut dire que l'entraînement ait augmenté son hérédité de l'instinct du trot, quoiqu'il ait certes suffi à le lui conserver dans toute son énergie et dans toute sa vigueur.

Pour en revenir aux autres descendants de *Messenger*, il est inutile, comme je l'ai déjà dit de s'étendre sur ce sujet, quoique grand nombre de chevaux américains d'aujourd'hui en proviennent et en conservent les traits caractéristiques. Il est bien rare, chaque fois que l'on peut remonter assez haut à la source de la généalogie d'un trotteur que l'on y trouve une trace du sang de *Messenger*, et bien des chevaux, possédant une certaine aptitude et vitesse au trot, et comptés par leur propriétaire comme de race ordinaire, se révèlent comme descendants du vieux cheval, après qu'une patiente et intelligente recherche à travers leur généalogie en a fait découvrir l'origine.

JUSTIN MORGAN. — LES BASHAWS. — BELL FOUNDER

Après *Messenger*, *Mambrino* et *Abdallah*, c'est *Justin Morgan* qui mérite la première place, comme fondateur d'une ligne de trotteurs, peut-être un peu moins rapides, mais égaux, sinon supérieurs pour l'énergie et le fonds. Il naquit en 1793, à Springfield, dans l'Etat de Massachussets, mais quitta son pays natal pour aller dans l'Etat de Vermont à l'âge de deux ans. Sa généalogie a été disputée, cependant il est assez probable que son père était *True Briton*, un superbe animal, monté par le général anglais Delancey pendant la guerre de la Révolution, qui se termina par la séparation des colonies d'avec la mère patrie. En tout cas, il possédait plus ou moins du sang de *Lindsey Arabian*.

On nous le décrit comme un cheval trapu, puissant, compact, à la démarche fière et à l'action énergique. Il communiqua ces qualités à ses descendants, qui présentent une allure franche, rapide et facile, et dont les qualités caractéristiques sont l'énergie et la persévérance. Un de ses poulains, du nom de *Fox*, accomplit 280 kilomètres en 24 heures. *Justin Morgan* n'avait que 1 m. 43 de haut, et ne pesait guère que 475 kilos. C'était un bai foncé, avec la queue, la crinière et les jambes noires; la tête un peu forte, mais osseuse et bien découpée; les naseaux fort ouverts; le dos fort court; les épaules fort obliques; les reins fort larges et musculeux. Il pouvait tirer un poids que des chevaux pesant 600 kilos ne pouvaient ébranler, et, à la selle, exécutait avec légèreté et élégance tout ce que son cavalier lui demandait. Il pouvait courir fort rapidement de courtes distances, mais ne paraît pas avoir été remarquable pour la vitesse de son trot. Cependant, un grand nombre de ses descendants se distinguèrent par leur rapidité et leur élégance dans cette allure. Il mourut en 1821.

Les *Bashaws* sont une excellente famille de trotteurs, presque oblitérée maintenant par croisement avec d'autres. Ils sont une branche de la famille *Messenger*, mais dérivent leur nom de deux chevaux arabes, importés aux Etats-Unis. Le premier, appelé *Bashaw*, élevé dans les haras de l'empereur du Maroc, qui en fit cadeau au dey d'Alger, se trouva, par l'entremise du consul de Suède, aux Etats-Unis, vers 1768.

Le second, grand *Bashaw*, fut importé de Tripoli en 1820. Parmi ses descendants, se trouvent *Andrew Jackson, Kemble Jackson, Henry Clay, Lantern* et *George M. Patchen*, qui, cependant, sont tous aussi alliés à la famille de *Messenger*, dont ils héritent essentiellement leur qualité de trotteurs. Son fils, *Young Bashaw*, fut père d'une jument fort rapide, *Charlotte Temple*, qui fut amenée en France. Les signes caractéristiques de cette famille sont une grande taille, une belle tête, bien attachée à un cou élégant, une queue et une crinière bien fournies et une certaine fierté de maintien, accompagnée d'une élégance distinguée.

Il y eut un autre cheval qui contribua à l'amélioration du trotteur aux Etats-Unis, ce fut *Bellfounder*, un étalon né vers 1817, et importé d'Angleterre à Boston, par M. Booth, vers 1823. C'était un grand et beau cheval bai, plein d'énergie et de vitalité, et admirablement fourni de muscles et de tendons. Il transmit toutes ces qualités à ses descendants avec beaucoup d'uniformité. Beaucoup d'entre eux devinrent d'élégants carrossiers, assez rapides, surtout ceux qui avaient été croisés avec une infusion de sang de *Messenger*. Sa généalogie est inconnue, mais son apparence suffisait pour le proclamer presque pur sang. Il avait la réputation d'avoir trotté en Angleterre 3.200 mètres en 6 minutes, à trois ans; et 16 kilomètres en 30 minutes à quatre ans : on disait aussi qu'il avait trotté 28 kilomètres à l'heure ; mais toutes ces traditions sont assez apocryphes. Il fut le père d'un poulain du même nom, qui fit la monte pendant plusieurs années dans l'Etat de Pensylvanie, où il créa une nombreuse famille de trotteurs rapides, qui devinrent presque tous boiteux des pieds de devant, même jusqu'à la cinquième génération; mais il hérita sans doute cette infirmité de sa mère, car aucun des *Bellfounder* que l'on trouva autre part ne souffre de cette tare.

En résumé, nombre de trotteurs célèbres des Etats-Unis sont partiellement descendus de quelques-uns des nombreux Pur Sang qui y ont été importés d'Angleterre, de temps à autre, et possèdent, par conséquent, une forte infusion de sang, autre que celle de *Messenger*. Tout en concédant la valeur de bons croisements pur sang, pour donner au Trotteur de l'énergie et du fonds, et tout en admettant que *Diomed, Whip, Trustee, Glencoe, Margrave* et autres Pur Sang importés aux Etats-Unis comptent parmi leurs descendants des trotteurs éminents, on peut toutefois déclarer, en toute sûreté, que tous ensemble n'eussent jamais réussi à produire une famille de trotteurs sans un croisement avec *Messenger*; et aussi sûrement encore, que la réputation de *Messenger* n'eût aucunement souffert, si aucun des premiers n'avait jamais vu le jour. Ainsi, par exemple, le premier *Bashaw* qui manifesta de l'aptitude au trot fut *Young Bashaw*, le fils de l'arabe importé, et il n'y eut que lui. Cette aptitude s'expliquera par le fait que la mère de *Young Bashaw* était une petite-fille de *Messenger*.

Le nombre des chevaux non descendus de *Messenger* qui ont contribué à établir la réputation des trotteurs en Amérique, n'est pas grand, ni leur influence considérable. *Sir Henry*, le fameux compétiteur d'*American Eclipse*, et *Duroc*, tous deux pur sang, et tous deux descendus de *Diomède*, importé d'Angleterre, paraissent avoir transmis quelque aptitude à trotter à leurs descendants, mais il est douteux que l'un ou l'autre eût pu fonder une famille de trotteurs. *Seely's American Star*, renommé comme reproducteur de trotteurs récents, et grand-père maternel du fameux *Dexter*, combine les deux, ayant pour père *American Star*, fils de *Duroc*, et pour mère *Sally Slouch*, par *Sir Henry*; mais sa grand'mère était par *Messenger*. *American Eclipse*, père de plusieurs bons trotteurs, avait aussi, en partie, le sang de son père *Duroc*; mais on n'en fait guère cas, parce que sa mère, *Miller's Damsel*, descendait, elle, de *Messenger*. *Americus*, qui battit *Lady Suffolk* dans une course de 8 kilomètres, en 13 min., 54 sec., était le fils de *Red Jacket*, fils de *Duroc*, sans qu'on sache s'il avait hérité d'une autre source que son père sa qualité de trotteur émérite. (Jules Roussel, *le Trotteur aux Etats-Unis*, pages 27 à 48). (1)

La lecture de ces pages si courtes et si substantielles doit nous inspirer de nombreuses réflexions.

Tout d'abord procédons chronologiquement.

Chronologie du trotting en Amérique. — Ce fut en Angleterre que le goût du trotting parait avoir commencé à se répandre (1791). On comprend en effet que ce fut dans ce pays que se trouvèrent les premiers et véritables trotteurs. Il est certain que ce sport a été étouffé par le snobisme de la gentry, car si des courses au trot avaient été organisés en Angleterre, ce ne sont ni les Etats-Unis, ni la France, qui auraient pu lutter pour la suprématie de cette branche sportive. Quoiqu'il en soit continuons notre revue chronologique. En 1825-1828 se forment les premières sociétés pour l'encouragement du trotteur.

Avant cette époque (1828), aucun cheval n'avait couvert son kilomètre en moins de 1'52". Que voyons-nous de 1828 à 1840 ? des petit-fils de *Messenger* et des fils de Pur Sang et de Barbes.

Origine de Messenger. — Ceci posé, revenons à *Messenger* et voyons ce que nous devons penser. *Messenger* naît en 1780, il est importé en 1788 dans l'Etat de New-York où il meurt en 1808. C'était un Pur Sang, ceci est incontesté. Malheureusement je n'ai pu me procurer son pedigree exact. M. Roussel nous dit qu'il remonte à *Darley Arabian* et à la jument *Cade*. De plus, *Messenger* était un cheval de classe.

Nous allons voir en effet qu'il avait de qui tenir. *Darley Arabian* (1712), est en effet l'expression la plus pure et la plus belle du cheval arabe. C'est la branche mâle la plus remarquable du Pur Sang Anglais.

(1) Dans cet extrait de l'ouvrage de M. J. Roussel, tous les noms de chevaux sont indistinctement en lettres italiques. Mais dans le texte, les Pur Sang seuls sont en lettres italiques.

C'est l'aïeul mâle d'*Eclipse* (1764). Quant à la jument *Cade (Cade Mare)*, c'est une sœur de *Matchem* par *Cade* (1734) qui était lui-même par *Godolphin Arabian* et la célèbre *Roxana* (1718), qui eut la gloire et l'heureuse chance de faire connaître la valeur de *Godolphin Arabian*.

Ne voulant pas m'occuper du cheval trotteur américain dans ce travail, je n'ai fait aucune recherche spéciale sur *Messenger*. C'est après avoir fini d'écrire le présent volume que j'ai considéré comme un vide l'absence de *Messenger* dans la galerie des rares pur sang ayant varié spontanément dans le trot et qui aient été utilisés comme reproducteurs de trotteurs.

Car il est bien certain que les juments qui ont varié dans l'aptitude trotteuse ont été éliminées de plus en plus de l'élevage des chevaux de courses anglais par une sélection sévère, et que c'est justement dans ces juments qu'il nous faudrait aujourd'hui chercher les éléments nécessaires pour introduire avec avantage le sang pur qui doit alimenter sans cesse notre race trotteuse, pour lui donner la vitesse et l'aptitude à la fois.

Malheureusement, aucun caractère extérieur ne permet de reconnaître une jument ou un étalon de pur sang qui doit se reproduire bien en trotteur.

Je donnerai plus tard quelques indices basés sur l'origine de *The heir of Linne* et qui permettraient de suivre une lueur conductrice.

Quant aux étalons, nous verrons et nous voyons déjà par *Messenger* que leur classe au galop ne les empêche pas de se reproduire au trot. Nous savons du reste aussi que *Messenger* a produit les meilleurs galopeurs de son temps. Nous prouverons, également, que si *The heir of Linne* avait été bien employé en pur sang, il aurait eu une illustre descendance dans cette race sportive.

La mère de *Messenger* m'est malheureusement encore inconnue; son père, *Mambrino* (1768), sortait de la famille 20. Il était par *Engineer* (36) (1756) et une *Cade Mare* (20) (1751).

Un lien entre Messenger et Rattler. — Nous verrons que *Rattler*, l'ancêtre français du trotteur, est très *imbred* sur *Cade* (1734). Il y a donc là un courant de sang commun chez les deux étalons. Comme *Rattler* était à peu près contemporain de *Messenger*, je pense qu'il doit y avoir une parenté chez les deux mères, mais je n'ai pu arriver à l'établir que par la ligne de *Cade*, dans l'ascendance paternelle de *Messenger*.

Quant à l'assertion de M. Roussel que *Messenger* « possédait encore plus la forme du Trotteur que celle du Pur Sang en général, » il faut la considérer comme une affirmation gratuite. Comme il n'existait pas de trotteurs à cette époque, il ne pouvait pas leur ressembler et comme personne n'a vu les Pur Sang d'alors, qui n'étaient probablement pas semblables aux Pur Sang d'aujourd'hui, il est très possible qu'il ressemblait à tous ceux de cette période.

Restons donc dans l'examen des faits que nous signale M. Roussel, et constatons que le cheval qui a le mieux transmis les aptitudes trotteuses de *Messenger,* celui qu'on pourrait appeler son successeur, était un Pur Sang, *Mambrino,* qu'on a appelé aussi *Mambrino-Messenger,* pour le distinguer de son grand-père et d'autres *Mambrino.* Il naquit en 1806. Celui-ci avait reçu de son père la faculté trotteuse au suprême degré.

On voit donc que la variation d'aptitudes produite chez *Messenger,* loin de diminuer, s'était au contraire augmentée.

Ce fait doit être pour nous un enseignement sur lequel il y a lieu d'insister. Dans l'alliance qui donna *Mambrino,* on ne peut invoquer la consanguinité sur *Messenger.* Il y a eu un fait d'hérédité simple.

C'est que la variation qui s'était manifestée chez *Messenger* était un phénomène qui s'était préparé longtemps à l'avance et qui ne pouvait disparaître des organismes consécutifs sans laisser des traces pendant une période relativement longue.

Enfin, en 1823 naissait *Abdallah* sur lequel nous avons peu de détails. M. Roussel dit seulement qu'il était fils de *Mambrino* et d'*Amazonia,* elle-même fille de *Messenger.* M. Roussel ne nous dit pas s'il était de pur sang; dans tous les cas, le fait d'être par un fils et une fille de *Messenger* ne pouvait que décupler son aptitude trotteuse et sa faculté de transmettre cette aptitude à ses descendants. C'est ce qui arriva car, en 1849, il donnait naissance à Hambletonian, dont nous allons parler plus tard.

Mais avant, il est bon de remarquer que de 1780, époque de la naissance de *Messenger,* jusqu'à 1849, il s'est écoulé soixante-dix ans environ; que pendant cette période les chevaux descendants de *Messenger* et qui devaient former la race étaient de pur sang; que ceux qui ne descendaient pas de *Messenger* étaient aussi de pur sang, comme M. Roussel nous l'a appris. Que ce n'est qu'à partir de 1850 qu'on sélectionna la race sans continuer l'infusion du sang pur pour aboutir à la production actuelle, qui s'est différenciée entièrement du Pur Sang.

La sélection du Trotteur Américain — Cette différenciation est le fait, d'abord, de l'habitation sur un territoire immense et à climats très différents, puis ensuite elle est aussi le résultat de la sélection par les courses, qui ont été faites toutes au trot attelé.

C'est par ces deux grands moyens que le cheval actuel a été obtenu en Amérique.

De plus, ces courses attelées furent réduites au mille anglais (1.609 mètres), par suite d'une tendance curieuse à produire seulement la vitesse, sans s'occuper d'autres qualités. Beaucoup de chevaux courent même sur le demi-mille, sur le quart de mille, et obtiennent ainsi ce que les Américains appellent des records extraordinaires.

C'est ce que j'appellerai, moi, la folie du record.

Les Ambleurs. — Puis il faut noter que, dans beaucoup de reproducteurs célèbres, une variation a eu lieu dans l'aptitude trotteuse. Le trot se transforme en une allure appelée l'amble. Comme les ambleurs étaient plus vites que les trotteurs, on les sélectionna. Dans presque toutes les familles de trotteurs on trouve des ancêtres ambleurs.

De sorte qu'on peut dire, d'une façon absolument sûre, que la différenciation entre le Trotteur Américain et le Trotteur Français est aujourd'hui complète. Leur alliance est donc dangereuse pour développer le caractère commun, c'est-à-dire la vitesse précoce au trot. Malgré la communauté d'origine que nous venons de démontrer, on peut dire d'une façon générale que les affinités et les oppositions complexes des variétés d'une même espèce s'expliquent tout naturellement par le principe de la descendance joint aux modifications apportées par les sélections qui entraînent la divergence des caractères.

Hambletonian. — Ces quelques pages donneraient une idée incomplète de la puissance du courant de sang d'un grand reproducteur pur sang, si je ne parlais ici du célèbre Rysdik's Hambletonian, qui produisit aux Etats-Unis une véritable explosion de vitesse au trot.

C'est ce descendant de *Messenger* à la troisième génération qui créa réellement la race trotteuse américaine. Il contenait jusqu'à six courants du sang de *Messenger* et prouva par l'influence énorme qu'il a eue que c'était bien du pur sang *Messenger* que venaient à la fois la vitesse et l'aptitude au trot. Et ce qu'il y a de curieux, c'est que ni *Messenger*, ni *Mambrino*, ni Abdallah, ni Hambletonian, n'ont été entraînés. Voilà qui surprend étrangement, comme on a pu le voir, M. le professeur J. Roussel, et c'est aussi ce qui tend à démontrer le mieux la vérité de notre théorie de la non-transmissibilité des caractères acquis pendant la vie individuelle.

Quoique cet étalon, considérable en Amérique, ne puisse nullement intéresser notre élevage, il était important, au point de vue naturel, d'en résumer l'histoire et nous la mettons sous les yeux de nos lecteurs, après l'avoir relevée dans l'*Allgemeine Sport Zeitung* du 16 avril 1887 :

Hambletonian est le père de toute la génération des trotteurs américains modernes. Il est né le 5 mai 1849 chez M. Jonas Seely, à Chester, Orange County, dans l'Etat de New-York. Son père était Abdallah, fils de *Mambrino*, qui descend de *Messenger*, étalon importé d'Angleterre. La mère d'Abdallah, père de Hambletonian, était une fille de Amazonia, le père doit également être *Messenger*, mais sur ce point on n'a jamais été bien fixé, et d'après une autre version ce serait un fils de *Messenger*.

La mère de Hambletonian était une fille de Bellfounder, importé d'Angleterre, dont la mère était de nouveau une fille d'un fils de *Messenger* et dont la mère était une fille de *Messenger* de même que lui-même, de sorte que, du côté de la mère, du côté du père, Hambletonian descend de *Messenger*, et le sang de ce dernier s'est trouvé de nouveau réuni dans Hambletonian par les divers croisements.

On prévoyait si peu l'énorme valeur du poulain, que M. Seely l'a vendu avec sa mère à M. W. M. Rysdik, de Chester, pour 125 dollars!

Hambletonian n'a jamais couru sur aucun hippodrome; il n'avait que deux ans lorsqu'on lui confia quatre juments qui en ont donné trois poulains dont un a été très célèbre plus tard : c'était Alexander's Abdallah, le père de Goldsmith Maid. Nous croyons ici l'endroit bien choisi pour citer cette curiosité que la meilleure trotteuse américaine — après Maud S. — Goldsmith Maid, descend d'un étalon (Alexander's Abdallah) qui n'avait alors que trois ans et qui descendait de son côté d'un étalon de deux ans.

A l'âge de trois ans, Hambletonian a été donné à l'entraînement à Long-Island où il est resté quelques mois. Comme son travail laissait beaucoup à désirer malgré sa forme merveilleuse et que son record ne s'améliorait pas (il n'a pu faire le mille en moins de 2'48"), il a été définitivement consacré à l'élevage et rendu au haras.

Jusqu'en 1854, il faisait la monte à raison de 25 dollars par saillie; puis le prix a été élevé à 35 dollars jusqu'en 1863. Lorsqu'à cette époque ses descendants s'étaient distingués de plus en plus, l'affluence des juments augmentait à mesure que sa renommée s'étendait. Malgré l'élévation du prix de saillie à 75 dollars, on recherchait encore davantage la saillie de cet étalon, de sorte qu'en 1864 la taxe était de 100 dollars et en 1865 de 300 dollars.

Dans ces deux années, 1864 et 1865, Hambletonian n'a pas couvert moins de 410 juments, qui ont donné 276 produits.

Lorsque les qualités extraordinaires de ses produits s'étaient affirmées par des performances étonnantes, éclipsant tout ce qu'on avait vu auparavant, et que l'on recherchait toujours autant le vieil étalon, malgré le prix très élevé de sa saillie, la taxe a été fixée à 500 dollars (2.500 francs). Ce dernier prix n'a pas varié jusqu'en 1875, où la mort est venue enlever à l'élevage américain cet utile étalon et mettre une fin à la carrière du plus grand et du plus fécond reproducteur qui ait existé.

Jusqu'à sa mort survenue à 26 ans, Hambletonian était fort, vigoureux et plein de feu. Aucun cheval avant lui n'a laissé une descendance aussi nombreuse que la sienne : 1.225 produits! tous en ont une empreinte méconnaissable, et tous en ont hérité une grande part de ses excellentes qualités.

Au point de vue financier également Hambletonian a été un animal très utile, et son acquisition a peut-être été la meilleure spéculation qu'on ait jamais pu faire en matière d'élevage. Les 125 dollars que M. Rysdick a payé pour lui et sa mère ont été facilement rattrapés sur la jument, et le poulain qui ne lui a donc rien coûté lui a rapporté plus de 100.000 dollars (un demi-million de francs).

A la clôture de la saison de 1886, le nombre des descendants de Hambletonian qui ont déjà fait le mille anglais en 2'30" ou moins de temps avait déjà dépassé le chiffre mille.

Les plus célèbres de ces descendants qui ont comme reproducteurs mérité de l'élevage des trotteurs américains sont :

Aberdeen, Alexander's Abdallah, Almont, Belmont, Dictator, Electioneer, George Wilkes, Happy Medium, Harold, Volunteer.

La plupart des trotteurs de premières classes d'aujourd'hui descendent d'eux, soit directement, soit indirectement. Le sang de Hambletonian est si distingué et son action est si intense, qu'aucun de ses produits n'appartient à une catégorie médiocre, et chez un grand nombre de ses enfants les brillantes qualités de leur chef de famille sont imprimées d'une manière incontestable. Et ainsi qu'on peut le voir par le petit tableau ci-dessous, les meilleurs chevaux qui aient jamais couru sur un hippodrome descendent exceptionnellement des fils de Hambletonian.

Grand-père	Etalons	Recorders	Record sur le mille anglais (1.609 mètres)
Rysdyk's Hambletonian	Harold	Maud S.	2'08" 3/4
	Dictator	Jay Eye See	2'10"
	Volunteer	St. Julien	2'11" 1/4
	Happy Medium	Maxy Cobb	2'13" 1/4
	Dictator	Phallas	2'13" 3/4
	Alexander's Abdallah	Goldsmith Maid	2'14"
	Rysdik	Clingstone	2'14"
	George Wilkes	Harry Wilkes	2'14" 3/4

Ce fait de statistique très intéressant donne la preuve incontestable — puisque les chiffres le prouvent — que Hambletonian est en effet à considérer comme le grand chef de la famille des trotteurs américains actuels, comme — « the great progenitor of trotting horse! »

Nous arrêterons là notre étude sur *Messenger* et sa descendance ainsi que sur tous les autres Pur Sang Anglais ou Barbes qui ont contribué à former la race. Nous n'avons pas ici d'intérêt à étudier plus avant cette variété de trotteurs américains. Je n'ai parlé de *Messenger* que pour montrer que partout la question de la vitesse au trot a sa solution dans le Pur Sang galopeur.

Je sais bien qu'on m'objectera que les Américains ont cessé de croiser leur sélection avec le galopeur. C'est en quoi je n'engage pas mes compatriotes à les imiter et même je prétends démontrer que l'infusion continue du Pur Sang galopeur est nécessaire pour aller en avant.

Le Croisement du Trotteur Français et du Trotteur Américain. — L'emploi considérable de chevaux américains, comme reproducteurs en France, est un essai nécessaire pour démontrer par le fait ce que la théorie nous démontre surabondamment. Mais pour que cet essai soit réellement démonstratif, il faut que ce soit un essai loyal et il faut pour cela une période longue et beaucoup d'argent. Attendons donc les résultats avec calme et que chacun suive la voie qu'il s'est tracée sans aucune déviation.

Conclusions. — Enfin, je terminerai cet article sur *Messenger* et sa descendance par une fiction imaginative qui, pour le lecteur, mettra au point la situation comparative du Trotteur Américain et du Trotteur Français. Si, par la pensée, nous imaginons, dans un rêve, notre Société d'Encouragement tout à coup transportée de l'autre côté de l'Atlantique avant la modification de ses programmes et avec l'ancien règlement de M. Legoux-Longpré, si nous continuons d'imaginer qu'elle soit tout à coup mise à la tête de toutes les courses d'outre-mer avec les mêmes pouvoirs qu'elle a eu en France, que deviendraient, dans ces conditions là, les chevaux là-bas? Combien disparaitraient tout à coup de la célébrité? Combien ne pourraient pas porter sur leur dos les lourds cavaliers que nos trois ans emportent à 3.000 mètres et plus avec le record de 1'35''? Quelle faillite et quelle déconfiture! quelle dégringolade!

Pour tout homme au courant de la production Américaine, ce rêve se terminerait par le triomphe d'éléments qui, aujourd'hui, ne jouent aucun rôle dans les courses de ce pays et si ce rêve se continuait pendant vingt ans seulement, combien différente la production qu'amènerait en Amérique une pareille réglementation! Adieu les dos longs, les chevaux vites sur le mille anglais, les pâturons faibles, les claquettes, les petites tailles, les mal équilibrés, les ferrures protectrices et préservatrices des atteintes, etc.

Quelle révolution!

Eh bien! ce rêve et toutes ses conséquences ne montrent-ils pas quelle dissemblance immense, incommensurable, existe en ce moment entre le Trotteur Américain et le Trotteur Français? ne doit-on pas les considérer comme des variétés tellement différentes malgré leur caractère commun, que leur comparaison est impossible et leur divergence absolument complète?

Et si, nous réveillant tout à coup de ce rêve, nous embrassons d'un coup d'œil ces deux variétés, résultat d'un siècle d'efforts, ne peut-on sérieusement admirer les résultats obtenus d'un côté comme de l'autre; dire aux Américains : oui, vous avez été habiles, vous êtes des artistes pour fabriquer le cheval qu'il vous fallait, que vous avez voulu. Oui vous avez réussi : Bravo!

Mais ne peut-on pas dire aux Normands : le cheval que vous avez fait est celui qu'on vous a demandé, celui qui donnera à la Patrie des montures pour ses enfants; votre œuvre est admirable, continuez, vous aussi, dans cette voie.

Doit-on se partager en deux camps, l'un qui admire le cheval américain, l'autre qui le méprise? Non! des deux côtés l'homme a accompli son travail avec intelligence, avec une merveilleuse intuition de la nature, mais les résultats acquis sont différents, voilà tout.

La sélection par la course, qui a été imposée au trotteur des deux côtés de l'Océan, n'a pas eu les mêmes lois et ne pouvait, par conséquent, pas avoir les mêmes conséquences.

CHAPITRE IV

Le Norfolk. — Son introduction en France. — Son alliance avec le Pur Sang et l'Anglo-Normand. — Extraordinaire influence de ces alliances. — Conquérant, Phaëton, Fuschia, Lavater, The Norfolk Phoenomenon, Niger, etc. — Conséquences. — Analyse naturelle de ces alliances. — Provocation de la variabilité du Pur Sang galopeur dans l'aptitude trotteuse par l'alliance avec le Norfolk. — Inconvénients de l'emploi du Norfolk au point de vue du cheval d'hippodrome. — Disparition certaine dans un délai rapproché de la descendance mâle du Norfolk. — Moindres inconvénients dans la descendance femelle si elle est suffisamment nourrie de sang pur (1).

Introduction du Norfolk en France. — Le cheval de Norfolk est un cheval anglais suffisamment connu en France pour que je n'en fasse pas ici une description plus ou moins développée. Son importation en France, par les haras et les particuliers, a été presque constante. Il y a eu des moments où il a été plus à la mode, comme étalon, et d'autres époques où il a été plus délaissé.

Il me semble qu'on ne s'est pas suffisamment rendu compte de son rôle en ce qui concerne son influence sur la race trotteuse française d'hippodrome.

Quelques personnes prétendent que le Norfolk actuel a bien changé avec l'ancien; je ne peux pas le dire. J'ai connu l'ancien type par quelques sujets remarquables: j'ai vu effectivement au Pin, il y a peu de temps, des représentants de cette race à la fois plus communs et moins puissants que les anciens spécimens.

Quoiqu'il en soit, il faut raisonner sur les sujets disparus et les récriminations s'il y en a n'ont pas à se produire ici.

L'origine de The Norfolk Phoenomenon a été contestée, quelques-uns prétendent que la mère était Mecklembourgeoise. Ce qu'il y a de certain c'est que son influence s'est plutôt exercée par son fils Niger qui avait pour mère Miss Bell, jument douteuse, plus probablement Anglaise qu'Américaine. A part Niger, les étalons ne brillent pas dans sa descendance.

Un autre étalon, Lavater fils d'Y ou de Crocus, presque certainement de Crocus, a eu une influence bien plus grande par suite d'une circonstance favorable qui ne s'est pas produite pour Niger. Il avait pour mère, comme Niger, une jument anglaise, Candelaria, sur laquelle on sait peu de chose.

(1) Comme précédemment et comme dans toute la suite de cet ouvrage, les Pur Sang ne sont pas indiqués autrement que par chaque nom écrit en lettres italiques; les demi-sang, les Norfolk seront désignés en caractères ordinaires.

Alliance du Norfolk avec le Pur Sang et l'Anglo-Normand. — Je tiendrais à attirer l'attention du lecteur sur la formule bien simple qui a présidé à l'éclosion de la pléïade de trotteurs issus de Lavater.

Lavater avait au haras un voisin de pur sang, *The heir of Linne,* dont les filles ont été particulièrement heureuses dans leur alliance avec lui.

Cet étalon de pur sang, comme il sera démontré, était particulièment apte à varier dans l'allure trotteuse et il a trouvé un merveilleux agent dans Lavater qui a presque toujours provoqué cette variabilité.

Cet ouvrage s'adresse particulièrement à des éleveurs de trotteurs et je ne ferai pas ici la longue énumération de tous les trotteurs illustres sortis de cette alliance si féconde : Lavater et une fille de *The heir of Linne*. Il nous suffira d'en citer une douzaine de types remarquables.

Quelques-uns de ces types sont sortis de l'alliance de Lavater avec des filles de Pur Sang autres que *The heir of Linne*. Aussi, la formule longtemps à la mode dans le Cotentin, ne s'en dégage-t-elle que mieux, et cependant elle n'a pas été comprise ni mise à profit dans d'autres pays. C'est que l'esprit humain est particulièrement opposé à la généralisation des idées. Pour aller du particulier au général, il y a un obstacle qui n'est franchi que par quelques intelligences d'élite.

Certainement les prairies de l'Orne sont supérieures à celles du Cotentin comme finesse; mais c'est toujours le Cotentin qui a produit les meilleurs reproducteurs. Il y a là une simple coïncidence, due à de multiples circonstances et surtout à ce que les éleveurs de l'Orne n'ont pas toujours suivi la voie indiquée par leurs confrères du Cotentin qui l'avaient du reste trouvée par le plus grand des hasards.

Extraordinaire influence des alliances du Norfolk et du Pur Sang. — Si nous voulons généraliser la formule qui a servi pour donner les reproducteurs effrayants nés dans le Cotentin, nous dirons : ces éleveurs ont affiné leurs juments par l'alliance avec le Pur Sang et ont donné les filles provenant de cet accouplement au Norfolk et réciproquement les filles du Norfolk ont été données au Pur Sang.

Conquérant et Phaëton. — Un exemple bien remarquable vient sous ma plume et c'est le plus beau, entre mille, qu'on puisse citer : Je veux parler de la naissance de Conquérant et de Phaëton.

Elisa est née de l'union Norfolk et Pur Sang que, par abréviation, j'appellerai la formule N. P. S.

J'aurais à parler ensuite de l'autre union du Pur Sang étalon avec la jument issue du Norfolk, que j'appellerai P. S. N.

ELISA
- Corsair (Norfolk.)
- Elise.
  - *Marcellus.*
  - La Panachée.
    - *D. I. O.*
    - Une Matador.

Voilà donc une jument suivant la formule N. P. S. Cette jument devait donner naissance, par l'alliance avec Kapirat (descendance de *Rattler*), à l'immortel Conquérant.

La même jument livrée à Crocus, étalon du Norfolk, père de Lavater, donna une jument appelée la Crocus et cette fois la Crocus fut livrée à *The heir of Linne* et produisit Phaëton.

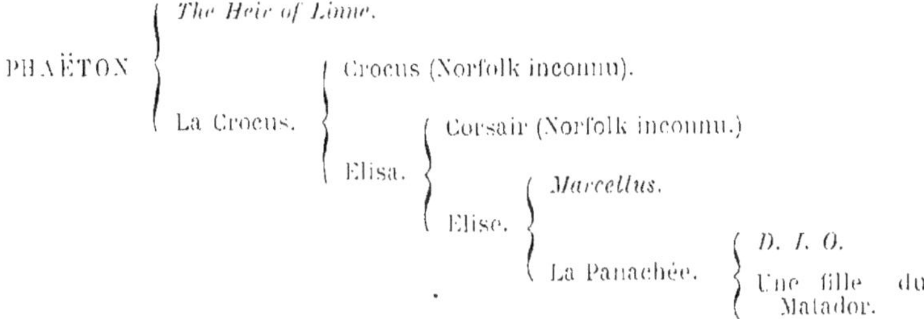

Cette fois, nous sommes en présence de notre seconde formule, P. S. N., qui n'a pas été moins féconde en la circonstance que pour la mère de Conquérant.

Mais si nous poussons plus loin notre étude, il importe de considérer davantage le pedigree de Conquérant et on verra aussi clairement l'influence du Norfolk dans le père, Kapirat, que dans la mère, Elisa.

Mère de KAPIRAT
- *The Juggler.*
- X.
  - Y. Topper (Norfolk).
  - Fille de Cleveland (Norfolk).

La mère de Kapirat était par *The Juggler* et une fille et une petite-fille de Norfolk; c'est la même formule P. S. N. qui a présidé à la naissance de Kapirat. N'est-il pas véritablement curieux, ce pedigree de Conquérant, où les mères de Kapirat et d'Elisa sont d'une part une P. S. N. et de l'autre une N. P. S., à tel point qu'à la quatrième génération on ne trouve que Pur Sang, fils de Pur Sang, filles de Pur Sang ou Norfolk. L'influence de Conquérant a été tellement considérable dans les courses au trot, qu'il importe de se livrer avec conscience et attention à l'examen de ce pedigree.

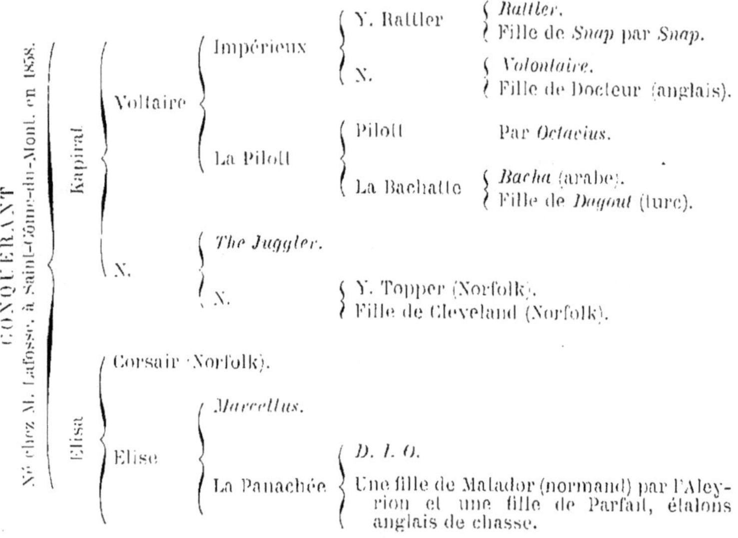

Quand on pense que Conquérant était le grand-père de Fuschia, on ne peut que se passionner pour l'étude de cet admirable et simple pedigree. Il y a là une alliance en dedans du Pur Sang et du Norfolk qui doit attirer l'attention du véritable éleveur.

L'alliance de Kapiral et d'Elisa était l'accouplement de deux produits du croisement du Norfolk et du Pur Sang, suivant les deux formules identiques N. P. S. et P. S. N. Dans ce mariage, il y a eu provocation du retour des principes de vitesse et éloignement complet des principes contraires représentés par le Norfolk qui, rejeté dans les couches éloignées du noyau, a complètement disparu.

Reynolds a été obtenu toujours par une adjonction de la merveilleuse formule. Il suffit, pour s'en convaincre, de considérer son pedigree.

REYNOLDS
- Conquérant (descendance de *Rattler*).
- Miss Pierce.
  - Succès.
    - Telegraph (Norfolk).
    - N.
      - *The Juggler.*
      - Fille de Y. Topper (Norfolk).
  - Lady Pierce (américaine, très rapprochée du Pur Sang).

La mère de Succès a été obtenue par l'alliance d'un père Pur Sang avec une fille de Norfolk. Succès, lui-même, est le résultat de l'alliance d'un père Norfolk avec une mère fille de Pur Sang. Si on réfléchit que Lady Pierce était probablement une fille de Pur Sang, on voit que la naissance de Miss Pierce est très suggestive et que Conquérant,

Reynolds et Fuschia, sont le résultat de l'emploi constant d'une même formule.

Je ne veux pas dire par là que les éleveurs qui ont pratiqué ces alliances suivaient une voie tracée d'avance et parfaitement consciente; je n'en sais rien et cela m'est indifférent. Mais aujourd'hui et depuis longtemps que ces faits sont connus de tout le monde, qui a songé à les imiter et même à les donner comme exemple? Cependant une semblable réussite, répétée par trois fois dans les trois plus grands étalons demi-sang trotteurs, Conquérant, Reynolds et Fuschia, mérite bien d'attirer l'attention.

Fuschia. — La naissance de Fuschia est également liée étroitement à notre formule de trotteurs dérivés du Norfolk. C'est toujours la même chose.

La mère de Fuschia :

RÊVEUSE { Lavater (N.). / *Sympathie*

est l'expression la plus pure de la formule N. P. S. et l'on ne peut qu'être vivement impressionné par l'influence prise par le Norfolk dans la naissance du plus fameux reproducteur de trotteurs anglo-normands.

FUSCHIA { Reynolds (descendance de *Rattler*). / Rêveuse { Lavater (Norfolk). / *Sympathie*.

Valencourt. — Si nous passons à un autre étalon trotteur, par exemple Valencourt, que voyons-nous : son père, Niger, un The Norfolk Phoenomenon anglaisé et sa mère, Alphérie, par *Fitz Pantaloon,* autre répétition (dans la Sarthe), de la formule N. P. S.

VALENCOURT { Niger (Norfolk). / Alphérie { *Fitz Pantaloon*. / Ida II { *William*. / Ida par Basly et Impérieux.

Tigris. — Puis la suite des fils de Lavater :

Commençons par le plus célèbre, Tigris. Sa mère, Modestie, par *The heir of Linne,* n'avait certainement pas besoin du Norfolk pour varier dans le trot, puisqu'elle était elle-même une trotteuse confirmée, mais son alliance avec Lavater a été particulièrement heureuse en produisant Tigris, dont l'action a été si puissante, au haras surtout, avec la descendance de *Rattler* et particulièrement avec les filles de Normand.

TIGRIS { Lavater (N).
Modestie par *The heir of Linne*

est toujours l'alliance N. P. S.

Citons donc encore quelques-uns des nombreux produits de Lavater et des juments issues du Pur Sang et qui furent illustres en courses et au haras, et nous verrons ainsi que la suite de cette production indique un ordre de faits biologiques conforme aux lois naturelles et conduisant logiquement aux résultats demandés.

Champagne, Champêtre, Coq-à-l'Ane, Cotentine, Eclatante, Eole, Etendard, Flamme, Jacquet, Jongleur, Tentative, Etc.	Lavater (N.) et une fille de *The heir of Linne.*

Bien entendu, Lavater n'a pas été moins fécond avec les filles d'autres chevaux de pur sang. Faut-il rappeler :

Domino-Noir par Lavater (N.) et *Pastourelle.*
Duègne par Lavater (N.) et *Harriet.*
Petite-Chance par Lavater (N.) et *Ritournelle.*
Etc., etc.

Un exemple de la formule N. P. S.

Allumette par *The heir of Linne* (1872), record 1'46", a produit :

Bravade (1879) record 1'46" Coq-à-l'Ane (1880) record 1'44" Flamme (1883) record 1'51" Hallali (1885) record 1'45" Inspecteur (1886) Jacquet (1887) 1'42" Kindler II (1888)	par Lavater.
Loup-Garou (1889) record 1'43" Medine II (1890) record 1'35" Nizam (1891) 1'41" Pie-Margot (1893)	par Fontenay (descendance mâle de Lavater).

Croit-on que Lavater seulement avait par lui-même une faculté spéciale et que les autres Norfolks n'auraient pas produit aussi bien s'ils avaient été utilisés de même? Alors nous allons pousser notre examen plus loin et nous verrons qu'il n'y a pas besoin de Lavater, mais que dans toutes les régions de la France ou le hasard a voulu que l'alliance se produise entre le Norfolk et le Pur Sang, les mêmes faits se sont reproduits. La vitesse au trot a été obtenue.

Citons donc en Normandie :

Ipsilanty (le père de Noville) par The Norfolk Phoenomenon (N.) et une fille de *Sylvio;*

Y par The Norfolk Phoenomenon (N.) et Henriette par *Invincible.*

En Bretagne :

Corlay par Flyng-Cloud (N.) et Thérésine par *Festival.*

En Nivernais :

La jument Sauvage, mère de Mlle de Saint-Georges et de Pierrette, était une fille de Norfolk avec une jument issue du Pur Sang.

Enfin, la fécondité de la formule Norfolk et Pur Sang (N. P. S.) ou Pur Sang et Norfolk (P. S. N.) n'est-elle pas démontrée? Mais il s'agit de donner à ces faits leur véritable signification; que voyons-nous en somme?

La réponse à l'éternelle question posée au commencement de ce volume: des galopeurs, donner naissance à des trotteurs, sous l'influence d'un croisement. Seulement, ces trotteurs nouveaux ont la vitesse et l'endurance des chevaux d'hippodrome. Ils ont la précocité. Toutes qualités qui viennent du Pur Sang et non du Norfolk. Nous pouvons donc affirmer, par l'observation, que le Pur Sang Anglais, sous l'influence de l'alliance avec le Norfolk, a varié dans son aptitude galopeuse pour adopter l'aptitude trotteuse, en conservant les qualités qui distinguent la race, à savoir : la vitesse, l'endurance et la précocité.

Il était indispensable de faire précéder l'étude des Trotteurs Normands proprement dit, c'est-à-dire la descendance de Pur Sang anciennement importés, il y a environ cent ans, de celle de ces Norfolks qui tiennent on le voit, une place considérable au haras, puisqu'ils entrent dans la plupart de pedigrees les plus fashionnables.

Fuschia (Lavater);
Juvigny (Niger);
Kalmia (Tigris);
Phaëton, Harley (Crocus);

Cherbourg [1] (Cleveland, Y. Topper);
Narquois (Niger);
Valencourt (Niger), etc., etc. [2]

J'espère avoir fait comprendre, par les quelques pages qui précèdent, l'influence énorme qu'à eu sur notre race anglo-normande l'introduction du Norfolk en France, puisqu'elle nous a donné, en première génération, des Lavater, des Niger comme mâles; en seconde génération, une Elisa, une Crocus et une Rêveuse, et en troisième génération, un Phaëton, un Conquérant et un Fuschia, sans parler de tous les autres, en quantités innombrables, comme pères et mères.

Nous pouvons donc dire que l'union du Norfolk et du Pur Sang Anglais, suivant l'une des deux formules N. P. S. ou P. S. N., a été particulièrement féconde, et que les descendants de ces familles primitives ont obtenu, dans leur alliance avec les descendants de *Rattler* ou de *The heir of Linne*, des succès considérables, et que l'assimilation a été parfaite.

Analyse naturelle de l'alliance du Norfolk avec le Pur Sang. — Si on cherche la relation biologique et naturelle de faits aussi importants, on doit se demander par exemple, si le voisinage des pays où ont été nourri ces animaux, n'en est pas une des causes directe; la nature des herbages, le climat, en un mot, les circonstances dans lesquelles se perpétue la matière organisée et l'ambiance dans laquelle elle réactionne contre les éléments naturels, sont des facteurs de succès d'un pareil croisement.

D'autre part, le Norfolk est probablement le produit sélectionné du Pur Sang Anglais avec la jument autochtone du Norfolk après un ou plusieurs retours à l'étalon indigène (c'est du moins ainsi qu'on m'a expliqué la manière dont on obtenait ces animaux), et dès lors leur alliance avec nos descendants de Pur Sang Anglais et nos mères indigènes s'explique encore plus naturellement.

Il y a affinité certaine, puisque les éléments constitutifs du plasma germinatif sont en partie communs. Il n'y a pas là un croisement brutal entre des êtres aussi différents qu'une Chinoise et un Lapon; il y a continuation d'une sélection naturelle particulière dans la grande

(1) Ce dernier est le plus éloigné du sang Norfolk.

(2) Je ne parle pas des juments, mais les juments de la race trotteuse anglo-normande, étant les sœurs, les mères, les filles, les tantes ou les cousines de ces grands reproducteurs, tout ce que je dis des mâles s'applique aux femelles et il est inutile pour mon raisonnement que je mette sous les yeux des lecteurs les compilations que je fais dans le Stud Book et qui sont fatigantes à l'œil. C'est un travail auquel chacun peut se livrer; lorsque j'énonce un fait général et qui se reproduit, je l'ai vérifié soigneusement et consciencieusement.

famille chevaline anglo-normande qui vit depuis mille ans et plus sur les côtes ouest de France et en Angleterre.

Conséquences. — Mais alors, s'écrieront sans doute certains lecteurs, pourquoi ne pas recommencer ce qui a si bien réussi? Pourquoi ne pas importer de nouveaux Norfolks et de nouveaux Pur Sang? Nous obtiendrions sans doute des résultats surprenants.

Non, car en employant de nouveaux Norfolks pour faire des chevaux d'hippodrome, nous ferions ce qu'on appelle en histoire naturelle, de la régression.

En effet, le rôle du Norfolk a été de provoquer la variation d'aptitudes d'allures du Pur Sang, et l'introduction constante de Norfolks aurait pour résultat de diminuer les principes de vitesse qui viennent du Pur Sang.

De plus, nous avons maintenant des chevaux qui trottent assez par eux-mêmes pour provoquer la variabilité du Pur Sang dans l'aptitude trotteuse.

Enfin, ces efforts, pour arriver au point où nous en sommes, ont demandé un temps extrêmement long auquel la vie d'un homme ne suffirait pas: puis ils n'ont pas été isolés; ils ont été ceux d'une contrée toute entière. J'ajouterai qu'on ne serait pas sûr de trouver aujourd'hui des The Norfolk Phoenomenon, des Lavater, des Niger, et qu'on serait presque certain de ne pas rencontrer un *The heir of Linne*.

Pour toutes ces raisons, et pour bien d'autres, il vaut mieux profiter des résultats acquis et infuser toujours du Pur Sang Anglais pour arriver à une vitesse bien plus grande, car le sang s'appauvrit vite, et si on ne l'entretient pas, il diminue avec une rapidité dont la progression est précisément $1/2^n$ dont nous avons établi plus haut le principe et démontré l'exactitude.

Si on suppose pour un instant que les trotteurs aient tous une quantité de sang pur égale à 1/3, ce qui est à peu près le cas de Fuschia, lorsque nous unirons deux reproducteurs dans ces conditions, nous n'aurons plus que la moitié de cette proportion dans le produit, soit 1/6, et d'après notre hypothèse, tous les produits de cette première génération seraient dans le même cas; à la seconde génération nous n'aurions plus que 1/12, à la troisième génération 1/24, etc. Tandis que les chevaux de la nouvelle production, telle qu'elle est dirigée, s'éloignent au contraire du Norfolk pour rentrer dans la ligne du sang pur. Le sang norfolk s'éloigne donc chez eux avec la même rapidité et est remplacé par le sang pur comme nous allons l'indiquer par quelques exemples pris dans les générations récentes.

Si nous considérons par exemple :

- MOONLIGHTER (Dosage 70 % environ).
  - Fuschia
    - Reynolds (descendance de *Rattler*).
    - Rêveuse
      - Lavater . . . Crocus (Norfolk).
      - *Sympathie.*
  - *Niniche.*

Nous voyons que le Norfolk apparaît seulement à la quatrième génération et le Pur Sang se rapproche à la première.

- AZUR
  - Fuschia
    - Reynolds (descendance de *Rattler*).
    - Rêveuse
      - Lavater. . Crocus (Norfolk).
      - *Sympathie.*
  - Tricoleuse
    - Phaëton
      - *The heir of Linne.*
      - La Crocus par Crocus (Norfolk).
    - Fille de *Montfort.*

Le Norfolk est encore relégué à la quatrième génération et le Pur Sang le remplace dans la troisième ligne en doublant son influence par la présence de *The heir of Linne* et de *Montfort.*

- QUINQUINA
  - Jaguar
    - Beaugé (descendance de *Rattler*).
    - Belle Charlotte
      - Phaëton
        - *The heir of Linne.*
        - La Crocus par Crocus (Norfolk).
      - Harmonie par Abrantès.
  - Vve Cliquot
    - Cherbourg (descendance de *Rattler*).
    - Champagne
      - Lavater par Crocus (Norfolk).
      - Fille de *The heir of Linne.*

Le Norfolk est encore à la quatrième génération.

On peut se rendre compte du progrès accompli dans la vitesse par l'éloignement du Norfolk et son remplacement soit par le Pur Sang, soit par la descendance de *Rattler* et de *The heir of Linne* sur tous les chevaux des nouvelles générations. On voit donc qu'il y a une relation étroite entre l'augmentation de la vitesse au trot et le remplacement du Norfolk par le Pur Sang et sa descendance dans la ligne masculine et la ligne féminine.

Le Norfolk a rempli son rôle, excessivement utile, en provoquant la variation de l'aptitude galopeuse dans l'aptitude trotteuse et sa trace est destinée à disparaître au fur et à mesure que le temps permettra de nouvelles alliances avec le Pur Sang Anglais qui variera maintenant toujours dans la même direction sous l'influence d'une loi naturelle que nous avons étudiée et qui dit que, quand une espèce ou une variété d'espèces a commencé à varier dans une direction déterminée, cette variation doit nécessairement se continuer si les circonstances où se trouve l'organisme, quand il a commencé à varier, ne changent pas.

Il dépend donc de l'habileté de l'éleveur de provoquer la continuation du phénomène par des alliances judicieuses entre les étalons et les poulinières de façon à augmenter toujours et plus ou moins rapidement la proportion du sang pur dans les futurs produits..

Inconvénients de l'emploi du Norfolk pour la production du cheval d'hippodrome. — Il existe en outre, dans l'usage qui a été fait du Norfolk, un certain *processus* qui n'a pas été compris. Si l'action du Norfolk a été bienfaisante, comme nous l'avons expliqué, pour la Normandie, il faut reconnaître qu'elle a eu beaucoup d'inconvénients. Nous allons les expliquer scientifiquement, et ce n'est pas notre faute si nous apportons la désillusion dans bien des convictions: je prie vivement les personnes qui me font l'honneur de me lire, de croire que mon sentiment personnel et une passion irréfléchie pour telle ou telle conformation de cheval, ne sont pour rien dans mes jugements. Mon esprit s'est depuis longtemps débarrassé de tout principe de haine contre les personnes et les idées, à plus forte raison il est indemne de toute passion contre les variétés si nombreuses de l'espèce et du genre cheval et contre ses sous-variétés. Dans ces conditions, nous allons, en toute probité, nous poser la question qui prime toute notre étude. Que cherchons-nous à produire en fabriquant les Trotteurs Français d'hippodrome?

Je l'ai dit cent fois dans ce volume, il ne faut pas se laisser distraire de son but, fixer des points sur la droite ou sur la gauche de la route, prendre un détour pour arriver, en un mot tourner autour de la question. Ce que nous voulons produire, c'est le cheval de course au trot le plus vite possible.

Dans ces conditions, il faut admettre que les éléments qui doivent entrer dans la constitution du cheval de course, doivent être des éléments de vitesse. Malheureusement, au trot, nous avons un problème double, il faut la vitesse et l'aptitude trotteuse. La vitesse, le Pur Sang la donne. Si l'aptitude trotteuse avait été une des qualités de la race normande, il est bien certain que par son croisement avec le Pur Sang, le cheval de course au trot aurait été produit tout naturellement, mais les chevaux normands de l'ancien type ne trottaient pas. Il a fallu avoir recours au Norfolk, dont le geste en hauteur était l'expression la plus imagée du trot. Mais il faut le reconnaître, le cheval du Norfolk n'est pas un cheval de course, il est l'antipode de la vitesse et ne possède même pas l'endurance. C'est un cheval grossier, d'une importance énorme, qui dans quelques passages et dans quelques sujets hors ligne, tels qu'étaient Lavater et The Norfolk Phoenomenon, donne au spectateur une impression profonde du trotteur par excellence.

Disparition certaine de la descendance mâle du Norfolk. — Malheureusement, cet agent de transmission d'allures n'est pas un agent de transmission de vitesse et il faut avoir le courage de le dire, il interrompt la vitesse, il la diminue, il en amoindrit l'éclosion et la transmission. Pour me servir d'une expression médicale, ce sang est pour la vitesse un stupéfiant.

Il a pourtant fallu en faire usage en Normandie, sous peine de disparaître, et tous les grands pedigrees en contiennent. Toutes les fois que le Pur Sang a été allié seulement avec la descendance normande sans adjonction de Norfolk, cette descendance n'a pas trotté; elle s'est retrouvée au contraire brillante et victorieuse quand elle a été alliée avec le sang Norfolk ou le sang trotteur du pur sang *Rattler* ou du pur sang *The heir of Linne.*

C'est ce qui fera l'objet des études des chapitres suivants où nous passons en revue les étalons de pur sang qui ont été utilisés en Normandie et leur descendance.

Pour le moment, nous constatons un fait, c'est que l'usage du Norfolk, qui était indispensable pour communiquer et provoquer l'aptitude trotteuse, est un élément contraire à la vitesse. Si nous considérons que cet élément Norfolk a été introduit par des étalons qui ont laissé une descendance mâle, nous devons croire, et cela d'une façon certaine, que cette descendance mâle continuera de communiquer aux descendants mâles les qualités initiales des premiers pères d'après notre loi sur l'Hérédité sexuelle.

Ces mâles ne seront pas des éléments de vitesse. Ils devront être éliminés par les courses dans un délai plus ou moins éloigné. C'est une loi fatale.

Il faut ici mettre les faits d'accord avec la théorie. Où en est aujourd'hui la descendance mâle trotteuse de The Norfolk Phoenomenon? C'est en vain qu'un Valencourt a été obtenu avec la célèbre Alphérie, la fille de *Fitz Pantaloon;* cet étalon n'a produit des vitesses considérables que par suite des retours du sang pur de sa mère, mais toujours le sang Norfolk du grand-père s'opposait à l'expansion de la vitesse. Aujourd'hui les descendants de ce sang tendent à disparaître en ligne mâle.

C'est en vain qu'un Ypsilanty a été obtenu par l'alliance de The Norfolk Phoenomenon avec une *Sylvio,* la descendance mâle de ce magnifique étalon disparaît au haras.

Il a fallu, pour prolonger la descendance mâle du Norfolk, l'arrivée d'un *The heir of Linne,* pur sang trotteur, qui a retardé quelques temps encore son agonie.

C'est alors qu'on a vu naître un phénomène tel que Tigris, dont rien ne faisait prévoir le succès au stud. En course, il fût d'une vitesse très ordinaire (1' 53") (1878) moins vite que sa mère, Modestie, par suite de la présence de son père, Lavater, fils de Norfolk. Il eût l'insigne honneur de tenir pendant longtemps la tête de la production de la vitesse en France. Mais il faut le reconnaître, il dut tous ses succès, non seulement à sa mère, mais aux juments de sang qui lui furent livrées.

Il suffit de passer en revue les alliances qui lui procurèrent les plus grands succès : le Pur Sang, la descendance mâle de *Rattler* avec des juments de pur sang, ont été la source de ses meilleurs produits. Il faut y ajouter un succès considérable résultant d'un *inbred* vigoureux sur *The heir of Linne :* Qui Vive! par Tigris et Suzon par Phaëton.

QUI VIVE !	Tigris	Lavater (Norfolk).		
		Modestie par *The heir of Linne.*		
	Suzon	Phaëton	*The heir of Linne.*	
			Une fille de Crocus (Norfolk).	
		Lisette	Séducteur, Noteur, *Eylau* (ang. ar.)	
			Alma	Jéricho, *Biron.*
				Une fille de *Paradox.*

Voilà un exemple d'une belle réussite de consanguinité rapprochée.

Malheureusement, comme nous l'avons dit, cette descendance mâle est frappée de mort. Qui Vive! qui a produit quelques chevaux trotteurs extraordinaires par des retours du courant de sang de *The heir of Linne,* de sa mère, Suzon, et de sa grand'mère, Modestie, a été abandonné.

Il reste encore Kalmia qui brille d'un certain éclat par la puissance du courant de sa mère, Bank-Note par Normand et *Débutante* par *Pretty-Boy;* mais c'est le chant du cygne, et le Norfolk disparaîtra bientôt pour toujours dans la liste des grands étalons trotteurs. Cette échéance est fatale à la deuxième, troisième ou quatrième génération au plus. (1)

Moindres inconvénients dans la descendance femelle. — Quant à l'influence du sang Norfolk dans la production des femelles, il faut encore et toujours avoir recours à notre théorie de l'Hérédité sexuelle pour la juger.

Nous pouvons alors comprendre et prédire ce qui va se passer. Supposons, par exemple, qu'on unisse une jument de pur sang avec l'étalon Norfolk et qu'on obtienne une pouliche. Cette pouliche jouira toujours du privilège de communiquer la vitesse, malgré l'adjonction d'un élément contraire comme le Norfolk. L'hérédité sexuelle, dans ce cas, favorise la transmission de la vitesse à travers le Norfolk. Il est évident, néanmoins, que si le Norfolk avait pu être supprimé, bien des déboires eussent été évités à l'élevage du cheval d'hippodrome. La descendance féminine de Niger, par exemple, est très irrégulière comme production de vitesse. Cela tient toujours à la même cause, c'est que l'élément Norfolk est contraire à la vitesse.

La même jument, Formosa, qui a produit Juvigny avec Cherbourg, a produit Idole 1'51", Mahé, Oudineau, Prince-Royal, Quelen et Rembrandt, tous par Cherbourg. Un grand nombre de filles de Niger sont dans le même cas.

JUVIGNY (*)	Cherbourg (descendance de *Rattler*).		
	Formosa	Niger (Norfolk).	
		Confiance	Gaulois par *Fitz Pantaloon.*
			Céline par *Brocardo.*

(*) Pedigree commun à Juvigny, Idole, Mahé, Oudineau, Prince Royal, Quelen, Rembrandt.

L'élément Norfolk a provoqué l'éclosion de l'aptitude trotteuse dans le produit, mais il a interrompu la transmission des principes de vitesse lorsqu'il est entré dans le noyau de conjugaison à une place trop importante. Il a donc dû souvent être un facteur nuisible au développement de la vitesse dans beaucoup de produits issus de juments formées avec le Norfolk.

Mais il apparaît certainement que dans les femelles, cet élément

(1) Il reste aussi un étalon de la descendance de Tigris qui paraît reproduire le Trotteur d'hippodrome : c'est Epinal II par Tigris et *Tontine.* Evidemment, la présence de la célèbre Modestie par *The heir of Linne* dans la seconde, et la présence de *Tontine* dans la première ligne, permettent à cet étalon de reproduire la vitesse. Mais aucun grand étalon de vitesse ne peut provenir de ce reproducteur important. Il peut donner des performers remarquables, mais son action au haras, dans la ligne mâle, n'est pas susceptible de se prolonger longtemps.

n'étant pas entretenu et ces juments étant destinées à être croisées soit avec le Pur Sang, soit avec la descendance de *Rattler* rajeunie par le Pur Sang, soit avec la descendance de *The heir of Linne,* le courant de Norfolk ne peut donc pas avoir la même influence que dans la descendance mâle, puisque la vitesse se transmet forcément dans la ligne féminine, à travers le Norfolk et malgré lui. Ainsi, par exemple, pour Formosa, la présence de *Brocardo* et de *Fitz Pantaloon* dans sa mère, Confiance, indique forcément une jument dont la descendance féminine est apte à transmettre la vitesse, surtout si on ne laisse pas épuiser sa provision de sang pur par des alliances qui en seraient trop éloignées.

Les filles de Lavater paraissent moins imprégnées de Norfolk que les filles de Niger, cela tient à ce que presque toutes ces filles de Lavater ont été obtenues avec des filles de *The heir of Linne,* dont l'influence est prépondérante, et j'ai remarqué que le type de Lavater tend à disparaître assez rapidement dans l'alliance avec la descendance de *Rattler* ou l'*inbred* sur *The heir of Linne,* qui est actuellement pratiqué dans le Cotentin par les alliances de Harley avec des juments par Lavater et une fille de *The heir of Linne.*

Résumé. — S'il faut nous résumer : le sang Norfolk, dont on s'est servi en Normandie, était indispensable à l'époque où on en a fait l'introduction. Il a donné les allures qui manquaient à la race et il s'est admirablement fondu dans le vieux Normand et le Pur Sang; il n'y a pas lieu de regretter ce passage, quoiqu'il eût été préférable de varier au trot par un étalon de pur sang trotteur dont les types sont *Messenger, Rattler, The heir of Linne.* Malheureusement ces types sont rares dans la nature et difficiles à découvrir car, comme nous le verrons, rien n'indique le Pur Sang apte à varier dans l'aptitude trotteuse; ni ses performances au galop, ni ses allures au trot, ni sa conformation. Les juments dérivées du Norfolk seront précieuses si elles venaient elles-mêmes de juments de pur sang ou si elles descendaient de filles d'étalons de pur sang et qu'on aie soin de les allier avec la descendance mâle de *Rattler* ou de *The heir of Linne.*

Enfin, les étalons descendants du Norfolk en ligne directe masculine sont condamnés à disparaître, comme reproducteurs de vitesse, à cause de leur origine mâle trop éloignée de l'élément pur, c'est-à-dire vite. Il ne restera plus alors à la tête de la production du Trotteur Français que les descendants mâles de *Rattler,* de *The heir of Linne* ou de tout autre étalon pur sang anglais capable de varier dans le trot avec spontanéité. Quant aux juments qui resteront aussi à la tête de la production, ce seront des descendantes de juments saturées de pur sang avec la descendance de *Rattler* et de *The heir of Linne*, et les courants de Norfolk qui traversent la descendance de ces juments n'auraient qu'une importance secondaire en vertu de la loi de l'Hérédité sexuelle.

Avant de clore ce rapide examen, je tiens à bien faire comprendre que je ne prétends pas que des étalons tels que Kalmia, Epinal II, etc., descendants en ligne mâle directe du Norfolk, ne sont pas capables de produire des gagnants de courses et même des performers extraordinaires tels que Qui Vive! et son fils Quirinal, mais je dis que pour que le fait se produise il faudra confier à ces étalons des juments bien triées et j'ajoute que leur descendance mâle ne sera pas destinée à fonder une famille de trotteurs d'hippodrome dans l'avenir.

C'est ce que l'expérience seule peut nous démontrer et les faits que j'ai cités et que tous les éleveurs connaissent l'ont démontré jusqu'ici d'une façon absolument formelle.

Au contraire, les juments descendantes du Norfolk par les pères, et du Pur Sang par les mères, ont les plus grandes chances de rencontrer avec les étalons trotteurs de la descendance mâle du Pur Sang.

CHAPITRE V

Rattler et sa descendance. — Y. Rattler. — Les courses au trot en France. — L'élevage du trotteur sous la direction de l'Administration des haras. — Les courants de sang de Y. Rattler. — La spontanéité naturelle de *Rattler* dans l'aptitude trotteuse. — Conquérant et Normand. — La ligne mâle de Conquérant : Reynolds, Fuschia — Analyse de l'action de Fuschia en élevage. — La ligne mâle de Normand : Serpolet-Bai, Cherbourg. — Analyse de ces pedigrees. — Mode d'action. — Degré d'*inbreeding* sur *Rattler*. — Juvigny. – Etude sur Azur. — La branche de Beaugé. – Conclusions.

Y. Rattler. — Y. Rattler qui fût importé en France et acheté par les haras en 1820, était un étalon bai-marron, 1m58, né et élevé en Angleterre chez lord Poley. Il était borgne. Il mourut à la station de Beuvron en 1836. Il avait pour père un cheval de pur sang, *Rattler* par *Old Rattler* (31) (1784) et une *Snap Mare,* et pour mère, une jument de demi-sang, autre fille de *Snap*. Nous voyons ici paraître le courant de sang répété jusqu'à trois fois dans ce pedigree; c'est celui de *Cade Mare,* propre sœur d'un des fondateurs de la race anglaise, *Matchem.*

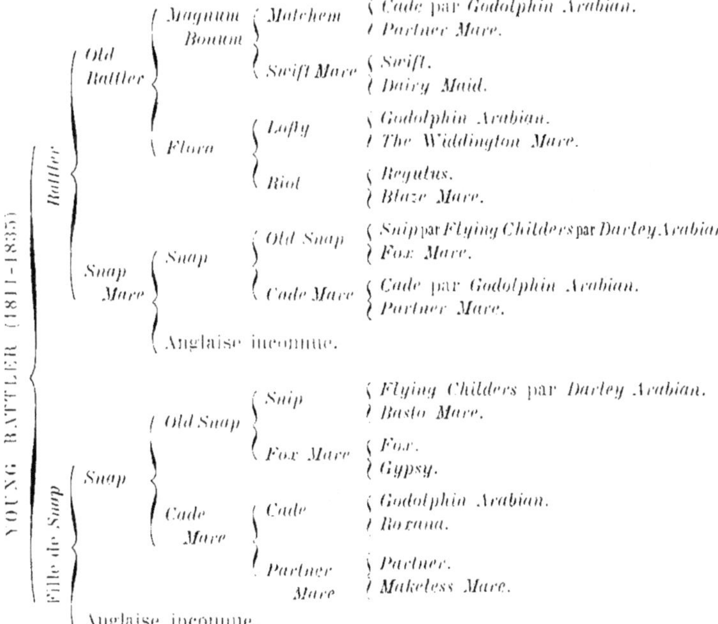

DESCENDANCE MALE DE RATTLER

RATTLER

Y. RATTLER (1811)

Impérieux (1822) Voltaire (1833) Kapirat (1844) Conquérant (1858)	Nerees (1834) Ganymède (1839) Québec (1850) Divus (1859) Normand (1869)

Beaugé (1879)	Serpolet-Rouan (1874)	Reynods (1873)	Serpolet-Bai (1874)	Cherbourg (1880)
Jaguar (1887)	J^ne-Toujours 1887	Fuschia (1883)	Edimbourg (1882)	Juvigny (1887)
Quinquina (1893)		Azur (1893)	Michigan (1890)	Etc.
		Etc.	Etc.	

Les courses au trot en France et la descendance de Rattler. — A l'époque où Y. Rattler fut importé en France, il n'était nullement question de courses au trot, aussi sa production, fort remarquable, ne fut pas sélectionnée, et c'est miracle que cette aptitude trotteuse ne se soit pas perdue à travers l'indifférence universelle. Il en fut cependant tout autrement grâce aux éleveurs normands qui, ne pouvant sélectionner le sang de Y. Rattler par les courses, le sélectionnèrent par une consanguinité constamment répétée, de sorte que les représentants qui nous restent aujourd'hui de cette splendide descendance sont généralement absolument *inbred* sur le sang de *Rattler*.

Lorsque l'Administration des haras comprit enfin que la course était le meilleur criterium pour reconnaître la qualité d'un reproducteur et que les courses au trot furent organisées, ce furent aussitôt les produits de la descendance de *Rattler* qui prirent la tête, surtout ceux issus de Conquérant (1858) et Normand (1869). On voit, par ces dates, combien notre retard était grand sur les Américains qui avaient fait naître Hambletonian en 1849. Non seulement il y avait un écart de quinze à vingt ans, mais les courses au trot étaient organisés trente ans plus tôt en Amérique qu'en France. De sorte que, pendant que nous sélectionnions le sang de *Rattler,* sans aucune base, sans aucun contrôle, les Américains sélectionnaient le sang de *Messenger* par le crible le plus sévère et le plus serré qui soit possible : la course.

La descendance de *Rattler,* qu'on doit comparer à celle de *Messenger,* lui est encore inférieure comme vitesse, mais il y a pour le sang de *Rattler* des excuses très valables. D'abord *Rattler* ne fut pas comme

Messenger, importé dans le pays qui devait profiter de son sang. Nous n'eûmes qu'un de ses fils. Ensuite, comme nous venons de l'expliquer, les courses ne commencèrent que bien longtemps après cette importation, elle-même quarante ans plus tardive que celle de *Messenger,* et enfin les courses ne furent pas dirigées de la même manière.

L'Administration des haras et les courses au trot. — Mais, nous eûmes la chance, en France, d'avoir une Administration des haras, ce que les Américains n'avaient pas. Les haras firent connaître leur modèle et imprimèrent à l'élevage français une direction qui, aujourd'hui, porte ses fruits.

Les modèles de l'étalon et de la poulinière de grand sang français sont d'une beauté, d'une puissance qui en imposent à l'esprit le plus prévenu. Quand on se trouve en présence des étalons et des juments de tête de notre élevage, on est saisi d'admiration pour ces résultats de cinquante ans d'efforts et de direction continue. On sent que le moment est proche où le triomphe sera complet et où on se disputera au poids de l'or ces régénérateurs puissants pour les variétés abâtardies d'autres pays possédant une liberté d'élevage qui les a perdus au lieu de les servir.

Les courants de sang de Y. Rattler. — On a toujours posé en principe que Y. Rattler était un étalon de demi-sang. La vérité, c'est que les renseignements ne sont pas suffisants pour affirmer que ce cheval était de pur sang.

Son père, *Rattler,* a toujours été considéré comme pur sang, quoique cela ne soit pas absolument démontré. On voit combien nous sommes mal documentés au sujet de ces deux chevaux.

Si nous nous en tenons à la tradition qui n'a jamais varié, nous accepterons la version par laquelle *Rattler,* le père de Y. Rattler était fils de *Old Rattler* et d'une *Snap Mare.* Nous voyons ainsi deux courants de *Matchem* très près l'un de l'autre. D'abord *Old Rattler* était petit-fils de *Matchem* par *Cade* et *Partner Mare,* et *Snap* était fils d'une *Cade Mare* qui était une sœur de *Matchem;* voilà donc un *inbred* bien prononcé.

Si l'on veut bien constater, ce qui n'a jamais été contesté, que Y. Rattler avait pour mère une autre *Snap Mare,* on voit reparaître encore une fois ce courant de *Cade.* Il n'est donc pas étonnant que cette circonstance ait toujours paru une des principales causes de l'aptitude au trot de la descendance de *Rattler.*

Quand on se rappelle que le fondateur de la race trotteuse américaine, le célèbre *Messenger*, descendait aussi d'une *Cade Mare*, on voit que nos deux fondateurs de trotteurs avaient au moins une parenté certaine, ce qui n'a rien de surprenant. Seulement, nous voyons qu'en ligne paternelle *Rattler* remonte à *Matchem*, c'est-à-dire à *Godolphin Arabian*, tandis que *Messenger* remonte à *Darley Arabian* par *Flying Childers* en ligne paternelle.

Mais si nous considérons la *Snap Mare*, qui est mère de *Rattler*, et l'autre *Snap Mare*, qui est la mère de Y. Rattler, nous voyons qu'elles sont toutes deux petites-filles de *Snip*, qui était lui-même fils de *Flying Childers*, ce qui établit une parenté encore plus grande entre *Messenger* et *Rattler*.

On voit donc que si ces deux Pur Sang remarquables par leur origine ont varié spontanément dans le trotteur, ils le doivent à des courants de sang communs.

Seulement, ces courants se trouvent placés inversement dans les deux pedigrees. Le courant de *Cade* se trouve dans la ligne paternelle chez *Rattler*, et dans la ligne maternelle chez *Messenger*, et le courant de *Flying Childers* se trouve chez la mère de *Rattler*, tandis qu'il vient par les mâles, en ligne directe, chez *Messenger*.

La présence ainsi répétée de *Cade* et de *Flying Childers* dans les pedigrees de *Rattler* et de *Mambrino* (père de *Messenger*) attira mon attention et je résolus de me rendre compte du degré exact de parenté de ces deux célèbres étalons trotteurs. J'arrivai à un résultat tellement curieux qu'il m'a paru intéressant de le mettre sous les yeux de mes lecteurs.

Il prouve d'une façon absolument certaine que le fait d'avoir varié dans le trot leur vient d'un même courant de sang créé par la grand'mère commune de *Roxana* (la mère de *Cade*) et de *Flying Childers*.

De sorte que les deux lignes extérieures des deux pedigrees de *Rattler* et de *Mambrino* aboutissent à cette même curieuse jument née en 1690.

Voici cette petite histoire naturelle :

La jument 6, *Old Bald Peg* (got by an Arabian out of a Barb Mare) produisit, avec un étalon barbe du Maroc appartenant à lord Fairfax, une jument appelée quelquefois *Old Peg*, qui naquit vers 1680. Cette *Old Peg*, couverte par son propre fils *Spanker*, donna une poulinière née en 1690. Celle-ci produisit, avec *Leedes' Arabian*, célèbre étalon de l'époque, *Cream Cheek*, une jument qui devait avoir une descendance des plus illustres. C'est cette jument, *Cream Cheek*, qui est à la fois la grand'mère en ligne maternelle directe du fameux *Flying Childers*

(1715) (par *Darley Arabian*) et de *Roxana* (1718) qui eut *Cade* avec *Godolphin Arabian* en 1734.

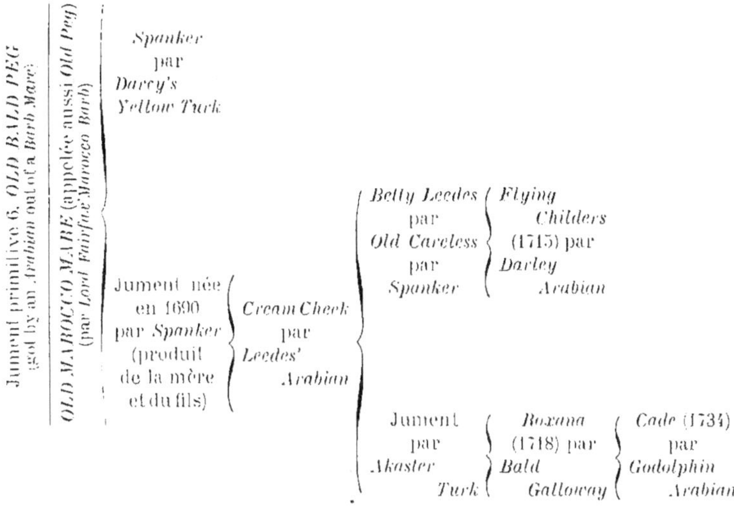

A l'examen du tableau annexé à ce récit, on aperçoit immédiatement l'intime parenté qui réunit nos deux grands étalons de pur sang trotteurs, *Messenger* et *Rattler*. La naissance de ce courant est sans contredit *Cream Cheek* par *Leedes' Arabian*.

La spontanéité naturelle de Rattler dans l'aptitude trotteuse. — Il nous est impossible de savoir si, comme cela a été constaté pour *Messenger*, *Rattler* avait varié spontanément dans le trot, mais la persistance de cette aptitude en descendance mâle, nous démontre clairement qu'elle a dû commencer à se manifester chez lui. La parenté de *Rattler* avec *Messenger*, l'aggravation d'un courant de sang puissant chez Y. Rattler, la persistance de l'aptitude à trotter vite chez les mâles de cette descendance, et à transmettre cette aptitude par hérédité, toutes ces circonstances nous démontrent clairement, malgré que nous n'ayons sur lui que des renseignements vagues, que nous devons considérer le pur sang *Rattler* comme le chef d'une famille trotteuse d'hippodrome.

Si on réfléchit que Y. Rattler fût importé en 1820, et que les courses au trot ne commencèrent d'une façon régulière et avec l'appui de l'Administration des haras qu'en 1864, on comprend aisément que la production et la descendance de Y. Rattler auraient pu être étouffées dans cet intervalle de quarante années. Mais la beauté de ses produits, leur facilité d'allure au trot, leurs gestes brillants à une époque où le cheval vieux normand ne possédait aucune aptitude trotteuse, les qualités de souplesse, d'énergie, de nervosité de la race pure transmises par cette descendance dans une population lymphatique et lourde, sauvèrent de l'oubli et de l'anéantissement sa postérité, qu'attendaient des triomphes auxquels elle était prédestinée.

Conquérant et Normand. — C'est alors que naquirent, d'abord Conquérant (1858), puis Normand (1869).

De Conquérant et de Normand, les deux principaux rameaux de l'arbre de *Rattler,* sont descendus en ligne directe masculine les reproducteurs les plus considérables de l'élevage français. On n'attend pas de moi ici une énumération de tous ces animaux extraordinaires. J'indiquerai seulement les deux grandes lignes et les conséquences biologiques et naturelles qu'il faut en tirer.

La descendance mâle de Conquérant : Reynolds, Fuschia. — La ligne de Conquérant [1] se distingue en ce moment par Fuschia, le célèbre étalon fils de Reynolds.

Nous avons vu que Reynolds qui, pour presque tout le monde a du sang trotteur américain, ne peut matériellement pas en posséder, puisqu'à la naissance de Lady Pierce, sa grand'mère, il n'y avait pas de trotteurs en Amérique : il n'y avait que des fils ou petits-fils au plus de Pur Sang. Le mot Américaine appliqué à Lady Pierce, est un trompe-l'œil. C'est absolument comme si on réimportait actuellement en Amérique des chevaux provenant de l'alliance d'étalons et de poulinières américaines qui sont en France depuis sept ou huit ans à peine, et qu'à leur arrivée en Amérique, on qualifiât ces chevaux de Trotteurs Français.

Lady Pierce était probablement une fille ou petite-fille de Pur Sang Anglais, et peut-être y avait-il dans son ascendance féminine une fille de *Messenger,* qui lui a transmis une qualité considérable, car il est incontestable que Reynolds a été un reproducteur de vitesse par excellence, et on doit absolument donner une part à Lady Pierce dans cette explosion de vitesse que rien ne faisait prévoir dans le fils de Conquérant.

Quoi qu'il en soit, Fuschia a hérité de son père, non seulement la vitesse, mais la faculté de la transmettre.

Mais il ne faut pas tomber dans la faute habituelle et ne considérer

(1) Voir le pedigree de Conquérant, à la page 156.

dans Fuschia que la ligne paternelle, Reynolds, Conquérant, la descendance de *Rattler;* il faut remonter la ligne maternelle qui nous conduit à *Sympathie,* sa grand'mère. *Sympathie* fait partie de l'excellente famille Outside 22 qui a donné *Gladiator,* ce cheval extraordinaire comme reproducteur, *Omnium,* le récent vainqueur du Derby, *Farfadet,* ce perfomer étonnant, le père d'*Ermack,* etc.

Le père de *Sympathie, Pédagogue,* est de la famille 3 (Running and Sire), il remonte à *Eclipse* dans l'ascendance paternelle par la ligne d'*Emilius.*

Nous devons donc admettre que l'influence de *Sympathie* a été des plus considérables pour Fuschia, son rôle a été le plus habituel que nous rencontrons. Dans une première union avec le Norfolk (Lavater), il y a eu provocation de la variation dans l'aptitude, dans la seconde alliance, Reynolds et Rêveuse, il y a eu épanouissement de cette variation dans tout son éclat.

Analyse de l'action de Fuschia en élevage. — Si on examine le dosage de sang pur chez Fuschia, on le trouve égal environ à $\frac{7}{20}$ ou 35 %. En laissant de côté les ancêtres d'origine inconnue et Lady Pierce qui était probablement une fille de Pur Sang, ce qui augmenterait la proportion de sang pur, on peut dire que le dosage du sang s'élève chez cet étalon de 35 à 40 %.

De cette constatation, il résulte que Fuschia doit être utilement employé avec des juments de demi-sang très rapprochées du sang pur ou avec des juments de pur sang. On sait d'ailleurs que ses meilleurs produits ont été obtenus avec des filles de Phaëton (Messagère, Azur, Redowa), de *Vichnou* (Presbourg), des juments de pur sang (Moonlighter).

Mais l'influence de *Sympathie* se fait encore suffisamment sentir pour lui permettre de s'allier remarquablement avec la descendance de *Rattler,* constamment entretenue par une infusion de sang pur; exemple : Quartier-Maître. Il y a dans ce dernier fils de Fuschia, un fort courant *inbred* de *Rattler* qui n'a pas peu contribué à augmenter sa qualité. Quant à Fuschia, il est presque complètement *outbred* sur le sang de *Rattler* et peut donc lui être allié par la ligne de Normand ou par la ligne de Conquérant sans le moindre inconvénient et même avec le plus grand avantage. De plus, Fuschia est absolument privé du sang de *The heir of Linne;* il sera donc bon de lui donner des juments issues de ce reproducteur ou de ses descendants.

A tous ces points de vue, c'est l'étalon le plus remarquable que nous ayons jamais possédé. Car il peut reproduire sans le moindre doute avec toutes les lignes de trotteurs qui sont aujourd'hui à la tête du mouvement.

Avec des filles de Niger, il doit évidemment se bien allier, à la condition toutefois, pour favoriser le développement de la vitesse, que le Pur Sang soit tout près derrière Niger. Exemple : Narquois.

Il est peut-être bon d'insister sur cette dernière proposition pour montrer que Fuschia peut bien produire avec une fille de Lavater, de Tigris, de Norfolk quelconque, à la condition que le Pur Sang ne soit pas loin et en ligne directe féminine. Voici ce qui peut se passer et ce que j'ai vu se passer bien souvent : Prenons un exemple récent et caractéristique, le cheval Ready, à M. Beauchamp, par Fuschia et Grenadine par Tigris et *Fortuna.*

On peut écrire ainsi ce pedigree :

READY	Fuschia	Reynolds (descendance de *Rattler*).	
		Rêveuse	Lavater.
			Sympathie.
	Grenadine	Tigris	Lavater.
			Modestie par *The heir of Linne.*
		Fortuna	

Eh bien ! le résultat est très curieux : cette union en dedans sur Lavater l'a complètement fait disparaître. Il y a eu accumulation des courants de sang pur, par suite d'une certaine sympathie entre eux, et un vigoureux retour en avant de tout ces courants pendant que les deux courants de Lavater étaient rejetés au dernier plan et disparaissaient absolument. Il suffit de regarder Ready d'une façon sérieuse pour s'apercevoir qu'il n'a point de Lavater qui est pourtant deux fois son aïeul. C'est là un phénomème de retour qui arrive souvent et sur lequel on peut presque spéculer.

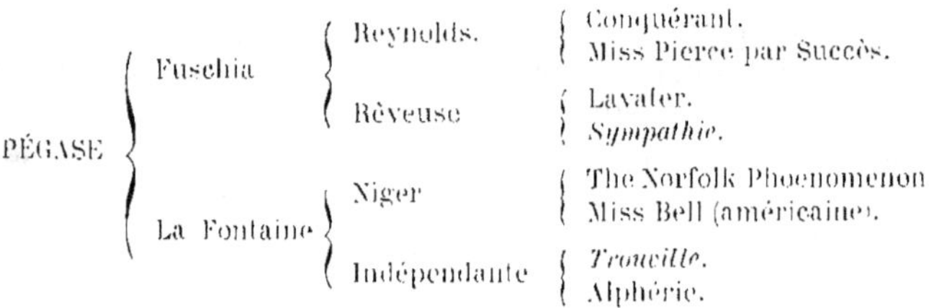

Beaucoup de grands chevaux peuvent être examinés de la même façon. Pégase qui ressemblait à un Pur Sang et dont le pedigree peut se calquer sur celui de Ready, a été le produit de la même élimination du

Norfolk par suite du même raisonnement : provocation du retour par suite du croisement.

Le sang de Lavater principalement s'élimine assez facilement lorsqu'il vient par les femelles comme dans le cas de Ready. Dans le cas de Narquois, le mode d'action du Norfolk n'a pas été le même. Narquois dans son apparence carrée a tout à fait le type de Niger. Ce type s'élimine moins facilement que Lavater et le Pur Sang éprouve plus de difficultés à faire retour à travers Niger qu'avec Lavater. On doit donc admettre que dans la naissance de Narquois, Hebé III a donné la forme de son père Niger et que la vitesse est venue toute entière de Fuschia et des courants de sang pur. Le retour du Pur Sang a eu lieu seulement dans l'aptitude à la vitesse.

La conclusion sera toujours la même : Fuschia peut bien produire avec les filles de Norfolk si le Pur Sang n'est pas trop loin derrière par suite du retour provoqué par le croisement qui rappelle énergiquement les courants de vitesse pour repousser les courants opposés qui sont ceux du Norfolk.

La descendance mâle de Normand. — Si, laissant de côté pour un instant la branche de Conquérant, nous passons à la branche de Normand : l'étalon le plus en vue à présent, est Cherbourg.

Ce fils de Normand aura certainement une influence considérable sur la production française de trotteurs. Il possède dès maintenant une postérité remarquable par ses aptitudes et surtout par un modèle d'une beauté plastique admirable.

Analyse du pedigree de Normand. [1] — Nous avons étudié à propos du Norfolk le pedigree de Conquérant et nous avons vu comment ce cheval a été obtenu. Nous prions le lecteur de se reporter à ce très important chapitre ; nous ferons remarquer seulement que bien que Conquérant soit le résultat de l'alliance bien comprise du Pur Sang et du Norfolk, et qu'il soit le produit en ligne paternelle de la descendance du pur sang *Rattler* il est presque *outbred* sur ce sang de *Rattler ;* comme nous l'avons fait remarquer, il en est de même de Fuschia.

Il semble que chez Normand le procédé employé ait été tout juste le contraire. C'est un cheval absolument *inbred* sur *Rattler*.

Ici, peu ou pas de Norfolk, tout Pur Sang et descendants de *Rattler*. Ce sont les fils, petits-fils et arrière-petits-fils de *Rattler* qui remplissent ici le rôle de Norfolk, c'est-à-dire d'agents destinés à provoquer la variation du Pur Sang dans l'aptitude trotteuse, et telle est la merveilleuse faculté de cette descendance, qu'elle y réussit facilement.

(1) Voir le pedigree de Normand, à la page 180.

Détaillons donc ce pedigree, qui est encore plus simple que le pedigree de Conquérant, mais qui est merveilleux de simplicité exemplaire. C'est ainsi qu'on voudrait voir tous les pedigrees de Trotteurs Français, et c'est ce qu'ils seront dans peu de temps. Nous voulons dire par là qu'un produit dérivé du trotteur confirmé devrait toujours passer par le sang pur avant de retourner de nouveau au trotteur confirmé.

Le père de Normand :

DIVUS { Québec (*imbred* sur *Rattler*).
Une fille d'*Electrique*.

La mère de Normand :

BALSAMINE { Kapirat (descendance de *Rattler*).
Une fille de *Débardeur*.

Son grand-père paternel :

QUÉBEC { Ganymède (descendance de *Rattler*).
Une fille de Voltaire (descendance de *Rattler*).

Son grand-père maternel :

KAPIRAT { Voltaire (descendance de *Rattler*).
Une fille de *The Juggler*.

Son arrière-grand-père paternel :

GANYMÈDE { Xercès, fils de Y. Rattler.
La Louve par Chasseur { *Eastham*.
La Marquise par Y. Rattler.

Son arrière-grand-père maternel :

VOLTAIRE { Impérieux, fils de Y. Rattler.
La Pilott { Pilott par *Octavius*.
Une fille de *Bacha* (turc).

Son arrière-arrière-grand-père paternel :

XERCÈS { Y. Rattler par *Rattler*.
La Jeune Mignonne (haute naissance normande).

Son arrière-arrière-grand-père maternel :

IMPÉRIEUX { Y. Rattler par *Rattler*.
Une fille de *Volontaire* par *Eclipse*.

Après avoir détaillé ce pedigree, on s'aperçoit immédiatement de la vérité de notre proposition, à savoir : que le sang de *Rattler* a rempli dans la circonstance le rôle du Norfolk dans le pedigree de Conquérant, et qu'il a réussi dans la mission qui lui était dévolue, c'est-à-dire de provoquer la variabilité de l'aptitude galopeuse du Pur Sang et de la transformer en aptitute trotteuse.

Cherbourg. (1) — *Analyse du pedigree.* — Si nous passons maintenant à Cherbourg, nous voyons de suite par l'énoncé de sa naissance que ce cheval réunit les deux branches célèbres de la descendance de *Rattler* :

Cherbourg : par Normand et Peschiera par Extase et une fille de Conquérant.

On voit immédiatement, à l'aspect de cette origine, que l'*inbred* sur *Rattler*, de Normand, est encore accentué par l'adjonction du sang de Conquérant, mais il ne faut pas croire que la présence d'Extase, le grand-père maternel de Cherbourg, interrompt cette union en dedans, il ne fait au contraire que la fortifier. En effet, ce cheval est un descendant du Norfolk par la ligne masculine, et son père Thésée par Gainsborough (Norfolk importé) et une fille de Nerеès, nous fait rentrer immédiatement dans la ligne de *Rattler*. D'autre part, la mère d'Extase, Atalante, nous fait retrouver un courant de sang pur qui était déjà dans Voltaire.

EXTASE	Thésée	Gainsborough (Norfolk).
		Une fille de Nereès (descendance de *Rattler*).
	Atalante	Kramer par *Hercule* et une fille d'*Eastham*.
		La Pilott par Pilott par *Octavius*.

Il faut aussi remarquer que l'*inbred* sur *Rattler* n'est pas seulement le fait d'Extase et de Conquérant, mais que l'arrière-arrière-grand'mère de Cherbourg, en ligne directe féminine, est Margot par Dorus, un fils de Y. Rattler. D'autre part, Petite-de-Mer, son arrière-grand'mère est par :

USAGER	Proportionné	Ganymède par Nereès par Y. Rattler.
		Fille de Y. Rattler.
	Fille d'Impérial...	*Eylau.*

(1) Le pedigree de Cherbourg a été établi d'après les meilleures sources. M. P. Guillerot et M. E. Gast ne sont pas d'accord. J'ai cherché à me renseigner et je me suis fixé d'après des renseignements aussi certains que possible.

PEDIGREE

SON PÈRE, NORMAND

- Divus
  - Québec……
    - Ganymède.
      - Xerxès…………
        - Y. Rattler par *Rattler*.
        - La Jeune-Mignonne.
          - Le Jeune-Highflyer.
          - La Séduisante.
      - La Louve
        - Chasseur par *Eastham* et la Marquise par Y. Rattler par *Rattler*.
        - Fille de Valient, Vidvid, Eclatant par *Bacha* (arabe).
    - Fille de Voltaire…
      - Voltaire…………
        - Impérieux…………
          - Y. Rattler par *Rattler*.
          - Fille de *Volontaire*.
        - La Pilott…………
          - Pilott (anglais), par *Octavius*.
          - Fille de *Bacha* (arabe), *Dagout* (turc), Glorieux (anglais).
      - Fille de Y. Topper…
        - Y. Topper (norfolk).
        - Fille de Cleveland (norfolk).
  - Fille d'Electrique
    - *Electrique.*
    - Fille de Voltaire…
      - Voltaire…………
        - Impérieux……
          - Y. Rattler par *Rattler*.
          - Fille de *Volontaire*…
            - *Volontaire.*
            - Fille de Docteur, Glorieux, King-Pepin.
        - La Pilott……
          - Pilott (anglais) par *Octavius*.
          - Fille de *Bacha* (arabe), *Dagout* (turc), Glorieux (anglais).
      - Fille de Y. Rattler, par *Rattler*.
- Balsamine
  - Kapirat……
    - Voltaire…
      - Impérieux…………
        - Y. Rattler par *Rattler*.
        - Fille de *Volontaire*…
          - *Volontaire.*
          - Fille de Docteur (anglais).
      - La Pilott…………
        - Pilott (anglais), par *Octavius*.
        - Fille de *Bacha*……
          - *Bacha* (arabe).
          - Fille de *Dagout* (turc), Glorieux (anglais).
    - Fille de *The Juggler*
      - *The Juggler.*
      - Fille de Y. Topper…
        - Y. Topper (Norfolk).
        - Fille de Cleveland (Norfolk).
  - Fille de Débardeur…
    - *Débardeur.*
    - N…………
      - Y. Topper, anglais.
      - La Vieille-Mignonne par Mignon, fils de Glorieux (anglais).

DE CHERBOURG

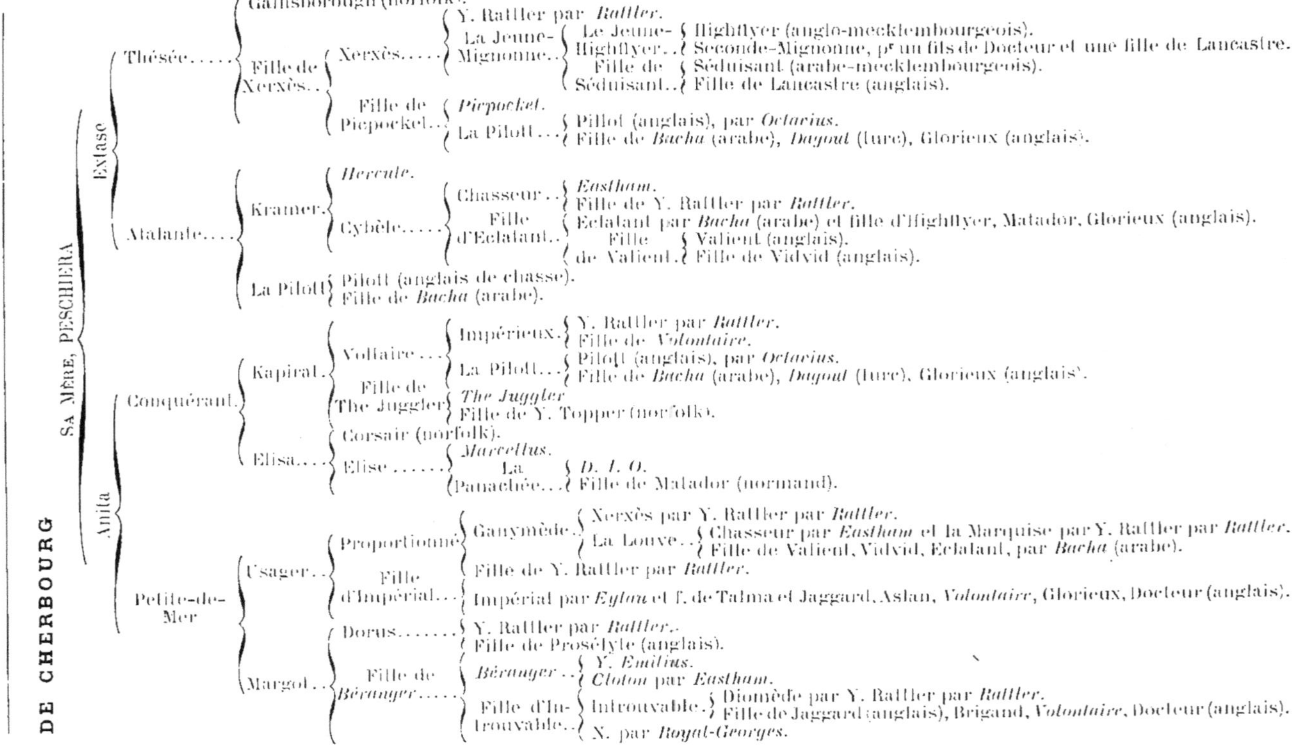

Il est donc incontestable que la caractéristique de Cherbourg est l'*inbred* sur *Rattler;* mais malheureusement ce cheval n'a pas été assez nourri de sang pur à une génération rapprochée, et son rôle devra se borner à provoquer la variation trotteuse dans le sang pur. Il ne peut avoir la prétention de faire des trotteurs doués d'une grande vitesse sinon avec des juments très près du sang. En effet, son dosage de sang pur, calculé suivant notre formule de $1/2^n$, nous donne au grand maximum 38 % pour sa proportion. Ce sera donc un facteur puissamment utile à allier avec les juments de pur sang qu'il faudrait lui confier en masse (et c'est ce qu'on n'a pas assez fait) ou les filles de Phaëton, et on pourra espérer ne pas voir s'éteindre une pareille descendance. C'est en effet par le manque de sang que périra cette si belle ligne de reproducteurs si les éleveurs ne le comprennent pas.

En effet, le fait que la proportion de 38 % de sang pur de Cherbourg vient d'ancêtres éloignés, diminue la facilité des cas de retour du Pur Sang, c'est-à-dire des principes de vitesse. Pour que ces cas de retour soient provoqués, il faut amener le sang dans les premières générations chez la mère, afin qu'il puisse être combiné avec les couches les plus influentes du noyau, puisqu'il ne peut plus que par hasard, et par extraordinaire, percer à travers les cinq premières couches qui empêchent son retour du côté paternel.

Je considère Cherbourg comme un facteur essentiel dans le pedigree d'un grand cheval trotteur de l'avenir, mais je ne le vois pas sans une adjonction considérable de sang pur.

Juvigny. — Examinons un de ses fils les plus importants :

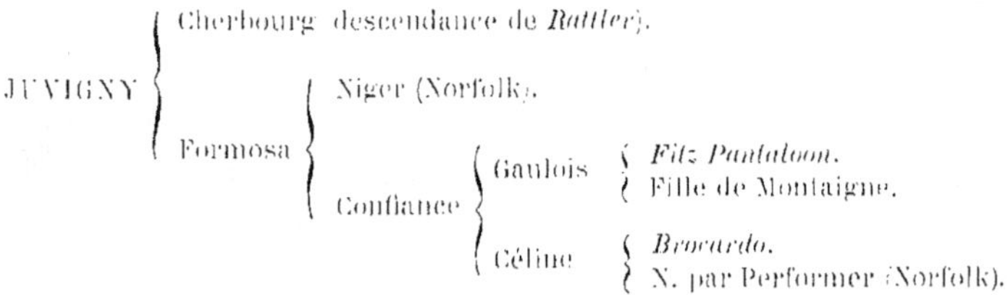

Si nous dosons le sang pur, nous le voyons encore bien pauvre et nous ne pouvons guère compter qu'une proportion de 32 %, moins que Cherbourg. Il y a donc eu dans cette alliance une diminution de sang pur, et nous sommes forcés de conclure que pour que cet étalon reproduise des trotteurs de grande vitesse il faut l'unir avec des juments de beaucoup de sang.

Cet étalon serait certainement des plus précieux si on lui donnait des juments de pur sang ou dosant $\frac{3}{4}$ ou $\frac{4}{5}$ de sang pur. Il serait très utilisable avec des filles de Pur Sang ou des filles de Phaëton car il est absolument privé du sang de *The heir of Linne,* et l'union avec cette descendance serait des plus avantageuses, à la condition que ce facteur ne soit pas trop éloigné ou qu'il soit entretenu par une infusion récente de sang pur au premier degré ou, au grand maximum, au second degré.

Il me semble qu'il est impossible de ne pas considérer Juvigny comme le produit d'un retour ou d'un rappel des Pur Sang lointains qui sont dans son pedigree, provoqué par le croisement entre la descendance de *Rattler* et la fille de Niger. Le choc de ces deux courants de sang formant croisement, a dû provoquer le retour au moins dans l'aptitude à la vitesse.

Si les éleveurs ont bien compris mes idées dans le rôle du Pur Sang et sur la manière dont il se comporte en présence du trotteur, ils reconnaîtront sans peine qu'avec des étalons comme Cherbourg et Juvigny, la plupart des juments normandes sont trop privées de sang pour donner de bons résultats et que même avec Fuschia, il faut des juments de beaucoup de sang pour entretenir constamment une proportion de 40 % au moins dans le produit. Mais si l'on peut augmenter cette proportion le résultat sera encore meilleur.

Azur. — Pour bien faire saisir au lecteur combien cette infusion de sang est difficile, prenons l'exemple d'Azur par Fuschia et Tricoteuse. Nous lui trouvons un dosage de $\frac{27}{64}$; il s'en manque donc de $\frac{5}{64}$ que le cheval ne soit demi-sang au sens exact du mot, tandis que Fuschia n'a qu'une proportion de un peu plus de 1/3.

AZUR	Fuschia (descendance de *Rattler*).	
	Tricoteuse	Phaëton par *The heir of Linne.*
		Une fille de *Montfort.*

Pour mieux frapper l'esprit, on peut dire que Fuschia possède une proportion de 35 % de sang pur, tandis qu'Azur en contient une de 42 %. Quand on pense qu'il a fallu, pour obtenir ce léger avancement dans le sang, employer une fille de Phaëton, descendant elle-même directement d'une fille de *Montfort,* on conviendra sans peine qu'il n'y a pas lieu de craindre de se rapprocher du sang pur, car, nous le répétons, la trace s'en perd avec une rapidité véritablement surprenante.

Descendance de Conquérant, branche de Beaugé. — Si nous considérons une autre branche de la descendance de Conquérant, celle de

Beaugé (1879), qui a fait seulement trois générations de chevaux par suite d'une mort prématurée, nous voyons un cheval dans la formule de Conquérant par sa mère Miss Ambition par Ambition (Norfolk) et Mlle de Criqueville, toujours *inbred* sur la descendance de *Rattler*. Mais si nous dosons le sang pur de ce cheval, il se trouve dans des générations tellement éloignées qu'on ne peut guère lui trouver que 1/4 par *The Juggler* et par *Marcellus*. Il s'ensuit que dans la reproduction il ne pouvait agir que comme un facteur d'aptitude trotteuse pour faire varier le Pur Sang Anglais. Il devait donc forcément réussir avec des juments de pur sang, ou des filles de Pur Sang, ou des filles de Phaëton.

BEAUGÉ
- Conquérant (descendance de *Rattler*).
- Miss Ambition
  - Ambition (Norfolk).
  - Mlle de Criqueville
    - Interprète (1858)
      - Kapirat (descendance de *Rattler*)
      - N. par Galba.
    - Annette
      - Kapirat (descendance de *Rattler*)
      - N. par Perfection.

Jaguar. — C'est par ce dernier moyen que Jaguar a été obtenu. Si nous faisons le dosage du sang de ce fils de Beaugé, nous trouvons à peu près 40 % : il y a donc grand progrès.

JAGUAR
B.1.67.1887
- Beaugé (descendance de *Rattler*).
- Belle Charlotte
  - Phaëton par *The heir of Linne*.
  - Harmonie
    - Abrantès par Pledge par *Royal Oak*.
    - N.
      - Séducteur p. Noteur p. *Eylau* (anglais).
      - N. par *Eylau*.

Descendance de Normand : Serpolet-Bai. — Comme dernier exemple, revenons à la descendance de Normand et prenons Serpolet-Bai. Ce fils de Normand et de Margot est lui aussi absolument *inbred* sur le sang de *Rattler*; c'est sa caractéristique. Aussi, il a été un facteur important avec les juments de beaucoup de sang. Mais sa dose de sang environ 28 % lui permettait de reproduire avec des juments plus riches en sang comme les filles d'Elu, Condé, etc.

SERPOLET-BAI
- Normand (descendance de *Rattler*).
- Margot
  - Dorus
    - Y. Rattler par *Rattler*.
    - Fils de Prosélyte (anglais).
  - Fille de *Béranger*
    - *Béranger*.
    - Fille d'Introuvable
      - Introuvable.
      - N. de *Royal Georges*.

Edimbourg. — C'est ainsi qu'il obtint Edimbourg avec Harmonie (la mère de Belle Charlotte), une fille d'Abrantès, riche en sang pur.

- EDIMBOURG
  - Serpolet-Bai (descendance de *Rattler*).
  - Harmonie
    - Abrantès (descendance de *Royal Oak*).
    - N.
      - Séducteur (descendance d'*Eylau*).
      - Une fille d'*Eylau*.

Michigan. — De même Michigan, qu'Edimbourg eut avec une fille de Beaugé ; cette alliance n'a produit qu'un *inbred* plus grand sur *Rattler*. mais le sang s'est encore éloigné d'une génération, et Michigan aurait besoin pour donner la vitesse, de juments de beaucoup de sang. Je considère Michigan comme un reproducteur de tout premier ordre, mais qui ne donnera des produits capables de lutter en course que s'il est allié avec des juments suffisamment avancées dans le sang pur : des filles de Phaëton ou de Pur Sang à la première génération ou à la seconde génération au plus.

- MICHIGAN
  - Edimbourg (descendance de *Rattler*).
  - Camélia
    - Beaugé (descendance de *Rattler*).
    - Sibylle
      - Quiclet
        - Lumineux.
        - N. par Sultan.
      - N.
        - Gall ou Oméga.
        - N. par Inkermann (1851).

Il résulte au contraire de l'épuisement du sang dans les poulinières actuelles qu'un reproducteur aussi considérable que l'a été Serpolet-Bai ne paraît pas avoir laissé de successeurs dignes de lui en ligne mâle, et cependant, quand on pense que cet étalon a produit Faustine, on doit se dire qu'il eût été aussi fécond en mâle si on lui avait livré des juments comme la mère de Faustine issue presque directement par quatre fois du Pur Sang.

- FAUSTINE
  - Serpolet-Bai (descendance de *Rattler*).
  - Folie (ex Ran-Ja-I-Mé)
    - *Kaolin.*
    - Fille de Gaulois
      - Gaulois par *Filz Pantaloon.*
      - Fille de *Tamberlick*
        - *Tamberlik.*
        - Fille de *Schamyl.*

Serpolet-Rouan. — Pour terminer cette courte analyse de la descendance de *Rattler,* il faut revenir à Conquérant et à son très important fils Serpolet-Rouan. Ici, nous nous trouvons en présence d'une origine incomplète.

Serpolet-Rouan est par Conquérant et *La Mère* par Confidence et une jument irlandaise sur laquelle manquent les renseignements. Confidence était un étalon par Voltaire, ce qui eut pour effet de produire l'*inbred* sur *Rattler*. Mais la jument irlandaise qui se trouve ici devait avoir une certaine dose de sang pur. Ce qu'il y a de certain, c'est que le mode d'action de cet étalon fut remarquable pour faire varier le sang pur dans le trotteur.

SERPOLET-ROUAN
- Conquérant (descendance de *Rattler*).
- La Mère
  - Confidence
    - Voltaire
      - Impérieux par Y. Rattler par *Rattler*.
      - La Pilott par Pilott par *Octavius*.
    - Cybèle
      - Royal.
      - Victoria par Jaggard.
  - X. Irlandaise.

Son meilleur fils fut Jeune-Toujours, issu d'une fille de *Plutus* avec une jument barbe. Les partisans du sang barbe seront ici très heureux, et nous souhaitons vivement que le jeune étalon du Pin fasse parler de lui.

JEUNE TOUJOURS
- Serpolet-Rouan (descendance de *Rattler*).
- Pluta
  - *Plutus*.
  - Jument pur sang (barbe).

Dictateur. — Dans une étude forcément concise de la descendance de *Rattler*, il est cependant impossible de ne pas parler d'une branche de Conquérant éteinte dans la descendance mâle. Je veux parler de Dictateur. Ce fils admirable de Conquérant, marquant toutes les lignes du cheval de pur sang avec l'importance d'un véritable racer, n'a pas laissé de représentant digne de lui. A quoi attribuer une anomalie aussi extraordinaire. Ici, les causes sont multiples, malgré que l'une d'elles soit plus puissante que les autres. Il faut encore une fois se reporter à nos théories du Retour et de l'Hérédité sexuelles pour analyser d'une façon naturelle la naissance et le fiasco au haras d'un si superbe et si puissant phénomène.

Voici le pedigree de cet étonnant animal :

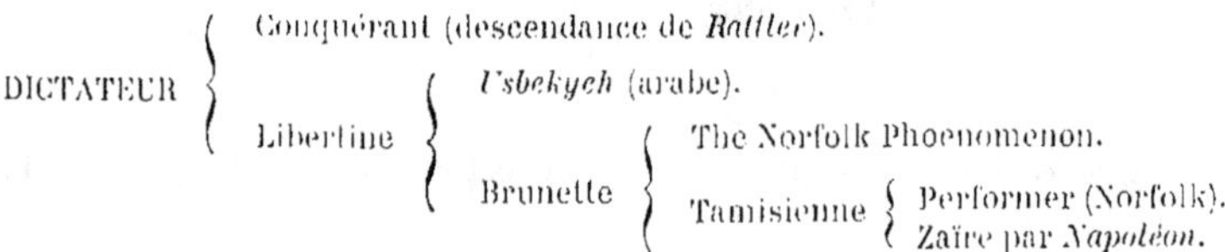

DICTATEUR
- Conquérant (descendance de *Rattler*).
- Libertine
  - *Usbekych* (arabe).
  - Brunette
    - The Norfolk Phoenomenon.
    - Tamisienne
      - Performer (Norfolk).
      - Zaïre par *Napoléon*.

Nous voyons que la ligne mâle de ce performer est celle de *Rattler*, et que sa descendance maternelle directe est nourrie du fameux sang pur de *Napoléon*, ce descendant d'*Herod* à la quatrième génération qui a marqué par *Eylau*, dans l'élevage normand, d'une manière si considérable; nous allons avoir par la même analyse naturelle la cause de la disparition totale de la descendance paternelle de ce même *Eylau*.

Comment donc peut-on imaginer théoriquement la naissance d'un Dictateur par l'union extraordinaire de Conquérant avec la fille d'un Arabe quelconque. Il s'est passé là un phénomène que nous aurons souvent l'occasion de constater dans l'élevage du trotteur.

Dans cette union bizarre, au moment de la conjugaison nucléaire, les plasmas divers des ancêtres de Dictateur se sont rencontrés et réunis de telle façon, que leur classement a porté au premier rang les plasmas de la ligne de *Rattler* et de tous les Pur Sang, en rejetant au dernier degré des influences les plasmas hétérogènes de l'arabe *Usbekyeh* et de tous les Norfolks, de sorte qu'en apparence et comme animal de sport, Dictateur était un *Rattler* admirable. On connaît sa carrière de course. Il fallait voir passer devant ses yeux ce cheval étonnant, monté du reste par un superbe Gaulois de race, pour être frappé d'un sentiment voisin du respect. Comme vitesse, il atteignit 1' 38" au kilomètre, sur l'herbe, il y a près de vingt ans.

Que ne devait-on pas attendre au haras d'un pareil phénomène. Eh bien! cet étalon n'a donné que des produits décevants, d'un caractère opposé à la course, d'une constitution qui ne rappelait ni leur père, ni même leur descendance paternelle. On s'est toujours demandé pourquoi un si splendide animal avait été victime de la stud-failure.

J'ai vu ce cheval en course et comme étalon : l'impression qu'il m'a laissée a toujours été l'admiration la plus complète, et si j'ai ajouté son histoire naturelle à celle de nos grands étalons, c'est pour préserver dans l'avenir l'élevage contre de semblables erreurs.

C'est que la naissance de cet extraordinaire cheval de course n'était pas le fait d'un élevage sportif. Il n'y avait là que le fait d'un véritable croisement entre deux variétés différenciées, le Trotteur Anglo-Normand et le Pur Sang Arabe. Le Pur Sang Arabe, qui n'est pas une race de course, a provoqué ici un retour brusque, profond, considérable du sang de *Rattler* et de tous les sangs purs du pedigree, tandis que l'Arabe était éloigné. Mais dans la descendance de Dictateur, l'Arabe est revenu pour intervertir et contrarier les courants de *Rattler* et de Pur Sang, et l'arrangement des divers plasmas n'a pu retrouver celui qui s'était produit dans ce premier croisement, et la postérité mâle a été atteinte.

Cependant, si Dictateur eut continué à être étalon, il aurait peut-être pu reproduire un nouveau phénomène mâle, car la force de la descendance sexuelle est tellement grande, qu'elle aurait un jour traversé dans des conditions favorables ce courant arabe si néfaste, et peut-être le fait se fût-il produit par la rencontre avec un nouveau courant arabe; dans les juments de M. Lindet, par exemple. Mais il fut retiré prématurément du haras par suite d'un découragement précipité. Il doit rester cependant de ce cheval des juments précieuses, à la première ou à la seconde génération, toujours grâce au principe de l'Hérédité sexuelle, qui permet aux caractères de se retrouver dans leur descendance directe maternelle.

Le raisonnement que nous avons fait pourrait se continuer sur tous les jeunes étalons illustres de cette descendance, et la connaissance des juments nous dirait aussi si l'alliance peut être féconde en vitesse ou en aptitude. Mais le but que nous nous sommes proposés n'est pas tant de prédire l'avenir que d'expliquer la genèse du passé et d'en tirer les conséquences. L'étude très courte et très rapide que nous venons de faire nous permet de conclure.

Conclusions. — *Rattler* est un cheval de pur sang qui avait des aptitudes trotteuses très prononcées. Ils les a communiquées, en les doublant, à son fils Y. Rattler. Cette hérédité des aptitudes trotteuses a été obtenue au moyen d'un retour qui a été provoqué par un vigoureux *inbred* sur le sang de *Snap*. Tous les courants de sang qui existaient chez *Rattler* et qui lui avaient communiqué ses aptitudes trotteuses se sont réunis au premier rang chez son fils Y. Rattler, rejetant au dernier degré toutes les aptitudes contraires.

Quoique nous soyons à peu près certains que Y. Rattler était un demi-sang, nous sommes peu renseignés sur l'origine de la *Snap Mare* qui lui a donné naissance. Mais les résultats qu'il a obtenus nous montrent qu'il a agi à la manière d'un Pur Sang trotteur.

L'époque à laquelle il a existé et où il s'est reproduit ne nous permet pas de le démontrer par ses produits directs, puisqu'à cette époque il n'existait pas de courses au trot, mais l'énorme supériorité de sa descendance en ligne mâle directe, et la prépondérance des juments issues de cette descendance mâle, nous est une preuve certaine qu'il donnait à la fois l'aptitude et la vitesse.

La certitude avec laquelle l'alliance des étalons de cette famille s'est faite avec les produits du sang pur et avec le Norfolk nous porte à affirmer, sans aucun doute, que son action s'est fait sentir dans les deux sens, aptitude et vitesse.

Mais l'éloignement du sang pur dans les étalons qui composent en grande partie cette famille actuellement, nous démontre clairement que la transmission de la vitesse est plus pénible aujourd'hui et que l'aptitude au trot est la caractéristique absolue des sujets remarquables que Y. Rattler nous a légués.

De plus, l'énorme *inbred* qui existe maintenant chez tous les descendants de *Rattler,* dans des générations éloignées de leur pedigree, nous force de conclure que ce sang est plutôt un agent de croisement précieux avec le sang pur, plutôt qu'un agent de vitesse.

Avec Cherbourg et Fuschia nous sommes à six générations du sang pur de *Rattler* en ligne directe paternelle et nous connaissons la puissance de ce courant de sang direct de mâle en mâle. Nous en concluons que des *inbred* sur *Rattler* peuvent encore réussir, à la condition que les juments qui contiennent des courants de sang de *Rattler* soient alliées au sang plus récent de *The heir of Linne* ou à un autre Pur Sang.

Mais des alliances *outbred* sur le sang de *Rattler* peuvent aussi bien réussir; par exemple, avec des juments de pur sang ou très rapprochées du sang et sans aptitudes trotteuses, car les étalons de cette descendance sont destinés à jouer avec infiniment plus de succès le rôle du Norfolk dans la période précédente.

En effet, nous n'avons pas à redouter ici, comme avec le Norfolk, des oppositions à la vitesse dans la ligne mâle; au contraire, les affinités de cette descendance pour le sang pur sont évidentes et leur alliance a toujours bien réussi.

Le résultat est absolument conforme à la théorie sur les Croisements entre variétés très voisines, à la théorie de la Variabilité sous l'influence de la reproduction sexuelle, à la théorie de la provocation du Retour par le croisement, et de plus, les faits viennent toujours confirmer et vérifier notre manière de voir.

CHAPITRE VI

The heir of Linne et sa descendance. — Le numérotage de Bruce Lowe appliqué à ce Pur Sang. — La famille de *The heir of Linne*. — Le sang barbe. — Un coup d'œil sur le pedigree de *The heir of Linne*. — *The heir of Linne* et *The Flying Dutchman*, enfants du frère et de la sœur. — Aptitude du sang de *The Flying Dutchman* au trot. — *Dollar. Tourmalet, Jasmin. Le Lion*. — *Galopin*, très proche parent de *The heir of Linne*. — *Dolma-Baghtché* possède trois courants de *The heir of Linne*, par sa mère *Alaska*. — *Gardefeu*. vainqueur du Derby en 1898, arrière-petit-fils de *The heir of Linne*. — Conclusion sur la difficulté à discerner les Pur Sang capables de reproduire l'aptitude trotteuse par des signes extérieurs. — Seules données exactes par les courants de sang. — Considérations historiques. — Mode d'action de *The heir of Linne :* Orphée, Pactole, Phaëton. — L'alliance de Lavater avec les filles de *The heir of Linne*. — Mode d'action de Phaëton au haras. — Analyse naturelle du pedigree de Phaëton. — Ses filles et ses fils : Tricoteuse, Belle-Charlotte. James Watt. Harley, etc.

The heir of Linne. — Le pedigree de *The heir of Linne* est très curieux à étudier. Si nous le soumettons au numérotage de Bruce Lowe nous trouvons :

$$\textit{The heir of Linne}\ (21)\ \frac{\mathbf{3}\text{-}9\text{-}6,\ 5\text{-}\mathbf{8},\ 9,\ 13,\ \mathbf{12}\text{-}7,\ 2,\ 4,\ \mathbf{12},\ \mathbf{3},\ \mathbf{3},\ 38}{\mathbf{8}\text{-}\mathbf{8},\ 6\text{-}\mathbf{12},\ 20,\ \frac{28}{\mathbf{3}},\ \mathbf{8}\text{-}\mathbf{3},\ 7,\ 6,\ 13,\ \frac{6,\ 2}{9,\ 13},\ 7,\ 39}$$

La famille 21, d'où est sorti *The heir of Linne*, est une excellente famille Outside, et nous allons procurer une douce satisfaction aux partisans du sang barbe, car cette famille 21, c'est celle de *Queen Anne's Moonah Barb Mare : Moonah,* la jument barbe de la reine Anne.

Dans un temps tout récent, c'est cette famille qui nous a donné *Dolma-Baghtché,* le vainqueur du Grand Prix de Paris, par *Krakatoa.* Elle a donné, en France aussi, Malgache par Bariolet. Enfin, il est permis de dire que, par l'illustration des juments qui la représentent, c'est une famille qui est en train de s'élever.

Le numérotage de *The heir of Linne* est riche en Sires plutôt qu'en Running. Pour bien reproduire en pur sang, il aurait donc dû être allié à une famille de Running ou à la famille **3**. Il est suffisamment *inbred* sur la famille **8** et ses nombres outsides sont choisis dans les meilleures familles.

The heir of Linne est né en Angleterre (1853); il a été importé en France en 1858 ou 1859 par le baron de Taya, directeur général des haras. Il fut envoyé à Tarbes, d'où il revint en 1863, pour être affecté au haras de Saint-Lô. Il mourut en 1871, et comme beaucoup de grands étalons, on ne connut la valeur de ses produits qu'après sa mort.

THE HEIR OF LINNE (1853)

Galaor **3**	*Muley Moloch* 9	*Muley* 6	*Orville* **8**	*Beningbrough* (7) par *King Fergus* par *Eclipse.* *Evelina*, par *Highflyer.*
			Eleanor	*Whiskey* (2) par *Saltram* (et *Virago* par *Snap*) par *Eclipse.* *Y. Giantéss* par *Diomed.*
		Nancy	*Dick Andrews* 9	*Joe Andrews* (4) par *Eclipse.* *Highflyer.*
			Spitfire	*Beningbrough* 7 par *King Fergus* par *Eclipse.* *Y. Sir Peter Mare.*
	Dariolella	*Amadis* 5	*Don Quixote* 13	*Eclipse* (**12**). *Grecian Princess.*
			Fanny	*Sir Peter* (**3**) par *Highflyer* (et *Papillon* par *Snap*) par *Herod.* *Diomed Mare.*
		Sélima	*Sélim* **12**	*Buzzard* (**3**) par *Woodpecker par Herod.* *Alexander Mare.*
			Pot-8'-Os-Mare	*Pot-8'-Os* (38) par *Eclipse.* *Editha.*
Mrs Walker 21	*Jereed* **8**	*Sultan* **8**	*Sélim* **12**	*Buzzard* (**3**) par *Woodpecker par Herod.* *Alexander Mare.*
			Bacchante	*Williamson's Ditto* (7) par *Sir Peter* par *Highflyer* par *Herod.* *Mercury Mare.*
		Mylady	*Comus* 20	*Sorcerer* (6) par *Conductor* par *Matchem* 1. *Houghton Lasse.*
			Wild Goose	*Highflyer* (13) par *Herod.* *Coheiress.*
	Priam ou *Zinganee Mare*	*Priam* 6	*Emilius* 28	*Orville* (6) par *Beningbrough* par *King Fergus par Eclipse.* *Emily.*
			Créssida	*Whiskey* (2) par *Saltram* par *Eclipse.* *Y. Giantès.*
		Zinganee 6	*Tramp* **3**	*Dick Andrews* (9) par *Joë Andrews* par *Eclipse.* *Gohanna Mare.*
			Folly	*Y. Drone* (13) par *Drone* par *Herod.* *Regina.*
		Orville Mare	*Orville* **8**	*Beningbrough* (7) par *King Fergus* par *Eclipse.* *Evelina.*
			Miss Grimstone	*Weasel* (39). *Ancaster Mare.*

Quoiqu'il en soit, je considère *The heir of Linne* comme un *Messenger*, un *Rattler*, c'est-à-dire un étalon de pur sang qui a varié spontanément dans l'aptitude trotteuse. Cette opinion ne m'est pas personnelle, et je vais m'efforcer de la démontrer dans les quelques pages que je consacre à cet étalon.

The heir of Linne, The Flying Dutchman et Dollar. — Avant d'aborder cette question, il faut jeter un dernier regard sur le pedigree de cet illustre Sire du demi-sang trotteur.

Son père, *Galaor*, par *Muley Molock*, remonte à *Eclipse* par la ligne paternelle, mais comme nous l'avons vu, *Galaor* est de l'excellente famille **3** (Running and Sire), et si nous examinons de plus près la mère de cet étalon, *Darioletta* (**3**), nous trouvons qu'elle est aussi la mère de *Barbelle* qui a produit *The Flying Dutchman*, un des plus grands chevaux du siècle.

En passant, nous dirons que ce performer extraordinaire, qui ne fut battu qu'une fois par *Voltigeur* (vainqueur du Derby et du Saint-Léger), fut importé en France comme étalon après sa stud failure complète en Angleterre. L'Administration des haras ne fut pas aussi heureuse qu'avec *The heir of Linne*. Le grand cheval fut malheureux dans sa production et *Dollar* fut le seul Sire qui sortit de ses nombreuses unions.

Les anciens hippiatres font remarquer qu'il descendait d'*Herod* et que c'est dans cette considération qu'il faut voir la cause de son peu de valeur comme reproducteur.

Aujourd'hui le système de Bruce Lowe nous permet d'autres aperçus. La production de *Dollar* s'explique par l'heureuse union de *Flying Dutchman* (**3**) par *Bay Middleton* (1) avec *Payment* (1). Mais nous n'avons pas le temps d'insister ici sur cette question.

Aptitude du sang de The Flying Dutchman au trot. — Ce que nous voulons dire simplement, c'est que nous regrettons que ce grand cheval n'ait pas été livré au demi-sang, car sa parenté si proche avec *The heir of Linne* (ils étaient fils du frère et de la sœur) nous aurait donné certainement une lignée de trotteurs extraordinaires. Il ne faudrait peut-être pas chercher ailleurs la cause de la faillite de *The Flying Dutchman* comme reproducteur de chevaux de galop. Considérons en effet le tableau suivant :

DARIOLETTA **3** (1822) *AMADIS* 5	*Barbelle* (1836) *Sandbeck* 6	produit	*The Flying Dutchman* avec (1846) *Bay Middleton* 1.
	Galaor (1838) *Muley Molock* 9	produit	*The heir of Linne* avec (1853) *Mistress Walker* 21.

Le grand perfomer devait donc comme *The heir of Linne* avoir une tendance à varier spontanément au trot, ou du moins cette tendance n'aurait eu chez lui rien d'extraordinaire.

Jasmin, Le Lion. — Ce qu'il faut reconnaître, c'est que le sang de *Dollar* est particulièrement apte à varier à l'aptitude trotteuse. Dans le centre, nous avons eu *Jasmin* par *Androclès (Dollar)* et *Barbillonne* par *Y. Gladiator* qui reproduisait admirablement le trotteur. *Le Lion,* en Vendée, propre frère de *Jasmin*, a des tendances à transmettre les aptitudes trotteuses.

Tourmalet. — Il y a eu dans la Nièvre un étalon de pur sang dont les éleveurs de notre pays garderont éternellement le souvenir. Il s'appelait *Tourmalet* et il avait été d'une très bonne classe en course. *Tourmalet* donna dans la Nièvre une production de croisement extraordinaire (je me suis servi pendant dix ans d'une de ses filles.) Jamais un cheval de pur sang ne s'était prêté comme celui-là au croisement. Il avait communiqué à ses produits une facilité d'allures trotteuses extraordinaire.

Malheureusement, à cette époque (1866-1875), il n'y avait pas de poulinières d'origine trotteuse dans la Nièvre. Les juments issues de cet étalon furent toutes remarquables par leur magnifique production. Il en existe encore quelques-unes. J'ai pensé souvent qu'un pareil cheval aurait révolutionné la Normandie trotteuse. Quand on réfléchit que dans la Nièvre, à deux ou trois générations du trait, ce cheval a donné d'un seul coup la finesse, la distinction, l'ensemble, la figure, l'aptitude trotteuse, on peut se dire qu'un phénomène a passé et qu'on ne l'a pas vu.

Eh bien ! quand je pris mon Stud Boock pour connaître l'origine de *Tourmalet* (5), je ne fus nullement surpris de voir que c'était un fils du *Flying Dutchman.* Sa mère était la célèbre jument *La Maladetta* par *The Baron,* la fille de *Réfraction,* qui gagna les Oacks. Elle était aussi la mère de *Cerdagne* et de *Vignemale* par *Dollar.* Ce dernier cheval, *Vignemale,* aurait sûrement bien reproduit en demi-sang.

Clamart. — En ce qui concerne *Clamart,* nous voyons que *Clamart* est par *Saumur* et *Princesse Catherine.* Par son père, *Clamart* représente donc la descendance mâle du *Flying Dutchman,* et il est très remarquablement doué pour l'aptitude trotteuse dans cette ligne, puisque *The Flying Dutchman* était le cousin-germain de *The heir of Linne.* Mais nous avons un retour précieux par *Princesse Catherine* de ce courant de sang, puisque cette jument est, comme *Galaor*, issue de la famille 3 d'où est sortie *Darioletta,* la mère de *Galaor* et la grand'mère du *Flying Dutchman* et de *The heir of Linne.*

Je sais bien que, si l'on adopte pour *Clamart* la paternité de *Soukaras,* toute mon argumentation tombe ; mais, d'après des autorités éminentes, *Clamart* est affirmé comme un *Dollar.* Cependant, il y a lieu de remarquer que la mère de *Soukaras* est une fille de *Dollar,* ce qui assurerait toujours à *Clamart* une forte dose de ce précieux sang.

La naissance d'un Pur Sang trotteur. — Il est certain que, si nous recherchons les causes naturelles qui ont pu faire varier spontanément dans le trot et sans l'aide d'aucun autre sang trotteur, un Pur Sang Anglais galopeur comme *The heir of Linne,* nous devons croire ces causes multiples.

Il ne faudrait pas supposer que le courant qui lui vient de sa mère primitive, la *Queen Anne's Moonah Barb Mare,* peut avoir eu une influence prépondérante, car ce courant s'est trouvé dans beaucoup d'autres reproducteurs et n'a pas produit les mêmes effets. On doit dire plutôt que la naissance d'un pareil cheval, comme celle d'un *Rattler* ou d'un *Messenger* est le résultat d'une série de causes des plus complexes et qu'il faut que, par un heureux hasard, ces causes naturelles produites par des alliances diverses depuis de longues générations viennent à se rencontrer dans un ordre nécessaire pour qu'un pareil phénomène naturel soit produit.

On comprend dès lors que des *Messenger,* des *Rattler,* des *The heir of Linne* ne naissent que rarement, et qu'il y a tout intérêt à se rendre compte de leur naissance et des divers éléments qui ont contribué à leur constitution pour arriver à en déduire des vérités naturelles.

Galopin. — Une observation très curieuse, c'est que le célèbre *Galopin*, qui tient la tête en Angleterre pour la production des chevaux les plus vites, est très proche parent de *The heir of Linne*. Voici cette curieuse filiation :

(3) *POT-8-OS-MARE* (1794)	*Virgin* **Sir Peter 3** (1801)	*Jument* **Sorcerer 6** (1814)	*Jument* **Juniper 9** (1817)	*Mérope* **Voltaire 12** (1841)	*Flying Duchess* **The Flying Dutchman 3** (1853)	*Galopin* **Vedette 19** (1872)
	Selima **Selim 12** (1810)	*Dariolelta* **Amadis 5** (1822)	*Barbelle* **Sandbeck 8** (1836)	*The Flying Dutchman.* **Bay Middleton 1.** (1846)		
			Galaor **Muley Molock 9** (1838)	*The heir of Linne* par *Mistress Walker.* (1853) **21.**		

Galopin possède donc une double parenté avec *The heir of Linne,* du fait de sa mère *Flying Duchess* et de son grand-père *The Flying Dutchman.* En un mot, il est très *inbred* sur la jument, fille de *Pot-8-Os* (1794), c'est-à-dire sur la famille **3**.

Nous voyons donc combien il est difficile de comprendre que des chevaux galopeurs comme *Galopin* pourraient arriver à donner une aptitude trotteuse remarquable, s'ils étaient employés d'une façon convenable. Mais nous voyons aussi que si par hasard un *Clamart* venait à varier facilement dans l'aptitude trotteuse, il ne faudrait pas non plus s'en montrer absolument surpris. Il est certain, par exemple, qu'une fille de Phaëton devrait bien rencontrer avec *Clamart* à cause du courant de sang pur qui viendrait des deux côtés se réunir en un *inbred* sur *Dariolella*.

Dolma Baghtché. — Un autre aperçu peut encore se montrer avec *Mistress Walker;* ici nous avons encore des courants de sang trotteur plus nombreux qui paraissent se réunir chez *Dolma Baghtché.* Cette grande machine à galoper se trouve très imprégnée de trois courants de *The heir of Linne.*

Il y a là un fait curieux qui prouve bien que les Pur Sang, qui paraissent les plus éloignés de reproduire les trotteurs, pourraient souvent être utilisés avec un singulier profit. Pour bien montrer la simplicité de cette parenté nous mettrons sous les yeux du lecteur le petit tableau suivant dont il saisira toute la suggestivité :

21 ORVILLE MARE (1812)

Jument (1837) par *Priam* 6 ou *Zinganée* 6	*Mistress Walker* mère de *The heir of Linne.* (1844) par *Jereed* **8**.					
Wagtail *Prime Minister* **12** (1818)	*Belinda* *Blacklok* **3** (1825)	*Leghorn* *Lanercost* **3** (1847)	*Mother Bunch* *The Cure* 6 (1861)	*Agapanta* *Typhœus* **3** (1876)	*Alaska* *Galopin* **3** (1882)	*Dolma Baghtché* *Krakatoa* **8** (1891)

Ainsi, par la ligne maternelle, *Dolma Baghtché* descend de la grand'mère de *The heir of Linne;* c'est la descendance féminine. De plus, la mère de *Dolma Baghtché* l'a eu avec *Galopin* qui, par *The Flying Dutchman,* son grand-père, et par *Flying Duchess,* sa mère, est absolument *inbred* sur l'ascendance maternelle de *Galaor,* le père de *The heir of Linne.*

Si donc, par une circonstance heureuse, des éleveurs de demi-sang venaient à livrer des juments de demi-sang à notre vainqueur du Grand Prix de Paris de 1894, ils seraient absolument sûrs d'obtenir des produits avec une grande aptitute trotteuse.

Il est évident que cette proposition n'apparaît pas avec la certitude mathématique d'une découverte comme celle de Neptune par Leverrier. En effet, les conditions sont beaucoup plus complexes. Mais si on réfléchit que *Dolma Bagthché* réunit par sa mère, *Alaska,* le courant de sang maternel de *Mistress Walker,* la mère de *The heir of Linne;* par *Galopin,* le père d'*Alaska,* le courant de sang maternel de *Galaor,* père de *The heir of Linne,* et que ce courant de sang est doublé par *Flying Duchess,* la mère de *Galopin,* on est fortement impressionné d'un pareil ensemble de circonstances.

D'autre part, si on considère *Krakatoa,* on constate que ce cheval remonte à *Eclipse* comme *The heir of Linne,* mais par la ligne de *Pot-8-Os,* et que ce *Pot-8-Os* est le père de la jument **3** (1794), *Pot-8-Os Mare,* arrière-grand'mère de *Galaor,* quatrième grand-mère de *Flying Dutchman* et cinquième grand'mère de *Flying Duchess,* la mère de *Galopin. Krakatoa* est lui même de la famille **8**, sur laquelle *The heir of Linne* est très *inbred,* et l'analogie est encore plus frappante si on remarque que *Jereed,* le père de *Mistress Walker,* est comme *Krakatoa,* de la famille **8**.

Enfin, l'arrière-grand'mère maternelle de *Krakatoa* est *Physalis* (1844) par *Bay Middleton* (1). Or cette présence de *Bay Middleton* renouvelle non seulement un courant de *Flying Dutchman,* mais deux courants de *The heir of Linne,* que nous allons rendre plus apparents par l'énumération suivante :

The heir of Linne, par *Galaor,* dont la mère, *Dariolетta,* avait pour mère *Selima* par *Selim* par *Buzzard* par *Woodpecker* par *Herod.*

The heir of Linne avait pour mère *Mistress Walker,* dont le père est *Jereed* par *Sultan* par *Selim* par *Buzzard* par *Woodpecker* par *Herod.*

Bay Middleton est par *Sultan* par *Selim* par *Buzzard* par *Woodpecker* par *Herod.*

Or, ce *Bay Middleton* se trouve dans *Dolma Baghtché* à la fois par sa mère, *Alaska,* et par son père, *Krakatoa;* nous avons donc toutes raisons de croire que la production de *Dolma Baghtché* tournerait facilement au trotteur et que la variation se produirait de la façon la plus simple avec des juments du sang de *Rattler* ou des juments du sang de *The heir of Linne.*

Je suis absolument certain qu'il y a, dans toutes les considérations qui précèdent, la certitude complète de rencontrer chez cet étalon, *Dolma Baghtché,* une particulière facilité à varier dans l'aptitude trotteuse, et que sans prétendre que d'autres étalons de pur sang aux aptitudes trotteuses ne peuvent pas se rencontrer dans d'autres familles, il faut attacher à la certitude que nous venons d'établir, une grande importance.

Difficultés à discerner par les caractères extérieurs l'aptitude trotteuse d'un Pur Sang. — En effet, rien dans un cheval de pur sang ne peut nous indiquer, par des caractères extérieurs, la faculté pour cet étalon de reproduire le trotteur; de même pour une jument. Mais lorsqu'on arrive à pouvoir déterminer d'avance qu'un tel cheval existe, on évite bien des tâtonnements longs et coûteux, bien des erreurs, bien des désillusions. De plus, une série d'échecs d'un certain nombre d'éleveurs avec l'alliance du Pur Sang, fait souvent naître des opinions fausses, comme celles que nous combattons dans cet écrit.

Il est évident, comme nous le voyons tous les jours, que beaucoup d'origines trotteuses dérivent du Pur Sang et ont été provoquées par l'alliance avec une variété demi-sang, elle-même d'aptitude trotteuse, mais manquant de vitesse; c'est le cas le plus ordinaire. Mais souvent des échecs se sont produits dans de telles unions par suite du hasard d'alliances absolument défavorables, et c'est ce qu'il faudrait éviter en indiquant à un éleveur les lignes de pur sang à prendre, qui offriraient les plus grandes chances de réussite.

J'ai tenu à démontrer plusieurs points dans cette petite étude : d'abord que, comme origine galopeuse, notre *The heir of Linne* était fort bien pourvu; ses parents les plus proches ont été classés parmi les phénomènes du siècle. Le *Flying Dutchman,* son cousin-germain, c'est-à-dire qu'à moins d'être frères ils ne pourraient pas être parents plus proches, le *Flying Dutchman,* dis-je, a été considéré comme l'un des chevaux les plus extraordinaires en pur sang. Il ne fut battu qu'une fois par *Voltigeur,* le meilleur cheval de son année ; mais lord Eglinton, son maître, se refusa d'admettre comme exact le résultat du Doncaster Cup et demanda sa revanche à lord Zetland, propriétaire de *Voltigeur.* Celui-ci y consentit, et cette fois le grand cheval triompha de son adversaire, malgré une lutte des plus sévères, à York, effaçant ainsi le souvenir de sa défaite.

Nous voyons que, dans la famille de sa mère, les galopeurs ont été nombreux et importants, et que *Dolma Baghtché,* par exemple, est un parent très rapproché par sa mère, *Alaska,* qui contient trois courants de sang de *The heir of Linne.*

Nous concluons donc de ces faits, qu'à n'en pas douter, *The heir of Linne* possédait, par son ascendance paternelle qui remonte à *Eclipse,* par son ascendance maternelle qui a produit des chevaux extraordinaires, une aptitude de premier ordre au galop. Et cependant nous allons constater, par des faits non moins indiscutables que les premiers, que ses produits en demi-sang ont été remarquables par leur aptitude trotteuse, où, bien souvent, il l'a provoquée sans aucune aide.

Nous continuerons pour notre démonstration, à nous servir scrupuleusement de la méthode d'observation pour appuyer la théorie, et nous espérons que la sévérité de nos moyens d'investigation et la probité de nos déductions amèneront chez le lecteur une conviction aussi parfaite que la nôtre. Il ne faudrait pas croire, en effet, qu'il y ait chez nous le moindre parti pris, le moindre entraînement, la moindre passion dans l'examen que nous faisons d'un reproducteur aussi considérable que *The heir of Linne.*

Si nos recherches ne nous avaient pas montré jusqu'à l'évidence la vérité de notre proposition, à savoir : que l'étalon de pur sang *The heir of Linne* avait naturellement une faculté spéciale pour faire varier au trot sa production, et qu'il n'a pas agi comme un Pur Sang ordinaire, nous n'aurions aucune peine, aucun déplaisir, aucun ennui secret à confesser que ce reproducteur a agi comme tous les Pur Sang, c'est-à-dire que son aptitude galopeuse, sous l'influence de ses alliances avec le demi-sang, a varié au bout d'une, deux ou trois générations et s'est transformée en aptitude trotteuse.

Le lecteur comprendra que, par suite de la méthode scientifique que j'ai adoptée, la détermination de mes convictions est objective et non subjective.

Lorsque les faits que j'observe me permettent d'affirmer une vérité et ses déductions logiques, je marche en avant sans crainte; si les faits ne sont pas absolument probants, j'use de la plus grande prudence; s'il y a des inconnues, des doutes, je m'avance lentement au milieu des ténèbres jusqu'à ce que je puisse entrevoir la lumière.

C'est ainsi que les maîtres les plus éminents nous ont appris à nous servir de cet instrument délicat, mais sûr, quand on sait s'en servir, et qu'on appelle la méthode d'observation des faits.

Gardefeu. — Avant d'entrer dans le cœur de la question, j'éprouve le besoin de raconter une anecdote qui m'est personnelle et qui montre que le sang de *The heir of Linne* était aussi utilisable pour le galop que pour le trot si on savait s'en servir.

Il y a une huitaine d'années je me trouvais au Tattersall à la vente de l'écurie, après décès, du baron de Bastard. Parmi les poulinières composant cet élevage, se trouvait une jument qui me tentait particulièrement. Elle s'appelait *La Lumière* et était fille de *The heir of Linne* avec *Grande Mademoiselle* par *The Nabob.* Je me rendis acquéreur de cette jument, qui du reste se trouva vide, et dont je ne pus jamais obtenir de poulain dans la suite.

On va voir que j'avais lâché la proie pour l'ombre. En effet, en achetant cette jument, j'avais été hypnotisé par le sang de *The heir of Linne,* et je n'avais pas tort, mais j'aurais parfaitement retrouvé ce sang dans la fille de *La Lumière, Bougie* par *Bruce,* qui s'adjugeait quelques instants après. Eh bien! cette *Bougie,* qui eut du reste beaucoup de succès en plat et en obstacles, est la mère de notre Derby-Winner de cette année 1898, *Gardefeu*. *La Lumière* avait sous elle aussi un poulain de *Little-Duc,* qui s'appelait *Soleil*. Ce poulain eut de jolis succès en courses et est actuellement étalon à Cluny.

Eh bien! je suis persuadé que cette jument *Bougie,* dont le premier produit gagne le Derby, aurait fait une excellente poulinière pour être livrée au demi-sang, et qu'elle eût donné des résultats extraordinaires.

Malheureusement, à l'époque où se faisait la vente, je n'avais pas refait mon instruction scientifique et mes études techniques; j'agissais intuitivement, mais avec une certitude beaucoup moins grande qu'aujourd'hui, où je suis guidé par autre chose que par l'instinct.

J'ai aussi la conviction formelle que l'étalon *Soleil,* perdu dans la Loire, ferait une excellente production trotteuse, et que le petit-fils de *The heir of Linne* fournirait des poulinières très utilisables pour la production du Trotteur d'hippodrome, à la condition d'être allié avec des juments déjà avancées dans le sang pur et le sang trotteur, et non avec des juments de trait ou sans aucune aptitude déterminée.

Si nous continuons notre examen dans la recherche des reproducteurs mâles de pur sang qui pourraient être utilisés pour faire des trotteurs, nous devons supposer que *Gardefeu,* le fils de *Bougie,* est remarquablement doué sous ce rapport. En effet, par son père *Cambyse* par *Androclès* par *Dollar,* il réunit la descendance du *Flying Dutchman,* c'est-à-dire la ligne maternelle de *Galaor,* le père de *The heir of Linne,* et par sa mère, *Bougie* par *Bruce* et *La Lumière* par *The heir of Linne,* il a un fort courant d'aptitude trotteuse. Nous verrons plus tard que *Bruce* possède lui-même plusieurs puissants courants trotteurs.

Notre Derby-Winner de 1898 mériterait donc d'être essayé avec des juments trotteuses, et nous n'avons aucune crainte que nos prévisions soient démenties, et qu'il ne sorte pas de telles alliances une lignée de bonnes juments capables de transmettre l'aptitude à une allure rapide du trot.

Seules données exactes par les courants de sang. — Si j'ai insisté d'une façon aussi formelle sur les aptitudes galopeuses de *The heir of Linne,* c'est que je tiens à bien persuader le lecteur que rien dans l'extérieur, la conformation, les allures du cheval, n'indique une aptitude pour le trot ni pour le croisement. Ce sont des choses qui ne se voient pas, quoi qu'on en ait dit. Cela ne se voit pas plus extérieurement que les autres aptitudes.

Voilà un cheval de pur sang qui, comme le *Flying Dutchman* a été extraordinaire en course, qui a été ce qu'on appelle le grand cheval; voilà un *Gladiateur* qui, en courses, est l'*Eclipse* de son temps, et pourtant, au stud, voilà deux phénomènes qui n'ont pas eu le même bonheur, la même réussite que sur le turf. Qui aurait pu prévoir ce résultat à l'examen de ces deux étalons? C'était absolument impossible. C'est ce qui fait qu'on ne peut se prononcer sur la production d'un étalon qu'après l'avoir essayé. Il en est de même de l'aptitude trotteuse qui était latente chez *The heir of Linne.*

C'était un beau Pur Sang alezan, d'une taille moyenne (1m58), dont la figure était un retour de la physionomie orientale. Des lignes très longues et très harmonieuses, le genou et le jarret bas, l'attache du rein puissante et agréable, le dos court et parfait, par suite de l'avancement du garrot, l'épaule absolument renversée, l'encolure excessivement belle et de la courbe la plus harmonieuse, ni trop droite, ni trop rouée; son aspect était celui d'un véritable Sire. (1)

L'analyse des courants de sang qui ont amené chez cet étalon de pur sang la variation dans l'aptitude trotteuse, semble démontrer que sa mère, *Mistress Walker,* ne paraît pas avoir eu une influence prépondérante dans cette direction. Cependant, il faut admettre que cette influence de la *Queen Anne's Moonah Barb Mare* a dû s'exercer, et qu'elle a une grande importance, sinon absolument prépondérante.

Il y a donc lieu de supposer que des juments de la famille 21 et autant que possible des descendantes en ligne directe féminine d'*Orville Mare* (1812) alliées avec des étalons de la famille 3 et autant que possible des descendants en ligne directe féminine de la *Pot-8-Os Mare* (1794) donneraient une précieuse descendance en demi-sang trotteur. Insister plus longuement sur ce point serait supposer que les lecteurs n'ont pas lu avec attention les pages qui précèdent.

Mode d'action de The heir of Linne. — Il nous reste maintenant à analyser la façon dont s'est exercée l'influence de *The heir of Linne* dans son alliance avec les diverses juments qui lui ont été confiées. Il faut, avant de procéder à cette étude, émettre quelques considérations d'ordre historique et général dont le lecteur appréciera l'importance.

Tout d'abord les éleveurs qui donnaient des juments à *The heir of Linne* ne se doutaient nullement qu'il pût faire des trotteurs directement. C'est du reste ce qui se passerait encore maintenant si un pareil phénomène était utilisé.

(1) J'ai voulu aussi détruire, par l'exposé des faits et de leurs conséquences, une erreur bien répandue et bien commune. Elle consiste à imaginer, sans aucune raison à l'appui, c'est-à-dire sans aucun fait, que les Steeple-Chasers ou les Hurdle-Racers sont plus aptes que les Pur Sang de courses plates à produire le Trotteur. C'est une légende bien répandue et qui cependant ne repose sur rien que sur des mots.

Les courses, d'autre part, avaient beaucoup moins d'importance qu'aujourd'hui et beaucoup de petits éleveurs qui produisaient des chevaux de courses avec leurs filles de *The heir of Linne*, en furent absolument surpris. Ils trouvèrent ce qu'ils ne cherchaient pas. Il est à peu près certain que si ces petits éleveurs avaient connu plus tôt la singulière propriété du grand étalon de pur sang, ils auraient essayé ses propres filles dans les courses et n'auraient pas attendu la seconde génération. Nous aurions certainement assisté à la naissance de l'aptitude.

C'est ainsi que l'horticulteur qui dans ses semis aperçoit une légère variation, soit dans la couleur, soit dans la forme, soit dans le nombre des pétales des fleurs, marque et recueille soigneusement la graine de ces plantes légèrement variées et qu'à une seconde génération il a une augmentation dans le caractère observé et qu'il parvient à fixer ce caractère dans des exemplaires remarquables.

Quoi qu'il en soit, nous verrons que quelques-uns des enfants du célèbre étalon ont été essayés et qu'ils ont montré une aptitude considérable.

Si nous restons pour le moment dans des considérations que nous avons appelées historiques et générales, il faut constater que *The heir of Linne* mourut lorsque son coadjuteur, le Norfolk anglaisé Lavater (1867), commençait à remplir son office de reproducteur (1871).

L'alliance de Lavater avec des filles de The heir of Linne. — Le succès que Lavater a obtenu par ses produits dans les courses au trot a longtemps obscurci son propre rôle et sa valeur réelle. Il est certain, par exemple, que toutes les fois que Lavater a été allié avec des juments autres que des juments de pur sang ou filles de Pur Sang améliorées, il n'a produit aucun cheval d'hippodrome. Quelquefois des petites-filles de Pur Sang se sont distinguées avec lui et ont produit des chevaux vites. On peut donc dire qu'il a été heureux de rencontrer dans le pays des filles de *The heir of Linne* et d'autres Pur Sang avec lesquelles son rôle a été particulièrement bienfaisant en provoquant une variation rapide et profonde du galop au trot.

Mais l'action de Lavater sur le Pur Sang, qui est celle exercée par une variété sur une autre variété, n'a rien qui puisse enlever à la production de *The heir of Linne* la faculté de varier spontanément au trot.

Modestie. — En effet, si nous considérons la célèbre Modestie, nous savons que c'était une jument de course au trot de premier ordre. Eh bien! sa mère, Négresse, était par *Ugolin* et une fille de

Lahore. Quelle que soit l'authenticité du pedigree d'*Ugolin*, qui le classe dans la descendance paternelle de *Rattler*, on peut dire qu'il n'a jamais reproduit le trotteur qu'avec *The heir of Linne*. Du côté de la fille de *Lahore*, on ne trouve rien non plus. Il faut donc absolument admettre que Modestie trottait du fait de son père, *The heir of Linne*.

Modestie, baie, 1864, gagnante à 3, 4 et 5 ans de 26.500 francs, a produit :

1873 Pâquerette, par Conquérant, gagnante à 3, 4 et 5 ans de 14.750 francs. — R. 1'45".
1874 Pervenche, par Conquérant (mère de Loïse, par Qui-Vive), gagnante à 3 ans de 2.400 francs. — R. 1'44".
1875 Tigris, par Lavater, gagnant à 3 ans de 5.688 francs. — R. 1'53".
1880 Cantorbéry, ex-Courtois, par Lavater. — Etalon au Pin, de 1884 à 1888.
1882 Feuille-de-Lierre, par Reynolds, mère de plusieurs étalons.
1884 Géronte, ex-Général, par Reynolds. — Etalon à Saintes.
1885 Hémine, par Reynolds, gagnante à 3, 4, 5 et 6 ans de 107.127 francs. — R. 1'34".
1886 Isère, par Reynolds, gagnante à 3 ans de 3.410 francs. — R. 1'40".
1887 Jachère, par Reynolds, gagnante à 3, 4 et 5 ans de 31.595 francs. — R. 1'37".
1890 Modestine, par Colporteur (Amérique).

Mais ce qui montre encore mieux cette aptitude, c'est la régularité de sa production de grands trotteurs d'hippodrome. Si nous examinons ses divers produits et si nous ne nous laissons pas hypnotiser par la production de Tigris, que nous avons examinée et expliquée dans le chapitre sur le Norfolk, nous constatons que c'est avec Lavater qu'elle a produit les moins vites trotteurs. En effet, Tigris n'a jamais fait mieux que 1'53" et les produits avec Conquérant et surtout avec Reynolds ont été bien plus vites. Il n'est donc pas douteux, dans la circonstance, que Lavater a été un facteur de vitesse bien inférieur à Conquérant et à Reynolds.

Quant à l'aptitude au trot, elle a été aussi bien fournie par la descendance de *Rattler* que par Lavater. Du reste, nous avons vu que Modestie trottait par elle-même et n'avait pas besoin d'être aidée dans cette direction.

Allumette. — Nous avons vu dans le chapitre du Norfolk combien cette jument avait réussi comme poulinière avec la formule N. P. S.

Voici le pedigree de cette fameuse jument :

ALLUMETTE baie, née en 1872, au Quesnot (Manche).	*The heir of Linne*.		
	Kindler Mare	*Eylau* (anglo-arabe).	
		Kindler Mare	Kindler (anglais).
			N. par North-Star (anglais).

Cette jument trottait du fait de *The heir of Linne,* puisqu'elle obtint un record de 1'46" à quatre ans (1876). Une personne à qui je parlais de cette jument et qui n'admet pas la transmission et l'origine trotteuse du fait de *The heir of Linne,* me disait qu'elle tenait plutôt cette allure d'*Eylau*. Eh bien! c'est une opinion erronée, car d'abord l'influence d'*Eylau* dans la naissance d'Allumette est déjà moins grande que celle de *The heir of Linne* et de plus, par lui-même, *Eylau* n'a jamais produit de trotteur mâle ou femelle en 1'46", et sa descendance mâle a été éliminée du haras précisément par le fait des courses au trot, tandis que celle de *The heir of Linne* s'y maintient actuellement presqu'au premier rang. Nous verrons, du reste, ce qu'il faut penser d'*Eylau,* dans un autre chapitre de ce volume, d'une façon plus générale.

Il est regrettable que cette jument n'ait pas été livrée plus souvent à la haute descendance de *Rattler,* mais ses filles issues d'un courant de sang Norfolk y seront certainement livrées puisque la ligne mâle du Norfolk fera défaut et sera éliminée à bref délai par la sélection des courses. Elles devront nécessairement trouver un grand succès en élevage soit avec la descendance mâle de *Rattler,* soit avec celle de *The heir of Linne*. Avec la descendance de *Rattler,* il y aura un double courant pur trotteur qui éliminera le courant Norfolk, contraire à la vitesse et l'*inbred* sur *The heir of Linne* obtiendra le même résultat d'une façon encore plus certaine.

Allumette, baie, 1872, gagnante à 3 et 4 ans de 5.100 francs. — R. 1'46" a produit :

1879 Bravade, par Lavater, gagnante à 3 et 4 ans de 5.100 francs. — R. 1'46".
1880 Coq-à-l'Ane, par Lavater, gagnant à 3, 4 et 5 ans de 7.310 francs. — R. 1'44".
1883 Flamme, par Lavater, gagnante à 3 ans de 450 francs. — R. 1'51".
1885 Hallali, par Lavater, gagnant à 3 ans de 2.493 francs. — R. 1'45". — Etalon à Saint-Lô.
1886 Inspecteur, par Lavater.
1887 Jacquet, par Lavater, gagnant à 3 ans de 3.265 francs. — R. 1'42". — Acheté 7.000 francs. Etalon à La Roche-sur-Yon.
1888 Kindler II, par Lavater.
1889 Loup-Garou, par Fontenay, gagnant à 3 ans de 3.000 francs.— R. 1'43".— Acheté 13.000 francs. Etalon à Saintes.
1890 Médine II, par Fontenay, gagnante à 3, 4 et 5 ans de 37.712 francs. — R. 1'35".
1891 Nizam, par Fontenay, gagnant à 3 ans de 6.460 francs. — R. 1'41". — Acheté 13.000 francs. Etalon au Pin.
1892 Ouf, par Fred-Archer, gagnant à 3 ans de 5.830 francs. — R. 1'42". — Acheté 20.000 francs. Etalon à Libourne.
1893 Pie-Margot, par Fontenay.

Orphée. — Voyons maintenant Orphée par *The heir of Linne* et une fille d'Ugolin avec une fille d'Uzel. Ce cheval a trotté en 1'46" (1873).

C'est la répétition exacte de ce que nous avons dit pour Modestie. Et si le cheval n'a pas été un reproducteur extraordinaire de trotteurs, c'est sans doute que, par suite de circonstances particulières, il a été mal employé. Il est incontestable cependant que ce cheval ne pouvait trotter que par *The heir of Linne* et non par *Ugolin* ou la fille d'Uzel.

Pactole. — Si nous considérons Pactole par *The heir of Linne* avec une fille de Giboyer et une fille de *Tarare,* là, nous ne pouvons plus avoir le moindre doute sur la faculté innée de *The heir of Linne* de transmettre l'allure trotteuse. En effet, Giboyer était par Pledge par *Royal Oak;* Pactole ne pouvait donc trotter, ni par le fait de Giboyer, ni par la ligne de *Tarare*, et cependant Pactole fut un des meilleurs chevaux de son époque, puisqu'il trottait en 1'46" à trois ans (1874), et en 1'39" à quatre ans.

Phaëton. — C'était l'année de Phaëton qui était bien moins vite que les deux précédents, puisqu'il n'obtint qu'un record de 1'52" à trois ans et un de 1'45" à quatre ans. Nous avons étudié le pedigree de Phaëton au chapitre du Norfolk; nous prions le lecteur de s'y reporter et nous le rappelons ici sous ses yeux.

PHAËTON
- *The heir of Linne.*
- La Crocus
  - Crocus (Norfolk inconnu).
  - Elisa
    - Corsair (Norfolk inconnu).
    - Elise
      - *Marcellus.*
      - La Panachée
        - *D. I. O.*
        - Une fille du Matador.

Evidemment le Norfolk, par les deux étalons Crocus et Corsair, a donné à Phaëton son aptitude dans le geste du trotteur.

Mais on ne peut pas dire que ces deux étalons aient contribué à sa vitesse personnelle, et on peut même dire qu'ils n'ont fait que la diminuer et qu'ils ont eu une action analogue à celle de Lavater dans Tigris.

Cette fois encore, le reproducteur a été supérieur au cheval de course, et la vitesse a été transmise par *The heir of Linne* au moyen de Phaëton, comme si ce cheval avait été lui-même un Pur Sang comme son père.

L'observateur consciencieux de la production de Phaëton ne peut s'empêcher d'éprouver une grande surprise en examinant l'ensemble de sa carrière au stud. Sans jamais se démentir, ce cheval travaille comme un Pur Sang; allongeant les lignes, redressant les dos, attachant les reins, orientalisant les physionomies. Avec ces signes extérieurs du Pur Sang, il leur en communique la vitesse et ses descendants sont eux-mêmes des reproducteurs extraordinaires, aussi bien en mâles qu'en femelles.

A quoi bon citer des noms: ils sont dans toutes les bouches. Je crois que, comme trotteur, il n'y a pas de titre qui lui convienne mieux que celui qu'on donne à *Eclipse,* en pur sang : LE ROI DES SIRES.

Analyse naturelle et biologique de Phaëton. — Il semble que le phénomène qui s'est produit ici est la répétition de celui qui s'est passé en Amérique cinquante ans plus tôt avec *Messenger* et son fils *Mambrino; Messenger* avait communiqué, en la doublant, la faculté de transmettre l'aptitude au trot rapide, à *Mambrino* son fils, par suite d'on ne sait quelle sympathie existant chez la mère de *Mambrino* avec le sang de *Messenger.* Il en est de même pour *The heir of Linne;* il doit y avoir chez la mère de Conquérant, Elisa, la grand'mère de Phaëton, des courants de sang par qui sont venus renforcer ceux de *The heir of Linne* au lieu de les contrarier. Par suite de cette circonstance, l'élément Norfolk qu'il était encore possible de distinguer dans la personne et la conformation de Phaëton a complètement disparu dans sa production et ne paraît pas avoir fait obstacle à la vitesse. Cet élément a été totalement éclipsé, anéanti.

Nous allons essayer de nous rendre compte, par l'analyse complète du pedigree de Phaëton ou plutôt de sa mère, de la possibilité d'un fait qu'il est impossible de nier, mais qu'il est difficile d'expliquer, beaucoup d'origines nous étant peu connues, même en pur sang, dans ce pedigree, qui est celui de la mère de Conquérant. (On voit par là l'*inbred* important que l'on obtient dans l'alliance de la descendance de Conquérant avec des filles de Phaëton et, par suite, la magnifique réussite de Fuschia avec toutes les Phaëton Mares, de Beaugé avec Belle-Charlotte en produisant Jaguar, etc.).

La mère de Phaëton :

AMBITION ou LA CROCUS
- Crocus (Norfolk).
- Elisa
  - Corsair (Norfolk).
  - Elise
    - *Marcellus.*
    - La Panachée
      - *D. I. O.* (1813).
      - Fille du Matador (N., 1800).

Si nous prenons la dernière jument de ce pedigree, tous les renseignements que nous avons sur elle, c'est qu'elle est fille du Matador.

Il faut avouer que c'est bien peu de chose. Nous savons cependant que ce Matador est par l'Aleyrion avec une fille de Parfait, deux étalons de chasse importés d'Angleterre vers 1790 par le prince de Lambesc et offerts par lui à la reine Marie-Antoinette. Voici ce qu'en dit M. Charles du Haÿs, dans son livre sur le Merlerault, à propos du Chenay, dans la plaine d'Alençon :

CHENAY. — Le château est délicieusement posé sur un coteau, qui commande la vallée; mais aucuns souvenirs ne s'y lient. C'est aux deux fermes qui l'avoisinent que nous irons les demander.

Dans l'une était la famille des Marchand, dans l'autre était celle des Touchard.

La famille Marchand remonte si haut dans l'élevage de la plaine, que son nom se lie constamment à celui des meilleurs chevaux, et on lui doit la création de la race la plus fameuse dont la Normandie ait gardé le souvenir, celle des Matador. En voici l'origine : la reine Marie-Antoinette possédait deux chevaux précieux qu'elle affectionnait entre tous et qu'elle aimait particulièrement à monter. Des souvenirs de famille se rattachaient à leur possession. Tous deux lui avaient été offerts par le prince de Lambesc, son parent, et l'un deux était si beau, avec sa robe alezane, que la reine l'avait appelé l'Aleyrion, l'Aleyrion, la pièce la plus noble des armes de la maison de Lorraine.

Le second, qui était bai, ne se montrait, sans nul doute, aucunement inférieur au premier, puisqu'il avait reçu le nom de Parfait. Lorsque la Révolution éclata, ces chevaux furent jetés hors des écuries et tombèrent aux mains de M. Vincent, marchand de chevaux. Soit crainte de passer pour suspect, soit espoir d'en pouvoir plus tard tirer bon parti, M. Vincent les cacha chez son ami, M. Marchand, de Chenay. Nul lieu, du reste, n'était plus propre à ce recel. Une ferme isolée, au fond d'une grande presqu'île formée par la Sarthe, qu'on ne pouvait, du côté de la Normandie, franchir faute de gués ni de ponts; du côté du Maine, des chemins impraticables où l'on ne passait qu'à cheval. Plus de deux lieues à la ville d'Alençon. Le voisinage d'une grande forêt, qui n'avait d'autre population que de pauvres bûcherons, toujours ignorants de ce qui se passe en dehors de leurs futaies. La discrétion et l'amitié de la famille Vienne de Cerizay qui, de l'autre côté de l'eau, eût pu voir ce qui se passait chez des rivaux. Elle eût pu tout perdre si des opinions éprouvées, la bonne confraternité qui régnait alors parmi les éleveurs, et un élevage trop puissant pour la placer dans le courant de l'envie, n'eussent permis de compter complètement sur sa participation. Deux étalons, d'ailleurs, dans son voisinage, c'était une fortune dans un temps où ceux de l'Etat avaient disparu, alors que la plupart des maisons en étaient réduites à de continuels croisements *in-and-in*.

Les deux fugitifs saillirent les juments de M. Marchand, et un jour, une fille du Parfait, saillie par l'Aleyrion, fut vendue à M. Gaillet, de Boissey, qui était, comme son voisin, M. Neveu, de Médavy, à la piste de tout ce qu'il y avait de plus précieux.

M. Marchand avait-il déjà un bon nombre de rejetons de cette race, ou bien fut-il séduit par une somme importante, ou bien, ce qui n'arrive que trop souvent, augurait-il que la jument était vide?... Toujours est-il que la belle pouliche donna le jour à l'immortel Matador, le père de tout ce que la France possède de noble en races de demi-sang.

Qu'elles fussent nées avant son départ de Chenay, ou qu'elles soient nées depuis, les sœurs de la mère de Matador jetèrent un vif éclat sur cette maison. Parmi leurs descendantes on compte un grand nombre de juments fameuses : l'Impérieuse, grand'mère d'Ottoman, la fille de Néron blanc, la Tigris, dont descendit Fanchette, l'une des plus précieuses du Mesle-sur-Sarthe, la Séduisante, la fille de Snail, la Prétender, mère des trotteurs Y. Glocester et Regretté, la fille d'Oscar, la Sylvio, dont est issu Képy, la célèbre Ordelia, la fille de Glocester, etc., etc., etc.

Un des arrière-descendants de la maison Marchand, après avoir habité la Blotterie, que nous venons de visiter à Montigny, est allé se fixer à Saint-Léger, dans le Mesle-sur-Sarthe, où nous le retrouverons bientôt.

La famille Touchard se cache, comme celle qui précède, dans les nuages de l'élevage, et dans cette carrière elle s'acquit une bonne renommée par le mérite de sa jumenterie et la production d'étalons de valeur.

N'oublions toutefois, occupé de ces belles jumenteries, de citer celle de M. Duval, qui venait de la maison Marchand, et dont deux rejetons, dans la personne de Képy et d'Ordelia, sont revenus enrichir le berceau de leurs aïeules.

On trouve à Chenay des prairies excellentes, mais peu de pâturages. La Sarthe est trop captive, au pied des grands coteaux, pour en pouvoir arroser une grande étendue. Mais il en est un, célèbre entre tous, célèbre dans tous les âges, le parc au Seigneur, où la famille Touchard faisait tous ses élèves. (*Le Merlerault*, pages 85 et 86, par M. Charles du HAŸS, ancien inspecteur général des haras).

Après cet historique, nous sera-t-il permis d'émettre quelques conjectures sur l'origine probable et même certaine de ces deux étalons reproducteurs?

Dans tous les livres où il est question de Y. Rattler, il est dit que cet étalon était du modèle de ceux que le prince de Lambese avait importés d'Angleterre en 1790. J'en conclus que ces deux étalons étaient des Pur Sang ou des étalons de chasse très près du sang comme Y. Rattler.

Il est probable que, pour faire ce double cadeau à la reine Marie-Antoinette, le prince de Lambese avait dû visiter des grands seigneurs anglais dont la renommée était alors considérable en élevage, et qu'il dut choisir ce qu'il y avait de plus beau en Angleterre. Quoiqu'il en soit, on ne peut nier que ces deux chevaux, s'ils n'étaient pas de pur sang devaient en être dérivés d'une façon très rapprochée suivant la mode de l'époque.

Dès lors on est réduit aux hypothèses sur leurs véritables origines mais on peut admettre qu'ils possédaient des courants de sang qui devaient se retrouver plus tard pour sympathiser avec quelques-uns de ceux de *The heir of Linne*. C'est on ne peut plus probable si, comme on doit le supposer, ces chevaux étaient de la plus noble origine.

D. I. O., le père de la Panachée, était un cheval anglais alezan par *Whitworth* et *Hambletonian Mare*. *Witworth* remonte par son père à *Sir Peter*, c'est-à-dire à *Herod*. C'est une ligne qui existe trois ou quatre fois chez *The heir of Linne*. *Hambletonian* est par *King Fergus* par *Eclipse*. Nous voyons donc encore le courant d'*Eclipse* qui se trouve dix fois au quatrième rang chez *The heir of Linne*.

Si on continuait l'analyse du pedigree de *D. I. O.*, on retrouverait toujours des analogies avec les sources de *The heir of Linne,* puisqu'à l'origine de la race, la parenté était bien plus rapprochée que maintenant.

Il en est de même pour *Marcellus,* le père d'Elisa. Ce Pur Sang est d'une origine excessivement importante. Il est par *Selim* de la famille 2 qui remonte à *Herod* par les mâles et il est lui-même de l'excellente famille 2, la *Burton's Barb Mare;* sa mère *Briseïs* (2), a gagné les Oaks de son année et a été la mère de *Corinne* qui a gagné aussi les Oaks et les Mille Guinées. Elle est par *Beningbrough,* petit-fils d'*Eclipse* et une fille de *Sir Peter,* petit-fils d'*Herod.*

On peut donc imaginer que la quantité de sang pur emmagasinée en ligne directe féminine par la mère, la grand'mère et l'arrière-grand'mère d'Elisa n'a pas pu être absorbée par les deux étalons du Norfolk, Corsair et Crocus, mais que le croisement de La Crocus avec *The heir of Linne* a provoqué un violent retour du sang où les deux grandes hérédités sexuelles du père et de la mère ont dominé tous les courants intermédiaires. Les deux courants mâles et femelles issus du sang pur, ont en se rencontrant, complètement absorbé les courants intermédiaires par un retour complet du Pur Sang.

On sait que le retour est une des formes de l'hérédité. Ce n'est que par un effet du retour des courants de sang pur trotteur de *The heir of Linne,* qu'on peut expliquer l'action de Phaëton au haras. Il a joué absolument le rôle d'un Pur Sang trotteur et ses filles se sont conduites comme les filles d'un Pur Sang, avec cette différence que ce Pur Sang avait l'aptitude trotteuse.

Tricoteuse, James-Watt, Belle-Charlotte, Diva, Eva, Escapade. Finlande, Gérance, Fauvette. — La vérité de cette proposition éclate à l'examen du pedigree des filles ou fils de Phaëton. Il lui est indifférent d'être allié avec une fille de Trotteur ou une fille de Pur Sang pour produire le trotteur.

Exemple : Tricoteuse par Phaëton et une fille de *Montfort.*

Autre exemple : James-Watt par Phaëton et Dame d'Honneur par *Vichnou* et une fille d'Elu.

Avec Harmonie, la mère d'Edimbourg par Abrantès et une fille de Séducteur, il réussit aussi bien que Serpolet-Bai et donne d'une part Bonne-Mère et de l'autre Belle-Charlotte, la mère de Jaguar, de Polka, etc. Cependant, dans Harmonie il n'y a que du Pur Sang et un léger courant de sang trotteur dans la mère de Noteur, la Diomède, et dans la mère de Pledge par Y. Rattler.

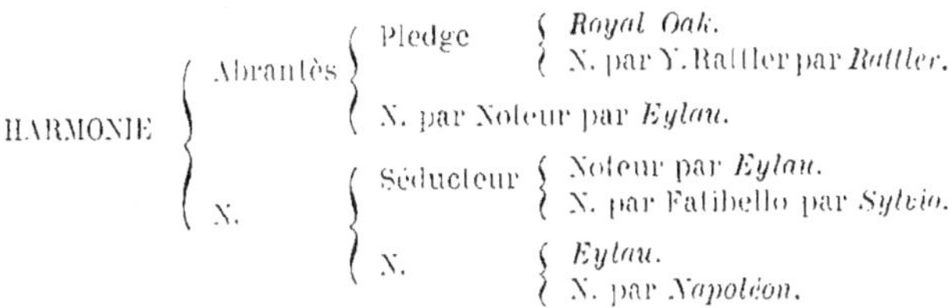

Evidemment nous avons trois petits courants de sang trotteur par Noteur et la mère de Pledge. Mais remarquons la quantité de sang pur qui domine ces trois courants : *Napoléon, Eylau, Sylvio, Royal Oak* et enfin *Rattler*. La présence de *Rattler*, qui se trouve par trois fois dans la cinquième ligne, est évidemment favorable, puisque ce Pur Sang représente un puissant courant trotteur. Mais sur les quatrièmes grands-pères connus, il n'y a que trois fois Y. Rattler, tout le reste est pur sang.

En fait, pour que cette jument si nourrie de sang pur pût faire du trotteur, il fallait un trotteur confirmé. C'est le résultat qui fut obtenu dans son alliance avec Serpolet-Bai (Edimbourg).

Avec Phaëton elle se conduit absolument comme si ce trotteur était confirmé et non un simple fils de Pur Sang ordinaire.

Et cependant, lorsqu'on allie Belle Charlotte avec le sang trotteur confirmé, elle joue le rôle de jument de pur sang et donne la vitesse la plus considérable.

Les exemples, du reste, sont frappants et nombreux. Phaëton avec une fille de *Pretty-Boy* donne Diva, trotteuse vite et confirmée.

Avec une fille d'Elu, sans aucun courant trotteur, il donne Eva, la mère d'Hote (1' 38").

Avec une Séducteur, la Glorieuse de M. Lallouet, qui ne contient que peu de sang trotteur dans son pedigree, il donne Escapade, Finlande et Gérance.

Avec une fille d'Elu, qui n'a presque pas d'ancêtres trotteurs, mais beaucoup de Pur Sang dans son origine, il donne Fauvette à M. Lallouet.

Il faudrait des volumes pour montrer qu'avec des juments où rien n'indiquait l'aptitude trotteuse, et où les plus grandes qualités étaient dues au sang pur, Phaëton a obtenu les trotteurs les plus vites et les plus confirmés de son temps et les mères les plus remarquables, non seulement par leur production trotteuse, mais par leur modèle qui leur donne l'aspect du Pur Sang.

Ce qui distingue la production de Phaëton, c'est cette finesse des tissus, cette beauté des crins plus doux que de la soie, cette absence de poils aux jambes; puis les lignes, la physionomie, la fierté et les qualités d'endurance, tout en un mot semble indiquer le cheval de pur sang, beaucoup plus que des animaux qui, la plupart du temps, n'ont même pas au dosage 50 % de sang pur.

Par lui-même, Phaëton n'en donne, à l'examen de son pedigree, que 60 %, ce qui est du reste une proportion très élevée dans les étalons trotteurs, mais en réalité, il est facile de comprendre que Phaëton agit comme un Pur Sang trotteur.

Il y a eu, dans l'union qui lui a donné naissance, la mise en pratique d'une des formes spéciales de l'hérédité; nous voulons parler d'un retour de tous les courants de sang pur contenus dans son ascendance, ce que certains éleveurs appellent une sortie du sang.

Si l'on veut bien se reporter au chapitre que j'ai consacré au Retour, dans la partie scientifique de ce volume, on reconnaîtra que les aptitudes de *The heir of Linne* se sont pour ainsi dire doublées dans son fils Phaëton, et que toute influence étrangère a été reléguée au quatrième ou cinquième degré au lieu et place des Pur Sang, qui, eux, sont passés au premier degré.

C'est évidemment le même phénomène qui s'est produit pour *Mambrino*, le fils de *Messenger*, qui, quoique pur sang, avait hérité de son père, non seulement l'aptitude trotteuse, mais la faculté de la transmettre. Il y avait eu là un retour de tous les courants trotteurs, et tous les courants contraires s'étaient trouvés rejetés à un degré éloigné.

Le retour est du reste le mode habituel de l'hérédité dans les espèces domestiquées. Seulement le hasard n'amène pas souvent un choix aussi complet d'aptitudes et de caractères pour revenir d'une façon homogène former un produit aussi curieux que Phaëton.

La naissance d'un phénomène. — Pour qu'un pareil étalon ait été produit, il a fallu un concours de circonstances tellement nombreuses et concordantes, tellement difficiles à réunir, qu'il faut conclure à ce qu'on appelle la naissance d'un phénomène. En effet, il est infiniment probable que la même mère, alliée au même cheval, n'aurait jamais reproduit une particularité aussi remarquable que celle qui consiste à intervertir d'une pareille façon l'influence des ancêtres pour la disposer de la manière la plus heureuse et la plus désirable.

Quel que soit le point de vue d'où on envisage la production de Phaëton, elle est inexplicable si l'on n'admet pas notre raisonnement absolument basé sur nos théories de la Sélection consciente, de la Variabilité et de l'Hérédité chez les animaux domestiques, c'est-à-dire le Retour.

Il faut considérer Phaëton comme un Pur Sang trotteur. Il remplit à la fois les deux rôles. Cette conception est absolument conforme aux principes scientifiques que nous avons donnés au commencement de ce volume et qui, on le pense bien, n'ont pas été préparés pour le cas particulier qui nous occupe.

Le rôle des filles de Phaëton. — Il résulte de nos conclusions que les filles de Phaëton sont précieuses; sans parler de leur ascendance féminine, le fait d'être filles de Phaëton leur fait remplir le rôle de filles de cheval de pur sang, et en même temps elles peuvent convenir à n'importe quel étalon trotteur, puisque leur père leur a communiqué cette aptitude. C'est dire qu'elles produiront à la fois l'allure et la vitesse. Il faut tout espérer de cette descendance féminine.

Les filles de Phaëton peuvent être alliées avec le Pur Sang sans aucun inconvénient. Elles ont par elles-mêmes un courant de sang trotteur tellement grand que le passage par le Pur Sang ne peut, en aucune façon, empêcher les poulinières issues d'un pareil croisement de redonner immédiatement le trotteur le plus vite.

Elles peuvent être alliées également à n'importe quel étalon trotteur; leur approvisionnement de sang pur est suffisant pour augmenter le degré dans le produit, et leur aptitude trotteuse est tellement considérable que la vitesse s'allie toujours merveilleusement au mécanisme particulier du trotteur.

Le rôle des fils de Phaëton. — Les mâles de Phaëton ne sont pas moins précieux que les femelles. Ils sont avantageux pour le producteur du Trotteur d'hippodrome, parce qu'ils lui évitent de passer par le Pur Sang pour renouveler dans ses poulinières la provision nécessaire à la vitesse.

Le passage par le Pur Sang est, en effet, comme nous l'avons vu, la pierre d'achoppement de l'éleveur de Trotteurs d'hippodrome, et cependant cela est nécessaire tant qu'on n'aura pas trouvé des reproducteurs pur sang possédant l'aptitude trotteuse et n'apportant pas aux éleveurs les mêmes déboires que le Pur Sang indifféremment choisi.

Ce que le Pur Sang fait perdre, c'est un facteur aussi précieux que l'argent, c'est le temps, qui, au point de vue du résultat scientifique ne compte pas, mais qui, au point de vue humain, a une importance considérable. Il est bien certain que les gens qui se sont servis de Pur Sang tels que *Sylvio, Napoléon, Royal Oack*, etc., n'avaient pas l'intention de faire du Trotteur d'hippodrome, mais les arrières-petits-fils ou les arrières-petites-filles de ces Pur Sang ont parfaitement varié dans la direction du Trotteur, seulement il a fallu le temps. Le Temps, conception sur laquelle nous avons toujours appelé l'attention et que nous considérons comme une force que l'éleveur a intérêt à ne pas rencontrer contre lui. C'est pourquoi, lorsque naissent des Pur Sang comme *Messenger* et comme *Rattler* ou *The heir of Linne*, leurs descendants doivent être considérés comme inappréciables, parce qu'ils économisent cette force de résistance qui s'appelle le Temps.

Conclusion. -- C'est aussi la raison pour laquelle nous engageons les éleveurs jeunes qui veulent marcher dans la voie du progrès, à ne pas prendre indifféremment un Pur Sang quelconque pour mettre dans leurs juments l'indispensable énergie qui donne le vainqueur des courses, mais à chercher par une étude constante, ceux qui peuvent lui donner à la fois l'énergie, la vitesse et l'aptitude au trot.

Cette recherche est certainement très limitée actuellement, comme nous l'avons vu par la parenté de *The heir of Linne,* mais néanmoins les étalons et les juments de ce sang sont encore nombreux.

De plus, dans une tout autre ligne, dans une direction que nous ne soupçonnons pas aujourd'hui, il se découvrira par hasard des Pur Sang Anglais capables de donner l'aptitude trotteuse, et ce n'est que par des essais considérables, dans des pays divers et sur un territoire très étendu, que le hasard peut déterminer la découverte du phénomène. Il faut alors en profiter avec empressement. Quand on pense que des pays séparés par une distance très courte, tels que le Calvados, la Manche et l'Orne, ont été pour ainsi dire aussi étrangers comme élevage que si l'Océan Atlantique les eût séparés l'un de l'autre. Qu'une seule jument, fille de *The heir of Linne* a existé, qui ait été livrée à Normand, qu'un nombre très petit de juments venant de l'Orne ont été livrées à Lavater, on est forcé de conclure que les éleveurs de la Manche agissaient au hasard, et que ceux de l'Orne, à la même époque, n'avaient aucune confiance dans la méthode de leurs compétiteurs de la Manche.

On peut se demander par exemple ce qui fût advenu de l'élevage si le Pur Sang *The heir of Linne,* comme son fils Phaëton, eût fait la monte dans le Merlerault. Au lieu de rencontrer le Norfolk, il eût été en contact avec cette population si affinée de l'Orne, avec les filles de Conquérant, et ses filles avec Normand.

Le rôle qu'a joué Phaëton dans le Merlerault nous donne une idée exacte de ce qu'y aurait fait *The heir of Linne.*

Je sais bien qu'on m'objectera que Phaëton a été fait précisément avec le Norfolk, mais pour tout physiologiste, Phaëton est une sortie du Pur Sang par retour, et le Norfolk ne se retrouve ni chez lui, ni chez ses descendants. Il a été éliminé de la façon la plus formelle. J'ai vu bien des produits de Phaëton, même avec des filles de Lavater et je déclare que le Norfolk disparaît absolument dans cette union : il ne reste que des animaux qui sont des Pur Sang grossis et qui ont tous une aptitude à la vitesse. La conclusion s'impose donc, et la présence de *The heir of Linne* dans cette contrée du Merlerault aurait hâté l'éclosion des reproducteurs les plus distingués.

Il n'y a cependant pas lieu de trop regretter l'alliance du Norfolk avec le Pur Sang *The heir of Linne;* au point de vue théorique elle vient à l'appui de nos conclusions scientifiques. Au point de vue pratique elle a donné le premier élan de cette magnifique poussée de vitesse de l'Anglo-Normand. Il ne faut pas oublier que si, dans Phaëton, le Norfolk a été éliminé par un heureux hasard, le même fait ne se serait peut-être pas produit avec la descendance de *Rattler* alliée au Norfolk.

En effet, la naissance de Phaëton est un phénomène tellement étrange, qu'on doit supposer que la présence des deux étalons Crocus et Corsair dans sa mère se sont trouvés disposés de telle sorte et étaient tellement différents de tous les autres sangs de ce pedigree que, lors de la formation du noyau de conjugaison qui devait produire l'immortel étalon, ces deux plasmas ont été rejetés au dernier rang de l'influence pour être remplacés par une invasion homogène de tous les plasmas de sang pur, non seulement de *The heir of Linne,* mais de *Marcellus, D. I. O.*, et de ceux contenus dans le Matador.

Il faut admettre nécessairement que ces plasmas de sang pur devaient jouir par eux-mêmes d'une certaine attraction que la présence de plasmas hétérogènes tels que ceux de Crocus et de Corsair a pu surexciter. Il y a là un fait analogue à la production de certaines variétés obtenues par croisement et qui se trouvent fixées dès la première génération sans avoir de tendances à varier, comme nous l'avons vu dans la théorie qui précède cette étude pratique.

Harley. — Examinons maintenant le célèbre étalon Harley. A la première inspection du pedigree, dans ses deux lignes extérieures, après notre examen de son père Phaëton, de ses deux grands-pères *The heir of Linne* et Normand, nous voyons un étalon trotteur confirmé et très rapproché du sang pur. De plus, par sa ligne maternelle, il revient à la ligne de la mère de Cherbourg, de la mère de Serpolet-Bai. Nous devons donc avoir confiance dans cet étalon, non seulement pour reproduire l'aptitude trotteuse et la vitesse, mais encore pour donner l'étalon.

En un mot, si nous adoptons les dénominations de Bruce Lowe, Harley vient de deux familles de *Sires* extraordinaires et sa carrière au haras jusqu'à aujourd'hui le dénonce lui-même comme un véritable *Sire.*

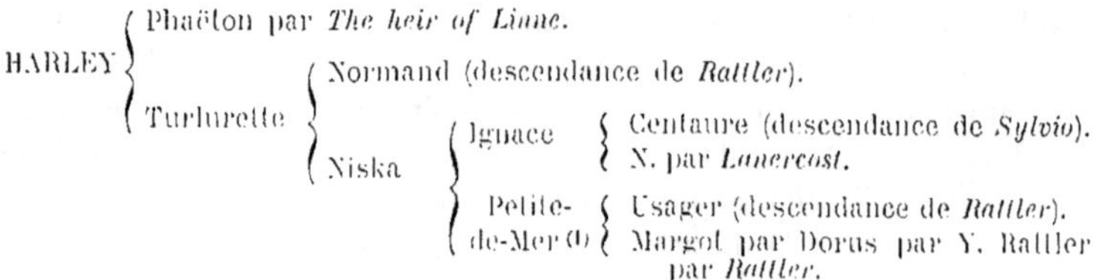

Dans la contrée où il a été placé, il devait rencontrer d'illustres juments filles de Lavater et *The heir of Linne,* et il devait bien s'allier avec ces juments en vertu des deux principes de la Consanguinité et de la provocation au Retour par le croisement du Norfolk.

Il devrait, par la même raison et en vertu de la même formule, bien reproduire avec des filles de Niger et des juments rapprochées du sang pur, avec les filles de Domino-Noir, etc.

Ses propres filles devraient tenir de lui-même un puissant courant de sang pur, et par conséquent, elles devraient être précieuses pour la reproduction de la vitesse.

Levraut. — Un autre fils de Phaëton, Levraut, qui compte à l'effectif du dépôt de Saint-Lô, se trouve par conséquent dans les mêmes conditions et tout ce qui a été dit d'Harley peut se rapporter à lui. Les pedigrees offrent beaucoup de similitude. Il faut cependant reconnaître que, outre la différence de classe entre les deux étalons, la ligne maternelle de Levraut est moins illustre que celle de Harley. Cette souche, qui a produit Levraut, Galba, Flibustier, Ecolière, est Fatmey par *Tipple-Cider,* et N. par *Eylau* (anglo-arabe).

LEVRAUT
- Phaëton par *The heir of Linne.*
- Fleur-de-Genêt
  - Gall (descendance de *Rattler*).
  - Belle-de-Jour
    - Inkermann.
    - Fatmey
      - *Tipple-Cider.*
      - Une fille d'*Eylau.*

James-Watt. — Je ne reviendrai pas sur James-Watt au point de vue de l'analyse du pedigree. Je tiens seulement à dire que l'action biologique de ces trois étalons consiste à introduire une proportion importante de sang anglais pur dans les produits. Mais pour y parvenir d'une façon plus sûre, il faut chercher à provoquer le retour des courants purs en donnant à ces trois étalons des filles de Norfolk

(1) Voir le pedigree de Cherbourg, page 180.

anglaisées, par exemple des filles de Lavater et *The heir of Linne,* ou bien des juments dans la formule de Formosa, la mère de Juvigny.

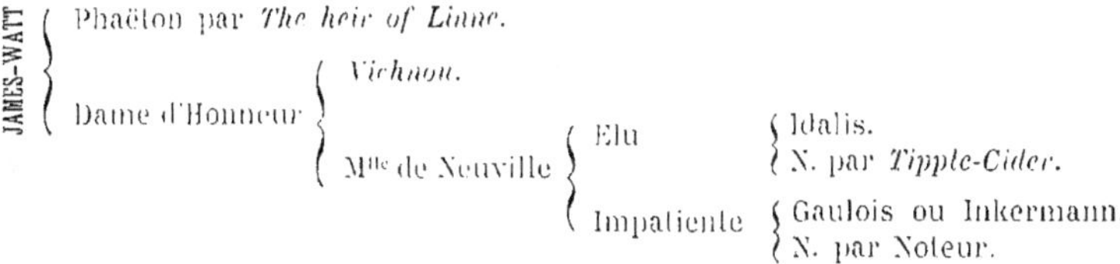

On pourrait également obtenir un résultat heureux avec des filles de Cherbourg, dans l'ascendance maternelle desquelles le Pur Sang Anglais serait proche. Voilà pour des résultats immédiats.

Mais si quelque éleveur de haute envergure, dédaigneux du présent, assez riche pour semer, assez jeune pour pouvoir attendre l'avenir, assez audacieux pour tenter la fortune, voulait suivre la véritable voie de l'élevage, ce serait la consanguinité directe avec des filles de Phaëton et l'un de ces trois étalons qui pourrait donner des poulinières ou des étalons d'une valeur considérable au point de vue de la reproduction.

On pourrait aussi tenter l'alliance avec des juments de pur sang bien choisies. Certainement il y aurait des échecs, mais pour la production d'un phénomène tel que Hambletonian, se figure-t-on qu'il n'a pas fallu faire d'énormes sacrifices?

Il faut reconnaître que de pareils essais ne peuvent être tentés qu'au pays des dollars; dans le monde des éleveurs de Trotteurs Anglo-Normands, il faut chercher le succès immédiat avec les éléments que chacun possède. On doit donc chercher l'étalon qui convient le mieux à ses poulinières, et on peut dire d'une façon générale que lorsque des poulinières paraissent s'éloigner du sang pur, on peut s'en rapprocher avec avantage en se servant des trois fils de Phaëton dont nous venons de parler. Par cette alliance, on introduira nécessairement dans les produits, sinon une aptitude immédiate, du moins un caractère latent précieux et qui ne se perdra pas. Ce caractère latent, c'est l'aptitude double à la vitesse et à l'allure trotteuse.

CHAPITRE VII

Les autres Pur Sang employés pour constituer la race trotteuse anglo-normande : *Sylvio, Napoléon, Friedland, Eastham, Royal Oak, Brocardo, Fitz-Pantaloon, Kaolin, Ministère. Monfort, Pick-Pocket, Plutus, Pretty-Boy, Quid-Juris, Bagdad* (père d'*Hippomène*), *Schamyl, Sir Quid Pigtail, Tarrare, The Juggler, Tipple-Cider, Tonnerre des Indes* (père de *Fortuna*), *Affidavit* (père du premier *Qui vive !*). — Les étalons de pur sang sympathiques au trotteur, les antipathiques. les spontanés. — Un petit roman naturel. — *Bruce. Galopin, Clamart, Stuart, Border-Minstrel. Fitz-Roya. Chêne-Royal, Palmiste,* possèdent le plus puissant courant de sang trotteur de *The heir of Linne.*

Les autres Pur Sang. — A une époque déjà éloignée (1815 à 1840), l'Administration des haras avait poussé à l'emploi du Pur Sang comme étalon améliorateur. Cette période n'a pas été sans gloire. Mais elle n'a pas, au point de vue qui nous occupe, la même importance, parce que les courses au trot n'existaient alors qu'à l'état d'embryon.

Parmi les chevaux employés, une certaine quantité laissèrent une descendance mâle que nous allons énumérer brièvement et succinctement :

DESCENDANCE MALE DE SYLVIO :

SYLVIO (1826)

- Fatibello (1839)
- *Don Quichotte* (ang.-ar.) (1835)
  - Idalis (1842)
  - Elu (1860)
  - Jactator (1865)
    - Parthénon (1871)
    - Oriental (1870)
      - Cambronne (1880)
    - Barabas (1879)
- Kadmor (1844)
- Printemps (1849)
- Condé (1858)

DESCENDANCE MALE DE NAPOLÉON :

NAPOLÉON (1824)

- *Eylau* (anglo-arabe) (1835)
- Noteur (1847)
- Séducteur (1852)
- Centaure (1858).

DESCENDANCE MALE DE ROYAL OAK :

ROYAL-OAK (1823)

- Pledge (1846)
- Abrantès (1856).

La sélection des Pur Sang améliorateurs par les courses au trot. — Par suite des courses au trot, la descendance mâle de tous ces Pur Sang tend à disparaître parce qu'ils ne possédaient pas d'aptitudes trotteuses. Mais ils ont été d'une grande utilité pour introduire le sang dans les poulinières.

C'est à l'influence de ces Pur Sang et de leurs descendants proches que nous devons la plupart des grandes poulinières et leur influence se fera sentir longtemps encore.

Malheureusement, le mouvement qui avait poussé à l'emploi du Pur Sang fut tout à coup ralenti: l'Administration des haras voulant constituer une race de trotteurs, craignit d'empêcher la fixation de l'aptitude en favorisant l'emploi du Pur Sang.

On commence à voir les inconvénients d'un semblable abandon. On paierait cher aujourd'hui des Elu, des Séducteur et des Abrantès. Il n'y en a plus et il faut quarante ans pour y arriver.

Au point de vue naturel, ces étalons près du sang provoquaient des retours de courant de pur sang dans les poulinières; elles devenaient alors non seulement aptes à reproduire les trotteurs les plus vites, mais elles donnaient des chevaux d'un modèle plus agréable que ceux d'aujourd'hui par les lignes de ce Pur Sang Anglais qui se retrouvaient forcément dans leurs descendants.

On trouvera, dans les ouvrages spéciaux, les noms de ces illustres juments à qui nous devons beaucoup de nos grands étalons.

Le Pur Sang a agi là comme on le lui demandait; mais il ne donnait pas le trotteur puisque les sujets choisis n'avaient pas de courants de sang trotteur et que la sélection par la course n'avait pas lieu.

Les autres Pur Sang employés à une époque plus récente pour redonner une nouvelle poussée de sang aux poulinières n'ont pas produit d'étalons, mais des juments reproductrices de premier ordre.

Vichnou. — Il convient de citer *Vichnou* dont les succès en poulinières ont été considérables. C'est à ce point, qu'on a voulu voir en lui un Pur Sang trotteur naturel.

Il y a dans cette manière de voir une erreur qu'il est bon de rectifier en passant. *Vichnou* est un Pur Sang d'une très belle origine. Son père, le *Sarrazin,* est par *Monarque* (ligne d'*Eclipse*) et *Constance* par *Gladiator* (ligne d'*Herod*) La mère de *Vichnou, Valériane,* est par *Ariceps* (ligne d'*Eclipse)* et *Valéria* par *Sting (Eclipse).*

Malgré cette brillante origine, *Vichnou* n'avait pas d'aptitudes trotteuses, car il n'a jamais produit un trotteur. Il a été cependant allié avec des juments très confirmées dans le sang trotteur, mais son action ne s'est jamais fait sentir autrement que dans les poulinières dont il a augmenté l'aptitude à produire la vitesse. Il n'a jamais produit une seule fois l'aptitude trotteuse, mais il y a varié avec une facilité remarquable.

Il n'y a, pour s'en assurer, qu'à consulter le pedigree de James-Watt. James-Watt a pour père Phaëton, c'est le seul courant trotteur du pedigree. Il est vrai que ce courant est une puissance de tout premier ordre; mais dans la mère, Dame d'Honneur, nous ne trouvons aucun courant trotteur. Le père de Dame d'Honneur, *Vichnou,* la mère, Mlle de Neuville par Elu et Impatiente par Gaulois et une fille de Noteur par *Eylau* (anglo-arabe). Il y a donc eu une variation de ces courants de sang pur dans le trotteur par provocation des courants si puissants de Phaëton.

DAME D'HONNEUR	*Vichnou* (descendance de *Monarque*).		
	Mlle de Neuville	Elu (descendance de *Sylvio*).	
		Impatiente	Gaulois par *Fitz-Pantaloon.*
			Fille de Noteur (desc. de *Napoléon*).

De sorte que James-Watt, sous l'influence de cette heureuse variation, s'est trouvé non seulement à trotter en 1'40" à trois ans, mais à reproduire des trotteurs de premier ordre dans la ligne mâle et dans les juments. C'est assurément l'étalon existant le plus précieux pour être allié à des juments dont le sang pur se trouve dans les lignes éloignées du pedigree. Il introduit à la fois un courant de sang pur et une aptitude importante à l'allure trotteuse.

Action générale de tous ces Pur Sang. — En résumé, l'action de tous les Pur Sang cités en tête du présent chapitre peut s'expliquer de la façon la plus rationnelle, la plus conforme aux lois naturelles. Par suite des alliances qui ont eu lieu dans la production du cheval de pur sang anglais, les courants de sang peuvent être séparés en deux principaux bien distincts :

1° Les courants qui offrent une résistance à varier dans l'aptitude trotteuse;

2° Les courants qui ont une tendance à tourner facilement à cette aptitude.

Ces courants proviennent eux-mêmes des alliances de nos trois grands chefs de ligne et des cinquante juments primitives. Par suite d'alliances de hasard entre ces courants de sang, par suite aussi des retours provoqués par le croisement, les courants de sang trotteur peuvent arriver à se trouver transportés aux premiers rangs et les courants de résistance rejetés à un plan éloigné. Il est évident que certains Pur Sang auront pour effet de ramener plus facilement que d'autres les quelques courants de sang trotteur qu'ils ont en dépôt au premier plan.

Etalons de pur sang sympathiques et antipathiques à l'allure trotteuse. Je crois que *Napoléon, Sylvio, Royal Oak, Vichnou, Brocardo* et son petit-fils *Montfort,* possédaient quelques-uns de ces courants que j'appellerai de sympathie, tandis que d'autres Pur Sang possèdent au contraire des courants d'antipathie pour le trot.

Étalons de pur sang spontanés au trot. — Dans les Pur Sang comme *Messenger, Rattler, The heir of Linne,* les courants de sympathie étaient au premier rang et remplissaient un rôle prépondérant; aussi ils produisaient le trotteur directement et par hérédité en ligne directe masculine.

J'appellerai alors cette catégorie de Pur Sang, peut-être plus nombreuse qu'on ne croit, la classe des Pur Sang trotteurs spontanés.

Dans la catégorie de Pur Sang que nous étudions dans ce chapitre, nous n'avons que des sympathiques à des degrés plus ou moins forts. Leur action s'est produite dans les poulinières dont ils ont eu besoin pour varier au trot en sympathisant avec les courants mâles des spontanés.

Nous voyons ici l'application complète de nos théories de l'Hérédité sexuelle, de l'Hérédité par retour, et des principes du Croisement entre variétés voisines.

Difficultés pour distinguer les diverses catégories de Pur Sang au point de vue de l'aptitude trotteuse. — Avons-nous un moyen de reconnaître les chevaux de pur sang sympathiques au trotteur? Cette question est peut-être plus difficile à résoudre que celle des trotteurs spontanés.

Je crois qu'il vaudrait mieux chercher le croisement avec des étalons de la descendance de *The Flying Dutchman* ou de *Dollar,* comme nous l'avons indiqué dans le chapitre sur *The heir of Linne;* au moins, si on ne rencontrait pas la spontanéité absolue, on aurait toujours une sympathie assurée.

Pour atteindre ce but, quelques personnes avaient proposé de faire des courses de Pur Sang au trot. Outre l'impossibilité matérielle de se livrer à de pareilles expériences, nous avons remarqué déjà que les tendances à varier au trot dans le cheval de pur sang n'impliquaient aucune diminution dans sa classe au galop. Que les chevaux tels que *The heir of Linne* et *Messenger* étaient d'une grande classe au galop, et que par conséquent nous n'aurions aucune chance de les voir livrer par leurs propriétaires dans un sport sans rémunération.

Il est bien plus simple, par exemple, de considérer que les fils d'*Androclès* possèdent une sympathie indiscutable pour le trotteur et de chercher dans cette descendance des facteurs nécessaires pour revenir au sang avec des juments trotteuses ayant une tendance à s'en éloigner.

Ou bien, pour les partisans de l'introduction du sang pur par la mère, il serait très commode de choisir des juments de pur sang issues des familles les plus sympathiques au trotteur et qui sont parmi celles actuellement connues comme telles :

1° La famille 21 QUEEN ANNE'S MOONAH BARB MARE (famille de *The heir of Linne*);
2° La famille **3** BYERLEY TURK MARE (DAM OF THE TWO TRUE BLUES) (famille de *Galaor*);
3° La famille 4 LAYTON (VIOLET) BARB MARE (famille de *Matchem, Rattler*);
4° La famille 6 OLD BALD PEG (famille de *Cade, Messenger* et *Rattler*).

Du reste, nous renvoyons le lecteur, pour ce qui concerne les croisements sympathiques du Pur Sang Anglais et du Trotteur Français, au chapitre de *The heir of Linne*.

Examen de quelques juments très près du sang pur. — Pour montrer l'influence du Pur Sang de la période primitive, nous citerons quelques juments modernes :

HARMONIE, mère de { Edimbourg (1882); Belle Charlotte (1881); Bonne Mère (1880).
Grand'mère de Jaguar, de Polka, etc.

Ce pedigree que nous avons déjà examiné à propos de l'influence de Phaëton, nous montre bien que tous les Pur Sang qui le composent étaient sympathiques au trotteur par la suite de la production en ligne féminine directe.

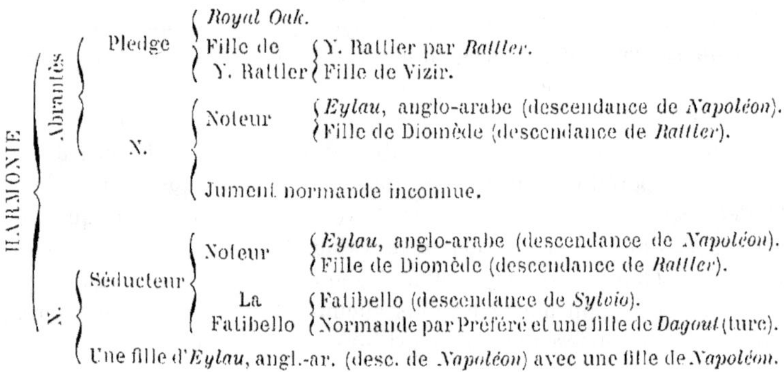

Voltigeuse, la mère de Flibustier, a également un pedigree très suggestif des étalons sympathiques :

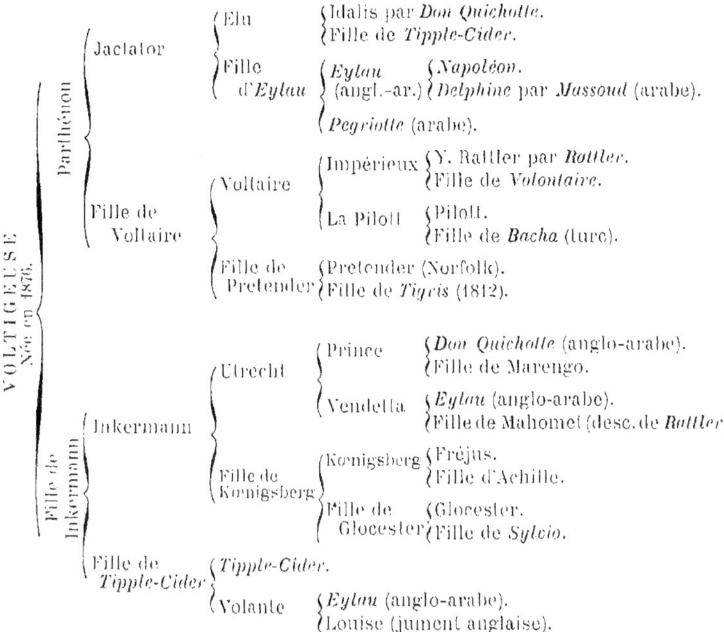

Espérance, la mère de Nangis, est également dans la formule, et elle est la grand'mère de Neuilly :

ESPÉRANCE
- Abrantès (descendance de *Royal Oak*).
- Brillante
  - Destin (Normand).
  - N.
    - *Tipple-Cider.*
    - N. par Xercès par Y. Rattler.

Citons aussi Camélia, la mère de Fatma, qui a produit Oran, Pompéi :

CAMÉLIA
- Elu (descendance de *Sylvio*).
- Crinoline
  - Séducteur (descendance d'*Eylau*, angl.-ar.).
  - *Orpheline.*

On peut aussi indiquer Lucrèce, la mère d'Aquila :

LUCRÈCE { Centaure (descendance d'*Eylau*, angl.-ar.).
Esmeralda par *Lully* et N. par *Chesterfield-Junior* et N. par *Pick-Pocket*.

Simonne, la mère d'Albrant :

SIMONNE { Noteur ou Abrantès (descendance d'*Eylau* ou de *Royal Oak*).
N. par *Hercule*.

Enfin, on pourrait citer une grande quantité de juments qui ont été préparées pour faire de merveilleux trotteurs par infusion heureuse de Pur Sang sympathiques, datant de la première période.

Les nouveaux Pur Sang. — Dans une époque plus récente, les Pur Sang employés, c'est-à-dire *Pretty-Boy, Ministère, Vichnou,* etc., ont paru varier encore plus rapidement au trot sous l'influence du Norfolk, du sang de *Rattler* ou de *The heir of Linne*.

Il est possible, en effet, que ces derniers étalons possédaient plus de sympathie que les *Sylvio,* les *Napoléon,* les *Royal Oak,* etc., pour le trotteur. Mais il faut avouer, cependant, qu'à l'époque où les étalons de la première période ont été employés, ils ne se sont pas trouvés alliés directement, comme ceux de la seconde période, à un élément trotteur très puissant. De plus, on a introduit, à cette époque primitive, un principe de perturbation au point de vue des courses; je veux parler de l'Arabe, qui était alors à la mode on ne sait pas au juste pourquoi.

Toutes ces conditions n'ont pas permis à la descendance des premiers Pur Sang sympathiques de varier au trotteur sans le secours des trotteurs modernes : les Phaëton, les Serpolet-Bai, les Fuschia, les Lavater, etc.....

Si ces Pur Sang n'ont pas varié plus vite c'est qu'on n'a pas allié leurs filles, leurs petites-filles à de puissants courants d'aptitudes au trot.

Les antipathiques. — En ce qui concerne les Pur Sang antipathiques au trotteur je ne crois pas qu'il en existe à proprement parler. Les alliances qui ont produit les trotteurs actuels, celles qui ont produit le Pur Sang ont tellement de points de contact qu'il est bien rare qu'il ne s'établisse pas dans le croisement des deux variétés des courants de sympathie.

C'est l'éternelle question du croisement des variétés voisines d'une même espèce. Il ne peut pas y avoir deux variétés plus voisines dans l'espèce et le genre cheval que la variété Anglo-Normande et le Pur Sang Anglais. J'admets donc qu'il y a des Pur Sang plus ou moins sympathiques à l'aptitude trotteuse mais je ne croirai jamais qu'il y en a d'antipathiques absolus et complètement réfractaires à varier à cette allure.

C'est pourquoi l'emploi d'un étalon de pur sang anglais quelconque, comme améliorateur de l'aptitude à la vitesse dans la race trotteuse d'hippodrome, est préférable à tout autre espèce de croisement tels que l'Arabe, le Russe, l'Américain, le Norfolk, etc.

La recherche des courants trotteurs. — Ce qui ne veut pas dire qu'il n'y ait pas lieu de choisir son Pur Sang au lieu de prendre le premier venu. Comme condition indispensable, on doit exiger la plus haute classe possible au galop. C'est la première garantie que l'éleveur doit mettre, s'il le peut, à son actif. Puis chercher des courants trotteurs dans les courants mâle ou femelle en ligne directe.

Je suppose, par exemple, que je prenne pour objectif le haras du Pin et que je cherche l'étalon de haute valeur de pur sang anglais à qui je livrerais une jument de demi-sang chez laquelle le Pur Sang ne se trouve plus que dans les lignes éloignées du pedigree. J'ai là sous la main les gloires de l'élevage français et anglais : *Bruce, Border-Minstrel, Clamart, Krakatoa,* etc. Eh bien! je veux chercher auquel je dois donner la préférence au point de vue du courant de sang trotteur. Voici un petit tableau que j'offre au lecteur pour lui montrer que je n'aurais que l'embarras du choix.

Ce petit tableau, très instructif, donnera en même temps la preuve que des chevaux qu'on croyait absolument dissemblables et étrangers contiennent des courants de sang très rapprochés. Que non seulement ces courants de sang sont très rapprochés, mais que ces courants de sang sont des courants trotteurs. On y retrouve même, à l'origine, la présence curieuse de notre vieux *Snap* si souvent répété dans Y. Rattler.

Un petit roman naturel. — Voici ce petit roman naturel mais qui n'est pas naturaliste :

En 1753 naissait *Miss Belsea* par *Régulus* (**11**) et une fille de *Bartlets Childers* (6); cette dernière jument était la petite-fille en ligne maternelle de la *Byerly Turk Mare (dam of the two True Blues),* c'est-à-dire la jument primitive **3.** Nous allons donner une courte descendance de cette jument en ligne féminine directe.

MISS BELSEA (**3**) (1753) *REGULUS* (**11**)	*Rosebur* (1765) *Snap* (1)	*Mare* (1778) *Eclipse* (**12**)	*Mare.* (1794) *Highflyer* (13) par *Herod.*
	Elfrida (1768) *Snap* (1)	*Editha* (1781) *Herod* (26)	*Mare.* (1794) *Pot-8-Os* (38) par *Eclipse.*

Si on veut bien examiner la constitution biologique des deux dernières juments de ce petit tableau, on reconnaîtra qu'elles sont pour ainsi dire propres sœurs.

En effet, leurs grand'mères sont propres sœurs, c'est-à-dire issues du même père et de la même mère : *Snap* et *Miss Belsea.* Les deux juments *Eclipse Mare* (1778) et *Editha* (1781) sont donc cousines germaines seulement, l'une est par *Eclipse* et l'autre par *Herod.* Mais la fille d'*Eclipse* a eu sa fille avec *Highflyer,* fils d'*Herod,* tandis que la fille d'*Herod* a eu sa fille avec *Pot-8-Os* par *Eclipse.* On voit par là quelle parenté étroite, autant qu'il est possible, lie entre elles ces deux juments. Voyons donc ce qu'est devenu depuis 1791-1794 la descendance féminine de ces deux juments.

Il suffit pour cela de consulter le tableau ci-contre que j'ai tâché de rendre aussi intelligible que possible ; je n'ai donc aucune explication à donner au lecteur qui n'a qu'à ouvrir les yeux pour voir et constater, sans aucune espèce de fantasmagorie ni de sorcellerie que :

BRUCE, du haras du Pin (descendance d'*Herod*) ;
GALOPIN, père de Saint-Simon (descendance d'*Eclipse*);
THE FLYING DUTCHMAN, père de Dollar (descendance d'*Herod*);
GALAOR, père de *The heir of Linne* (descendance d'*Eclipse*) ;
STUART, gagnant du Grand Prix du Derby de France (descendance d'*Eclipse*);
BORDER MINSTREL, du haras du Pin (descendance d'*Eclipse*);
CHÊNE ROYAL, élève du haras de Martinvast (descendance d'*Eclipse*) ;
FITZ ROYA, élève du haras de Martinvast (descendance d'*Herod*);
PALMISTE, élève du haras de Martinvast (descendance d'*Herod*),

descendent en ligne directe féminine de nos deux propres sœurs filles de *Snap*, *Rosebud* (1765) et *Effrida* (1768). Il en résulte donc, par la présence de *Galaor* et de *Dollar*, que ces étalons auront un puissant courant de sympathies pour le trotteur. Celui qui voudra choisir au haras du Pin des étalons de pur sang ayant une sympathie certaine pour l'aptitude trotteuse pourra donc choisir indifféremment *Bruce* (1)

(1) Il convient de remarquer que *Bruce* est particulièrement traversé de courants trotteurs, car non seulement il descend de la *Pot-8-Os Mare* (1794) qui a eu *Galaor*, le père de *The heir of Linne*, mais son père, *See-Saw*, est de la famille 6, *Old Bald Peg (got by an Arabian Stallion out of a Barb Mare)* auteur du courant de sang trotteur chez *Rattler* et chez *Messenger*.

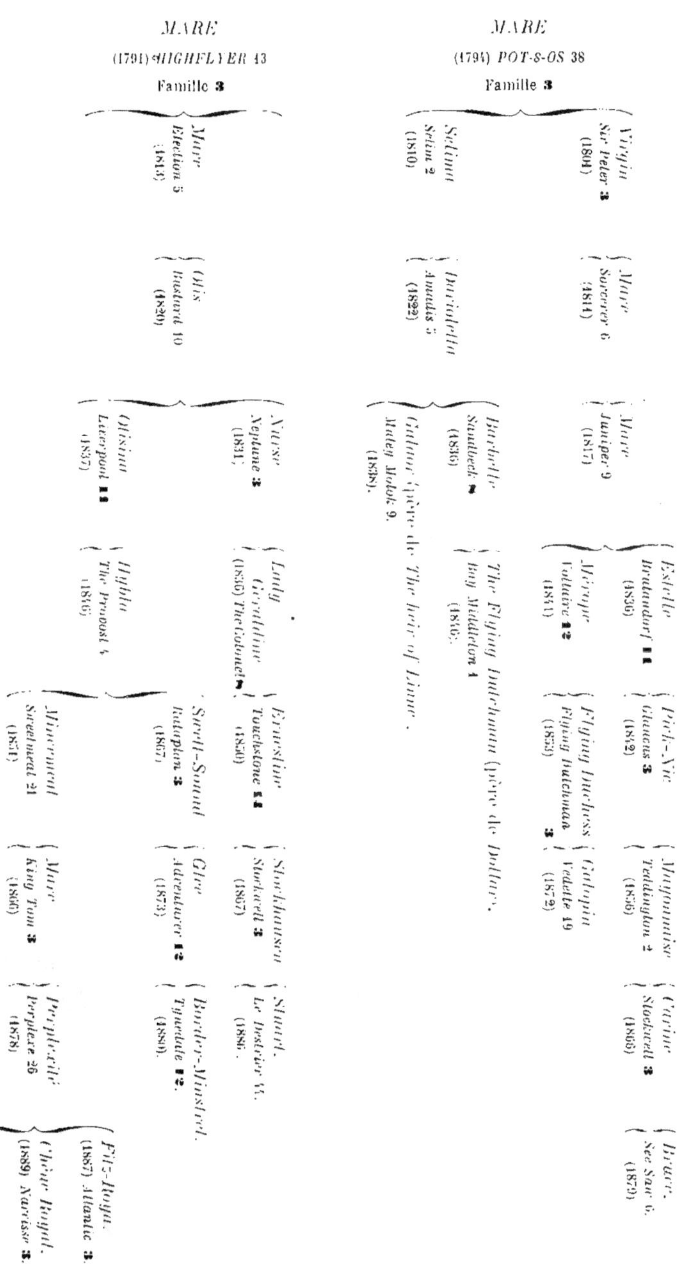
MARE
(1794) POT-8-OS 38
Famille 3
Virgin
Sir Peter 3
(1804)
Mare
Sorcerer 6
(1814)
Mare
Juniper 9
(1817)
Estelle
Brutandorf 11
(1836)
Pick-Nic
Glaucus 3
(1842)
Mayonnaise
Teddington 2
(1856)
Carine
Stockwell 3
(1866)
Bruce.
See Saw 6.
(1879)
Mérope
Voltaire 12
(1841)
Flying Duchess
Flying Dutchman 3
(1853)
Galopin
Vedette 19
(1872)
Selima
Selim 2
(1810)
Dariolella
Amadis 5
(1822)
Barbelle
Sandbeck 8
(1836)
The Flying Dutchman (père de Dollar).
Bay Middleton 1
(1846).
Galaor (père de The heir of Linne).
Muley Moloch 9.
(1838).
MARE
(1791) HIGHFLYER 13
Famille 3
Mare
Election 5
(1813)
Otis
Bustard 10
(1820)
Nurse
Neptune 3
(1831)
Lady Geraldine
(1836) The Colonel 8
Ernestine
Touchstone 14
(1850)
Stockhausen
Stockwell 3
(1867)
Stuart.
Le Destrier 4.
(1886).
Swell-Sound
Rataplan 3
(1867)
Glee
Adventurer 12
(1873)
Border-Minstrel.
Tynedale 12.
(1880).
Otisina
Liverpool 11
(1837)
Hybla
The Provost 4
(1846)
Mincemeat
Sweetmeat 21
(1851)
Mare
King Tom 3
(1866)
Perplexité
Perplexe 26
(1878)
Fitz-Roya.
(1887) Atlantic 3.
Chêne Royal.
(1889) Narcisse 3.
Palmiste.
(1894) Le Sancy 4.

Border-Minstrel ou *Clamart* (descendance de *Dollar*) et il pourrait bien se faire qu'il y ait dans ces animaux des *The heir of Linne,* des *Messenger*, ou des *Rattler;* mais pour le savoir il faudrait les essayer. Il y a donc dans cette direction une ère de prospérité inouïe pour le Trotteur Français.

En livrant des juments trotteuses de haute classe à des étalons de pur sang tels que ceux que j'ai désignés ci-dessus il est presque certain que l'on perdra une année de la jument au point de vue des courses immédiates, mais on assurera un avenir certain avec une seule fille issue d'un pareil croisement.

Est-ce à dire qu'il n'y a que ces étalons de classe qui se trouvent dans de pareilles conditions de sympathie. Il n'en est rien et c'est le basard qui m'a amené à les citer. Je le répète, je crois même que, toute différence de classe mise à part, il n'y a pas à proprement parler d'étalons pur sang antipathiques à l'alliance trotteuse. Les courants de sang trotteur traversent toute la race de pur sang d'un bout à l'autre du Stub Book et je laisse à des chercheurs studieux cette exploration à faire qui offre, il me semble, un intérêt de premier ordre.

Quelques analyses naturelles. — Il est indispensable, avant de clore ce chapitre, d'expliquer par quelle raison biologique et naturelle des étalons de pur sang tels que *Sylvio, Napoléon* et *Royal Oack,* étaient incapables de fonder une famille trotteuse par leurs descendants en ligne mâle comme les *Messenger,* les *Rattler* et les *The heir of Linne.*

Les premiers nommés ont été à même, aussi bien que les seconds, de percer, et cependant ils n'ont pu le faire et sont restés seulement des auxiliaires précieux dans les juments qui sont sorties de leur sang.

Eylau. — Pour ne pas fatiguer le lecteur, je prendrai quelques exemples, et surtout un entre autres, parce qu'on me l'a souvent opposé, sans aucune espèce de raison du reste, comme nous allons le voir. C'est celui d'*Eylau,* cet anglo-arabe fils de *Napoléon.*

On m'a souvent dit, *Eylau* était un Pur Sang trotteur et il a aidé *Rattler, The heir of Linne* et les Norfolks. Il y a là, comme nous allons le voir, une confusion extraordinaire.

Oui, *Eylau* a aidé *Rattler* et *The heir of Linne,* non pas dans l'aptitude, mais dans la production du cheval d'hippodrome, en favorisant la vitesse. Mais si *Eylau* n'eut pas existé, ni *Rattler,* ni *The heir of Linne* n'en auraient souffert.

Quant au Norfolk, son alliance avec la descendance d'*Eylau* a eu lieu dans les conditions que nous avons indiquées au chapitre IV, par le croisement de l'étalon Norfolk avec des juments saturées du sang pur d'*Eylau*, et l'aptitude est venue du Norfolk et la vitesse par le Pur Sang.

Napoléon (1824), le père d'*Eylau*, est de la célèbre famille 13 *Royal Mare* qui, probablement, ne forme qu'une seule et même souche avec la famille **11**, la *Sed bury Royal Mare*, à cause de la jument presque à coup sûr commune, *Miss Betty Darcy's Pet Mare*. *Napoléon* remonte à *Herod* par la ligne de *Woodpecker*.

Cet étalon pouvait avoir des aptitudes trotteuses mais je ne lui trouve aucun courant remarquable commun avec les seuls courants trotteurs que nous connaissions : *Messenger*, *Rattler* et *The heir of Linne*. On reconnaîtra donc qu'il est un Pur Sang trotteur par l'expérience, c'est-à-dire s'il donne des trotteurs directement, ou s'il s'en trouve dans sa descendance mâle.

Le plus remarquable de ses fils fut un Pur Sang anglo-arabe, *Eylau* (1835).

Voici son pedigree :

EYLAU angl.-ar. (1835)	*Napoléon* (descendance d'*Herod* par la ligne de *Woodpecker*).		
	Delphine	*Massoud* (arabe).	
		Selim Mare	*Selim* par *Buzard*, *Woodpecker*, *Herod*.
			Y. Camilla, par *Woodpecker* par *Herod*.

Eylau était un étalon bai-châtain qui eut une classe remarquable au galop. Son grand-père maternel, *Massoud* (arabe), qui lui donne un courant arabe nous est peu connu. Il a été employé naturellement à l'époque de l'Arabe par les éleveurs qui avoisinaient le haras du Pin ; il ne paraît pas avoir marqué d'une façon importante dans cette région. Il pouvait avoir une aptitude de course comme certains arabes qui ont réussi dans la race pure en Angleterre.

La caractéristique d'*Eylau* est un *inbred* sur *Herod*, dont il descend en ligne directe par les mâles, et dont la grand'mère, *Selim Mare*, en a deux courants très prononcés. Mais il n'y a là rien qui nous indique le trotteur.

Comme, de plus, à cette époque il n'y avait pas de courses au trot, on ne sut jamais s'il fut le père d'étalons trotteurs.

Noteur. — Le plus remarquable de ses fils (demi-sang), qui a le mieux tracé, est Noteur que nous allons examiner.

Voici son pedigree :

NOTEUR (1847)
- *Eylau* (descendance mâle de *Napoléon*, ligne d'*Herod*).
- Fille de Diomède
  - Diomède
    - Y. Rattler par *Rattler*.
    - Fille de Y. Topper (descendance anglaise inconnue).
  - La Légère
    - Y. Rattler par *Rattler*.
    - La Meunière
      - Desc. mâle d'Highflyer (angl.), Le Matador.
      - Fille de Matador, Glorieux.

Au premier aspect on aperçoit immédiatement que la mère de Noteur est fortement *inbred* sur *Rattler* dont elle a deux courants puissants chez son père et chez sa mère.

Par conséquent, si du côté d'*Eylau* il y avait la moindre tendance à l'aptitude trotteuse, nous aurions en Noteur un étalon destiné à se reproduire et à fonder une famille de trotteurs. Mais, si du côté d'*Eylau*, nous n'avons pas de tendances à l'aptitude trotteuse, la descendance mâle de Noteur sera éliminée en tant que reproductrice d'étalons trotteurs. Par conséquent le sang d'*Eylau* disparaîtra en ligne mâle et se retrouvera seulement dans les juments accouplées aux descendants de cet étalon tant que la sélection par les courses ne les aura pas fait disparaître complètement.

Séducteur. — Le meilleur fils de Noteur est Séducteur (1852).

Voici son pedigree :

SÉDUCTEUR (1852)
- Noteur par *Eylau* (anglo-arabe) (desc. mâle de *Napoléon*, ligne d'*Herod*).
- La Fatibello
  - Fatibello
    - *Sylvio.*
    - Fille de Préféré, *Dagout* (turc), Docteur.
  - La Ragonne
    - Railleur par Y. Rattler par *Rattler*.
    - Ouricka
      - *Eastham.*
      - La Soubrette
        - *Bacha* (turc).
        - L'Aigle Blanc (jument anglaise)

Au premier aspect, nous voyons que la mère de Séducteur est par Fatibello, descendance de *Sylvio,* et La Ragonne qui contient un courant de *Rattler*. Dès lors nous augmentons encore la tendance trotteuse qui était chez Noteur. Si donc, le sang d'*Eylau* est un sang trotteur, nous lui donnons une nouvelle puissance.

Centaure. — Mais hélas, nous ne voyons sortir de ce reproducteur qu'un seul étalon remarquable, Centaure (1858), qui sera le dernier mâle de cette famille car les courses sont maintenant arrivées et la sélection a été immédiate. La descendance mâle d'*Eylau* est balayée comme un fétu de paille par la puissance du courant mâle de *Rattler*. Centaure clôt la série.

Voici son pedigree :

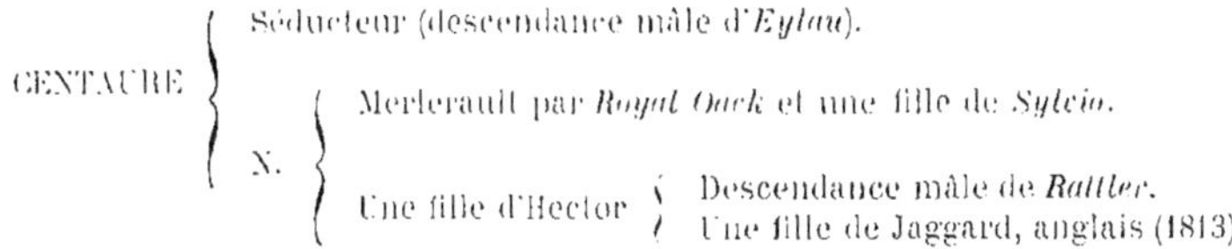

Nous comprenons donc maintenant, non seulement pourquoi les étalons de cette descendance ont disparu, mais pourquoi la présence des étalons de cette descendance chez les juments qui en sont issues est très précieuse. C'est parce que ces étalons ont introduit le principe de vitesse qui leur venait du sang pur, par *Napoléon* et *Eylau,* associé au principe trotteur provenant du côté maternel de Noteur, Séducteur et Centaure.

Royal Oak et sa descendance. — C'est avec le même raisonnement qu'on fixerait le rôle exact du Pur Sang *Royal Oak* et de sa descendance mâle : Pledge, Abrantès, dont la présence chez certaines juments les a rendues si précieuses pour la reproduction du Trotteur d'hippodrome avec la descendance mâle de *Rattler* et de *The heir of Linne.* La descendance masculine de *Royal Oak* est du reste éteinte comme lignée d'étalons trotteurs.

Sylvio et sa descendance. — C'est toujours aussi le même ordre d'idées qui servira à étudier *Sylvio* et sa descendance mâle, qui a encore des représentants vivants ou des juments issues directement de la descendance mâle : Parthénon (1871), Oriental (1870), Cambronne (1880), Barabas (1879).

Mais on n'a pas vu, depuis ces époques, aucune production d'étalons trotteurs de cette souche, et on n'en verra plus.

L'examen des pedigrees de tous ces animaux indique, du reste, de la façon la plus claire, que la descendance mâle de *Sylvio* était incapable de trotter aussi bien que celle de *Napoléon* (*Eylau*) et de *Royal Oak*.

Je reproduis les quatre pedigrees et je les passe en revue rapidement l'un après l'autre :

Oriental. — A l'aspect de ce pedigree, on aperçoit immédiatement que l'origine paternelle, Jactator, représente l'alliance du sang de

Sylvio avec le sang d'*Eylau,* auquel vient se joindre le sang arabe sous la forme d'une jument arabe, *Pégriotte.* Si *Eylau* et *Sylvio* eussent contenus des courants trotteurs, ils auraient dû se fortifier, mais la présence de *Pégriotte* ne pouvait probablement que gêner leur expansion.

ORIENTAL Né en 1870.
- Jactator
  - Elu
    - Idalis par *Don Quichotte* par *Sylvio.*
    - Fille de *Tipple Cidder*
      - *Tipple Cider.*
      - Fille d'*Eylau*
        - *Eylau.*
        - La Louve p. Chasseur.
  - Fille d'*Eylau*
    - *Eylau*
      - *Napoléon.*
      - *Delphine* (anglo-arabe).
    - *Pégriotte*, poulinière arabe.
- Fille d'*Emir*
  - *Emir* (arabe), cheval favori d'Abd-el-Kader.
  - Fille de Phoenomenon
    - The Norfolk Phoenomenon.
    - Fille de *Dangerous.*

Dans la ligne maternelle, nous trouvons une fille d'*Émir,* un cheval arabe, celui qui était le favori d'Abd-El-Kader. Evidemment c'est très pittoresque, mais peu sportif.

La mère d'Oriental tire un courant trotteur de sa ligne maternelle, qui était une fille de The Norfolk Phoenomenon avec une fille de *Dangerous.* Malheureusement, tous ces croisements bizarres et surchargés d'Arabes, d'Anglais, de Norfolks, ont apporté un désarroi complet dans la production d'une aptitude quelconque, et il était impossible de pouvoir supposer qu'un animal ainsi naturellement constitué pût jamais reproduire des trotteurs.

Cambronne. — Le meilleur descendant d'Oriental fut Cambronne, qu'il eut avec une fille de Niger, fortement mélangée de sang pur par la présence dans sa mère du sang de Pledge (*Royal Oak*) et de Dupleix, qui contenait un courant de *Rattler.*

CAMBRONNE Né en 1880.
- Oriental (descendance de *Sylvio*).
- Fille de Niger
  - Niger (Norfolk).
  - Fille de Pledge
    - Pledge
      - *Royal Oak.*
      - Fille de Y. Rattler
        - Y. Rattler.
        - Fille de *Vizir.*
    - Fille de Dupleix
      - Dupleix
        - Pickpoket.
        - La Marquise par Y. Rattler.
      - La Pilott
        - Pilott.
        - Fille de *Bacha* (turc).

Voilà donc un cheval admirablement constitué dans sa ligne maternelle pour reproduire le trotteur. Toute la résistance viendra donc de son origine paternelle, qui l'empêchera toujours de donner naissance à des trotteurs, et parmi les poulinières issues de ce sang, les rappels de l'Arabe viendront souvent contrarier les calculs de l'éleveur.

Barabas. — Le pedigree de Barabas indique un cheval comme les deux précédents. Il est du reste le frère de père d'Oriental et la grand'mère maternelle de Jactator, *Pégriotte* (arabe), arrive toujours pour jeter le désordre dans la constitution naturelle de ce beau reproducteur.

BARABAS né en 1879			
Jactator	Descendance mâle de *Sylvio*.		
	Descendance arabe.		
Fille de Niger	Niger (Norfolk anglaisé).		
	Fille de Centaure	Centaure (descendance de *Royal Oak*).	
		Jument normande présumée de la descendance de *Sylvio* dans les 2 lignes.	

Sa mère, comme celle de Cambronne, est une fille de Niger qui l'eut avec une fille de Centaure. Il y a donc toujours là un beau courant maternel qui sera annihilé par la descendance paternelle hétérogène et non trotteuse.

Parthénon. — Je n'insisterai pas sur ce dernier reproducteur :

PARTHÉNON		
Jactator	Descendance paternelle de *Sylvio*.	
	Descendance maternelle arabe.	
Fille de Voltaire (descendance de *Rattler*).		

La descendance paternelle n'étant pas trotteuse, rien ne pouvait sauver cette si belle ligne d'étalons de la stud-failure comme reproducteurs d'étalons d'hippodrome.

Pretty-Boy. — Nous examinerons maintenant un Pur Sang plus récent qui a réussi assez bien à varier dans le trotteur et qui a même produit un étalon illustre dans ses courses. Plusieurs personnes ont encore supposé qu'il était réellement un Pur Sang trotteur. Nous allons voir qu'il n'en est rien et qu'il a agi seulement dans la ligne des mères, à la mode des Pur Sang, mais comme un principe parfaitement sympathique à l'allure trotteuse.

Voici le pedigree de cet excellent reproducteur :

PRETTY-BOY (1) 1853.	*Idlle-Boy* (15)	*Saint-Martin* (2) (desc. d'*Eclipse*).
		Peggy Sand par *Vélocipède* **(3)** (desc. d'*Eclipse*).
	Lena	*Glaucus* **(3)** desc. d'*Herod*).
		Zellah par *Reveller* (19) (desc. de *Matchem*).

Nous apercevons de suite un *inbred* assez bien placé sur la famille 3 qui nous donne la clef de sa sympathie pour le trotteur. Mais ce courant est encore trop faible pour prendre une importance considérable et la descendance mâle devait s'éteindre en trotteurs, puisque rien dans cette descendance extérieure, dont la puissance nous est si familière, ne le portera à trotter.

Au surplus quels sont ses principaux descendants : Rigolo était par *Pretty-Boy* et une jument Irlandaise sortant des écuries de l'empereur après la vente qui suivit la chute de l'empire en 1870. Il fut élevé par M. Balvay, du Calvados, et essayé à Saint-Lô comme étalon. Il avait été d'une première classe en courses. Il ne produisit rien en Normandie et fut envoyé ensuite au dépôt de Cluny où il fut au-dessous de tout.

Or, des renseignements que j'ai pu me procurer, il résulte que cette fameuse jument Irlandaise, mère de Rigolo, était une grosse jument trotteuse grise, probablement du Norfolk, qui faisait le service de Saint-Cloud aux Tuileries pour les provisions. On peut donc supposer que cette jument, quoique possédant une certaine vitesse de service et des allures trotteuses remarquables, était absolument dénuée d'aptitude de course et que son alliance avec *Pretty-Boy* avait eu l'effet de ces premiers croisements qu'on réussit quelquefois mais qu'on doit se garder d'employer comme reproducteurs.

Le retour inévitable à une seconde génération d'aptitudes anti-sportives dans la ligne femelle et d'aptitudes contraires à la ligne trotteuse dans la ligne mâle, a mis un terme rapide à la descendance de cet énorme reproducteur qu'était Rigolo.

Dans les femelles, au contraire, la présence de *Pretty-Boy* est un facteur heureux de vitesse :

Débutante par *Pretty-Boy* et *Joness* par *Ion*, la mère de Bank-Note, la grand'mère d'Hébé III, de Kalmia et de Léda, l'arrière-grand'mère de Narquois paraît avoir eu une heureuse influence sur cette lignée.

Pretty-Boy donna aussi la mère d'Infant, un étalon par Lavater, qui fut remarquable au trot attelé et qui est actuellement au haras de Blois. (Très joli modèle).

Tonnerre des Indes. — *Harriet.* — *Fortuna.* — La célèbre mère de

Capucine et sa mère *Harriet* ont formé une souche de juments qui, bien employées, auraient donné et pourraient donner dans l'avenir des trotteurs très vites. Il suffira pour cela de les allier à la descendance de *Rattler* ou de *The heir of Linne* car, par elles-mêmes, elles ne contiennent aucun courant de sang trotteur.

Voici le pedigree de *Fortuna* :

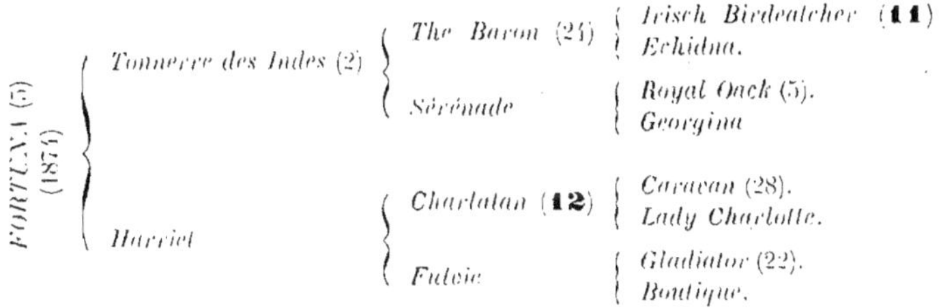

Les deux célèbres mères ont agi simplement comme agents de vitesse.

Voici leur production détaillée que j'extrais du livre de M. Guillerot, « *l'Élevage du Trotteur en France* ».

Harriet, alezane (1864), a produit :

1874 *Fortuna,* par *Tonnerre des Indes.*
1875 Talisman, par Normand.
1877 Villa, par Liberator.
1878 Abeille, par Normand.
1880 Deuil.
1881 Duègne, par Lavater, gagnante de 52.663 francs. — R. 1' 39".
1882 Etoile-Filante, par Lavater, mère de Judée, Kalenda et Lièvre.
1883 Folies-Bergères, par Niger.
1886 Intrigant, par Lavater.

Fortuna, alezane (1874), a produit :

1878 Tulipe, par Liberator.
1879 Bérénice, par Kilomètre, gagnante à 3 et 4 ans de 5.816 francs. — R. 1' 47".
1880 Capucine, par Conquérant, gagnante de 127.127 francs. — R. 1' 35".
1881 Constance, par Noville.
1882 Marguerite, par Ulrich II, gagnante à 3 ans de 650 francs. — R. 1' 48".
1884 Grenadine, par Tigris.
1886 Iris, par Rivoli.
1887 Queen, par Rivoli.
1888 Églantine, par Tigris.
1889 Léonidas, par Tigris, gagnant à 3 ans de 4.960 francs. — R. 1' 45".
1891 Noisette, par Homard.
1892 Olympia, par Homard.

Deuil, noire (1880), a produit :

1886 Ibis, par Lavater.
1887 Jouvence, par Lavater, gagnante à 3 et 4 ans de 4.195 francs. — R. 1' 43''.
1888 Kalmie, par Lavater, gagnante à 3 et 4 ans de 2.570 francs. — R. 1' 44''.
1889 Loriot.
1890 Mange-Tout, par Fuschia, gagnant à 3 et 4 ans de 8.240 francs. — R. 1' 41''.
1891 Nitouche, par Fuschia, gagnant à 3 et 4 ans de 55.320 francs. — R. 1' 31''.
1894 Quémenevin, par Tigris.

Constance, baie (1881), a produit :

1886 Impartial, par Valencourt. — Etalon à Aurillac.
1887 Jourdan, par Valencourt.
1891 Nancy, par Valencourt.
1894 Quenotte, par Juvigny.

Il y a dans leur production une certaine irrégularité due précisément à ce qu'elles ne possédaient pas une grande facilité à varier dans le trot et qu'elles n'y ont réussi que comme toutes les juments de pur sang. Elles étaient le résultat d'une sélection sévère sur l'hippodrome et donneront nécessairement une suite de chevaux vites, à la condition d'allier leurs descendantes, en ligne féminine, avec des étalons très confirmés dans l'aptitude trotteuse. Les courants trotteurs qu'elles renferment certainement, comme presque tous les Pur Sang, sont trop éloignés et ne peuvent être rappelés que rarement.

Le dernier venu de cette famille de *Harriet,* et qui a paru un instant briller d'un vif éclat en 1898, est Ready par Fuschia et Grenadine par Tigris et *Fortuna,* dont il a été déjà question dans ce volume.

Bagdad. — Le père d'Hippomène est un fils du célèbre *West-Australian* qui descend en ligne directe de *Matchem.* Le meilleur fils que *Bagdad* ait laissé est *Reluisant,* qui gagna le Derby de Chantilly en 1885.

La mère d'Hippomène, Barbe d'Or, est une jument bizarre contenant un courant d'Arabe et un courant de Norfolk.

Voici le pedigree de ce cheval célèbre :

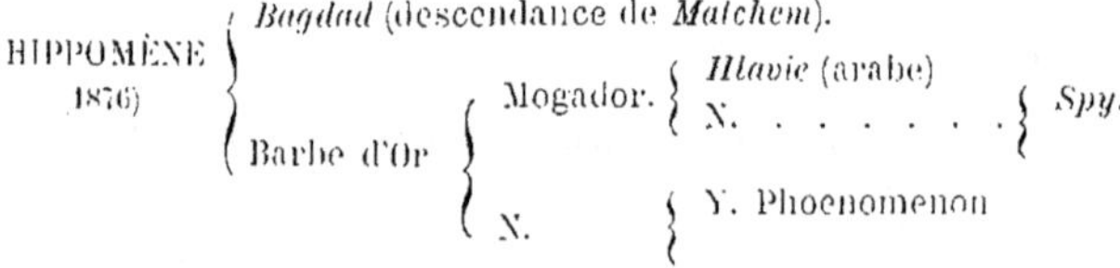

Malgré qu'il ait été allié aux meilleurs sangs de Normandie, ce cheval, comme on devait s'y attendre, a vu sa postérité éliminée par les courses. Le lecteur peut juger par les raisonnements qui précèdent de celui qu'il convient de lui appliquer.

Fitz-Pantaloon. — Le père de Gaulois descend d'*Herod* par la ligne de *Woodpecker*. Il ne contient pas de courant trotteur pur. Il a agi comme principe de vitesse. Il donna Gaulois avec une fille de Montaigne qui descend de *Rattler* par son père Voltaire.

Comme le courant trotteur ne se trouvait que du côté maternel, les étalons de cette descendance furent éliminés par les courses. Le sang de *Fitz-Pantaloon* est très estimé dans les juments qui en possèdent une goutte en ligne féminine par Gaulois, ou mieux encore directement, comme la célèbre Alphérie, la mère de Valencourt, dont nous avons déjà parlé et dont la descendance vient de s'illustrer encore par la naissance de Royal par Cherbourg :

ROYAL (1895) Record 1' 32"
- Cherbourg
- Ida
  - Niger (Norfolk).
  - Esméralda
    - Elu
    - Alphérie
      - *Fitz-Pantaloon.*

Cet étalon pourra donner la vitesse si le courant de Cherbourg parvient à traverser le courant de Niger qui est néfaste. Dans tous les cas, il faudra lui livrer des juments très rapprochées de sang pur.

Voici le pedigree d'Alphérie :

ALPHÉRIE (baie) (1863)
- *Fitz-Pantaloon* (descendance d'*Herod*).
- Ida II
  - *William* (descendance de *Matchem*).
  - Ida Ire par Basly, Impérieux, Ardrossan, *Snail*, La Séduisante par l'Aleyrion et une fille du Parfait.

Ministère. — Ce cheval, d'une illustre origine, a été employé dans le Calvados. Beaucoup de juments contiennent un courant de son sang. Il descend d'*Eclipse* par la ligne de *Pot-8-Os*, en ligne paternelle, et sa mère était la célèbre *Mon Étoile* par *Fitz-Gladiator* et *Hervine*. Il ne contient pas de courants trotteurs rapprochés. Il a agi et agira dans les juments comme principe de vitesse. Ses filles et petites-filles pourront donc être employées avantageusement avec la descendance de *Rattler* et de *The heir of Linne*.

Il est le grand-père de Jaguar III :

JAGUAR III (1887) Record 1' 38" à 4 ans	Lavater (Norfolk).	
	Friandise	*Ministère* (descendance d'*Eclipse*).
		N. par *El-Ghor* (arabe).

La présence de l'Arabe, du Pur Sang et du Norfolk empêchera sûrement cet étalon de propager sa descendance paternelle en trotteurs.

J'arrêterai là cette énumération qui finirait par fatiguer le lecteur, mais pour tous les autres étalons qui sont cités dans le sommaire du présent chapitre, l'étude se fait de la même manière. Par la ligne paternelle et la ligne maternelle on s'aperçoit que ces étalons n'ont pas de courants trotteurs connus. Dès lors, leur emploi a été utile mais ne pouvait se propager en descendance mâle à cause de la sélection opérée de suite par les courses au trot.

Résumé. — Si on veut résumer les idées contenues dans ce chapitre et profiter des enseignements du passé pour éviter dans l'avenir les fautes et les échecs, il faut se montrer très prudent pour introduire dans une variété chevaline, telle que celle du Trotteur d'hippodrome français, de nouveaux éléments.

Nous voyons que si on veut atteindre toujours une vitesse plus grande il faut la chercher dans la variété voisine : le Pur Sang Anglais. Mais que, dans ce Pur Sang Anglais, il ne faut pas se diriger en aveugle comme on l'a toujours fait jusqu'ici. Il faut rechercher, autant que possible, des étalons ou des poulinières qui aient une affinité avec ceux qui ont toujours bien réussi, et pour cela il n'y a qu'un moyen, c'est de choisir les parents les plus proches. Ces parentés, qui paraissent souvent bien éloignées, ont conservé une grande force lorsqu'elles viennent se montrer par les deux puissants courants sexuels extérieurs du pedigree : la descendance en ligne directe de mâle en mâle pour les pères et la descendance en ligne directe de mère en mère pour les femelles. Avec ce guide nul risque de se tromper, nul échec à craindre.

Mais si cependant les circonstances empêchaient de pouvoir rencontrer l'étalon ou la jument de pur sang contenant des courants trotteurs, il ne faudrait pas abandonner le sang pur mais chercher dans des reproducteurs la classe la plus élevée au galop et associer ce principe de vitesse avec l'aptitude trotteuse représentée en France par le sang de *Rattler* et de *The heir of Linne*. La puissance de ces courants de sang est tellement grande que la variation du Pur Sang peut se faire actuellement sentir, et se fait effectivement sentir souvent à la première ou à la seconde génération.

Si je donne ces conseils c'est que non seulement ils me sont inspirés par la théorie et le raisonnement, mais qu'ils sont vérifiés tous les jours par les faits qui se passent sous nos yeux, et que, souvent, nous ne les voyons pas parce que nous ne voulons pas les voir.

CHAPITRE VIII

CONCLUSIONS

Le Trotteur Anglo-Normand a été obtenu par croisements. — Nécessité de continuer de se servir du Pur Sang d'une façon indéfinie en théorie. — Commentaires sur l'esprit sportif. — Le sport. — L'avenir du Trotteur Anglo-Normand. — L'idée sportive. — L'Anglo-Arabe. — Le Hunter. — Le cheval de troupe. — Le demi-sang galopeur. — Nécessité de la constitution d'un Stud-Book de la race trotteuse d'hippodrome. — Le cheval de concours. — Influence morale et physiologique résultant de l'emploi du Pur Sang. — Le jardon et l'éparvin. — La production de la vitesse chez le Trotteur d'hippodrome. — Les grands étalons et les grandes poulinières. — Difficultés d'élevage. — Les stayers et les flyers au trot. — Généralisations philosophiques sur les lois qui régissent les organismes. — L'anarchie. — Inanité de la science sans l'étude préalable de la matière. — Nécessités pour l'éleveur de s'appuyer sur les lois de la nature. — Nécessité de l'étude naturelle, même pour les autres classes de la Société. — Impuissance de l'homme à créer ou à détruire — Le bœuf de trait. — La non corrélation entre les aptitudes et la conformation. — Le cheval sauvage. — La Panmixie. — Autre forme de la non corrélation de la conformation et des aptitudes. — Conséquences au point de vue de la conformation générale. — Opinions et proverbes d'amateurs. — Conséquences de la Panmixie en pur sang. — Conformation du Trotteur d'hippodrome. — Encore le Temps. — L'acheteur et l'éleveur. — Quelques considérations diverses. — Conclusions philosophiques.

Le Trotteur Anglo-Normand a été obtenu par croisements. — Il nous apparaît d'une façon absolument nette, précise, évidente, que la race trotteuse française a été obtenue par croisements. Une quantité d'autres races ont été, du reste, dans des espèces différentes, produites par des croisements au moins aussi complexes.

Evidemment, après les croisements et l'apparition du caractère cherché, la sélection s'impose. C'est du moins toujours ainsi que procèdent les éleveurs. Tout le problème consiste donc, après l'étude que nous venons de faire, à répondre à la question suivante : le moment est-il venu de sélectionner? Or, le caractère que l'éleveur de Trotteurs Français veut obtenir, est une aptitude. Cette aptitude double, c'est la vitesse au trot sur l'hippodrome.

Cette vitesse est-elle encore insuffisante pour se livrer à la sélection?

Ou bien est-elle suffisante?

Ou bien avons-nous dépassé la limite permise?

Nécessité de continuer à se servir du Pur Sang d'une façon indéfinie en théorie. — Il faut d'abord sortir de l'absurde. J'ai bien déjà vu des éleveurs de trotteurs qui trouvaient que leurs chevaux ne marchaient pas assez vite, mais je n'en ai pas encore rencontré qui se plaignaient de leur trop grande vitesse. Au surplus, que cherchent les éleveurs des autres variétés de chevaux de course? la vitesse toujours plus grande. Nous ferons donc comme eux, et nous chercherons à rendre nos trotteurs plus vites. Jusqu'ici un seul élément, dans les croisements qui ont produit la variété, a fourni la vitesse, et c'est le Pur Sang Anglais. Logiquement nous sommes donc amenés à conclure qu'il faut continuer à nous en servir.

L'aptitude à la vitesse qui a été obtenue dans notre variété trotteuse est donc encore insuffisante pour se livrer à une sélection sévère des éléments existants, et il faut encore continuer le croisement avec le Pur Sang. Cette solution était facile à entrevoir par d'autres considérations. Ce n'est pas au moment où de récentes alliances avec le Pur Sang nous ont donné des Harley, des Fuschia et des James-Watt que l'on va s'empresser de renoncer à ces sortes d'alliances.

La naissance d'un étalon comme Presbourg n'est pas faite pour décrier le croisement qui l'a produit. Les succès de Cherbourg avec des filles de Phaëton, des juments rapprochées du sang ou même de Pur Sang, indiquent nettement la voie à suivre avec la descendance mâle de *Rattler*.

L'éloignement du Pur Sang dans presque tous les étalons de cette lignée tend à leur faire jouer le rôle qu'ont joué à une autre époque les Norfolks: c'est-à-dire qu'il faudrait, pour réussir comme avec les Lavater et les Niger, leur donner des juments de pur sang ou filles d'un cheval de pur sang, tout au moins des juments où le Pur Sang serait au second rang au plus. En un mot, étant donné l'éloignement du sang pur dans les étalons de la descendance de *Rattler* tels que Cherbourg, Edimbourg, Michigan, Pompéï, Juvigny, etc., il convient de les regarder comme des facteurs d'aptitude trotteuse plutôt que comme des agents améliorateurs de vitesse.

Leur alliance avec des juments plus rapprochées du sang pur, comme des petites-filles de *The heir of Linne,* des filles de Phaëton, des filles de chevaux de pur sang ou même des juments de pur sang, est donc indispensable pour obtenir plus facilement et plus fréquemment le trotteur vite.

La variation d'aptitude, quand il y aura lieu, se produira très facilement avec de semblables dépôts de facultés trotteuses. Mais hélas! il faut l'avouer, sans la présence dans la mère, à une génération récente, du cheval de pur sang ou de Phaëton, la pléïade de trotteurs que nous avons indiquée ne donne plus la vitesse. L'*inbred* sur *Rattler* ne suffit plus et les succès se font de plus en plus rares dans cette direction.

Le dernier a été celui de Michigan où le Pur Sang n'apparaît que dans la cinquième ligne.

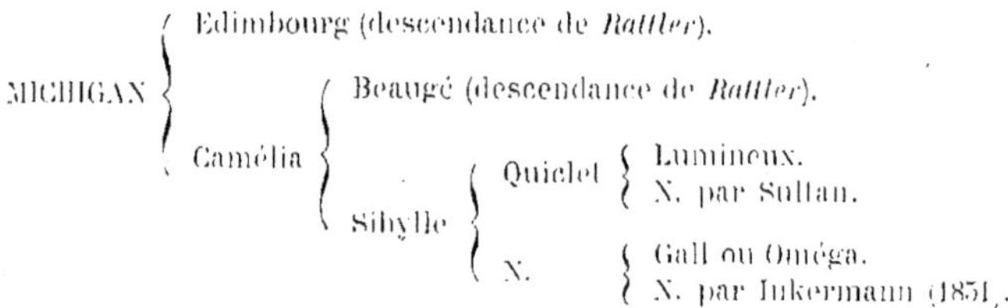

On peut citer, dans le même ordre d'idées, Jolibois. Si nous nous tournons, au contraire, du côté des sujets où le sang domine dans la mère, les exemples de trotteurs vites et de bons reproducteurs abondent sous la plume :

Fuschia et sa descendance mâle et femelle qui est considérable :

Cherbourg a surtout bien produit avec des juments dans la ligne du sang; nommer ses produits illustres deviendrait fashidieux tellement ils sont nombreux : Kilomètre, Marcelet, Avize, Nymphe, Pompignac, Rose Thé, etc., etc.

Juvigny, comme nous l'avons vu, est plus près du sang que Michigan et on trouve les deux premiers Pur Sang, *Fitz-Pantaloon* et *Brocardo* dans la quatrième ligne du pedigree.

Quand on examine avec soin le pedigree des chevaux issus de Cherbourg, le dosage du sang de la mère et la proximité du sang pur dans le pedigree représentent pour ainsi dire des pèse-vitesse.

Nous avons démontré qu'avec la descendance mâle du Norfolk le sang était encore plus nécessaire dans la mère et que, même avec la descendance de *The heir of Linne,* le Pur Sang à une génération très rapprochée avait eu des succès considérables et destinés à marquer profondément dans l'élevage du Trotteur Français.

Nous sommes donc absolument logiques lorsque nous concluons d'une façon formelle à un passage par le Pur Sang pour retourner au trotteur.

Mais ce n'est pas simplement pour cette conclusion que nous avons fait l'étude qui précède. Il faut conclure encore d'une façon plus précise et plus générale à la fois.

Pour établir des conclusions absolument raisonnables et conformes aux principes scientifiques, il faut entourer son raisonnement de toutes les circonstances pratiques, de toutes les conditions ambiantes et de toutes les considérations générales qui intéressent le sujet que nous traitons.

Nous voulons donc savoir ce qu'il faudra faire, non seulement demain, pour conquérir le principe de vitesse indispensable à une variété de chevaux de course d'hippodrome, mais nous voulons savoir comment ce principe sera maintenu, entretenu, en un mot, comment se fixera la race trotteuse française.

Nous voulons savoir quel sera l'avenir de cette race sportive et, autant que possible, ses traits généraux de conformation, la vitesse qu'elle pourra atteindre, c'est-à-dire le but poursuivi.

Pour étendre nos conclusions dans ce sens et donner à notre raisonnement la certitude mathématique absolue, nous procéderons non seulement théoriquement, mais par la méthode d'observation des faits que nous avons vu se passer et qui confirment les appréciations théoriques.

Lorsque les Anglais ont voulu constituer la première race de chevaux de course qui ait été fixée, ils se sont servi de la méthode de croisement entre variétés voisines. Mais ils ont eu à lutter contre deux obstacles que nous pouvons éviter : l'acclimatement et une longue sélection.

En important en Angleterre des chevaux d'Orient, on ne savait nullement comment ils s'y comporteraient et il a fallu, effectivement, de nombreuses générations pour triompher de cette difficulté de naturalisation. Assurément, il a dû y avoir dans les importations un déchet important du fait de l'acclimatement.

Mais la plus grande difficulté a été la découverte des familles aptes à la course et l'élimination des non-valeurs à ce point de vue. C'est ce qu'on appelle la sélection par les courses. Combien a-t-il fallu de temps pour obtenir ce résultat? Nous ne le saurons jamais exactement.

Ce qu'il y a de certain, c'est que les importations continuèrent d'Orient jusqu'à ce que les éleveurs eussent reconnu que le cheval anglais s'étant différencié du cheval oriental, leur alliance ne pouvait qu'être nuisible au point de vue du développement de la vitesse. Il est évident que sans ce fait naturel, il n'y aurait eu aucune raison pour ne pas continuer l'importation.

En nous servant, au contraire, du Pur Sang Anglais comme propagateur de la vitesse, nous avons aujourd'hui bien des avantages. Nous procédons d'abord conformément au principe qui a si bien réussi aux Anglais, c'est-à-dire que nous croisons deux variétés voisines de l'espèce, seulement ces variétés sont acclimatées, ce qui nous procure une grande facilité.

D'autre part, le croisement dont nous nous servons a lieu entre deux variétés de course dont l'une en formation, celle que nous voulons améliorer, et l'autre qui doit nous servir d'agent améliorateur, est arrivée à un haut degré de perfection. Nous faisons donc ainsi, comparativement au travail des Anglais pour établir le Pur Sang, une grande économie de temps.

Mais si les Anglais ont été obligés d'interrompre leurs importations, par suite de la différenciation survenue entre le Pur Sang et le cheval d'Orient, nous n'aurons pas le même obstacle car, par suite des conditions naturelles, nos deux variétés seront toujours voisines. Nous voyons qu'il sera toujours utile et possible de se livrer à des passages par le sang anglais pur pendant un avenir dont il est inutile de calculer le temps. A tel point que si les événements ne viennent apporter aucun trouble à la constitution de cette race de trotteurs dont j'ai la conception, elle ne constituerait pas autre chose qu'une variété du Pur Sang dont elle ne différerait que par le genre d'allure.

La vitesse de cette variété, à cette allure, tendrait tout simplement à se rapprocher de celle de la variété mère.

Nous concluons donc rationnellement à l'emploi constant et indéfini du Pur Sang, comme croisement avec notre trotteur, pour entretenir et augmenter l'aptitude à la vitesse précoce et à l'endurance.

Commentaires sur l'esprit sportif. — A ces conclusions, il est juste d'ajouter un commentaire qui explique bien l'esprit dans lequel a été entrepris cet ouvrage et qui évitera toute confusion dans les critiques. En un mot, il ne faut pas qu'on puisse se méprendre un seul instant sur les tendances préconisées dans ces doctrines.

Certaines personnes fort honnêtes et bien pensantes pourront dire que la race qui se trouvera plus tard produite ainsi ne répondra pas aux exigences diverses des besoins de l'époque. C'est une question que je ne veux même pas envisager en ce moment.

D'autres personnes non moins honorables prétendront qu'on va, en procédant ainsi, constituer une race qui aura tous les défauts (!) du Pur Sang Anglais. C'est ce dont je ne m'occupe pas le moins du monde.

Lorsqu'en mathématiques un problème est trop complexe, il arrive qu'on trouve beaucoup de solutions qu'on appelle imaginaires et, quelquefois, une racine réelle.

Nous avons réduit le problème de façon à éviter la complexité et les solutions imaginaires, et nous avons obtenu une racine réelle.

Le Sport. — Eh bien! je vais prouver que non seulement nous devions opérer ainsi pour pouvoir en sortir, mais que dans la pratique cela se passe ainsi.

Lorsque les Anglais ont constitué leur race de pur sang, ils ne se sont pas occupés de la forme; ils ont choisi pour la reproduction tout ce qui remplissait les conditions exigées : vitesse, précocité, endurance; plus tard, ils ont sacrifié l'endurance à la vitesse et à la précocité, lorsqu'on le leur a demandé.

Mais ils n'ont nullement cherché la beauté, la couleur, la taille, la puissance, la ligne, le développement osseux, etc. Le cheval se sélectionna sur un caractère et non sur l'ensemble complexe des caractères désirés par une collectivité incompétente ou exclusive.

C'est le sport.

C'est en vain qu'une personne raisonnable viendra dire au véritable amateur de chevaux de pur sang que l'objet constant de ses soins n'est pas susceptible de rendre des services qui concernent la société et lui faire admirer le Percheron, le Boulonnais, le Clydestale, bien plus utiles à l'industrie; ce sera toujours en vain qu'une autre personne viendra lui vanter les qualités et la beauté du Hunter, les satisfactions qu'il procure à la chasse; ce sera encore inutilement qu'une série d'autres personnes viendront étaler devant lui les splendeurs du carrossier, la gentillesse du cob, la grâce du poney; toutes ces personnes se heurteront toujours au désir que possède le véritable éleveur de développer le caractère particulier de ce Pur Sang, qui est la vitesse.

Rien ne doit le détourner de son idée purement sportive et rien ne le peut. S'il perd un instant la ligne qu'il s'est fixée, il succombe. En un mot, si nous voulons revenir à notre comparaison mathématique, la solution du problème qu'il s'est proposé de résoudre dépend pour lui de la recherche d'une seule inconnue, qui est le caractère ou l'aptitude à reproduire et à développer dans la variété dont il a entrepris l'élevage.

Supposons de même l'éleveur de Trotteurs Français face à face avec les difficultés de sa situation, avec la perspective de la lutte et de la concurrence, avec les sentiments divers que procure la victoire ou la défaite, les blessures de l'amour-propre ou l'exaltation de l'orgueil. Tous les efforts de cet éleveur doivent se porter sur cet unique point de vue : sa production trotteuse sera-t-elle vite? sera-t-elle suffisamment vite?

Toute autre considération disparaîtra devant cette idée fixe. Il ne songera nullement aux services que son élevage peut rendre à la Patrie, encore moins à la Société. Vous pourrez lui dire que ses produits ne pourraient pas monter un cavalier de l'armée française. Cela ne l'inquiète nullement, pourvu que ses trotteurs remportent des victoires. Vous pouvez également lui faire sentir que ses chevaux ne pourraient faire un service de grand luxe aux Champs-Elysées, il restera insensible à vos critiques et n'attendra de satisfaction que de ses succès sportifs.

L'avenir du Trotteur Anglo-Normand. — C'est ainsi que les efforts incessants des véritables éleveurs du Trotteur Français en amèneront la fixation au point de vue de l'aptitude et de la vitesse, et la forme se dessinera de plus en plus en dehors de leur volonté.

Si la race se continue, comme je l'espère, par des croisements successifs avec le Pur Sang, par ce qu'on appelle en élevage des passages plus ou moins fréquents, on peut conclure, sans trop se compromettre, que le Trotteur Anglo-Normand, dans cinquante années d'ici, sera une variété du Pur Sang Anglais, différant simplement par l'importance de l'ossature, une vitesse moindre au galop et une vitesse au trot qui tendra à égaler celle du Pur Sang au galop.

L'idée sportive. — C'est donc simplement sous l'influence d'idées sportives pures que ce volume a été écrit, et toutes les critiques qu'on peut y trouver ne partent que du point de vue sportif.

L'Anglo-Arabe. — Je reviens, par exemple, sur la question des Anglo-Arabes : j'admets parfaitement, et en me plaçant en face de la production d'un cheval de selle, qu'on aie l'idée d'acclimater l'Arabe, de l'allier avec le cheval de pur sang pour en activer l'acclimatement, mais ce que je combats, c'est qu'on aie l'idée de faire de cette alliance la souche d'une variété de course; c'est à ce point de vue qu'il y a régression, et que la tentative est condamnable comme nous l'avons montré. La sélection par la course, d'une pareille variété, est une entreprise complètement impossible, attendu qu'elle aboutirait à la constitution d'un principe sportif inférieur. Jamais un éleveur, de sens commun, n'admettra qu'on lui fasse faire, de propos délibéré, des chevaux de course inférieurs en vitesse, tandis qu'il pourrait obtenir, avec les mêmes soins et dans le même temps, des chevaux de course supérieurs en vitesse, étant donné qu'aucune autre aptitude n'est exigée dans la nouvelle variété.

Il en va de même de beaucoup d'autres idées qui sont condamnables au point de vue des courses, et qui ne sont nullement déraisonnables au point de vue absolu.

Le Hunter. — Ainsi, par exemple, la question du Hunter. Les uns veulent le faire avec un cheval arabe et une jument de demi-sang, les autres avec le cheval de pur sang anglais et une jument de trait, d'autres avec l'étalon trotteur et la jument de pur sang. Quelque bizarres que paraissent ces croisements, ils ne peuvent être qualifiés d'insensés et peuvent parfaitement produire le résultat cherché, mais ce n'est pas un élevage sportif, et les idées que j'ai cherché à disséminer dans ce livre ne peuvent être opposées à des essais de croisement qui n'ont pas pour but la production et la reproduction des éléments de constitution d'une variété déterminée.

Si, par exemple, on imaginait que le Hunter devrait être un cheval de chasse destiné à porter un certain poids, et que la sélection s'opérerait, comme pour les courses, entre ceux qui suivraient de plus près la chasse et arriveraient les premiers sur la bête prise, on pourrait formuler des principes s'appuyant sur une théorie sportive. Mais, outre que les chasses ne sont pas assez nombreuses pour nécessiter la constitution d'une race, en un mot que le sport est trop peu important, on doit considérer que le Hunter est surtout un cheval de service, qu'il n'est pas un reproducteur, qu'il ne peut être sélectionné et qu'il se produit par hasard. Dans ces conditions, aucune théorie, aucun conseil d'élevage ne saurait être donnés que d'une façon très générale pour sa production. Si elle est plus considérable et plus fréquente en Irlande qu'ailleurs, cela tient à ce que la race de chevaux du pays s'est prêtée plus que partout au croisement avec le Pur Sang qui y est pratiqué depuis longtemps.

Il en est de même de tous les chevaux de service qui ne forment pas de races ni de variétés fixes.

Le cheval de troupe. — Si nous prenons, par exemple, le cheval d'armes, qu'on peut qualifier, sans jeu de mots, de *cheval de bataille* des ennemis du Trotteur d'hippodrome, on ne peut pas dire qu'il existe à proprement parler une race de chevaux d'armes.

Je n'ai pas la prétention de traiter ici la question du cheval de remonte mais, dans ces quelques notes, j'espère produire une lueur utile pour distinguer des points obscurs dans cette question.

Le mot élevage est susceptible de plusieurs sens. Celui qui nourrit des chevaux dans des pâturages est un éleveur, mais non au véritable sens élevé du mot.

Si je vais chez un fabricant de bronzes d'art, je suis chez un industriel et non chez un artiste, quoique tous les deux produisent des œuvres d'art.

De même l'éleveur de chevaux de remonte, en général, est un industriel.

Parmi les nombreuses méthodes préconisées pour obtenir le cheval d'armes, dont les types sont si différents, il y en a une qui est plus communément recommandée par nos officiers acheteurs.

Prendre d'abord l'étalon de pur sang ; d'autre part, une poulinière ample, avec un bon dos, de bons membres, une encolure plutôt longue et une belle figure. Le produit est généralement un cheval de selle, cela est vrai, mais ce procédé n'est pas de l'élevage, c'est de l'industrie.

Le véritable élevage c'est celui qui consiste à faire naître d'une part le cheval de pur sang et de l'autre la jument ample. C'est dans cet effort à produire l'un et l'autre de ces deux reproducteurs que l'éleveur obtient souvent le cheval de troupe sans le faire exprès.

Si l'on excepte les chevaux orientaux, et en France les chevaux du Midi, qui ont été sélectionnés à une époque et dans des contrées où il n'y avait pas de routes, il n'existe pas dans notre pays de cheval de selle autre que le Pur Sang Anglais. Le cheval d'armes ou de selle renferme du reste beaucoup de types divers, mais il est impossible de prédire à l'avance que l'alliance entre un étalon déterminé et une jument donnera le cheval de selle. Chercher à faire le cheval d'armes proprement dit est un problème insoluble, parce qu'aucune sélection n'a présidé préalablement à la solution d'une semblable proposition. A chaque instant des retours viennent troubler les calculs de l'éleveur.

Au contraire, on peut affirmer avec la plus absolue certitude que le Trotteur Anglo-Normand sélectionné par des courses montées, s'achemine assurément vers la création inévitable d'une espèce de selle, surtout par l'éloignement, à chaque génération, du type Norfolk et par l'infusion de plus en plus grande du sang pur qui donne la vitesse sous la selle.

Il est bien vrai que dans un premier croisement avec le Pur Sang, on obtient généralement un cheval de selle; cela se produit également dans les croisements avec l'Arabe ou l'Anglo-Arabe, en donnant un modèle plus léger, mais ce n'est pas de l'élevage, et dans un second croisement de ces chevaux de selle, les déboires commencent par des retours inévitables des anciens types. Tous les concours, récompenses, primes, médailles n'y peuvent rien faire.

Le demi-sang galopeur. — On ne peut constituer une race de selle que par la sélection basée sur la course montée. C'est ce qui a donné l'idée des courses de demi-sang galopeurs ; mais alors nous revenons toujours à un croisement excessivement constant avec le Pur Sang Anglais pour obtenir la vitesse au galop comme au trot. Ce serait recommencer la constitution d'une variété de course moins vite que le Pur Sang ce qui, au point de vue sportif, est une absurdité. Il n'est pas sensé de proposer aux éleveurs de faire des courses où on ne devra pas dépasser une certaine vitesse. Forcément, on arrivera dans une variété de courses au galop à reconstituer le Pur Sang et, puisque nous l'avons, il est absolument absurde de vouloir le refaire, d'autant plus qu'on n'y parviendrait pas.

Je ne m'étendrai pas davantage sur un pareil sujet qui sort absolument du cadre de la présente étude, mais les conclusions que j'ai été amené à formuler ne se comprendraient pas si je n'avais pas limité le point de vue sous lequel j'ai envisagé étroitement la question du Trotteur d'hippodrome. Ce sont ces considérations sportives que je soumets au jugement de toutes les personnes de bonne volonté pour les éclairer sur une question si controversée. J'espère que tous, amis ou ennemis du trotteur, pourront trouver dans la méthode que je leur soumets le seul terrain où ils peuvent s'accorder.

Nécessité de la constitution d'un Stud-Book de la race trotteuse d'hippodrome. — Je veux dire par là que la constitution d'un Stud-Book de la race trotteuse, où ne pourrait plus pénétrer d'autre sang étanger que le Pur Sang, serait le complément indispensable d'une œuvre vraiment patriotique que l'Administration des haras a su mener depuis si longtemps au-dessus des discussions et à la satisfaction générale. Une pareille mesure, qui demanderait à peine quelques années d'exécution, donnerait toute satisfaction aux partisans de la constitution d'une race de selle plus étoffée que le Pur Sang et capable cependant de rester un dépôt d'énergie, de vigueur, de souplesse, qui ne pourrait aller qu'en augmentant. Avec cette nouvelle variété de course, les étalons qui en seraient issus seraient à même de produire le grand carrossier avec des actions, et toutes les espèces pour l'attelage ainsi que les chevaux de selle de tous les types, par des croisements bien compris. Tout le monde ne peut pas élever le Trotteur d'hippodrome, peu de personnes en ont la passion, mais tous les éleveurs pourraient s'en servir dans peu d'années comme un reproducteur hors ligne de chevaux de service de tous les types et de tous les besoins.

Quant à la façon de constituer le Stud-Book des trotteurs, différentes méthodes sont en présence. Mais cette constitution, par elle-même, n'offre aucune difficulté : il suffit que le principe soit admis. Je ne veux pas ici entrer dans des détails que ne comporte pas le genre de considérations traitées dans ce travail. L'Administration des haras est sûrement assez compétente pour donner les règles nécessaires pour l'inscription à un Stud-Book de la race trotteuse.

L'ouverture et la fermeture d'un pareil Stud-Book est une affaire de dix années. Mais je considère cette mesure comme indispensable à la constitution définitive et à la fixation de la variété.

Le cheval de concours. — Je tiendrais à insister sur cette question, pour bien montrer ce que j'entends par l'élevage proprement dit.

Ainsi, dans un concours hippique, on va nous présenter un cheval avec des actions extraordinaires en hauteur et qui sera, par exemple, fils d'un Pur Sang et d'une jument de race Orloff. Rien ne nous empêche d'admirer ce produit d'un croisement de deux variétés bien différenciées.

Mais la naissance d'un pareil animal n'est pas un fait d'élevage. Je veux dire par là que le résultat ainsi obtenu ne peut être utilisé pour la reproduction. En effet, si l'on suppose par hasard, puisqu'il s'agit de concours, que cet animal aux actions élevées qui le portent en avant avec une certaine vitesse soit une jument qui vienne à être livrée à la reproduction, l'éleveur sera fort embarrassé pour l'accouplement; si on va à l'étalon de pur sang, le retour certain de l'Orloff dans le produit empêchera le cheval d'être un cheval de selle et la présence du Pur Sang supprimera certainement les actions. La vitesse, qui est le caractère commun, sera nécessairement inférieure à celle du Pur Sang et, comme le cheval ne trottera plus facilement, nous n'aurons qu'un produit galopeur d'une qualité sportive tout à fait négligeable. Il en est de même dans le cas où on se servirait de l'étalon Orloff pour cette jument; le produit ainsi obtenu serait un trotteur d'une valeur insignifiante.

Il y a donc, dans ces sortes de croisements, la possibilité de produire des premiers résultats curieux et remarquables, mais ils ne peuvent être utilisés que comme animaux de service et non comme reproducteurs, ce qui constitue seulement le fait d'élevage et, pour que le fait d'élevage devienne sportif, il est indispensable qu'un Stud-Book existe, qui renferme tous les sujets admis à reproduire les animaux capables de figurer dans le sport, non seulement au point de vue de l'aptitude, mais au point de vue de la reproduction de l'aptitude.

Influence morale et physiologique résultant de l'emploi du Pur Sang. — Nous sommes forcés maintenant d'entrer dans des considérations qui demanderaient des développements considérables et qui résultent de l'emploi du Pur Sang. Ces considérations sont de deux ordres, morales et physiologiques.

On a prétendu que le croisement avec le Pur Sang amenait les produits à avoir du caractère. Le mot caractère veut dire, dans la circonstance actuelle, de la volonté ou plutôt de la mauvaise volonté, tendance à la désobéissance et, par conséquent, difficulté au point de vue du service.

Rien n'est plus juste et, à la fois, plus faux que cette prétention.

Il est juste de dire, en effet, que les chevaux qui possèdent une certaine dose de sang sont les seuls qui présentent des difficultés en service; cela ne tient pas aux chevaux, mais à l'homme.

La sélection du Pur Sang l'a amené à tenir la tête, pour l'intelligence, entre tous les chevaux. Il possède au plus haut degré tous les sentiments qui dérivent d'un cerveau qui tend à se rapprocher de celui de l'homme; le cheval de pur sang a la noblesse, la fierté, la mémoire, la conscience de soi, la volonté, la décision, l'affection, la haine, etc., en un mot, tous les sentiments qui résultent du développement d'un cerveau. A tel point que les hommes qui se servent du Pur Sang ne comprennent pas toujours leur cheval et sont souvent moins intelligents que lui-même. La brutalité et la cruauté, qui forment le fond des tendances humaines ancestrales, sont souvent la cause des conflits avec le cheval qui, par lui-même, est d'une race plutôt craintive. Aussi, il arrive souvent que les meilleurs chevaux, les plus intelligents et les plus nobles, une fois maltraités, deviennent inservables et inabordables.

Si l'on veut dire que c'est le croisement avec le Pur Sang qui produit ce résultat, c'est vrai; mais la véritable cause n'est pas ici chez le cheval, elle est chez l'homme; je le répète, il y aurait là matière à de belles dissertations. Ce qu'il faut retenir seulement c'est que, au point de vue sportif, le cheval de pur sang étant un véritable cheval de course, son emploi comme croisement d'une variété de course ne peut être qu'avantageuse, je dirai même mieux, indispensable.

Le jardon et l'éparvin. — Les critiques qui ont obtenu le plus de succès au point de vue physique et qui sont adressées au Pur Sang concernent la production, de son fait, des tares du jarret. Il faut absolument concéder que la transmission de l'éparvin et du jardon vient en grande partie de l'emploi du Pur Sang comme agent de croisement.

Pourquoi le Pur Sang a-t-il des tendances héréditaires à la reproduction de ces tares? Nous allons encore revenir, pour répondre à cette question, à nos considérations sur la sélection méthodique.

Dans la constitution de la race du Pur Sang, l'Anglais, éleveur sportif par excellence, n'a choisi des reproducteurs que sous la seule considération de la vitesse en course. Il n'a, répétons-le encore, voulu voir que ce seul caractère, cette seule aptitude. De sorte que bien souvent les étalons et les juments, tout en étant des sujets de course hors ligne, étaient atteints de la tare du jardon ou de l'éparvin.

Néanmoins on les employait comme reproducteurs. Il en est

résulté que cette transmission est presque constante. D'autres tares sont également transmises; je veux parler de mauvais aplombs des membres antérieurs. Nos plus grands reproducteurs actuels sont atteints en partie de ces défauts, mais il faut reconnaître que la qualité des os dans leur constitution moléculaire est telle qu'elle rachète amplement ces défectuosités. Les tares du jarret ne font pas boiter quoique les chevaux soient soumis aux plus grands efforts, les aplombs défectueux des jambes de devant n'ôtent nullement la solidité et la sûreté d'équilibre des actions.

Dans les races communes, l'éparvin et le jardon proviennent souvent de l'écrasement des os en contact les uns avec les autres et cette circonstance amène une inflammation dans les tissus osseux et dans le voisinage, qui détermine la boiterie et dont le feu seul peut avoir raison.

Dans le Pur Sang il en est rarement ainsi. Les poulains naissent avec leurs imperfections et n'en souffrent jamais.

Dans la race pure il faut considérer la conformation du jarret avec beaucoup plus d'indulgence que dans les autres races de chevaux. Dans notre demi-sang même, et au point de vue sportif, il y aura de moins en moins lieu de s'en préoccuper.

Voilà, du reste, une thèse qui demanderait des volumes pour être traitée comme elle le mérite.

En reproduisant l'éparvin et le jardon le Pur Sang Anglais ne reproduit pas une prédisposition à une faiblesse, il reproduit simplement une conformation défectueuse au point de vue esthétique.

Puisque le reproducteur a eu de grands succès en course, ainsi que ses ancêtres, il a donné la preuve qu'il pouvait supporter les plus grandes fatigues sans que ses jarrets aient éprouvé la moindre déformation. Il doit donc en être de même de ses enfants et de ses descendants qui pourront reproduire la même forme et la même disposition des os du jarret, ou les aplombs défectueux des jambes de devant, sans en ressentir aucun inconvénient dans les fatigues sportives ni dans la production de l'aptitude désirée.

La production de la vitesse chez le Trotteur d'hippodrome. — Après avoir examiné sincèrement le problème, en toute probité et en toute conscience scientifique, sans aucune passion ni aucune aversion pour telles ou telles races de chevaux, j'affirme hautement que la véritable voie pour produire des chevaux vites au trot est celle qui consiste à se rapprocher du sang pur, de façon à le maintenir dans les premiers rangs du pedigree.

Les moyens à employer sont de plusieurs espèces :

1° Les croisements des sangs de *Rattler* et de *The heir of Linne* et les *inbred* sur *Rattler* ou sur *The heir of Linne;*

2° Des croisements du sang de *Rattler* avec des juments issues d'un étalon de pur sang contenant des courants de sang pur trotteur;

3° Des croisements d'étalons de pur sang contenant des courants trotteurs avec des juments déjà très fortement *inbred* sur *Rattler* ou sur *The heir of Linne;*

4° Des croisements d'étalons *inbred* sur *Rattler* ou sur *The heir of Linne* avec des juments de pur sang contenant des courants trotteurs;

5° Des alliances d'étalons de la descendance de *Rattler* ou de *The heir of Linne* avec des juments trotteuses ayant un Pur Sang comme ancêtre dans une génération rapprochée de leur ascendance maternelle directe;

6° D'une façon plus générale et moins exclusive, chercher un étalon trotteur dont la mère possède un Pur Sang dans son ascendance maternelle à un degré rapproché, et une jument dans les mêmes conditions.

Le point de vue sportif consiste donc à ne pas laisser s'éloigner le sang pur sans le renouveler constamment pour provoquer les retours des principes de vitesse.

Les grands étalons et les grandes poulinières. — Est-ce à dire qu'en opérant ainsi on sera sûr de produire le grand performer, le grand étalon trotteur ou la grande jument poulinière destinée à reproduire le trotteur?

Il n'en est rien, il suffit de se reporter à notre théorie du Retour pour comprendre la nature des obstacles que ne peut pas manquer de rencontrer l'éleveur.

La production des sujets qui tiennent la tête dans un élevage sportif dépend d'une série indéfinie de combinaisons qui peuvent se produire dans l'arrangement des plasmas des ancêtres du mâle et de la femelle lors de la production du noyau de conjugaison. A quoi tiennent ces arrangements? Nous l'avons expliqué dans notre chapitre sur la domestication des animaux et sur les dangers et les constances du retour dans les races domestiquées.

Il y a donc, forcément, des retours de principes contraires à l'aptitude ou à la vitesse dans des alliances qui, au premier abord, semblent indiquées pour produire des résultats extraordinaires.

Les grands étalons et les grandes poulinières ne sont pas autre chose que des individus qui se trouvent avoir la faculté précieuse de porter au premier rang des influences d'une alliance, les principes de vitesse et d'aptitude avec une constance plus grande que d'autres.

L'élevage du Trotteur d'hippodrome consiste donc à choisir ses étalons et ses poulinières de façon à ce que dans les ascendants, au moins les plus rapprochés, aucun principe contraire ne se rencontre qui jette le trouble dans les éléments philétiques des divers plasmas ancestraux. C'est pourquoi, à ce point de vue, la présence du sang pur à un degré rapproché de l'ascendance paternelle et maternelle est un précieux élément de réussite puisque nous connaissons, par l'examen des faits et par la théorie, la puissance de l'hérédité sexuelle.

Difficultés d'élevage. — La lecture des considérations contenues dans ce travail n'a donc pas pour but d'apprendre aux éleveurs ce qu'ils doivent faire, mais bien plutôt ce qu'ils ne doivent pas faire. On me reprochera d'apporter ici des conclusions négatives ; ce sont simplement des conclusions prudentes. Elles se résument en une seule qui peut s'écrire en une ligne : *Ne pas s'éloigner du sang.*

Beaucoup d'éleveurs me diront sans doute que c'est là une grande difficulté et que notamment le croisement direct avec l'étalon de pur sang a pour effet singulier, dans bien des cas, d'abaisser la taille et l'importance du produit.

Il faut avouer, en effet, que de semblables résultats sont fréquents. L'explication en est du reste très simple.

Dans ce croisement brusque il y a provocation à un retour des premiers ancêtres du Pur Sang dont la taille dépassait rarement 1^{m}48, et dont l'ampleur était si faible.

Actuellement, il est impossible d'empêcher ces retours funestes, mais au fur et à mesure que notre race de trotteurs se confirmera, le croisement avec le Pur Sang deviendra de moins en moins hétérogène et les retours des premiers types de moins en moins fréquents.

Les stayers et les flyers au trot. — Après les conclusions, il faut mentionner aussi des conséquences qui ne peuvent manquer de se produire dans la race trotteuse sous l'influence de l'usage du Pur Sang comme agent d'amélioration sportive, dans un laps de temps plus ou moins éloigné.

Sous l'influence de l'accumulation des principes de vitesse chez les reproducteurs mâles ou femelles, il faut s'attendre à des variations, des aptitudes générales analogues à celles qui se sont produites dans le Pur Sang.

La tenue ou l'endurance qui est actuellement une des qualités les plus incontestables du Trotteur Français, va avoir besoin d'être sévèrement maintenue par les programmes de courses, car il va naître des flyers au trot.

De plus, la précocité va se montrer comme conséquence immédiate d'une puissante infusion de sang pur.

Il est donc certain qu'à un moment donné, non seulement on sera forcé de diminuer les distances pour utiliser des animaux remarquables qui n'auraient pas leur emploi, mais qu'on arrivera rapidement aussi à comprendre la nécessité des courses de deux ans.

Cette conséquence, que les propriétaires actuels de trotteurs n'entrevoient pas aujourd'hui, se réalisera d'elle-même et sans produire aucune surprise lorsque l'époque sera arrivée. Je dirai plus, elle sera provoquée par les demandes des éleveurs eux-mêmes. Or, les courses de deux ans auront lieu nécessairement sur une très courte distance et c'est ainsi que les flyers feront leur entrée dans le sport du trotteur.

Résumé. — Il faut se résumer avant de donner le dernier mot de ce travail si bref, si concis, et dont je laisse à ceux qui le liront le soin de développer les divers points importants par l'étude.

Nous avons vu que l'aptitude galopeuse du Pur Sang est facile à faire varier par le croisement avec des animaux jouissant de l'aptitude trotteuse.

Le Norfolk a d'abord eu ce rôle qui semble maintenant dévolu entièrement à la descendance mâle de *Rattler* et de *The heir of Linne*. L'aptitude à la vitesse se maintiendra et se développera par le croisement constant de cette descendance avec le Pur Sang.

Cependant, en vertu du principe de la variabilité spontanée des aptitudes, de nouveaux Pur Sang peuvent se découvrir qui formeront de nouveau des trotteurs par leur influence directe. La découverte de ces individualités est de la plus haute importance, et une troisième tête de ligne serait très heureuse pour fonder une nouvelle famille destinée à s'allier aux deux autres.

La certitude absolue de nos raisonnements montre que cette recherche ne doit pas être vaine. Il ne faudrait pas croire non plus que cette trouvaille ne puisse pas avoir lieu dans une direction autre que celle que nous avons indiquée. La spontanéité de la variabilité peut venir d'une combinaison de courants de sang bien différente de celle qui a donné *Rattler* ou *The heir of Linne*. D'autre part, j'ai détaillé les raisons considérables qui militent d'une façon absolument importante pour l'emploi unique d'un Pur Sang comme agent de croisement. Elles reposent sur des principes naturels qui sont ceux de la variabilité des caractères, des lois du retour dans les espèces domestiquées et entre autres de la provocation du retour par le fait du croisement. Toute introduction de sang nouveau ne peut qu'amener dans la descendance des troubles défavorables à la production des sujets sportifs.

Généralisations philosophiques sur les lois qui régissent les organismes. — Si l'on voulait généraliser la conséquence des principes physiologiques et biologiques étudiés, ils apparaissent d'une façon tellement élevée, qu'on peut les formuler brièvement en quelques lignes qui embrassent non seulement les organismes animaux, mais l'humanité elle-même.

Nos sens, nos organes, nos tissus sont si imparfaits, qu'ils ne nous permettent, la plupart du temps, que des raisonnements et des conclusions subjectives; la vérité, c'est qu'aucun organisme dans la nature et dans la société n'est libre. Nous admirons le chant du rossignol au milieu de la nuit, le chant du coq aux premières lueurs de l'aube. Ce qu'il faudrait admirer, ce sont les lois naturelles qui produisent ces effets et comprendre qu'en réalité, si le rossignol chante, si le coq réveille la basse-cour, il ne font qu'accomplir un acte auquel ils ne peuvent se soustraire. Ils chantent, mais ils ne sont pas libres de ne pas chanter. Aucun mouvement, aucun acte, aucune pensée des organismes vitaux ne peut exister volontairement, ils sont les résultats inexorables des lois naturelles.

Dieu. — Qu'on appelle le mécanisme et l'ordonnance de ces lois du nom que l'on voudra : Nature, Providence, Dieu, Génie du bien, Génie du mal, il n'y a là que des mots qui expriment l'idée de Matière.

L'Anarchie humaine. — La civilisation n'est pas autre chose que la poussée de la matière organisée, qui cherche à se soustraire aux lois naturelles dans le but de favoriser la propagation de l'espèce. Les moyens employés par l'homme sont-ils bons ou sont-ils contraires au résultat cherché? C'est là une question que certains intellectuels ont résolue par la négative et c'est ce qui leur a donné le mépris des conventions sociales, des lois, de la Patrie, de la justice humaine. C'est l'anarchie.

L'étude de la nature aux divers points de vue physiologiques, biologiques et génétiques, nous démontre simplement la faiblesse du cerveau humain, dont l'objectivité est tellement courte que tout lui échappe et qu'il croit se diriger lui-même quand il n'est que le jouet d'une puissance supérieure, inconnue, mystérieuse et terrible.

Inanité de la science sans l'étude préalable de la Matière. — Toutes les sciences sont en l'air, sans bases, sans points d'appui, sans sources.

L'électricité a été l'objet d'études, de découvertes, de travaux, et nous ne savons nullement d'où elle vient, pas plus que le magnétisme et les autres forces.

L'étude des lois naturelles s'impose donc comme une nécessité absolue, mais le peu que nous savons peut être suffisant pour nous démontrer l'infiniment petit que nous sommes et le pouvoir infiniment faible dont nous disposons. En dehors de cette étude, qui peut nous donner les voies à suivre pour la transformation de la matière organique et inorganique, il n'y a rien de possible.

Nécessité pour l'éleveur de s'appuyer sur les lois de la nature. — Lors donc que l'homme, par son travail ou par ses actions, croit pouvoir créer, en dehors des lois naturelles, un fait naturel, il se trompe et ses efforts sont vains. C'est ce que ne doivent pas oublier les éleveurs dans la recherche de la reproduction d'un caractère.

C'est ce principe qui doit dominer tous les efforts, toutes les tentatives, toutes les recherches en élevage.

Toute œuvre basée sur un raisonnement contraire à cet axiome, est condamnée à succomber.

J'ai connu un éleveur de Durhams qui voulait donner à cette race la robe blanche. A cet effet, il s'habillait en blanc, lui et ses hommes, ses écuries étaient blanches, ses instruments de pansage étaient blancs, toute personne qui se présentait dans les écuries était revêtue de suite d'une longue blouse blanche. Son désespoir était de ne pouvoir blanchir son herbe et ses arbres. Ai-je besoin de dire qu'il n'obtint aucun résultat.

Eh bien! une pareille erreur est comparable à une autre bien commune et bien partagée dans l'élevage de trotteurs.

C'est celle qui consiste à croire que le fait de faire trotter des poulains à l'exercice et en course provoque une augmentation de de l'hérédité dans l'aptitude trotteuse.

C'est une des erreurs les plus grossières qui existent dans notre sport. A chaque instant, dans les journaux spéciaux, dans les articles disséminés parmi les revues d'élevage, je l'ai trouvée s'étalant au grand jour avec naïveté, avec confiance. Je considérerais comme un grand succès si j'avais pu contribuer, dans une faible part, à détruire une pareille conception.

Nécessité de l'étude naturelle, même pour les autres classes de la société. — Il ne faut chercher la tranformation des caractères, des aptitudes, que sous l'influence de l'application des principes naturels que nous avons indiqués si brièvement dans ce volume. Toute autre voie est impratiquable. C'est là le but si élevé que j'ai poursuivi en publiant ce travail.

L'ignorance de ces principes est la cause certaine de la division des opinions en élevage aussi bien qu'au point de vue administratif.

Un homme éminent, sympathique, bienveillant, officier supérieur de cavalerie, chargé d'une mission hippique par le gouvernement, me disait dans une réunion de cette année qu'il était l'ennemi déclaré des Trotteurs d'hippodrome, et que presque tous les officiers étaient dans ces mêmes idées. Et comme je lui demandais la cause d'un pareil sentiment chez un homme équilibré, instruit, connaisseur et spécialiste, il me fit la confidence que cette horreur lui était venue de ce qu'il avait entendu dire que des trotteurs faisaient leur kilomètre en 1' 35" et que cette allure n'était pas *naturelle.*

C'est toujours la vieille objection : des trotteurs issus à un degré aussi rapproché du Pur Sang ne doivent pas pouvoir trotter. S'ils trottent c'est qu'on les force par des moyens spéciaux à employer cette allure tandis que leur allure naturelle est le galop.

Eh bien ! il n'en est rien. Les entraîneurs et les jockeys de trot ne cherchent pas autre chose qu'à mettre l'animal dans les meilleures conditions pour produire le maximum de rendement que lui confère son aptitude. Mais ils ne peuvent lui donner cette aptitude s'il ne la possède pas naturellement du fait de son origine et de sa constitution naturelle.

Il serait à désirer que l'étude des principes de transformation des organismes fût mise à la portée de toute personne qui occupe un rang élevé dans le monde hippique. Combien d'erreurs profondes seraient ainsi détruites et ramèneraient dans les discussions une courtoisie et une prudence que n'ont pas toujours les personnes qui ne se sont pas livrées à l'étude? Combien d'opinions fausses, de raisonnements absurdes et d'erreurs grossières qui courent actuellement les conversations des hommes de cheval seraient modifiés avantageusement par la connaissance réelle des principes que nous avons énoncés trop succinctement dans ce volume? C'est pourquoi je souhaite vivement d'être compris, étudié, discuté, paraphrasé, non seulement dans l'intérêt de l'élevage et au point de vue sportif, mais dans le but de mettre d'accord des classes entières de la société dont les différends, en réalité, ne sont que des malentendus regrettables causés par l'absence de l'étude du sujet dont on veut parler.

Impuissance de l'homme à créer ou à détruire. — En ce qui concerne la matière non organisée un grand chimiste a posé cet axiome : « Rien ne se perd, rien ne se crée dans la nature. » Cet axiome pourrait servir de base également à toute recherche dans le monde des organismes. Aucun caractère ne peut se créer, aucun ne peut se perdre. Il ne peut y avoir dans l'un et l'autre cas que des transformations naturelles.

C'est cet axiome de notre grand chimiste Dumas qui devrait être le *Credo* des éleveurs. Rien ne se perd, rien ne se crée dans les caractères des organismes.

Mais de même que dans les transformations de la matière inorganique, la force emmagasinée dans l'équilibre des molécules surgit sous forme de mouvement, d'électricité ou de lumière, sans que pour cela la matière transformée puisse perdre la plus petite fraction de son poids, de même, sous l'influence des transformations naturelles de la matière organisée les caractères apparaissent et surgissent, qui étaient latents dans les organismes et qui sont utilisés par l'homme pour ses besoins ou ses plaisirs.

L'élevage ne doit donc que rechercher le moyen naturel d'établir les circonstances où les caractères recherchés ont le plus de chances de se produire.

Mais l'erreur consiste à croire que par une excitation humaine sur un organisme individuel on puisse créer ou modifier, dans un sens ou dans un autre, le caractère déterminé de l'espèce.

Cette proposition apparaît nettement aussi absurde que celle qui consisterait, pour le chimiste, à vouloir diminuer le poids des éléments employés dans une réation chimique ou à vouloir l'augmenter par le fait seul du génie de l'homme. Quand on pense que cette erreur n'a été dissipée que par Lavoisier, il y a à peine cent ans (1784), il ne faut pas s'étonner de la situation de l'esprit humain au point de vue de connaissances naturelles.

La théorie du Phlogistique de Stahl est pour ainsi dire comparable à la doctrine presque universellement admise par les naturalistes de la transmission des caractères acquis pendant la vie individuelle.

Il a fallu l'influence d'un homme aussi génial que Lavoisier pour faire triompher en chimie la doctrine anti-phlogistique et les circonstances où l'emporta définitivement cette doctrine dépendirent uniquement de la valeur de l'homme.

Aujourd'hui que la question est élucidée, que les expériences les plus vulgaires de chimie élémentaire établissent l'évidence de la théorie, on ne s'imagine pas que de ce jour-là seulement fut fondée la chimie, et qu'auparavant elle n'existait qu'à l'état de cuisine.

Si on mesure les progrès de l'esprit humain dus à cette science depuis la découverte de Lavoisier, si on recherche de quels avantages énormes la société moderne lui est débitrice, et si on considère que cette marche en avant ne date que de cent ans, on est confondu de ce que peut produire l'énonciation d'une vérité aussi simple que celle de Lavoisier, qui expliqua simplement que l'homme ne pouvait rien créer.

Ses prédécesseurs imaginaient, par exemple, que sous l'influence du feu, le poids des métaux augmentait. Dès lors, l'homme était doué, de par son intelligence, du pouvoir de créer de la matière. Lavoisier démontra, au contraire, à l'aide de la balance, que toute réaction chimique s'opère réellement sans augmentation ni déperdition de matière.

La chimie moderne était créée.

Je regrette de ne pas avoir le génie de Lavoisier, pour pouvoir démontrer que l'homme ne peut pas plus créer des aptitudes, des caractères ou des particularités dans le règne animal, qu'il ne peut créer ou détruire de la matière en chimie.

De même que les réactions diverses de la matière non organisée, sous divers états que comporte l'équilibre momentané des molécules, ne peuvent faire disparaître aucun atome ni en faire apparaître aucun, de même que toutes les réactions chimiques ne sont pas autre chose que des transformations de la matière qu'accompagne toujours la production d'une force : de même les diverses alliances des animaux, soit à l'état naturel, soit à l'état domestique, sont des opérations qui ne peuvent produire que des transformations des caractères existants avec production des forces, sans que l'excitation produite par les efforts de l'homme sur l'individu puisse augmenter ni diminuer, de la fraction la plus faible, ni le caractère, ni la force dans l'espèce.

Si ce principe de la non-transmissibilité des caractères acquis pendant la vie individuelle par voie d'hérédité pouvait être compris non seulement par les éleveurs, mais par les naturalistes, par les classes dirigeantes de l'élevage, c'est-à-dire les personnalités qui sont à la tête des courses et des concours de tout genre, on pourrait dire que la science de l'élevage serait créée.

Malheureusement, c'est le contraire qui existe, l'erreur a contaminé les meilleurs esprits comme à l'époque du phlogistique.

Les amis et les ennemis du trotteur sont imbus des mêmes principes les plus faux. Les publicistes les mieux écoutés déclarent imperturbablement que pour *augmenter l'hérédité de l'aptitude trotteuse,* il faut faire trotter les futurs reproducteurs.

Un de nos correspondants, chaud partisan de la réfection et de l'amélioration du trotteur par le Pur Sang, voudrait qu'on ne fît pas galoper les Pur Sang de croisement, mais qu'on les fît trotter pendant leur jeunesse, toujours pour *augmenter l'hérédité de l'aptitude.*

Puis arrivent les ennemis du trotteur, qui, armés des mêmes

arguments faux, croient faire de la science en dénonçant la déformation du squelette du cheval par l'hérédité de l'exercice de l'allure trotteuse qui, suivant eux, est une aptitude acquise et non une aptitude naturelle.

C'est ainsi que tous, amis ou ennemis de cette variété de l'espèce chevaline, s'appuient sur les mêmes principes faux d'hérédité, les uns pour soutenir, les autres pour combattre le trotteur.

L'homme, en réalité, ne peut pas intervenir dans la question d'hérédité autrement que par l'application des lois naturelles. Si *Rattler, Messenger* et *The heir of Linne* ont fait des trotteurs, ce n'est pas que ni eux ni leurs ancêtres aient été exercés au trot, et quand même ils y auraient été exercés, il n'en serait résulté aucune augmentation, aucun avancement de ce fait pour la production de l'aptitude si puissante dont ils étaient détenteurs.

Il faut le répéter jusqu'à satiété; la possibilité de la naissance de pareils étalons se conçoit par le principe naturel de la variation des aptitudes, et leur naissance elle-même est la conséquence forcée d'un arrangement arbitraire, mais heureux, dans un ordre philétique des plasmas ancestraux du noyau de conjugaison qui doit constituer l'individu par un développement normal.

C'est dans cet ordre d'idées qu'il faudrait diriger la science de l'élevage du trotteur. C'est en multipliant ce que les éleveurs appellent les courants de sang, dans les étalons et les juments, que ces éléments philétiques auront des chances de se trouver au premier rang des influences dans la composition du noyau déterminant le produit.

Le bœuf de trait. — Je voudrais faire toucher du doigt aux personnes de bonne volonté, combien peu l'exercice individuel a d'influence sur la transmission des caractères, et je vais prendre un exemple.

Le meilleur bœuf de travail pour le labourage, les travaux des champs, les roulages des bois: ceux que recherchent les sucreries du Nord pour charrier les betteraves, sont des bœufs Nivernais ou Charolais. Cette race s'étend sur les départements de la Nièvre, du Cher, de l'Allier, de Saône-et-Loire.

L'aptitude remarquable de cette race, sous le joug, est accompagnée d'un autre caractère non moins important : c'est l'aptitude à l'engraissement avec un minimum de nourriture et une rapidité que lui dispute seulement la race Durham. C'est la réunion de ces deux facultés qui fait que les bœufs de ces contrées sont enlevés en grande partie par les usines de distillation de betteraves du Nord de la France, qui les achètent pour accomplir leurs travaux et les engraissent ensuite avec les pulpes pour les livrer définitivement à la boucherie.

Eh bien! de mémoire d'homme, on n'a vu, dans les départements cités, travailler les taureaux ni les vaches, qui ne servent qu'à la reproduction. On ne peut donc pas dire que l'aptitude des bœufs leur vient d'un exercice pratiqué à chaque génération sur les ancêtres.

De même, on n'engraisse ni les taureaux ni les vaches. Car si on engraisse des vaches pour les concours, on le fait sur des vaches improductives ou qui, dans tous les cas, sont destinées à la boucherie. Les taureaux eux-mêmes, lorsqu'ils sont engraissés, sont livrés à la consommation aussitôt après.

Voilà des exemples, entre mille, où les aptitudes ne sont pas favorisées par un exercice dans la vie individuelle.

Je sais bien que l'homme de science m'opposera que je n'apporte ainsi que des preuves négatives de mes assertions, mais je répondrai d'autre part, qu'il est impossible de combattre des doctrines contraires, qui ne s'appuient sur aucun fait probant, sur aucunes constatations habituelles et constantes, et qui ne sont que le résultat de spéculations purement imaginatives.

Prépondérance du mâle sur la femelle dans l'élevage du cheval de course. — Les considérations qui précèdent nous amènent à examiner une question qui fait le désespoir d'un grand nombre d'éleveurs. Nous voulons parler ici de l'importance relative en élevage entre le mâle et la femelle. La question a toujours été mal posée et n'a pas été et ne pouvait pas être résolue.

Dans la nature, notre loi de l'hérédité et de l'hérédité sexuelle est immuable. L'enfant est la moitié de chacun de ses parents. Si c'est un mâle, il jouit de la totalité des caractères mâles et, si c'est une femelle, il hérite de l'ensemble des propriétés maternelles.

En domesticité, le principe de l'hérédité ne saurait être atteint, mais l'affaiblissement de l'autorité de la sélection naturelle provoque les phénomènes de retour et exalte la variabilité. Il faut donc voir si la sélection spéciale qui a remplacé l'état de nature n'apporte pas dans l'égalité de pouvoir des deux sexes une différence au profit de l'un et au détriment de l'autre.

Dans l'élevage du cheval, les uns tiennent pour l'étalon, les autres pour la jument et, tour à tour, chacun des deux partis semble avoir raison. Mais si on examine les phénomènes produits par le retour, qui paraissent porter atteinte jusqu'au principe de la sélection sexuelle qui est si autoritaire dans la nature, on se demande s'il n'y a pas lieu, pour le cheval de course, de préciser la position de la question, de façon à la rendre intéressante pour l'éleveur. En effet, la diversité des caractères qui reviennent en général de trois ou quatre générations est tellement grande, qu'on ne voit plus ce que l'on demande et que, par conséquent, il est bien difficile de répondre.

Les caractères, en effet, peuvent se diviser en deux catégories. Ceux qui sont susceptibles d'apparaître et d'être jugés par nos sens, et que nous appellerons *sensibles,* et les autres que, pour la même raison, nous appellerons *insensibles*.

Parmi les caractères sensibles, on peut citer : la taille, la robe, la finesse du poil et de la peau, les marques spéciales, la longueur des oreilles, la grosseur des yeux, etc.

Parmi les caractères insensibles, on peut citer : les aptitudes, le tempérament, le cœur, l'énergie, l'endurance, la qualité des viscères, les prédispositions à telle ou telle maladie, etc.

Lors donc qu'on veut savoir si, chez un poulain, l'influence du père est plus grande que celle de la mère, ou réciproquement, il faudrait pouvoir séparer les caractères, ce qui est impossible. Dans les caractères sensibles, beaucoup viennent de grands-parents ou des arrières-grands-parents, et pour les caractères insensibles, leur nature même empêche de les apprécier. On peut donc dire que la question de prédominance du mâle ou de la femelle dans une union déterminée, ainsi posée, est absurde.

Nous préciserons donc notre problème, en le ramenant au seul point de vue des courses, puisque nous ne pouvons le généraliser et nous ne considérerons, dans le cas qui nous occupe, que le seul caractère qui nous intéresse dans le cheval de course, c'est-à-dire l'aptitude à la vitesse. Voilà donc la question ramenée au seul point de vue intéressant pour l'éleveur de chevaux de course : dans une variété de chevaux de course, nous cherchons quel est l'élément sexuel le plus important dans la constitution des futurs produits, le plus actif, le plus influent, le plus certain pour la reproduction de l'aptitude à la vitesse.

Pour éviter même de diluer la question et de compliquer le problème, nous raisonnerons sur une variété déterminée et nous examinerons la race de chevaux de course la mieux confirmée, la plus ancienne, celle qui est la base de notre variété trotteuse : je veux dire le Pur Sang Anglais.

Si nous nous reportons à la fin du chapitre II de la première partie de ce volume, nous constatons que dans la nature aucune différence n'existe entre l'influence du mâle et l'influence de la femelle. L'élément mâle reproduit le mâle sous l'influence du protoplasma mâle et l'élément femelle reproduit les caractères femelles.

Cette influence initiale de la sexualité a encore été fortifiée par la sélection naturelle qui s'est propagée différemment dans les deux sexes et que Darwin a appelé la sélection sexuelle naturelle. Mais la quantité de plasma germinatif fourni par chacun des deux êtres accouplés est absolument égale.

Ceci posé, nous constatons que depuis le commencement de la domestication, les animaux d'élevage, et les chevaux particulièrement, ont été soustraits en partie à l'action de la sélection naturelle. Il peut donc en être résulté une perturbation dans l'influence relative des deux éléments, mâle et femelle, sous ces nouvelles conditions de vie organique.

La loi est toujours la même, c'est-à-dire que les deux plasmas germinatifs de chaque sexe s'enkystent toujours en quantité égale. Mais nous avons vu que la loi du retour trouble la loi d'hérédité des animaux libres. De plus, le changement constant des mâles qui n'existait pas pour les animaux sauvages, donne lieu aux phénomènes de l'imprégnation des organes femelles par la substance mâle et amène déjà une prépondérance certaine de l'élément mâle, en mélangeant les caractères mâles en quantité sinon plus considérable, du moins en éléments plus nombreux.

De ces considérations générales sur les conditions de l'élevage domestique, nous retiendrons donc la possibilité d'une différence entre l'influence des deux sexes pour la formation du produit et une tendance à la prédominance de l'élément mâle.

Si, maintenant, nous entrons dans le cœur de notre sujet, nous avons à examiner la race de Pur Sang Anglais seulement et nous voyons qu'une sélection méthodique a été substituée en partie à la sélection naturelle.

Le cheval anglais de pur sang a été sélectionné par les courses à l'allure du galop. Les deux sexes ont subi la même épreuve, mais la sélection n'a pas été égale.

Examinons d'abord la sélection des mâles.

Nous voyons qu'elle a été d'une sévérité particulière sur le caractère unique de l'aptitude à la vitesse. Aucun étalon n'a été employé dans la race pure qui n'ait été un grand vainqueur. La qualité d'un étalon a été uniquement mesurée au nombre et à la valeur des courses remportées.

Des épreuves classiques ont été instituées où les futurs reproducteurs étaient indiqués nettement.

Le critérium a été rendu aussi sûr que possible.

Des courses spéciales ont été réservées aux mâles et d'autres aux femelles. La sincérité du choix des mâles a été rendue aussi complète que possible.

Si nous considérons maintenant la sélection des femelles, nous les voyons également choisies par les mêmes moyens; mais, par suite de la nécessité, beaucoup de juments non victorieuses ont été livrées à la reproduction. Nous reviendrons dans un instant sur cette nécessité indispensable du choix des femelles bien moins sévère que celui des mâles. Pour le moment, contentons-nous de constater un fait matériel absolument constant, qui est la moindre sévérité du choix des juments poulinières de pur sang comparativement à la sélection mâle.

Nous sommes donc certains que l'élément mâle, au point de vue du principe de la vitesse, est représenté avec bien plus d'autorité que l'élément femelle.

Il en résulte donc, d'une façon absolument mathématique, dans l'élevage des chevaux de pur sang anglais, que l'élément mâle sera absolument prépondérant dans la question de la reproduction de l'aptitude à la vitesse.

D'autre part, une circonstance qui est, du reste, la même dans l'espèce chevaline à l'état sauvage vient encore augmenter cette prépondérance.

A l'état sauvage les chevaux sont polygames et ce fait est le même à l'état domestique. Je veux dire par là qu'un seul mâle peut produire par an une quarantaine de poulains, tandis qu'une jument poulinière donnera en moyenne une dizaine de produits pendant toute son existence. C'est ce qui nécessite une sélection bien moins sévère des femelles puisque leur nombre doit être par conséquent cinquante fois supérieur à celui des mâles. La qualité dans les juments est donc remplacée par la quantité et leur influence demeure égale dans la reproduction, mais non au point de vue spécial de la transmission du principe de vitesse qui demeure prépondérant chez le mâle par suite de la sévérité de la sélection dans ce sexe seulement.

Si nous faisons intervenir maintenant notre loi de l'hérédité sexuelle, on est obligé de reconnaître que l'aptitude à la vitesse devra se trouver plus souvent représentée par l'élément mâle que par la jument.

Il n'y a rien à changer au raisonnement en ce qui concerne les trotteurs et je n'insisterai pas plus longtemps.

Cependant, je tiens à dire qu'à la suite d'une exposition aussi écourtée d'un sujet si important, comme presque tous ceux que j'ai traités dans ce volume forcément concis, des points d'interrogation d'une extrême gravité se posent.

Comment se fait-il, par exemple, que l'alliance d'un grand étalon et d'une grande jument donne parfois des produits d'une vitesse très ordinaire? Pourquoi des animaux tels que *Gladiateur, The Flying Dutchman* et tant d'autres grands chevaux ont-ils subi une stud-failure aussi complète? Il y a là une telle quantité d'observations naturelles, que mes notes formeraient les éléments d'un volume aussi important que celui que je présente aujourd'hui aux éleveurs et qui, du reste, dépasseraient le but que je me suis proposé cette fois d'atteindre.

Le travail de Bruce Lowe donne des indications qui peuvent être utiles à l'élevage, mais ne forment que le résultat de recherches empiriques ingénieuses, et il ne donne pas les raisons biologiques de pareils faits. Il ne peut donc satisfaire un esprit scientifique désireux de connaître les causes d'événements naturels. Tandis qu'en appliquant à leur étude la méthode d'observation, et en subordonnant les conséquences des alliances aux lois et aux théories que nous avons formulées dans la première partie de ce travail, les résultats apparaissent clairement comme inévitables.

Si ce volume venait à être accueilli avec bienveillance par l'élevage, nous nous considérerions comme engagés à soumettre au grand public une étude sur le Pur Sang Anglais où seraient développées les analyses méthodiques des diverses alliances essayées par les éleveurs.

La non-corrélation entre les aptitudes et la conformation. — Il faut néanmoins, pour suivre l'ordre d'idées qui nous a amené à étudier l'influence de l'élément mâle et de l'élément femelle dans un élevage de chevaux de course, expliquer pourquoi il n'y a pas toujours corrélation entre les aptitudes d'une variété de course et l'esthétique des représentants les mieux doués de cette variété. En un mot, il s'agit de démontrer pourquoi la conformation la plus parfaite d'un Pur Sang, la beauté la plus classique, la régularité la plus complète de la musculature et de l'ossature ne sont nullement des facteurs indispensables à la production et à la reproduction de l'aptitude à la vitesse.

Il faut d'abord remarquer que les faits sont constants et ne peuvent être discutés. Il est certain, par exemple, que des *Omnium II*, des *Callistrate*, des *Roi-Soleil*, etc., ne sont pas des types irréprochables au point de vue de la beauté plastique. Loin de là, leurs défauts sautent aux yeux les moins expérimentés, et cependant, ce sont de magnifiques performers et ils pourront être des reproducteurs de vitesse très remarquables.

Quelque désagréables que ces observations puissent être pour l'éleveur, il est impossible de reculer devant des faits qui se renouvellent tous les jours.

Il faut les accepter avec probité et en rechercher les causes.

Mais il est impossible de nier la vérité de la proposition que nous formulerons de la manière suivante : l'aptitude à la vitesse est un caractère naturel qui peut se produire avec des défauts de conformation générale et partielle, en sorte que nulle corrélation n'existe entre l'aptitude et la forme. Cette proposition étant admise comme un fait d'observation, il reste à en découvrir les causes naturelles et biologiques.

Il faut toujours rechercher les raisons de pareils faits dans le mode qui a servi à choisir les reproducteurs de la variété.

Dans le Pur Sang, par exemple, le seul critérium qui ait été admis pour le choix des étalons a été la classe en course. On a considéré l'aptitude à la vitesse comme le seul caractère qui importât.

Nous avons déjà expliqué pourquoi il a été nécessaire qu'il en fut ainsi. C'est que le véritable homme de sport ne voit et ne doit pas voir autre chose que le caractère sportif qu'il cherche à reproduire. S'il s'écarte un seul instant de cette idée fixe, il est perdu. Que demande un éleveur de chevaux de course? C'est que ses produits arrivent les premiers. S'il s'égare sur les autres caractères que l'on trouve décrits dans les manuels d'hippologie, comme constituant le beau cheval, il risque forcément de manquer le but principal. Aussi, tout bon éleveur recherche avec soin l'étalon de grande classe en course sans s'occuper d'autre chose.

Il en est résulté un certain *processus* morphologique qui a permis au Pur Sang de prendre une conformation générale bien différente de celle de ses ancêtres de race orientale, mais que l'élevage n'a pas recherchée.

Il n'y a pas de raison non plus pour que le Pur Sang qui existera dans cent ans ne se différencie pas de celui d'aujourd'hui et ne lui ressemble pas davantage que le Pur Sang actuel ne ressemble à l'Arabe.

Mais cela ne tient nullement à une direction déterminée par une sélection qui n'existe pas.

Si on réfléchit maintenant, que le cheval type de la beauté idéale est une pure convention, qu'il n'a jamais existé et que tous les étalons employés péchaient contre ce type en plusieurs points de leur structure, on doit imaginer par les faits de consanguinité et les lois du retour, que des individus chez lesquels on a accumulé les principes de vitesse, doivent présenter dans leur conformation des défauts exagérés de leurs ancêtres. En même temps que la vitesse augmentait par des alliances consanguines, les légère anomalies de construction se trouvaient de plus en plus soulignées, et on arrive ainsi à comprendre l'impossibilité presque complète de la corrélation entre la forme et l'aptitude.

Aussi, l'éleveur véritablement soigneux de l'avenir de son élevage, tout en cherchant les courants de sang qui s'allient bien entre eux, d'après l'expérience, pour la production de la vitesse, doit-il unir des sujets qui apportent une compensation entre les points de force de la constitution et les parties négligées. Car, autrement, le produit tout en étant un réservoir de vitesse, pourrait se trouver à ne pas pouvoir utiliser son aptitude par suite des défauts inhérents à son système osseux, musculaire, nerveux, etc.

Ce sont ces considérations qui doivent guider les éleveurs à unir des sujets qui présentent individuellement des contrastes.

C'est dans ce même ordre d'idées aussi qu'on doit comprendre le principe qui consiste à unir un vieil étalon à une jeune poulinière et réciproquement ; une petite jument à un étalon important, etc.

Le cheval sauvage. — Si l'éleveur veut bien se reporter à ce qui se passe dans la nature, il comprendra encore mieux l'essence des observations qui précèdent. Les chevaux sauvages vivent en troupes commandées par un étalon qui sert toutes les juments. Pour maintenir son privilège, cet étalon doit réunir, non seulement l'intelligence, l'activité, la vitesse, le tempérament, le courage, mais encore la puissance et la force dans la lutte, car ses prérogatives seront attaquées à chaque instant par d'autres étalons échappés d'autres troupeaux ou par ses propres fils. La moindre infériorité dans l'endurance, dans la résistance aux fatigues, le moindre affaiblissement dans ses facultés et la mort l'atteint.

Le sultanat est occupé par un autre plus fort.

C'est la sélection naturelle.

Dans notre sélection méthodique, on ne demande au mâle que d'avoir gagné des courses pour devenir le père. Il peut, par conséquent, ne pas être apte au combat, c'est-à-dire détenteur d'une énorme force musculaire constamment exercée par la lutte pendant toute la vie; il peut avoir un tempérament qui exige une nourriture choisie, variée, spéciale, un travail faible et souvent répété. Ses membres peuvent être fragiles, ses yeux peuvent être atteints de myopie, ses sabots formés d'une corne trop tendre et il peut se trouver encore le roi des reproducteurs s'il a eu la vitesse.

La Panmixie. — C'est ce *processus* interruptif de l'influence conservatrice de la sélection naturelle que Weismann a appelé la Panmixie, et c'est ce principe de la Panmixie qui, d'après notre théorie de la domestication, serait la cause, et la seule, de toutes les variations des espèces domestiquées et de l'humanité.

Il y a dans le fait de la civilisation plus ou moins avancée, et dans celui de la domestication qui l'accompagne, une sorte d'exaltation du principe de la variabilité, qui fait naître non seulement les aptitudes utiles à l'homme, qu'il conserve et augmente par l'accumulation héréditaire, mais des prédispositions à certaines faiblesses qui, sans être des maladies, n'en constituent pas moins souvent des facteurs gênants à la production et à l'usage de l'aptitude.

Imaginons, par exemple, une jument de pur sang qui naisse avec un tempérament faible, une grande difficulté à assimiler les aliments, une nervosité extrême et qui, par suite, ne puisse pas gagner de courses quoiqu'elle ait montré une grande vitesse à l'exercice; elle pourra être livrée à la reproduction, comme cela est arrivé mille fois et, par suite d'alliances heureuses avec des étalons d'un tempérament puissant, donner des produits qui seront illustres en course. Il se reproduira forcément, dans la descendance de cette jument, des retours qui amèneront la production de sujets au second, troisième ou quatrième degré, qui posséderont la faiblesse de tempérament de cette ancêtre.

Il est bien évident que si cette jument était née dans un troupeau de chevaux à l'état de nature, elle serait morte avant d'avoir produit.

Le même raisonnement s'appliquerait à certains étalons.

La certitude que cette Panmixie est la seule cause des variations extraordinaires des animaux à l'état domestique serait une chose très heureuse pour l'éleveur, qui n'attacherait plus aucune importance, au point de vue héréditaire, aux excitations de l'homme sur un organisme pendant la vie individuelle. Il se trouverait ainsi libéré de croyances qui n'ont aucune base et qu'aucune série de faits naturels n'est venue corroborer.

Autre forme de la non-corrélation de la conformation et des aptitudes. — Dans le même ordre d'idées, il faut considérer les variétés directement issues d'une autre variété, par transformations d'aptitudes, sans que la conformation puisse renseigner sur ce point. Considérons, par exemple, les Steeple-Chasers : avant de les avoir essayés en plat, on ne peut savoir s'ils ne seront pas aptes à ce sport. Tout paraît les y convier : leur origine, leur aspect d'ensemble et de détail. Aucun de leurs ancêtres n'a été employé en obstacles, aucun n'a montré une aptitude particulière à sauter et cependant ces animaux ne réussissent pas en plat. En revanche, si on essaie de les employer en steeple-chase, beaucoup d'entre eux révèlent alors une aptitude remarquable à sauter.

On voit donc que, dans ce nouvel ordre d'idées, la conformation du Steeple-Chaser n'est pas en corrélation avec son aptitude spéciale. Je ne fais pas ici une étude d'une importance suffisante pour m'étendre davantage et citer des noms. Mais les exemples fourmillent sous ma plume, de Pur Sang de grande origine et même de grande classe, qui ont été essayés vainement en steeple; d'autres, au contraire, qui n'avaient pu sortir en plat sont devenus des héros de l'obstacle. D'autres enfin, plus rares, ont réuni les deux aptitudes.

Les écuries d'obstacles qui se remontent en plat sont souvent victimes d'illusions sur la conformation soi-disant nécessaire. La taille même et l'importance de l'ossature ne sont pas des conditions indispensables au steeple-chase et tel petit cheval portera le poids mieux que tel colosse.

Si nous revenons au trotteur et que nous prenions les conclusions de la fin de cet ouvrage nous voyons que, sans les trois Pur Sang *Messenger, Rattler* et *The heir of Linne,* les Trotteurs Américains et Anglo-Normands seraient encore à l'état d'ébauche, et cependant ces Pur Sang ne différaient pas en conformation des autres Pur Sang de la race.

Cependant, leur pouvoir à transmettre l'aptitude trotteuse n'est pas niable pour toute personne de bonne foi qui a été jusqu'au bout de la présente étude.

Le Trotteur Russe a été formé avec des étalons arabes, dont certains ont été plus aptes que d'autres à faire naître et transmettre l'aptitude au trot et sont qualifiés, dans le pedigree, comme chefs de la race trotteuse; il est probable que si leur conformation avait été en rapport avec leur aptitude et avait pu la faire deviner, ils auraient été les seuls employés par le prince Orloff, qui eut le premier l'idée de former des trotteurs rapides par le croisement du Pur Sang Arabe avec la jument danoise ou hollandaise.

Comme le fondateur de cette variété trotteuse s'était adressé à l'Arabe pour transmettre l'aptitude à la vitesse, beaucoup des Arabes employés ont dû être abandonnés, et l'aptitude à la vitesse ne se voyait pas mieux que l'aptitude trotteuse dans les représentants de cette race choisis par le prince Orloff, qui n'employa pas le Pur Sang Anglais sélectionné à l'avance sur la vitesse.

Plus récemment, le Pur Sang le *Lion* a montré une certaine tendance à donner l'aptitude trotteuse vite par suite d'un courant de sang de *Dollar*. Eh bien! le *Lion* était un Pur Sang dont la conformation n'avait rien de particulier et il avait été second du Derby de son année.

Enfin, et pour terminer dans cet ordre d'idées, nous voyons qu'aujourd'hui nos plus vites trotteurs commencent à prendre l'aspect général du Pur Sang et que rien ne vient avertir une personne non prévenue que des Redowa, des Qualifiée, des Plume-au-Vent sont des trotteurs d'hippodrome.

Ces juments ont aussi bien l'aspect du demi-sang galopeur que n'importe quel cheval de la spécialité.

Ce sont là des faits absolument indiscutables et qui nous permettent non seulement d'affirmer la proposition que nous avons posée au commencement de cette discussion, mais d'en tirer des conséquences précieuses.

Conséquences au point de vue de la conformation générale. — Ces conséquences peuvent se formuler comme suit : il faut se défier de l'aspect général d'un animal dont l'aptitude n'a pas été démontrée. Tel admirable Hunter, construit suivant le modèle imposé peut parfaitement n'avoir aucune des qualités recherchées dans ce sport. Tel autre cheval qui pèche par des défauts de conformation, qui paraissent essentiels, remplira parfaitement les conditions exigées.

Si nous voulions pousser jusqu'au bout les conséquences d'une semblable argumentation, nous dirions que le beau cheval, tel qu'on l'imagine, est une exception, et ne doit naître qu'à l'état d'exception. Que sa recherche doit être faite dans un élevage étendu, comme le bœuf de concours est trouvé par les professionnels de la spécialité dans les foires de toute une contrée.

Mais en ce qui concerne les animaux de sport, la conformation n'indique en rien le degré de l'aptitude. Si on veut résumer la cause de pareils faits on doit la trouver dans cette considération que la sélection du Pur Sang ne s'est pas faite également sur le caractère esthétique. On a toujours sacrifié la beauté générale à la vitesse sans laquelle la conformation la plus parfaite est absolument inutile et complètement négligeable. Dès lors les étalons et les juments de la race pure se sont perpétués sous l'influence unique de la course sans aucun contre-poids.

Il y aurait là à faire la démonstration que ce fait est des plus heureux, mais cette digression nous entraînerait dans des développements beaucoup trop considérables. Il suffit d'enregistrer le fait constant et indiscutable.

Maintenant que nos races locales sont toutes plus ou moins croisées avec le sang pur, des retours constants de ce sang provoqués par le croisement amènent la production de demi-sang dont la conformation rappelle comme en un rêve, la silhouette, le profil, la démarche, le regard, des échappées de lignes, le vague dessin des Pur Sang qui entrent en ligne dans le nombre infini des ancêtres de l'individu. C'est alors dans ces demi-sang, dont la plupart du temps on ne connaît pas les origines au-delà des grand-pères, que les défauts des ancêtres pur sang sont soulignés d'une façon plus apparente que dans la race pure.

Il y a là un fait naturel qui est produit par le principe de la variabilité. Lorsqu'une particularité se produit dans une espèce domestiquée, elle tend à se reproduire en s'augmentant. Mais de même que les conformations amenées par le croisement avec le Pur Sang peuvent être défectueuses par l'influence même du retour, de même aussi le retour se produit indépendamment pour les caractères moraux, les aptitudes, les qualités, le courage, l'énergie, etc.

Dès lors, tel cheval qui, au premier abord, paraissait impropre à remplir un but déterminé, par suite de défauts apparents, se trouve au contraire en possession d'aptitudes extraordinaires.

Si un éleveur ou un homme de cheval reste bien persuadé de cette vérité considérable, que la conformation d'un cheval et ses aptitudes représentent des caractères héréditaires, qui n'ont entre eux aucun rapport, il aura fait un grand pas dans la connaissance de son métier. Il ne s'embarrassera plus d'une foule d'*impedimenta* dont la charge est inutile. Il ira en avant franchement et ne consultera que les caractères des ancêtres de ses reproducteurs pour l'apparence et les qualités du produit qu'il doit faire naître.

Opinions et proverbes d'amateurs. — Il faut avoir entendu discourir les amateurs pour se faire une idée de la diversité des opinions qui ont cours par le monde.

Les uns veulent une croupe horizontale, les autres une croupe inclinée. L'oreille courte est opposée à l'oreille longue. La queue placée bas pour le saut est préférée par certains à la queue placée haut. La longueur des paturons, la largeur du front, la brièveté des canons, etc., sont des sujets inépuisables d'entretiens stériles, de paroles inutiles, de discussions sans fin. Les aplombs surtout ont le talent de faire sortir certaines personnes de leur caractère.

Il faut donc admettre qu'il y a autant de types de bons chevaux qu'il y a d'amateurs. Chacun a le sien et même chacun en a plusieurs, et si l'éleveur était obligé de prendre l'avis de tout le monde, il ne saurait plus où donner la tête. Il en résulte qu'il faut essayer de faire un cheval avec l'aptitude déterminée et trouver l'acheteur à qui la conformation de l'animal convienne. Quant à espérer plaire à tout le monde, c'est impossible.

Conséquences de la Panmixie en Pur Sang. — Ces explications pratiques une fois données il faut revenir à notre compréhension scientifique de la Panmixie dans le cheval de pur sang.

Sans entrer dans des détails qui nous prendraient trop de temps, nous voyons que dans le Pur Sang, la Panmixie s'exerce sur des animaux d'origine restreinte : trois pères seulement et cinquante mères, voilà le point de départ de tous les Pur Sang actuels.

Le Stud-Book et les courses, voilà ce qui a amené un pareil résultat.

On comprend donc que l'ensemble de la race, quelles que soient les alliances opérées, conservera une supériorité énorme d'uniformité puisque les types destinés à être reproduits dériveront tous d'un petit nombre d'ancêtres primitifs.

Dans l'espèce trotteuse nous avons les courses pour sélectionner l'aptitude, mais nous n'avons pas le Stud-Book pour uniformiser la race et lui constituer un type esthétique déterminé. Nous renouvellerons donc, en terminant, le souhait fait déjà plusieurs fois dans le cours de ce volume, de voir enfin former un Stud-Book du demi-sang trotteur d'hippodrome qui, à notre avis, est indispensable à l'accomplissement de l'œuvre splendide entreprise par l'Administration des Haras.

Il y aurait là un bien beau chapitre scientifique à consacrer au développement de cette idée; mais le temps presse et il faut aller aux conclusions immédiates.

Conformation du Trotteur d'hippodrome. — La constitution de notre race sportive de demi-sang trotteur retirera un grand bénéfice, au point de vue de la forme, de l'infusion continuelle du Pur Sang Anglais, car si des croisements constants judicieusement faits avec cette race de galopeurs amènent, comme nous l'avons vu, une transformation constante dans l'aptitude, ces mêmes croisements amènent aussi une tendance à une transformation dans le modèle.

La forme du demi-sang trotteur se dessine nettement et se dessinera de plus en plus énergiquement en suivant les doctrines préconisées dans ce travail; la conformation sera incontestablement celle du Pur Sang Anglais avec plus d'étoffe, plus d'ampleur, mais les mêmes lignes, le même genre de beauté. Ceci résulte d'une façon évidente des faits constatés et des théories émises dans ce travail.

De l'ensemble de ces théories, vérifiées par l'observation, il résulte que l'éleveur, dans ses alliances, ne doit avoir qu'un but : la production de l'aptitude, et qu'il ne doit, en aucune façon, s'occuper de la forme.

Il n'a de ce côté aucun pouvoir mais il n'a non plus aucun obstacle à rencontrer.

Au fur et à mesure que la race améliorera son aptitude, c'est qu'elle se rapprochera davantage du sang pur et, par conséquent, l'éleveur fera beau malgré lui.

Il faut que les lois naturelles nous amènent à de pareils résultats car, s'il en était autrement, si l'éleveur était libre de faire la forme, de fabriquer en un mot le cheval tel qu'il le voudrait ou tel qu'on lui demanderait, ce serait l'anarchie, et par les voies naturelles, l'élevage va au contraire à l'harmonie.

L'éleveur de la variété sportive de trotteurs demi-sang ne sera pas libre de faire laid pas plus que de faire beau, il fera ce qui doit être, sans qu'il y soit pour rien.

Il n'aura la vitesse que s'il se rapproche du sang et alors, nécessairement, il fera beau suivant la conception la plus heureuse et la plus générale.

J'insiste beaucoup sur des points d'élevage que je crois les plus importants, parce qu'ils sont les plus controversés, et je n'insiste pas autant encore que j'en aurais le désir. Ces conclusions représentent pour ainsi dire la philosophie des doctrines exposées dans la première partie de ce volume. Je vais essayer d'en pénétrer encore davantage l'esprit du lecteur qui a bien voulu me suivre jusqu'ici.

Encore le Temps. — Nous reviendrons encore une fois sur la conception métaphysique du Temps. J'ai vu, dans des conversations avec des hommes d'une instruction supérieure, que cette abstraction ne faisait pas une impression bien profonde sur l'esprit. J'y reviens donc ici à propos de la relation qu'on a voulu établir entre la forme et l'aptitude. Je voudrais bien persuader l'éleveur que, par suite des moyens naturels employés pour obtenir l'aptitude, il ne peut pas y avoir corrélation entre la qualité cherchée et la beauté, qui est une conception particulière à chaque imagination particulière.

Nous avons émis, par suite d'extensions purement abstraites et comme conséquences logiques, que le Temps aussi était partie intégrante du grand Tout qui est la Matière, c'est-à-dire la Force. Evidemment, je ne me fais pas d'illusions, et j'imagine parfaitement qu'une pareille proposition, non seulement ne sera pas comprise, mais sera bafouée par les ignorants. Elle sera prise en pitié par les gens soi-disant instruits, et les intelligences supérieures seulement comprendront, non seulement sa vérité, mais sa simplicité; je dirai plus, son enfantine simplicité! Tant il est vrai que les vérités les plus vulgaires, les plus élémentaires, les moins cachées et qui s'offrent pour ainsi dire de force à l'esprit, sont considérées comme des découvertes lorsqu'un esprit simple les formule.

La pensée qui trouble la conception exacte du Temps, c'est que la Matière doit avoir un aspect solide, liquide ou gazeux, qu'on peut en avoir connaissance par les divers sens. Mais si on comprend que la Matière seule est la Force; si on conçoit que, aucun atome de la Matière ne peut être supprimé, distrait, mais seulement transformé, on conclut à ce qu'aucune force ne peut être détruite, ni en tout, ni en fractions, et qu'il ne peut y avoir que des transformations de force. De là à vouloir établir les relations entre les forces, il n'y avait qu'un pas, et je n'apprendrai rien à personne en disant que depuis longtemps on a évalué la force au moyen d'unités de la chaleur, de l'électricité ou de la pesanteur.

Mais ce qu'on n'a pas encore fait, c'est d'établir la corrélation entre le Temps et la force mécanique, par exemple.

Si on imagine qu'un train de chemin de fer ayant 300 kilomètres à faire et 150.000 kilogrammes à traîner mette quinze heures pour faire ce trajet, la locomotive brûle une certaine quantité de charbon. Si on exige que le même train fasse le même trajet dans les mêmes conditions en cinq heures, il faudra beaucoup plus de charbon que dans le premier cas. Cependant nous n'aurons accompli que le même travail et la force dépensée a été plus grande.

Quelle est donc la Force qui, dans le premier cas, a remplacé la différence de charbon constatée? C'est le Temps.

Si nous prenons deux chevaux de pur sang doués d'aptitudes différentes : un flyer et un stayer. Nous voyons le flyer parcourir 1.200 mètres en une minute, et le stayer accomplir 6.000 mètres en sept minutes. De sorte que le flyer aura parcouru 1.000 mètres avec une vitesse de cinquante secondes, et le stayer avec la vitesse de une minute dix secondes.

Si le stayer a pu continuer son travail pendant sept minutes, c'est qu'il ne dépensait pas de force; tandis que le flyer pouvait parcourir 1.000 mètres en dépensant vingt secondes de moins. Le Temps a encore une fois remplacé la Force.

C'est ici que se place la conception de l'aptitude.

En vain essaierait-on de faire accomplir par le flyer les 7.000 mètres dans le même temps que par le stayer. Il est contraint, par sa nature, de dépenser sa force dans le temps le plus court.

On croirait pouvoir économiser la Force en substituant du Temps, cela n'est pas possible.

Cela n'est pas plus possible que si on voulait faire accomplir au stayer 1.200 mètres en une minute; c'est-à-dire économiser le Temps en substituant de la dépense de Force.

Voilà donc bien deux poulains aux aptitudes bien différentes et nettement tranchées. Comme nous l'avons vu, ces deux aptitudes ont été obtenues par les principes d'hérédité, la sélection des courses et l'heureuse recherche des alliances nécessaires qui ont amené les transformations d'aptitudes. Eh bien! rien dans l'extérieur de ces deux poulains ne signalera à l'œil le plus exercé l'aptitude du stayer ou du flyer, et cela ne doit pas être, cela ne peut pas arriver.

Physiologiquement, un stayer et un flyer n'ont pas de raisons d'être différents.

Ils descendent des mêmes ancêtres et quelquefois sont proches parents. Le motif de la transformation des aptitudes vient du mode de sélection sur la vitesse seulement, sans qu'on aie sélectionné aucun caractère particulier de conformation; il ne peut donc pas, matériellement, se trouver un caractère physique spécial qui dénonce l'aptitude.

Toutes les discussions sur ce sujet sont oiseuses et vaines.

Si on a bien compris les principes ci-dessus énoncés, il n'y a pas de doute que des malentendus longtemps entretenus, tombent. Par exemple, la nécessité d'une conformation particulière du trotteur vite différente de celle du galopeur; une pareille prétention s'écroule devant la théorie des aptitudes et de leurs transformations, en dehors de toute modification de la forme.

Elle tombe aussi devant le bon sens et la théorie de la non-transmissibilité des caractères acquis pendant la vie individuelle.

Une conséquence plus générale pourrait être apportée, c'est que l'éleveur est incapable d'annoncer, avant la naissance, le genre de conformation, pas plus que le sexe de son poulain, mais qu'il a toutes chances de prévoir ses aptitudes.

L'acheteur et l'éleveur. — En conséquence, il se peut qu'un acheteur étranger à l'élevage et amoureux d'une forme, propose de fabriquer des chevaux sur un type déterminé. Cela ne se peut pas et fort heureusement. Il en résulte qu'il est loisible à un acheteur de chercher à satisfaire son goût dans la production générale, mais qu'il serait impossible, dans la production française actuelle, de reproduire un type déterminé. Du reste, il est heureux, je le répète, qu'on ne puisse pas arriver à un résultat semblable, qui consisterait à uniformiser, suivant le goût d'un individu ou d'une collectivité, un élevage aussi varié que l'élevage français.

Quelques considérations diverses. — Avant de clore ce volume, je dois m'excuser de laisser bien des lacunes dans les questions de l'élevage sportif.

La question du Stud-Boock du demi-sang trotteur n'a pas été traitée avec le développement et l'ampleur que j'aurais voulu lui donner.

L'histoire naturelle du Pur Sang Anglais a été forcément écourtée, et pour faire tenir dans un espace aussi restreint les questions du demi-sang, j'ai été obligé de les traiter sommairement. Si le public s'intéresse à cette tentative scientifique, je reviendrai dans d'autres ouvrages et sur les lois et sur leurs diverses conséquences pratiques.

Les chapitres ici ne sont pour ainsi dire que le précis indispensable de futurs développements: mais ce que je voudrais laisser dans l'esprit de mes lecteurs, c'est l'impression d'une philosophie positive qui doit guider l'esprit de l'éleveur et le libérer de superstitions orgueilleuses dont rougiraient bien des tribus de sauvages.

Que de personnes savantes croient encore aujourd'hui que la race bovine, dite d'Angus, a été obtenue en arrachant les cornes pendant un grand nombre de générations, aux taureaux et aux vaches de la contrée. De pareilles croyances sont actuellement en nombre infini, le privilège de très bons esprits et le principe de l'hérédité apparaît dès lors à cet ensemble d'intelligences comme un épouvantail ou un abîme d'attraction.

L'hérédité comprise ainsi, est une jonglerie, une sorcellerie qui rappelle le Moyen-Age.

De sorte que la seule loi naturelle, l'hérédité, dont on prononce le nom dans le public de l'élevage ou des lettres, est ignorée d'une façon absolue au point de vue de ses causes comme de ses effets. Les autres lois de la variabilité, de la sélection naturelle qui a produit les aptitudes par l'adaptation et qui ne peuvent se séparer les unes des autres dans leur fonctionnement, ne sont même pas connues de nom!

Je quitte la plume aujourd'hui avec l'espoir que mon effort ne sera pas vain, et que j'entraînerai à ma suite quelques bons cerveaux dans la voie de l'étude féconde.

Conclusions philosophiques. — Si on veut conclure d'une façon définitive, il faut jeter un regard d'ensemble sur la Matière, c'est-à-dire sur le Monde entier qui est la Vie Universelle. Si l'esprit à vue si courte de l'homme pouvait s'abstraire au point de concevoir que la vie organique à la surface de la terre n'est qu'une manifestation insignifiante de la force matérielle, et que la véritable vie n'est pas autre chose que l'ensemble des actions et des réactions de la Matière; si par une conception métaphysique assez puissante, l'homme pouvait reconnaître sa quantité négligeable devant l'infini des mondes, il n'y aurait aucun doute pour lui que la vie n'est autre chose que ce qui apparaît à nos yeux dans l'échange constant des tensions universelles entre les globes terrestres, lunaires, solaires, cométaires et stellaires; que beaucoup d'échanges, même entre tous ces êtres monstrueux constitués sous des formes qui nous paraissent étranges, nous sont encore ou inconnus ou fort peu connus : une pareille imagination de l'univers réel nous entraînerait à la conception d'une philosophie autrement vaste et puissante que celle qui consiste à faire de l'infiniment petit qu'est l'Homme, le centre et le but de l'infiniment grand qu'est le Monde.

Dès lors, ce qui nous était caché par les apparences et la faiblesse de nos sens, apparaît nettement : il n'y a plus de matière inerte.

La Vie est partout dans tous les points de l'univers, dans le soleil, dans les étoiles.

Tout vit, tout s'anime, tout s'agite, tout gravite; gigantesques organismes, le soleil, les planètes, les étoiles, les comètes, parcourent les abîmes de l'infini en faisant des échanges de forces : se produisant, se reproduisant, se transformant éternellement, sans que notre courte existence puisse nous donner une idée des moyens employés dans des périodes de temps que l'imagination humaine la mieux organisée est absolument impuissante à concevoir.

Combien alors apparaissent petits, devant un pareil spectacle, les efforts d'un Brown-Seqward, qui essaie stérilement de créer une hérédité de l'épilepsie chez des lapins, par la section d'un nerf; cette excitation de l'homme sur un faible organisme, est aussi vaine que celle qui consisterait, pour un savant, à vouloir rapprocher le soleil de la terre d'un seul millimètre.

Combien, d'autre part, ne sommes-nous pas portés en avant par les résultats des observations d'un Newton ou par celles d'un Darwin ou d'un Weismann ! que d'armes, que de procédés, que d'études, que de résultats ne peut-on pas faire dériver de la philosophie émanée des découvertes de pareils cerveaux ! C'est que ces génies sont imbus du véritable esprit scientifique, en dehors duquel tout est stérile, inutile, faux.

C'est que cette science de l'observation nous conduit à la connaissance de la vérité, de la lumière qui nous crève les yeux, et que son éclat lui-même nous empêche de distinguer.

C'est ce qui nous permet de terminer en posant cet axiome considérable si on sait le comprendre, et qui est vrai sous tous ses aspects : « Rien ne se perd, rien ne se crée dans la nature. »

Les forces, lumière, chaleur, électricité, magnétisme; les caractères naturels des organismes, les aptitudes, l'intelligence, sont des manifestations diverses de la matière infinie.

Il n'est pas possible d'en distraire ni d'en ajouter la moindre parcelle; il ne faut essayer que de transformer ce que la nature nous offre et par la connaissance des lois naturelles.

NOTE SCIENTIFIQUE ET D'OBSERVATION

SUR LA NON-TRANSMISSIBILITÉ DES CARACTÈRES ACQUIS PENDANT LA VIE INDIVIDUELLE AINSI QUE SUR UNE PRÉTENDUE HÉRÉDITÉ DES DÉFORMATIONS ACCIDENTELLES

Erreurs habituelles. — La vérité. — Notions fausses et notions exactes en élevage. Déductions. — Confusion de l'esprit. — La Société du demi-sang galopeur. — La déformation de l'encolure du Trotteur Américain. — Les dos longs. — L'aptitude à l'attelage. — La variabilité chez l'Arabe et le Pur Sang Anglais. — La figure de l'Arabe et celle du Pur Sang Anglais.

Erreurs habituelles. — Quelques personnes intelligentes qui se livrent à l'élevage du cheval, et des écrivains hippiques, m'ont souvent tenu ce langage :

« Par suite de la gymnastique que chaque trotteur entraîné est » obligé d'accomplir journellement pendant plusieurs années, on » améliore la descendance dans le sens du trot : les fils de chevaux qui » ont été exercés au trot trotteront eux-mêmes plus facilement et plus » naturellement que si leurs pères n'avaient pas été exercés pendant » plusieurs générations. »

Voilà une idée radicalement fausse, absolument absurde.

Voilà une de ces erreurs que je voudrais voir extirper pour toujours de la cervelle de tout éleveur de trotteurs. Je ne connais rien de plus dangereux que la dispersion des idées fausses.

La puissance de l'hérédité a pris aux yeux de certains éleveurs et de beaucoup de savants une place pour ainsi dire encombrante, au milieu des diverses autorités imposées par les autres lois naturelles. A tel point que cette importance exagérée masque pour certains cerveaux le jeu réel des actions et des réactions produites par le principe de variabilité ou le principe de sélection ou d'adaptation sur les organismes.

Il ne faut pas croire, en effet, que la seule ignorance des éleveurs soit en jeu ici. Des savants de l'ancienne école, et parmi ceux de la nouvelle science naturaliste, son père, Darwin, ont été les partisans d'une semblable erreur parce qu'ils ont négligé, ne fût-ce qu'un instant, de s'appuyer sur l'observation constante et éclairée des faits naturels.

Avec la théorie de la Pangenèse de Darwin, on est forcé d'accepter de semblables principes, qui conduisent droit à l'absurde.

Ainsi, par exemple, les gemmules de Darwin parcourent le corps et forment par leur ensemble la substance germinative; ils reproduisent chacune des parties qui leur a donné naissance.

Dès lors, un homme qui aurait la jambe coupée devrait reproduire des enfants avec la jambe coupée exactement au même endroit que lui puisque les gemmules, ne parcourant plus cette jambe, ne peuvent se retrouver dans la substance germinative.

Il a fallu que la théorie actuelle de la transmission du plasma germinatif à travers les âges vînt mettre un terme à la série d'inconséquences qui résultait d'un principe radicalement faux.

J'ai donc cru devoir mettre sous les yeux des lecteurs quelques passages de Weismann qui concernent cette question fort intéressante et qui est jugée aujourd'hui :

On sait de quelle façon Lamarck se représentait le processus de la transformation graduelle des espèces quand il chercha pour la première fois à pénétrer le mécanisme de cette évolution, et à approfondir les causes qui la produisent. D'après lui, la raison principale d'une modification dans la structure d'une partie réside dans ce fait que l'espèce considérée est soumise à de nouvelles conditions d'existence, et se trouve amenée par là à adopter de nouvelles habitudes. Celles-ci déterminent à leur tour une augmentation ou une diminution dans l'activité de certaines parties, et par suite un développement plus fort ou plus faible de ces parties qui finit par se transmettre aux descendants. Si ces descendants continuent à vivre dans les mêmes conditions modifiées, la modification de la partie transmise des ancêtres devra, dans le cours de leur existence, s'accentuer dans le même sens, et il en sera de même pour chaque génération suivante jusqu'à ce que le maximum de la modification possible soit atteint.

Lamarck pouvait de la sorte expliquer d'une façon des plus satisfaisantes, en apparence, les modifications qui consistent en une simple augmentation ou diminution d'une partie; le long cou du cygne et d'autres palmipèdes était dû à l'habitude de fouiller du bec le fond de l'eau, et les pieds palmés des mêmes animaux étaient dus à l'habitude de battre l'eau avec les orteils largement écartés.

Il pouvait aussi expliquer de cette manière l'atrophie d'une partie qui n'est plus employée, comme la régression des yeux chez les animaux qui vivent dans des cavernes, ou dans les sombres profondeurs de nos lacs et de la mer.

Mais il est clair que cette explication implique tacitement la supposition que ces modifications dues à l'usage ou à la désuétude d'une partie se transmettent effectivement aux descendants; elle suppose l'hérédité des caractères acquis.

Lamarck admettait implicitement cette supposition comme naturelle, et quand, un demi-siècle plus tard, son heureux continuateur, Charles Darwin, donna une base nouvelle à la théorie de la descendance, il crut ne pas pouvoir se passer complètement de ce principe de Lamarck, quoiqu'il ajoutât, comme on le sait, le principe nouveau et d'ailleurs très profond de la sélection, pour l'explication des transformations. Mais il n'admit pas le principe de Lamarck sans l'examiner d'une façon pénétrante; il voulut voir par les faits qu'il avait sous les yeux si les modifications que l'exercice introduit dans la vie individuelle peuvent se transmettre réellement aux descendants. Les différentes données sur l'hérédité présumée des mutilations lui semblèrent tout particulièrement, sinon démontrer la chose directement, au moins la rendre des plus vraisemblables (1), et il arriva à conclure qu'on n'avait pas de motif suffisant pour contester l'hérédité des modifications acquises. C'est pour cela que l'usage et la désuétude jouent dans ses œuvres comme facteurs directs de transformation un rôle important à côté de la sélection naturelle.

Darwin ne fut pas seulement un naturaliste de génie, fertile en invention, il avait aussi une sérénité extraordinaire, une critique des plus avisée; ce qu'il exprimait comme sa conviction était certainement très mûrement pesé.

C'est l'impression de tous ceux qui étudient ses œuvres, et c'est peut-être à cause de cette impression que c'est seulement depuis quelques années qu'on a commencé à douter de l'exactitude du principe de Lamarck admis aussi par Darwin, et qu'on a été conduit à une négation déterminée de l'hérédité des caractères acquis. J'aime du moins à reconnaître qu'à ce point de vue j'ai suivi pendant longtemps la bannière de Darwin, et qu'il a fallu que je fusse d'abord amené par un côté tout autre, — à savoir par le côté théorique, — à douter de l'hérédité de caractères acquis, avant que la conviction se développât en moi graduellement et s'affirmât toujours de plus en plus au cours de nouvelles observations, que cette sorte d'hérédité n'existe pas. Dans ces dernières années, d'autres ont, à l'occasion, exprimé leurs doutes sur cette hérédité, comme les physiologistes Dubois-Raymond et Pflüger, et, pour un groupe de caractères acquis, pour les mutilations artificielles, notre grand philosophe Kant a déjà contesté avec assurance qu'elles fussent susceptibles de transmission, et, tout récemment, Wilhelm His l'a suivi avec non moins de décision.

Si vraiment une transmission des caractères acquis était impossible, il en résulterait nécessairement une modification essentielle du transformisme; nous devrions renoncer absolument au principe de Lamarck, tandis que le principe de la sélection, de Darwin et de Wallace, acquerrait une singulière importance.

Lorsqu'il y a plusieurs années, je présentai pour la première fois cette idée dans mon *Essai sur l'Hérédité*, j'avais bien conscience de la portée de cette idée. Je savais bien que notre explication de la transformation des espèces se heurte à des obstacles en apparence insurmontables dès que nous abandonnons le principe de la transformation directe du corps par des influences extérieures, et c'est pourquoi je n'aurais pas osé attaquer le principe de Lamarck si je n'avais été dès ce moment en état de montrer que, du moins pour une part importante des faits à expliquer, ces obstacles ne sont qu'apparents. Des séries entières de phénomènes, comme par exemple le fait pour des parties de devenir rudimentaires par l'absence d'usage, s'expliquent très bien et même très simplement sans avoir recours au principe de Lamarck, et pour d'autres, comme pour les instincts, on montre qu'une partie non insignifiante d'entre eux, à savoir tous les instincts qui ne s'exercent qu'une fois dans la vie, n'ont pas pu devoir leur origine à l'hérédité de l'usage, démonstration qui fait qu'il est superflu pour les autres cas d'invoquer le principe de Lamarck pour les expliquer. Je n'affirmerai pas du tout qu'il n'y ait pas quelques phénomènes pour lesquels on n'ait pas encore trouvé d'explication indépendante du principe de Lamarck, ou pour lesquels on n'en ait pas invoqué; mais, de l'autre côté, on ne semble pas, non plus, avoir encore démontré que nous ne pouvons pas expliquer les phénomènes sans le principe de Lamarck.

Je ne connais du moins pas de faits devant lesquels nous devions renoncer

(1) On lit dans son livre *de la Variation des animaux et des plantes domestiques*, t. II : « On ne peut pas ne pas concéder que des mutilations, surtout quand elles sont suivies de maladie, ou peut-être exclusivement dans ce cas, se transmettent accidentellement. »

de prime abord à l'espoir d'apprendre à les expliquer sans recourir au principe de Lamarck.

Il n'est naturellement pas du tout démontré par le fait d'établir que, pour l'explication des phénomènes, nous pourrions aussi nous tirer d'affaire sans admettre une transmission des caractères acquis, que nous soyons obligés de le faire, en d'autres termes qu'une transmission de ce genre n'existe pas. De même pour un navire que nous voyons naviguer au loin, nous ne pouvons affirmer qu'il ne marche qu'à la voile, et non pas en même temps à la vapeur, uniquement pour cette raison que le navire semble marcher uniquement à la voile. Nous essayerons plutôt de montrer d'abord que le navire n'a pas de machine à vapeur, ou du moins qu'on ne peut pas du tout en démontrer l'existence.

C'est ce que je crois pouvoir faire aujourd'hui; je crois pouvoir montrer qu'on ne peut pas établir directement l'existence réelle d'une transmission des caractères acquis, qu'il n'y a pas de preuves directes de l'existence du principe de Lamarck.

Si l'on demande quels sont donc les faits que peuvent invoquer les défenseurs et les partisans de l'hérédité de propriétés acquises, quelles sont les observations qui déterminèrent un Darwin, par exemple, à admettre une pareille hypothèse, ou qui l'empêchèrent de la repousser, la réponse sera courte. Il y a un petit nombre d'observations faites sur l'homme, et sur les animaux les plus voisins de l'homme, qui semblent démontrer qu'à la faveur des circonstances des mutilations du corps peuvent être transmises aux descendants. Une vache, qui s'était cassé une corne, mit au monde un veau à la corne déformée, un taureau à qui on avait arraché la queue procréa des veaux anoures, une mère qui, dans sa jeunesse, avait eu le pouce écrasé et déformé, enfanta plus tard une fille au pouce déformé, etc.

La plupart de ces données manquent d'ailleurs de garanties d'authenticité, et elles n'ont, — comme l'ont dit His, et Kant avant lui, — d'autre valeur que celle d'anecdotes, mais pour une partie d'entre elles on ne peut pas affirmer la chose sans développement, et un seul petit nombre de ces observations peut réclamer une appréciation et un examen scientifiques. Je veux bien y souscrire de suite, mais en faisant remarquer tout d'abord que pour des faits capables de prouver directement la réalité d'une transmission de propriétés acquises nous n'avons pas autre chose à invoquer que ces cas de mutilations; il n'y a pas d'observations sur l'hérédité d'une hypertrophie ou d'une atrophie fonctionnelle, et il ne faut pas s'attendre à en trouver dans l'avenir, car ce domaine est à peine accessible à l'expérimentation. L'hypothèse que des propriétés acquises peuvent se transmettre n'a donc d'autres appuis directs que les observations sur l'hérédité de mutilations. C'est pour cette raison que les défenseurs de l'hérédité des caractères acquis, qui, dans ces dernières années, se sont montrés en assez grand nombre, se sont efforcés d'attribuer à ces observations une importance décisive, et c'est pour cette même raison que je suis obligé, moi qui me place au point de vue opposé, d'appuyer solidement ma manière de voir sur la valeur de ces preuves apparentes en faveur d'une transmission des mutilations.

Que les mutilations soient des propriétés acquises, il n'y a pas lieu d'en douter; elles ne proviennent pas d'une disposition des germes, ce sont de simples réactions du corps à l'égard des atteintes extérieures; ce sont des caractères purement somatogènes (1), — comme je le disais récemment, — c'est-à-dire qui

(1) Comme la désignation de caractères « acquis » n'est pas prise par tout le monde dans le sens rigoureusement déterminé où l'emploient zoologistes et botanistes, je proposais d'employer dans les cas où une méprise est possible, au lieu du mot « acquis », le mot « somatogène », c'est-à-dire provenant du corps, — du *soma*, — en opposition avec la substance germinative, tandis que les caractères qui résultent de la constitution du germe seraient appelés « blastogènes ». Si l'on coupe un doigt à un homme, la privation du cinquième doigt est un caractère somatogène ou acquis; si un enfant naît avec six doigts, la présence de ce sixième doigt a dû résulter d'une constitution particulière de la cellule germinative, elle est donc un caractère « blastogène ».

ne proviennent que du corps, le *soma*, par opposition avec les cellules germinatives.

Si ces mutilations devaient se transmettre réellement, ou si elles pouvaient seulement se transmettre çà et là, ce serait un argument de valeur pour la théorie de Lamarck, et l'hérédité d'une hypertrophie ou d'une athrophie fonctionnelle deviendrait par là des plus vraisemblable. Cette raison permettra donc d'arriver enfin à voir si les mutilations peuvent se transmettre, ou non. (Weismann, *la Prétendue transmission héréditaire des mutilations*, pages 413 à 417).

Comme on le voit, la question est parfaitement posée par Weismann et il faudrait reproduire toute son argumentation, qui est excessivement intéressante.

La méthode d'observation nous montre, au contraire, qu'aucun fait n'est venu corroborer des prétentions comme celles qui consistent à admettre l'hérédité des caractères acquis pendant la vie individuelle ou celle des mutilations accidentelles.

Aucune suite d'observations constituant le fait naturel, c'est-à-dire habituel, n'ont pu être faites.

Certaines légendes, certains faits mal connus, mal interprétés, grossis démesurément par le besoin du merveilleux, qui est inné dans l'humanité, voilà tout ce que nous avons trouvé pour soutenir un principe aussi redoutable.

Je vais citer quelques histoires de ce genre qui ont agité longtemps l'imagination populaire. Tel est, par exemple, le conte de l'*Enfant à la tête de serpent* :

Un matin, je fus prévenu qu'un homme et une femme portant un nouveau-né s'étaient rendus auprès d'une nourrice d'un faubourg de Nevers et avaient abandonné l'enfant sous un prétexte quelconque. Quand la nourrice avait regardé le petit abandonné, elle avait constaté qu'il avait une tête et une langue de serpent. Ne voulant pas le laisser mourir de faim elle avait, malgré les conseils des voisines, offert son sein à l'enfant qui l'avait mordue et la malheureuse en était morte. Comme on me donnait le nom et l'adresse de l'infortunée je m'y rendis et là j'appris que le fait était bien exact, mais qu'il était arrivé dans cette maison il y avait déjà longtemps, puisque c'était le grand-père qui l'avait raconté, mais que depuis plusieurs années déjà cet homme était mort.

Témoin encore l'histoire de la *jeune fille à la tête de mort* que je copie textuellement dans un journal :

C'est ainsi qu'en 1818 éclata l'histoire de l'*infortunée jeune demoiselle à la tête de mort*, fille d'une mère qui avait eu sous les yeux, pendant sa grossesse, la tête desséchée d'un amant tué par un cruel époux. Cette jeune personne, — absolument imaginaire, — qui avait toutes les grâces, toutes les vertus, et un million de dot, était venue à Paris pour y chercher un mari honnête et pauvre, que n'épouvantât point sa terrible difformité, cachée d'ailleurs, pendant le jour, sous un masque séduisant.

L'infortunée Mlle Vanhove passionna les foules.

Oubliant la tête hideuse imprimée sur les *placards* qu'on colportait dans toute la France, des prétendants sans nombre se ruèrent rue de Grenelle-Saint-Germain où demeurait, disait-on, l'enfant de la fatalité, et exaspérèrent les concierges par leurs demandes d'indication du logis précis de la *Fille à la tête de mort*.

La recherche de l'introuvable phénomène dura près de deux ans!

Passons maintenant à un ordre de faits qui paraissent plus probants mais qui ne sont pas moins vagues comme on le verra.

M. Gaston Perrot, honorable éleveur de trotteurs dans le département du Cher, possède un étalon russe appelé Krolik qui perdit l'œil à l'âge d'un an dans les prés. Il donna naissance, dans sa carrière d'étalon, à un ou deux poulains borgnes comme lui. De là, à conclure à l'hérédité de l'accident qui lui a enlevé l'œil, il n'y avait qu'un pas et ce pas a été franchi.

On ne s'est pas demandé si le fait par le poulain d'avoir eu un accident à l'œil ne lui avait pas été causé précisément par une tendance naturelle à l'atrophie de l'œil, et par conséquent à la reproduction héréditaire d'un *processus* naturel d'atrophie.

Voici, par exemple, l'histoire d'un autre œil, rapportée par Weismann :

Il y a d'abord toute une série de cas d'hérédité apparente des mutilations dans lesquels ce n'est pas, à dire vrai, la mutilation elle-même ou ses suites qui sont transmises, mais seulement une disposition particulière aux chances de blessure de la partie en question. Richter a fait remarquer récemment qu'il se présente souvent des degrés très faibles, presque imperceptibles, d'arrêt de développement, qui tendent à devenir des causes de dégénération apparente des parties en question. Comme cette disposition à l'arrêt de développement se transmet comme disposition germinale, les apparences peuvent être telles que la mutilation semble s'être transmise. Richter explique, par exemple, le cas souvent cité du soldat qui, quinze ans avant son mariage, perdit l'œil gauche « par suppuration » et dont les deux fils avaient l'œil gauche mal conformé (microphtalmie). La microphtalmie est un arrêt de développement; le soldat avait perdu son œil, dans l'interprétation de Richter, non seulement parce qu'il avait été blessé, mais parce que dès l'origine cet œil avait des dispositions à la maladie, et qu'il était par là même plus facile à blesser; ce que le père transmit à ses fils, ce ne fut donc pas la mutilation ou ses suites, ce fut la microphtalmie qui était déjà innée chez lui, mais qui aboutit d'emblée chez les fils, sans impulsion extérieure dont on puisse faire la preuve, à un vice de conformation de l'œil. (Weismann, *la Prétendue transmission héréditaire des mutilations*, page 432).

Toutes les fois que des faits semblables ont pu être soumis immédiatement aux observations des physiologistes, ils ont été reconnus faux ou explicables, sans que le principe d'hérédité soit invoqué ou bien par le principe même de l'hérédité et en dehors de l'accident qui n'était pour rien dans la mutilation. Sans vouloir m'étendre sur un pareil sujet comme il le mériterait, je donnerai encore quelques extraits de Weismann sur ce sujet :

La dernière catégorie de cas que je voudrais examiner ici concerne des observations dans lesquelles, il est vrai, la mutilation de l'un des parents est bien établie, dans lesquelles il s'est produit aussi chez l'enfant un vice de conformation analogue à la mutilation, mais où il n'y a pas du tout, comme il résulte d'un examen minutieux, correspondance entre le vice de conformation des parents et celui des enfants.

Je range dans cette catégorie un cas connu seulement depuis l'année 1888, étudié par un anthropologiste et médecin qui l'a observé aussi bien et aussi exactement qu'il est possible, et qui l'a fait connaître.

C'est M. le docteur Emile Schmidt, qui, au Congrès d'Anthropologie tenu cette année à Bonn, a communiqué un cas semblant prouver effectivement au premier abord que des déformations de l'oreille humaine, produites artificiellement, peuvent se transmettre. Comme M. le docteur Schmidt a très gracieusement mis à ma disposition tous les matériaux qu'il a rassemblés sur ce fait, j'ai été à même de soumettre ce cas à un examen plus approfondi qu'on ne peut le faire pour la plupart des autres, et je désire d'autant plus l'analyser d'un peu près qu'il me paraît être d'une importance capitale pour l'histoire des erreurs humaines dans ces sortes de choses.

Dans une famille très honorable et tout à fait digne de foi la mère a le bout d'une oreille fendu. Elle se rappelle avec beaucoup de précision qu'ayant de six à dix ans, une autre enfant lui arracha, en jouant, sa boucle d'oreille, que la blessure guérit de telle sorte qu'une fente persista, si bien que, plus tard, il fallut lui percer un nouveau trou pour sa boucle d'oreille dans la partie postérieure du lobule. Plus tard, elle eut sept enfants, et le second d'entre eux, — un homme aujourd'hui, — a le lobule de l'oreille « fendu du même côté que la mère. » La mère avait-elle, avant la mutilation de l'oreille, quelque vice de conformation naturel de l'oreille? Nous n'en savons rien, mais cela est très invraisemblable, d'après l'apparence actuelle de l'oreille, et parce qu'on n'a pas encore observé jusqu'à présent de fissure naturelle du lobule. Les parents de la mère n'avaient pas de vice de conformation de l'oreille. Il semble qu'on ne puisse pas ne pas conclure qu'on a réellement affaire ici à une hérédité de la fissure artificielle du lobule.

Le lobule de l'oreille de la mère est d'une forme tout à fait normale, large et bien développé, et montre seulement au milieu de sa surface le sillon cicatriciel vertical qui provient de la mutilation, et, derrière, une deuxième perforation artificielle pour la boucle d'oreille. Le lobule de l'oreille du fils, au contraire, est extrêmement petit, on pourrait même dire qu'il n'y en a pas du tout. A mon avis il n'y a pas fissure du lobule, car l'extrémité postérieure n'est pas une partie du lobule, comme on pourrait le penser, mais l'extrémité inférieure du bord de l'oreille, de ce qu'on appelle l'hélix. Mais bien qu'on puisse être d'un autre avis sur la signification de ces parties, il faut cependant tenir compte d'une circonstance qui me paraît être décisive, et qui exclut directement pour ce vice de conformation l'hypothèse d'une transmission de mutilation.

Si l'on compare, en effet, les deux oreilles entre elles, celle de la mère et celle du fils, on sera frappé de ce fait, évident pour tout œil un peu exercé, comme pour celui de l'anatomiste proprement dit, que ces deux oreilles diffèrent complètement de forme dans leur ensemble comme dans tous leurs détails. L'ourlet de l'oreille est très épais et très arrondi chez la mère, mince et effilé chez le fils; les *Crura anthelicis* sont, chez la mère, formés d'une façon complètement normale avec une cavité profonde entre les deux, et se séparent l'une de l'autre vers la partie supérieure, tandis qu'ils sont à peine marqués chez le fils par une petite dépression. Ils ne se dirigent pas, chez lui, vers la partie supérieure, mais presque en avant, ce qui donne à l'oreille un tout autre aspect. Le pavillon est de même complètement différent chez la mère et le fils, et la profonde rainure dans la partie inférieure de l'oreille, l'*incisura intertragica*, est presque dirigée de haut en bas, tandis que chez la mère elle se dirige, comme d'habitude, de bas en haut. En un mot, tout diffère dans ces deux oreilles autant que cela se peut chez les oreilles de deux êtres différents.

Evidemment cela ne veut dire qu'une chose, que le fils n'a pas l'oreille de sa mère, mais vraisemblablement celle de son père ou de son grand-père. Malheureusement père et grand-père sont morts déjà depuis longtemps, si bien qu'il faut renoncer à toute certitude de ce côté. En tout cas, ce n'est pas l'oreille de sa mère qu'a le fils, et il serait téméraire d'admettre que le fils a l'oreille du père, mais qu'il a hérité, de la mère, d'un vice de conformation du lobe de l'oreille, déformation qui, à n'en pas douter, à mon avis du moins, est tout autre que la cicatrice de la mère. J'ai dit que ce cas est intéressant en principe parce qu'il montre très clairement combien il est difficile, même dans un cas relativement favorable, de trouver réunis tous les matériaux indispensables pour une appréciation motivée, et qu'il montre, avant tout, avec quelle minutie il faut comparer et examiner l'anomalie, si l'on ne veut pas se laisser entraîner à des conclusions tout à fait fausses. Jusqu'à présent la critique de ces cas n'a eu que bien rarement le caractère scientifique qu'elle doit avoir; on s'est contenté le plus souvent d'établir que, chez l'enfant, une anomalie se présente dans la même partie que celle qui, chez l'ascendant, avait été déformée par mutilation. Mais si l'on veut parler de la transmission d'une mutilation, il faut tout d'abord montrer que le vice de conformation de l'enfant correspond exactement à la mutilation de l'ascendant.

C'est pourquoi le plus souvent on ne peut utiliser les observations anciennes. (WEISMANN, *la Prétendue transmission héréditaire des mutilations*, pages 133 à 136).

Mais si on veut bien simplement être logique, on voit que l'hérédité des mutilations ou des caractères acquis pendant la vie individuelle n'a jamais été prouvée.

En effet, pour que la méthode d'observation soit concluante il faut citer des ordres de faits habituels, et par là même naturels, et on ne l'a jamais fait.

J'ai lu dans un livre publié récemment par un savant vétérinaire les quelques lignes qui suivent :

ACTION DE L'HOMME SUR L'ANIMAL LUI-MÊME PAR LES MÉTHODES VIOLENTES ET PACIFIQUES

L'homme peut agir sur les animaux de deux façons : tantôt en les mutilant plus ou moins, tantôt en leur conservant leur intégrité; nous appellerons la première, *méthode violente* ou *chirurgicale*, et la deuxième, *méthode pacifique*; l'*entraînement* établira une transition toute naturelle entre les deux.

Méthodes chirurgicales. — Nous étudierons sous ce titre, non seulement la castration qui constitue le plus important des moyens violents, mais la tonte qui est, au fond, une amputation.

Pour être complet, signalons d'abord les *moyens de laboratoire* : partant de considérations élémentaires sur les formes du travail, Marey et Quenu ont transformé des muscles longs et grêles en muscles gros et courts, par le raccourcissement du levier osseux sur lequel agissaient ces organes; Moussu, d'Alfort, a réalisé le crétinisme expérimental par l'ablation des glandes thyroïdes.

Signalons aussi l'*amputation des cornes, des oreilles et de la queue*. Elle présente ceci de remarquable qu'elle aboutit rarement à une déformation héréditaire. Les cornes et les oreilles ont une fixité extraordinaire : le professeur Cornevin cite le cas d'un praticien qui, pendant plusieurs générations, enleva inutilement le périoste de la région frontale, chez le bœuf; le raccourcissement des oreilles se pratique depuis longtemps dans certaines races de chiens, sans entraîner aucune modification dans la forme et le volume de ces organes; la queue ne possède pas une pareille fixité : on voit des chiens à queue amputée donner des chiens à courte queue; ce qui est plus fréquent, c'est le raccourcissement de cet appendice dans des races où on l'ampute régulièrement, chez le fox-terrier par exemple.

Ce qui fait, pour nous, que les *déformations* précédentes se transmettent rarement, difficilement ou pas du tout, c'est qu'elles sont *produites brusquement*, d'un seul coup; nous sommes persuadé que si elles étaient dues à l'action lente mais continue d'un écraseur, la transmission héréditaire deviendrait plus fréquente.

Et ce qui nous le démontre, c'est la fixation dans une race humaine des déformations produites par simple pression : les déformations du crâne qui, chez les peuples anciens, avaient pour but de développer la force et le courage, se transmettaient facilement; sans remonter aussi loin, on sait que l'allongement du crâne toulousain est dû à l'habitude qu'ont, depuis un temps immémorial, les femmes de cette région de fixer leur coiffure par une bande appelée bien justement serre-tête. (C. Pagès, *les Méthodes pratiques en zootechnie*, pages 32 et 33).

Ainsi ce n'est plus un éleveur vulgaire, mais un vétérinaire distingué, docteur ès-sciences, qui imagine qu'à force de se serrer la tête dans un bonnet pendant un grand nombre de générations, les femmes d'un certain pays ont des enfants à la tête pointue !

Il laisse à entendre aussi qu'à force de couper la queue des chiens on obtient des chiens à courte queue. Remarquez bien que des preuves de tous ces faits on n'en apporte point, et qu'on dit au contraire, à ceux qui combattent de semblables théories qui nous conduiraient droit à l'absurde, que c'est à eux à prouver le contraire.

Or, aucune contradiction probante générale ne peut être faite contre des théories qui ne reposent absolument sur rien. Et même toutes les preuves que l'on peut apporter ne sont que négatives.

Voyons, par exemple, l'expérience des souris blanches de Weismann :

Évidemment il n'y a que l'expérience qui puisse décider ici, et naturellement non pas l'expérience sur les chats et sur les chiens, comme le remarque Bonnet très justement, mais l'expérience sur des animaux dont la queue n'est pas déjà comprise dans un processus d'atrophie. Bonnet propose de « faire l'expérience sur des souris blanches ou sur des rats blancs, chez lesquels on ne connaît pas de courtes queues résultant d'un vice de conformation, et chez lesquels la longueur de la queue est toujours très égale. »

Avant que cette proposition ne fût formulée, j'avais déjà entrepris la chose, bien que ce fût plus naturel de la part de ceux qui affirment l'hérédité des mutilations que de ma part, puisque je la combats. J'avoue franchement aussi que je n'ai entrepris ces expériences qu'à contre-cœur, parce que je ne pouvais espérer en obtenir autre chose que des résultats négatifs. Mais comme ces résultats, même négatifs, ne me semblaient pas complètement dépourvus de valeur pour la solution de la question pendante, et comme les nombreux défenseurs de l'hérédité des caractères acquis ne se disposaient pas à corroborer leur opinion par l'expérience, je m'imposai ce petit travail.

Les expériences furent faites avec des souris blanches, et commencées au mois d'octobre de l'année précédente. On prit douze souris, sept femelles et cinq mâles, on leur coupa la queue à toutes le 17 octobre 1887. Le 16 novembre apparurent déjà les deux premières portées de petits, et comme le temps de la gestation de la souris ne comporte que de 22 à 24 jours, ces premiers petits provenaient déjà de l'époque à laquelle leurs parents n'avaient plus de queue. Il y avait dix-huit petits en tout, tous ayant des queues absolument normales de 11 ou 12 millimètres. Ces petits, comme tous ceux qui suivirent plus tard, furent éloignés de la cage, soit qu'ils aient été tués et conservés, ou qu'ils aient été employés pour continuer l'expérience. Dans cette cage n° 1, qui contenait donc les douze souris de la première génération, il naquit dans le cours de quatorze mois, c'est-à-dire jusqu'au 17 décembre 1888, 333 petits dont aucun n'avait une queue rudimentaire ni même une queue un peu plus courte que celle des petits dont on n'avait pas mutilé les parents.

Mais on pourrait croire que les effets de la mutilation ne se montreraient que dans une des générations suivantes. Je mis donc quinze petits du 2 décembre 1887 dans une cage n° 2, après qu'ils eurent ouvert les yeux et que leurs poils se furent montrés, et je leur coupai la queue. Du 2 décembre 1887 au 16 janvier 1889 ces animaux produisirent 237 petits, ayant tous la queue normale.

On mit de même, le 1er mars 1888, quatorze petits de la deuxième génération dans une cage n° 3, et on leur coupa la queue; parmi leurs descendants, 152 au 17 janvier 1889, pas un seul animal à queue anormale. Il en fut absolument de même de la quatrième génération, qui, à partir du 4 avril 1888, fut élevée dans une cage n° 4, et fut traitée de la même façon; du 23 avril au 16 janvier 1889 elle donna naissance à 138 petits à la queue normale; de même pour une cinquième génération qui, dans la cage n° 5, produisit, du 15 septembre au 17 décembre 1888, 25 petits ayant tous la queue normale.

L'expérience ne fut pas terminée pour cela : on isola encore des petits de la sixième génération, et on leur coupa la queue, mais ils demeurèrent stériles.

Cinq générations de parents privés artificiellement de leur queue ont donc donné naissance à 901 petits dont pas un ne présentait une queue rudimentaire, ni même une anomalie dans la queue. Il y a même plus : une mensuration exacte a montré qu'il n'y avait même pas chez eux de petite diminution de la queue. La longueur de la queue des nouveaux-nés oscille dans des limites très étroites, c'est-à-dire entre $10^{m}_{m},5$ et 12 milimètres; chez aucun des petits elle ne fut de moins de $10^{m}_{m},5$, et les petits des générations postérieures accusent la même longueur de queue que ceux de la première génération : la longueur de la queue ne diminue donc pas dans le cours des cinq générations d'une façon appréciable. Que prouvent ces expériences? Réfutent-elles une fois pour toutes l'opinion de la possibilité de la transmission des mutilations? Certainement pas du premier coup. Si l'on voulait tirer cette conclusion de ces seules expériences sans avoir recours à d'autres faits, on serait en droit d'objecter qu'on a négligé de faire entrer en ligne de compte la possibilité pour l'effet de la mutilation de ne pas se produire de suite dans la deuxième, troisième, quatrième ou cinquième génération, mais de demeurer à l'état latent pendant plusieurs générations, pour se montrer plus tard dans la sixième, la dixième, la vingtième, ou la centième génération, à l'état de vice de conformation héréditaire. Nous n'aurions pas grand'chose à répondre à une pareille objection, car il y a, en fait, des phénomènes de modification reposant sur un de ces changements graduels, tout d'abord insensibles, ou plutôt sur une modification du plasma germinatif, qui ne se produit qu'après des générations comme modification visible des descendants. La pensée sauvage ne se modifie pas dès qu'on la plante dans un jardin. Elle demeure tout d'abord sans modification en apparence, mais, plus tôt ou plus tard dans le cours des générations, des variations se produisent, d'abord dans cette plante-ci, puis dans celle-là, principalement dans la grosseur et la couleur des fleurs, et ces variations se reproduisent par la graine, et sont, par suite, l'émanation d'une modification germinative. Des variétés de ce genre ne se produisent jamais dans la première génération des pensées de jardin, ce qui montre qu'elles doivent être préparées par une transformation graduelle du plasma germinatif. Il n'est pas du tout admissible de se représenter l'action d'une influence extérieure sur le plasma germinatif comme une action graduelle s'accroissant dans le cours de générations, qui n'aboutit à une modification visible du corps lui-même (du *soma*) que lorsqu'elle est parvenue à un certain degré.

On ne pourrait pas élever d'objection décisive, au point de vue théorique, si quelqu'un voulait soutenir que l'hérédité des mutilations a besoin de mille générations pour devenir visible, car nous ne pouvons pas évaluer *a priori* la force des influences capables de modifier le plasma germinatif, et nous ne pouvons apprendre que par l'expérience pendant combien de générations elles doivent agir avant de se manifester à l'extérieur.

Si les mutilations agissaient réellement sur le plasma germinatif, — comme le prétendent nos adversaires, — à la façon de ces influences modificatrices, on ne pourrait contester la possibilité, la vraisemblance, que les phénomènes de l'hérédité ne se manifestent pas dès le début, mais seulement dans une génération ultérieure.

C'est pourquoi les expériences avec les souris ne suffisent pas pour former contre une telle hypothèse une objection solide, il faudrait plutôt les continuer indéfiniment avant de pouvoir dire avec une certitude relative qu'il n'y a pas hérédité. Seulement, dans l'état des choses elles sont cependant, — à mon avis, — une objection décisive contre l'affirmation de la possibilité de la transmission des mutilations, et simplement par le fait de démontrer que des mutilations qui se répétaient dans cinq générations consécutives ne permettaient de reconnaître aucune influence héréditaire, bien que ces mutilations fussent communes aux deux parents.

On ne peut pas oublier que toutes les « preuves » produites jusqu'ici en faveur d'une hérédité des mutilations affirment l'hérédité d'une mutilation unique se manifestant de suite dans la génération suivante. La mutilation, dans tous ces cas, ne concerne que l'un des parents, et non pas les deux comme dans mes expériences sur les souris. En présence de ces expériences, toutes ces « preuves » ne concordent en rien, il faut qu'elles soient toutes basées sur l'erreur.

Si une mutilation, comme dans notre cas l'ablation de la queue, pratiquée sur les deux parents pendant cinq générations, ne s'est reproduite à aucun degré chez aucun des 901 descendants, il sera plus qu'invraisemblable qu'une simple mutilation, ne concernant que l'un des parents, doive se transmettre jamais aux enfants, surtout avec la netteté de reproduction attribuée à ces prétendus cas probants.

Mais si ces preuves tombent, il n'y a plus de faits plaidants, ne fût-ce que de très loin, en faveur de la possibilité d'une hérédité des mutilations, car quoiqu'on connaisse bien des cas dans lesquels certaines mutilations se sont continuées à travers des centaines de générations, il n'y a pas un seul de ces cas dans lequel la mutilation se soit transmise : ils ont donné tous un résultat négatif. Différents peuples pratiquent depuis les temps les plus reculés, comme on sait, certaines mutilations, mais pas une d'elles n'a conduit à un vice de conformation héréditaire de la partie en question, ni la circoncision (1) ni le fait de casser les incisives, ni le percement de trous dans la lèvre ou dans le nez, ni le rapetissement et la déformation artificielle des pieds, poussés si extraordinairement loin chez les Chinois. Pas un enfant des peuples en question n'apporte au monde ces caractères : il faut que chaque génération les acquière à nouveau. (WEISMANN, *la Prétendue transmission héréditaire des mutilations*, pages 424 à 428).

J'arrêterai là l'examen des faits.

La vérité. — Me reportant à ma théorie de la Matière et à celle de l'Hérédité qui est basée sur la première, je conclus qu'aucun caractère nouveau, susceptible de se reproduire héréditairement, ne peut apparaître que sous l'influence des lois naturelles de la variabilité et de la sélection.

De même, il faut entendre par là que toutes les pratiques humaines, toutes les excitations, tous les exercices accomplis par l'homme pendant la vie individuelle ne sont pas capables de modifier ou de faire naître une aptitude, un changement quelconque, en un mot, un caractère naturel.

Que cette théorie et ses déductions doivent être acceptées comme vraies puisqu'aucun fait probant, aucun ordre général de faits n'ont jamais pu être opposés à ces déductions formelles.

Notions fausses et notions exactes en élevage. — Déductions. — Si l'on applique ces notions exactes au Trotteur d'hippodrome et qu'on examine l'origine de ce trotteur, issu du Pur Sang, on arrive à deux ordres de conclusions absolument raisonnables et qui mettent ainsi fin, scientifiquement, à une série de raisonnements et de pratiques absurdes en élevage, et que partagent non seulement les éleveurs, mais des savants distingués.

Premier ordre de déductions : le fait d'exercer ou d'entraîner au trot un reproducteur mâle ou femelle pendant sa jeunesse ne change en aucune façon son pouvoir héréditaire à reproduire le trotteur.

(1) Pour la circoncision, il faut noter que chez les peuples parmi lesquels la circoncision est prescrite par le rite, il naît bien parfois quelques enfants au prépuce faiblement développé, mais que le fait n'est pas plus fréquent que chez d'autres peuples qui ne pratiquent pas la circoncision. Des recherches statistiques assez étendues ont conduit à ce résultat.

C'est-à-dire que quand même le susdit étalon ou la susdite poulinière n'auraient jamais été exercés au trot, la production de ces animaux jouira de l'aptitude au trot dont elle doit jouir naturellement à un degré absolument égal à celui qu'elle aurait eu si le reproducteur eut été exercé pendant plusieurs années, dans sa jeunesse, à l'allure du trot.

De même il est absolument inutile, comme le font certains éleveurs, de faire trotter l'étalon avant la monte, ou bien la poulinière, tous les matins pendant sa gestation, dans l'espoir que cet exercice produira une influence d'accroissement sur le caractère de l'aptitude à trotter des futurs produits.

Deuxième ordre de déductions : le fait pour un reproducteur d'avoir galopé toute sa jeunesse et même de galoper tous les matins de la monte, ne modifiera nullement sa production au point de vue de la création de l'aptitude trotteuse, car il est à peine croyable qu'au dix-neuvième siècle, des personnes intelligentes imaginent qu'un étalon, par exemple, qui n'est pas exercé au trot pendant sa vie, ne reproduira pas aussi bien l'allure trotteuse que s'il avait été entraîné et que s'il avait couru en courses au trot. Le fait qu'un simple exercice plus ou moins prolongé au trot puisse avoir de l'influence sur le germe reproducteur, est une chose tellement énorme, qu'il ne serait plus possible de se livrer à l'élevage sans être hanté par des idées absurdes.

Confusion de l'esprit. — Il y a là une confusion extraordinaire dans l'esprit de ceux qui sont animés de pareilles idées.

La course n'est pas autre chose qu'un moyen de sélection sur la vitesse, et l'entraînement un moyen de mettre le cheval dans le meilleur état possible pour faire rendre à son aptitude le plus grand effort possible. C'est ainsi qu'on est renseigné sur les meilleurs futurs reproducteurs.

Mais, imaginer que le fait d'avoir été entraîné et d'avoir couru peut avoir pour conséquence d'augmenter la vitesse au trot des poulains qui naîtront de l'étalon futur, est pour moi le comble de l'aberration.

Cette doctrine a pourtant été professée et nous en trouvons la preuve, par exemple, dans le livre déjà bien des fois cité de M. J. Roussel (Franco-Américain) *le Trotteur aux États-Unis*. M. Roussel ne nous en voudra pas certainement d'essayer de le faire revenir d'une erreur qu'il partage du reste avec une légion de bons esprits.

Nous avons déjà discuté cette question dans la première partie de ce volume, et nous engageons vivement les personnes qui veulent vivre dans la vérité, à étudier nos théories de la Matière organique et de la Matière inorganique, et leurs yeux s'ouvriront alors à la lumière.

Voici ce que dit M. Roussel en parlant d'Abdallah le père d'Hambletonian :

« Le peu d'entraînement qu'il a reçu nous prouve bien que son instinct de trotteur n'a pu ni être fortifié ni augmenté. Son père, quoique pur sang, était un trotteur assez remarquable; sa mère possédait non seulement l'instint naturel du trot, mais cet instinct chez elle avait été développé et fortifié.

» Quant à Abdallah lui-même, on ne peut dire que l'entraînement ait augmenté son hérédité de l'instinct au trot, quoiqu'il aie certes suffi à le lui conserver dans toute son énergie et dans toute sa vigueur. »

Ainsi, on augmente, on fortifie ou on diminue à volonté l'hérédité du trot!

Et, de ce qu'Abdallah n'a pas été entraîné et qu'il a fait Hambletonian, on conclut à la confirmation de pareilles idées, quand ce fait devrait être plutôt une preuve à offrir par les adversaires de pareils errements. Car enfin, il faut mettre sous les yeux des lecteurs des faits et ne pas en conclure le contraire de ce qu'ils signifient.

Voilà *Messenger, Mambrino* son fils, Abdallah son petit-fils, et Hambletonian son arrière-petit-fils, qui sont tous *inbred* sur *Messenger* et jamais ces chevaux n'ont couru au trot et ils n'ont pas été entraînés.

Les trois premiers ne s'attelaient pas, et ils ont donné naissance à une pléiade considérable de trotteurs remarquables à l'attelage, et on veut que j'en déduise la preuve que l'*exercice au trot fortifie l'hérédité du trot,* car, me dit-on, s'ils avaient couru en courses au trot, ils auraient produit encore de meilleurs trotteurs. Un pareil raisonnement est contraire au bon sens et en contradiction complète avec la méthode d'observations des faits.

Dans la *France Chevaline,* sous la signature d'un homme intelligent qui a pratiqué les chevaux, M. Baume, on trouve des affirmations aussi gratuites et aussi dénuées de fondement, et ce qu'il y a de curieux, c'est que les adversaires de M. Baume et du Trotteur d'hippodrome se servent des mêmes arguments pour démontrer, comme nous allons le voir, que l'exercice du trot de course déforme héréditairement le trotteur.

Une autre personne très intelligente, passionnée pour la régénération du trotteur par le cheval de pur sang anglais, M. A. Enaud de Loudéac, publiciste distingué, procède constamment des mêmes craintes et des mêmes chimériques espoirs. Je lis en effet dans une de ses publications :

« Dans un herbage où sont réunis des poulains de pur sang, si on vient les effrayer, les uns partent à un galop frénétique, les autres à un trot majestueux et cadencé. Il suffirait d'opérer entre eux une sélection et de mettre de côté les derniers, qui sont en général les plus froids, les plus lourds, les plus osseux, les plus membrés. On se donnerait bien garde de les entraîner au galop, on les réserverait pour des épreuves au trot et on les entraînerait en vue de ces courses spéciales. La gymnastique nécessaire à cet exercice contribuerait à développer l'ampleur de leur poitrine et de leur croupe par des mouvements alternes et indépendants les uns des autres; leur caractère deviendrait moins impressionnable, car on aurait bien plus besoin de les calmer que de les exciter pour les maintenir à cette allure. En accouplant ensuite les sujets qui auraient montré les plus grandes aptitudes dans ce genre d'épreuves, j'entends ceux qui auraient le plus de hauteur et de liberté dans leurs mouvements, on aurait vite créé, par la sélection, une race de *Pur Sang trotteurs*, osseux, doublés, membrés et sages, qui seraient les Pur Sang de croisement par excellence; l'étalon type du cheval de guerre. Placés dans les haras, ils seraient recherchés par tous les éleveurs.

S'ils n'arrivaient pas à produire les trotteurs de grande vitesse que l'on recherche aujourd'hui et qui ne sont pas nécessaires dans l'armée, ils donneraient au moins à leurs produits de plus brillantes allures que celles obtenues en général par des étalons qui n'ont jamais fait que galoper, l'entraînement donné à ceux-ci n'ayant pour effet que de développer le mouvement simultané de chaque extrémité et de rendre ceux auxquels il a été appliqué impropres à tout autre allure qu'à celle du galop. Ils rasent, en général, le tapis, trottent, comme l'on dit vulgairement, en queue de billard et sont exposés, dès lors, à buter dans les plus légères inégalités du sol; en conservant entiers ces poulains lourds et froids qui ne promettent aujourd'hui à leurs éleveurs que des déboires dans les courses plates au galop, en créant pour eux des épreuves spéciales au trot monté, ainsi que le demandent déjà plusieurs des écrivains distingués qui ont étudié cette question; épreuves qui auraient pour but de faire constater la liberté et la hauteur de leurs mouvements au trot, même sans conditions de vitesse; en exigeant d'eux une vitesse minima de 2'5" ou 2'10" du kilomètre, avant de pouvoir prendre part aux steeple-chases qui leur seraient réservés, plus tard, l'on arriverait ainsi rapidement à grossir le cheval de pur sang et à modifier ses allures. Dès lors, le problème serait plus qu'à moitié résolu.

Quant à ceux qui auraient obtenu une grande vitesse au trot, il vaudrait mieux ne jamais les faire galoper, de crainte de faire perdre à eux et à leurs futurs produits les bienfaits de la sélection. Ils deviendraient, dès lors, des *Pur Sang trotteurs* que toutes les nations nous envieraient, car ils ajouteraient à l'énergie et à l'élégance du Pur Sang actuel l'ampleur et la carrure du trotteur.

Combien d'erreurs, combien de contre-sens dans de semblables tendances! Je demande vivement pardon à M. A. Enaud de le contrarier, car le but qu'il poursuit est excellent, mais il ne distingue pas que ses théories vont justement à l'encontre du résultat cherché par lui et que les ennemis de notre trotteur actuel deviendront les ennemis de celui qu'il rêve de propager, si le fait de l'exercice au trot peut en transformer la conformation. La quantité de personnes savantes ou non qui partagent des idées aussi fausses doit évidemment rendre un adversaire tel que moi très indulgent.

Mais les conséquences que de pareilles théories nous amènent nécessairement, font un devoir à celui qui a étudié les organismes au point de vue physiologique, de les combattre énergiquement dans un but salutaire.

La Société de demi-sang galopeur. — Mes lecteurs ont pu juger que cet ouvrage est tout le contraire d'un ouvrage de polémique, que je n'ai aucun mépris ni aucune haine pour les personnes qui ne savent pas et qui expriment des opinions erronées. Mais, véritablement, il y a des cas où celui qui a étudié les principes naturels qui ont présidé à la formation des organismes depuis des millions de millions de siècles, ne peut s'empêcher d'exprimer un étonnement voisin de la stupéfaction lorsqu'il voit affirmer gratuitement, *coram populo,* une erreur aussi grande que la déformation du squelette de l'espèce chevaline par une gymnastique de quelques mois dans la vie d'un reproducteur.

C'est pourquoi je me permettrai, pour une fois, de montrer d'une façon détaillée où peut mener cette prétendue doctrine de la transmission des caractères acquis et qu'elle est, plus qu'on ne le croit, la plaie qui ronge notre élevage et surtout ceux qui prétendent le diriger dans la bonne voie par les courses et les concours.

Voici donc un article, fort modéré du reste, publié dans le *Sport universel illustré* du 14 mai 1898, et signé S.-F. Toutshtone :

LA SOI-DISANT DÉFORMATION DU CHEVAL DE SELLE PAR L'EMPLOI D'ÉTALONS TROTTEURS DE GRANDE VITESSE

On a cherché à démontrer ici même que l'augmentation de vitesse demandée aux trotteurs modifiait leur forme dans un sens préjudiciable à la solidité de leur mécanisme et les rendait impropres au service de la selle. Cette théorie a été ensuite répétée à la Chambre, où son exposé n'a produit qu'une impression très relative; la grande majorité de nos députés, qui n'avait du reste sur cette question spéciale, que des idées très vagues, ne s'est pas laissée émouvoir et s'est, sans hésitation, déclarée convaincue par le directeur des Haras, qui a su fort heureusement défendre son Administration.

Toutefois, la question ayant été posée au point de vue anatomique, il était intéressant de connaître à cet égard l'opinion d'un praticien expérimenté; il a déjà été répondu ici aux diverses critiques que M. de Gasté avait adressées aux trotteurs d'hippodrome. M. L. Barrier, professeur à l'école d'Alfort, s'est chargé à son tour de démontrer les erreurs techniques qui avaient été commises. Les extraits qui suivent de l'étude qu'il a publiée récemment dans le *Recueil de médecine vétérinaire* l'établiront d'une manière péremptoire.

«... M. de Gasté, dit-il, estime que les courses au trot conduisent fatalement ce qu'il appelle « le modèle » à des déchéances esthétiques, sans soupçonner un seul instant que les modifications dont il parle peuvent devenir des adaptations, si l'on est assez perspicace pour les découvrir, assez habile pour les propager par la voie de l'hérédité..... »

On oblige, selon M. de Gasté, les trotteurs à fournir une allure « artificielle »..... « Mais il oublie que tout est artificiel dans le dressage; le trot de course est une modification du trot ordinaire, qui permet plus de vitesse; il résulte, du dressage et de l'entraînement, le cheval ne l'emploie que momentanément. En dehors de la course, il reprend lui-même le trot classique à levers et à posers diagonaux simultanés..... »

Le trot, a-t-on prétendu, ne développe que les muscles qui commandent les mouvements des membres. Mais les lois de la mécanique animale n'indiquent-elles pas que pour obtenir à cette vitesse le déplacement de la masse, il est essentiel d'assurer la rigidité de la colonne vertébrale, précisément dans la partie où elle est le plus exposée à se déformer, à l'encolure et aux reins, « pour laisser à l'impulsion du derrière toute sa puissance, pour donner au centre de gravité, par l'attitude de la tête, une position en rapport avec le degré de vitesse obtenu, enfin pour placer le mastoïdo-huméral dans les meilleures conditions d'une contraction efficace et étendue. Or, cette rigidité de l'encolure et des reins n'est possible que par la contraction énergique de tous les muscles spinaux, et, qui plus est, des muscles thoraciques et abdominaux... La preuve en est fournie par ce fait que, pendant la course, les mouvements respiratoires sont à peine supérieurs à ceux du repos, tandis qu'après la course, leur nombre peut être sept, huit, dix fois plus considérable... »

Sans doute, pour les raisons qui précèdent, l'encolure du trotteur a besoin d'être tenue haute et droite; mais il n'est pas exact d'en conclure que l'épaule doit être droite et courte, en avant et le bras aussi horizontal que possible, pour éviter que la contraction du mastoïdo-huméral relève trop la pointe de l'épaule et le membre tout entier, ce qui aurait pour conséquence un ralentissement dans la vitesse, le pied posant moins rapidement à terre. Or, il a été prouvé par des mensurations que chez les trotteurs américains bien conformés et ayant des performances, la longueur de l'épaule était considérable et l'axe scapulaire convenablement incliné, la longueur est très grande également chez les trotteurs russes, mais l'humérus est plutôt droit. L'épaule est droite, en général chez le normand; mais ce n'est pas parce qu'on l'entraîne à fournir de plus en plus de vitesse, c'est tout simplement parce que telle est et que telle semble avoir toujours été sa conformation.

« Si, lors de la course, l'élévation de la pointe de l'épaule est nécessaire pour commander une enjambée de grande amplitude, il ne faut pas oublier qu'elle est bien plus fonction de la longueur des muscles chargés d'opérer la bascule du rayon scapulaire que de la direction même de celui-ci. Le membre antérieur ne se porte pas en avant tout d'une pièce; ses divers rayons se déploient comme l'épaule, et il est facile à l'un d'eux, l'avant-bras, par exemple, de corriger par un peu plus de flexion l'insuffisance relative du déplacement angulaire commencé par le rayon initial. Rien ne peut compenser l'insuffisance de la longueur des muscles, car l'étendue de leur contraction est proportionnelle à la longueur de leurs corps charnus... »

Est-il plus exact de dire que la croupe participe seule à l'impulsion, et que seule dans l'arrière-main, elle doive être puissante chez le trotteur? Mais « l'impulsion résulte de l'ouverture simultanée ou successive, non pas d'un seul angle locomoteur, mais bien de tous les angles articulaires du membre à l'appui, convenablement arc-bouté dans le tronc. Aussi faut-il rechercher la puissance dans l'arrière-main tout entière, dans la cuisse, la fesse, la jambe au même titre que dans la croupe. » L'entraînement développe la musculation en général, une gymnastique spéciale celle de tel groupe musculaire. L'entraînement au galop donnera au trotteur, l'expérience l'a prouvé, la puissance nécessaire pour assurer à l'allure nouvelle tout de qu'on aura à lui demander.

Est-il donc nécessaire que chez le trotteur la croupe soit fortement abattue pour que les membres postérieurs puissent se mieux déployer en avant? En aucune façon. « L'obliquité de l'ilium commande l'amplitude de la flexion fémorale. Plus elle se rapproche de la verticale, plus le fémur est éloigné de sa limite de flexion, plus ce rayon peut effectuer en avant une oscillation angulaire étendue, mais moins aussi il est capable de fournir, lorsqu'il a franchi en arrière la verticale passant par le centre coxo-fémoral, une extension de grande amplitude, utilisable pour la chasse de l'arrière-main. D'où il suit que pour laisser à la cuisse un jeu de flexion et d'extension suffisantes, soit un champ d'action permettant aux membres postérieurs de se déployer largement en avant et en arrière de la verticale, il importe que l'ilium ne soit ni trop horizontal, ni trop oblique, car, ce que le pas gagnerait en amplitude, il le perdrait en action impulsive et réciproquement... L'horizontalité de la croupe, en fermant l'angle coxo-fémoral, accroît le travail et la fatigue des muscles qui s'opposent à sa flexion pendant la station, ou, lors du choc locomoteur, au cours de l'allure. C'est une des raisons pour lesquelles les trotteurs de selle dont la voûte dorso-lombaire a plus de poids à supporter, et qui sont du reste plus massifs que les trotteurs d'attelage, ont et doivent avoir la croupe plus oblique... »

On nous a dit que le trot attelé allongeait le corps pour éviter les chances d'atteintes, et que la musculature des reins s'appauvrissait, la colonne dorso-lombaire restant presque passive, tandis que — ce qui paraît bizarre — le rein était l'organe qui fatiguait le plus. Ce serait pour cette raison que, pour échapper à la souffrance qui en résulte, le cheval prendrait le galop. L'étude du jeu des membres pendant la transition du trot au galop suffit pour rectifier cette assertion que l'examen des photographies sériées ou la méthode graphique du professeur Marey viennent également réfuter. Le simple raisonnement aussi bien que la notation graphique de la transition du trot au galop établissent que « l'enlever » des trotteurs n'est autre chose que la conséquence de l'accroissement de vitesse demandée et fournie, et non pas d'une souffrance éprouvée par les reins.

Le galop n'atténuerait pas cette souffrance, si elle était réelle, il l'accuserait, au contraire, car, à cette allure où le balancement vertical du corps esquisse un peu des mouvements de cabrer, les lombes « peinent, » fatiguent, plus que dans le trot. Le seul moyen que le cheval pourrait employer pour se soustraire à la soi-disant douleur qu'il ressent, serait donc de ralentir son trot et non pas d'augmenter sa vitesse.

De même, si le dessus est bien musclé, il y aura assez de place sous le tronc pour que les membres postérieurs puissent se développer sans risque d'atteintes, quand la distance entre l'angle dorsal du scapulum à l'angle de la hanche sera égale à la longueur de l'épaule et dans ce cas le dos ne peut être regardé comme trop long, ni comme manquant de soutien. Les mensurations ont donné ces proportions chez tous les pur sang, des « galopeurs » selon l'expression nouvelle, bien conformés.

Après avoir fait ressortir certaines inconséquences sur lesquelles il serait trop long d'insister, M. Barrier fait très justement remarquer « qu'étant donné que la charge dorsale énorme imposée par le service de la guerre, ne se répartit pas également sur les deux bipèdes du cheval, alors même qu'elle se réduit au poids du cavalier; qu'elle surcharge davantage l'antérieur et fatigue les reins, il faut au cheval d'arme de la taille, une certaine ampleur, peu de longueur de corps, de la puissance, beaucoup de solidité et une légèreté relative du devant...» il doit posséder d'autre part, une bonne vitesse, un caractère docile et du tempérament. — Mais les commissions d'achat ne sont et ne peuvent se montrer aussi exigeantes; elles ne sauraient demander que les conditions de dressage qu'on réclame fussent remplies. Ces limites des prix qui leur sont fixées ne le leur permettent pas. Il est inutile dès lors de réclamer ce qui, par force majeure, est impossible à obtenir.

Rien n'a été prouvé pour établir que les Haras achètent des étalons trotteurs n'offrant pas le modèle du cheval de selle. Une visite aux dépôts de Saint-Lô et du Pin pourrait convaincre du contraire. D'ailleurs, un des plus ardents adversaires des Haras n'a-t-il pas envoyé ses juments de race pure à l'un des étalons trotteurs les plus en vue que possèdent l'Administration, Cherbourg, pour ne pas le nommer? s'il avait craint d'obtenir des produits aussi mal conformés qu'il l'a dit, il n'aurait certainement pas risqué et renouvelé l'expérience comme il l'a fait.

En terminant, M. Barrier fait remarquer avec beaucoup d'à-propos que l'on n'a pas à demander au cheval d'arme les aptitudes du hunter qui a une toute autre mission à remplir. Et il rappelle qu'en 1897, la remonte a donné 3.000 francs d'un cheval, fils, petit-fils et arrière-petit-fils de trotteurs, et que sur les trente-huit chevaux payés le plus cher par les comités de Saint-Lô et d'Alençon, il s'en trouvait dix-neuf issus directement de ces trotteurs qui « déforment » alors que, si je suis bien informé, les produits d'étalon de pur sang étaient achetés à des prix relativement inférieurs. « Sur le terrain des faits, conclut M. Barrier, M. de Gasté se trompe donc aussi gravement que dans le domaine de la science pure. L'expérience des hommes les mieux placés, les plus qualifiés pour choisir et apprécier le cheval de guerre, infirme sa manière de voir et condamne ses tendances. On avouera que, pour les besoins d'une cause, jamais défenseur ne fut plus mal documenté. Le dogme du « pur sang quand même » n'a rien à espérer de l'analyse scientifique; mais que ses partisans y songent, il a tout à perdre en s'étayant sur les démonstrations d'une science par trop fantaisiste.

» La méthode scientifique qui conclut *a posteriori*, d'après l'observation et l'expérience, est tout le contraire de la méthode de discussion qui repose uniquement sur des raisonnements *a priori*... »

Aux hommes de bon sens d'apprécier les deux systèmes.

Comme il était facile de le prévoir, M. de Gasté n'a pas accepté sans protester les critiques de M. Barrier. Je cite le passage intéressant de sa réponse, simple question d'impartialité.

«... Si vous vouliez bien vous donner la peine de parcourir la liste déjà longue des membres de la Société que j'ai fondée il y a trois mois, vous y verrez les noms d'officiers généraux et supérieurs les plus connus de la cavalerie, de grands éleveurs, d'excellents cavaliers, et de veneurs qui ont l'habitude de galoper des heures entières à la queue des chiens.

» Ce sont là, je crois, « les hommes les mieux placés et les plus qualifiés pour apprécier le cheval de guerre. »

» Eh bien, je puis vous assurer qu'aucun d'eux n'infirme ma manière de voir et ne condamne mes tendances. » Soyez-en bien certain.

» Au contraire, de ce que vous croyez pouvoir affirmer, j'ai avec moi l'immense majorité des hommes de cheval *pratiquant* et je mets leur adhésion infiniment au dessus de toutes les théories et de toutes les mensurations imaginables... »

M. Barrier a simplement répondu :

« M. de Gasté n'est évidemment pas satisfait. Après avoir si librement flirté avec la science, le voilà qui, pour une méchante querelle de ménage, répudie son amie et retourne à ses premières amours; les hommes de cheval pratiquant.

» Mon Dieu! Que n'a-t-il déclaré plus tôt qu'il n'écrivait que pour ceux-ci. Nous, qui ne sommes pas *exclusivement* des *pratiquant*, et qui avons la malencontreuse habitude de discuter, nous ne l'aurions pas pris au sérieux, et, en toute sécurité, il serait resté l'oracle infaillible, admiré de sa jeune *Société d'Encouragement*.

» Car enfin, ce doit être aujourd'hui un article de foi : seuls, les hommes de cheval *pratiquant*, encore que l'espèce en soit bien mal définie, ont qualité pour discourir sur le cheval.

» Alors pourquoi ceux de l'armée, ceux des commissions d'achat le choisissent-ils au rebours des théories chères à M. de Gasté? — Tout simplement parce que M. de Gasté confond le modeste cheval de troupe avec le cheval de promenade, de haute école ou le hunter; l'équitation avec la zootechnie, les écuyers avec les physiologistes.

» Irrévérence à part, cela me rappelle ce trombonne d'une virtuosité sans égale, qui, de l'aveu de tous ses confrères, devait être un très grand musicien! Or jamais le pauvre ne sut leur écrire seulement une contredanse.

» Montez à cheval, M. de Gasté, mais de grâce, n'inventez pas la mécanique animale! » (*Le Sport universel illustré*, du 14 mai 1898).

Ainsi, ce n'est pas seulement un homme distingué, M. de Gasté, qui imagine que parce qu'un étalon ou une poulinière auront été entraînés pendant quelques mois de leur existence à trotter, leurs produits devront éprouver une modification dans leur squelette, tellement grande, que leur colonne vertébrale sera déviée et que l'inclinaison de l'épaule sera modifiée, mais encore ce sont une grande quantité de gens habiles dans l'art du cheval, une profusion d'officiers généraux et supérieurs de cavalerie, de grands éleveurs, d'excellents cavaliers et des veneurs, qui possèdent une opinion aussi erronée. On comprendra donc pourquoi j'insiste pour que les personnes qui me feront l'honneur de me lire, s'attachent particulièrement à méditer les pages qui ont été écrites au chapitre II (1re partie) pour ne pas tomber dans des errements d'une nature aussi grossière.

Imaginer, affirmer et soutenir la transmission d'une adaptation provoquée par un exercice gymnastique de quelques mois de la vie individuelle par hérédité, adaptation qui, au bout de quatre ou cinq générations provoquerait une modification profonde dans l'ossature de l'espèce chevaline, est tout ce qu'on peut entendre de plus stupéfiant. Quand on pense qu'il faut, pour combattre une pareille absurdité, qu'un des savants les plus distingués de notre école d'Alfort apporte le résultat de l'observation des faits, le résultat de ses dissections et de ses nombreux travaux, on est saisi d'une sorte de vertige.

Et que lui répond-on à cet homme qui n'a pas d'opinion préconçue, à cet observateur consciencieux, à ce savant qui n'a d'autre passion que l'exactitude scientifique? C'est à n'y pas croire! On lui répond que cette opinion est celle de la majorité des hommes de cheval pratiquant et que toutes les mensurations possibles ne font rien à l'affaire. Après celle-là, comme on dit vulgairement, il faut tirer l'échelle.

La déformation de l'encolure du Trotteur Américain. — Si on invoquait, pour la déformation du Trotteur, un autre principe que l'hérédité, au moins il y aurait peut-être lieu de discuter d'une façon scientifique et sensée. Mais non, il y a un parti pris aussi bien dans les ennemis que dans les amis du Trotteur, à soutenir que le fait intrinsèque de faire trotter des chevaux, produit héréditairement des déformations du squelette.

J'entendais, il y a peu de temps, émettre ce théorème, que le système américain, qui consiste à faire trotter les chevaux avec l'enrênement, avait amené par hérédité la transformation de l'encolure. A force d'enrêner les Trotteurs Américains, leur encolure s'est renversée par hérédité au bout de quatre ou cinq générations. Cette opinion ainsi formulée, est absolument fausse. Je vais essayer de faire comprendre que le fait peut être exact, sans que le principe d'hérédité y soit pour rien.

Si nous examinons un chevreuil ou un cerf, nous constatons que l'encolure est toujours renversée au lieu d'être rouée. En un mot, elle est située en dessous au lieu d'être en dessus.

Imaginons qu'à une époque indéterminée les cerfs vivaient en paix dans une immense forêt, sans subir aucune attaque d'animaux carnassiers : il n'y avait aucun avantage à ce que leur encolure fut rouée ou renversée, et les deux formes pouvaient exister sans inconvénients pour l'espèce et sa propagation. Il y avait des individus à cette période qui pouvaient avoir l'une ou l'autre conformation. Mais, si dans ces forêts des loups viennent à s'établir et à se nourrir de la viande des cerfs, ceux-ci seront obligés, pour se maintenir, de demander le salut à la fuite, et une sélection s'opérera. La première sélection sera celle des mâles qui, armés de longues cornes qui les gênent, seront les premiers atteints par les loups. Mais si quelques-uns se trouvent avoir l'encolure renversée, leur fuite sera favorisée par ce fait que leurs bois retomberont naturellement sur leur dos et que les branches ne les gêneront plus.

Dès lors, les animaux à encolure rouée disparaîtront inévitablement dans la ligne mâle et à la longue, les femelles à encolure rouée n'existeront plus par la constance de l'accouplement avec des mâles de conformation contraire.

Le principe que nous avons vu entrer en jeu ici n'est donc pas l'hérédité, mais la sélection par suite d'adaptations de l'espèce aux circonstances de la vie.

Si donc on vient nous dire que le fait de l'enrênement américain permet aux chevaux à encolure renversée de mieux se prêter à l'attelage et par conséquent de se trouver détenteurs de la plus grande aptitude à la vitesse, on comprend que la sélection s'opérera sur ce caractère en même temps que sur l'aptitude à trotter vite à l'attelage, et que dès lors la variété américaine de trotteurs attelés s'acheminera vers une conformation spéciale de l'encolure verticale et ressortie en dessous. Mais le principe d'hérédité n'a rien à voir ici, et le fait de l'entraînement en course ne peut avoir aucune influence sur le germe. Pas plus que le fait de trotter ne peut faire perdre aucun des principes galopeurs communiqués par les ancêtres de cette race dans la variété trotteuse d'hippodrome.

Ce qui fait perdre ces instincts ancestraux, c'est le principe de la sélection sur l'aptitude.

Mais quant à la forme, nous avons vu que l'aptitude n'était pas en corrélation avec elle, et dans nos courses de trotteurs montés, aucun instrument n'est nécessaire pour placer l'encolure ou diriger l'épaule. La sélection ne peut donc s'opérer ni sur l'un ni sur l'autre de ces caractères, et si des Trotteurs Français montés ont l'encolure droite et même renversée, il faut être bien peu connaisseur pour n'avoir pas souvent remarqué cette forme dans le Pur Sang.

Quant à l'épaule plus ou moins droite, elle vient du retour du Norfolk, et l'hérédité avec le croisement du Pur Sang amènera forcément, au contraire, l'obliquité de l'épaule chez le Trotteur d'hippodrome ou du moins chez ses représentants les plus autorisés.

Les dos longs. — Une autre partie de la conformation du Trotteur Américain a été l'objet aussi de longues discussions. Je veux parler de la longueur du dos chez un grand nombre de représentants de cette variété.

Je ne pense pas que le nombre de vertèbres dorsales ait varié. Ce serait aussi extraordinaire que la déformation du squelette par hérédité en quatre ou cinq générations à la suite de quelques exercices au trot monté. Le fait certain, c'est que la partie du cheval qu'on appelle le dos, est assez généralement plus longue que nous ne le voyons chez le Pur Sang dans un grand nombre de représentants autorisés du Trotteur Américain.

Nous allons donner l'explication naturelle de ce fait indéniable, en démontrant de nouveau que le principe d'hérédité ne peut être nullement atteint par l'exercice individuel au trot attelé.

Nous avons montré pour quelles raisons la conformation et l'aptitude n'avaient aucuns rapports; aussi rencontrons-nous quelquefois des Pur Sang et des trotteurs montés de grande classe, avec le dos long. Mais, par suite du principe de la Panmixie, ces conformations ne peuvent tendre à se généraliser dans une espèce de chevaux de course montés. En effet, la Panmixie est interruptive ici de la sélection sur le cas particulier d'un dos long. Le dos long ne se produit donc que par hasard sans qu'une recherche de cette anomalie de la part des éleveurs de chevaux de course montés vienne à la propager. En effet, cette recherche amènerait forcément les animaux qui seraient détenteurs de ce caractère à un degré exagéré, à contracter une inaptitude à porter le poids et par conséquent à ne pouvoir révéler leur aptitude à la vitesse.

Si au contraire nous considérons une variété sélectionnée sur la vitesse à l'attelage nous voyons, dans la conformation du cheval à dos long, une cause de supériorité. Le terrain couvert par l'animal possédant le caractère particulier de la longueur du dos est plus grand dans chaque foulée. Comme l'animal ne porte rien il sera plus apte à la vitesse.

Il se produira donc nécessairement une sélection sur ce caractère et le principe de la Panmixie ne s'exercera plus. Dès lors les reproducteurs mâles et femelles ayant le dos long donneront nécessairement une conformation héréditaire semblable à l'ensemble de la variété, sans que le fait d'avoir été exercés au trot attelé y soit pour rien. C'est le genre de courses qui a amené une sélection particulière sur un caractère spécial et a développé la conformation nécessaire à la production de la vitesse attelée. Cette conformation se serait aussi bien produite dans des courses attelées, au pas, au galop, à l'amble. L'hérédité n'entre en jeu qu'après l'exercice de la loi de sélection ; le genre d'allures n'apporte aucun appoint à la propagation du caractère spécial. En un mot, l'inaptitude à porter le poids est devenu un avantage, tandis que dans les courses montées l'aptitude à porter le poids est nécessaire et la sélection opérée dans ce genre de courses empêche la production en quantité considérable et exagérée de chevaux ayant le caractère spécial de la longueur du dos.

L'aptitude à l'attelage. — J'entends souvent aussi des discussions entre personnes intelligentes qui dirigent l'élevage, concernant l'aptitude à l'attelage : « Comment voulez-vous, disent ces personnes, que nous puissions faire des carrossiers avec les étalons que nous fournissent les courses au trot qui ont lieu toutes montées. Il faudrait que tous les étalons et les juments de courses au trot fussent attelés dans leur jeunesse afin que, par hérédité, au bout de trois ou quatre générations, ils communiquent à leurs descendants l'aptitude qu'ils auraient acquise à l'attelage. » Cette manière de comprendre l'hérédité est absolument erronée.

J'ai vu des Pur Sang qui s'attelaient très bien, d'autres moins facilement, enfin j'en ai vu qui ne s'attelaient pas du tout. Ainsi, par exemple, parmi les premiers ancêtres de Trotteurs Américains plusieurs et les plus importants, Abdallah, père d'Hambletonian, *Mambrino* et *Messenger* étaient réfractaires à l'attelage.

Et cependant l'un des principaux arguments des contempteurs de nos courses au trot c'est que les chevaux américains s'attellent tous.

« C'est parce que, ajoutent les théoriciens, étant tous attelés dans leur jeunesse ces chevaux, devenus reproducteurs, transmettent par hérédité à leurs produits l'instruction qu'ils ont reçue. »

Ce n'est pas le résultat du raisonnement qui est faux, c'est le raisonnement lui-même qui est absurde.

Oui tous les chevaux trotteurs américains ont une aptitude spéciale pour l'attelage.

Mais le principe d'hérédité pour la transmission d'éducation n'est pour rien dans cette conséquence.

Les courses américaines ont lieu invariablement au trot attelé et les reproducteurs mâles et femelles sont choisis parmi ceux qui ont obtenu les plus grands succès dans les courses attelées.

Il est donc certain que tout cheval qui aura l'inaptitude à l'attelage sera éliminé de la production et que, par suite, cette inaptitude tendra à disparaître dans une race de course sélectionnée sur l'aptitude à l'attelage.

C'est le principe de la sélection qui produit les aptitudes et leur classification, et non le principe d'hérédité qu'on invoque constamment à tort et à travers, sans tenir compte des autres principes; c'est-à-dire la variabilité, la sélection naturelle, la sélection inconsciente et la sélection moderne ou méthodique sur un caractère déterminé.

Dans les Purs Sang Anglais et dans les Trotteurs Français, nul doute que beaucoup de sujets ne soient réfractaires à l'attelage, mais je ne vois à ce fait rien d'extraordinaire. Je ne crois pas que l'organisation des courses au trot ou au galop ait eu pour but de produire uniquement des carrossiers pour le luxe, d'autant plus que, en ce qui concerne les reproducteurs, la Panmixie arrive pour corriger les inaptitudes et rétablir une moyenne convenable qui permet de propager une quantité suffisante d'animaux destinés au service spécial de la voiture.

La variabilité chez l'Arabe et le Pur Sang Anglais. — Le principe de l'hérédité, comme nous l'avons expliqué, représente une loi absolument formelle et qu'on peut résumer par cet axiome : « Le Germe est intangible aux excitations humaines. » Le seul moyen par lequel le germe puisse être modifié, est selon moi l'ambiance, j'entends par là non seulement le climat, l'altitude du lieu, la température, la lumière et toutes les circonstances extérieures de la vie, mais la nourriture, la culture pour les plantes et le soin pour les animaux, l'abri, etc. Encore le changement dans le germe est-il toujours précédé d'une sélection des sujets impropres à varier.

L'étude du Pur Sang Anglais est à ce sujet particulièrement intéressante. La modification qui a mis plusieurs centaines d'années à se produire dans sa conformation, est loin d'être terminée, et si nous voulons concentrer un instant notre attention sur une partie importante de son organisme, nous pourrons présenter quelques observations suggestives.

La figure de l'Arabe et celle du Pur Sang Anglais. — Livrons-nous donc à un léger examen comparatif, sans prétentions scientifiques trop grandes, entre la tête du cheval anglais de pur sang actuel et la tête du cheval arabe telle qu'elle existait il y a trois cents ans et telle qu'elle existe encore aujourd'hui, car le cheval arabe qui s'est propagé et reproduit sur place dans les mêmes conditions depuis trois siècles n'a pas varié. Tandis qu'au contraire, les conditions de la vie ont considérablement modifié le Pur Sang Anglais depuis le commencement de l'importation.

Dans son ensemble, la tête du Pur Sang s'est développée. Chez beaucoup de sujets, la ganache s'est épaissie, l'attache de la tête a perdu de sa finesse, l'œil s'est couvert, le chanfrein n'est plus aussi évidé; les oreilles sont plus longues et, dans certaines familles, retombantes. Voilà brièvement et incomplètement énumérés quelques caractères qui différencient le cheval anglais actuel de ses ancêtres orientaux au point de vue de la figure. Ces résultats étaient à prévoir. Ce n'est pas impunément qu'un organisme se trouve transporté dans un milieu aussi différent de celui où ses ancêtres ont vécu pendant des milliers d'années : du soleil dans le brouillard, de la sécheresse dans la pluie, de la chaleur constante à la température plutôt froide du climat anglais. Ce n'est pas impunément que cet organisme, entretenu par une quantité de nourriture extrêmement faible, s'est trouvé de suite porté à absorber des aliments choisis, en volume pour ainsi dire sans limites pour ses besoins, quels qu'ils fussent.

Ainsi, l'œil qui est l'appareil absorbateur de la lumière a cessé d'avoir la même importance qu'en Asie; la fierté du port de la tête s'est inclinée sous les averses, le manque de liberté a ôté aux oreilles la mobilité qu'elle a toujours chez les animaux près de la nature. En un mot, la tête du cheval anglais a des tendances à ressembler à la tête du cheval du Nord et elle tendra de plus en plus à s'en rapprocher.

Mais les circonstances extérieures dont nous parlons ont été aidées pour ces modifications, par les principes de la variabilité et par une sélection différente de celle qui est pratiquée par les Arabes.

En effet, dans l'acclimatement, les sujets qui n'ont pas pu varier sont morts, ou par suite de leur infériorité à supporter les nouvelles conditions d'existence, n'ont pu remplir les devoirs qui leurs étaient imposés. Ils ont été éliminés.

Ceux qui, au contraire, ont pu se modifier en remplissant avec avantage le travail demandé, ont été conservés, et on a choisi comme reproducteurs ceux qui étaient les plus aptes, c'est-à-dire les plus vites.

Les Arabes, au contraire, sélectionnent leur race non seulement sur la sobriété, la résistance aux fatigues, la bonne volonté, le courage, la vitesse, mais aussi sur la beauté, et surtout sur l'esthétique de la tête. On comprend dès lors combien le mode de sélection anglais a accéléré la modification de la figure de l'Arabe, et combien le type oriental aurait eu de difficultés à se maintenir dans de semblables circonstances. Nous voyons ainsi réunies ici les conséquences des lois que nous avons étudiées au livre premier : l'Hérédité, la Variabilité, la Sélection naturelle modifiée par la domesticité et transformée en sélection méthodique anglaise beaucoup moins exclusive que la sélection arabe, puisqu'elle ne s'exerce que sur un seul caractère : la vitesse en course.

LE SYSTÈME DE BRUCE LOWE

(BREEDING RACEHORCE BY THE FIGURE SYSTEM)

Je n'ai pas dans ce travail l'intention de faire la critique du système de Bruce Lowe. D'abord, parce qu'une pareille entreprise sortirait du cadre de notre étude, puis, parce que la critique en question aurait forcément une étendue supérieure au volume de Bruce Lowe lui-même. En effet, il faudrait montrer les causes scientifiques qui ont produit les résultats de l'élevage du Pur Sang depuis les premiers renseignements du Stud-Book. Le système des nombres (*Figure System*) de Bruce Lowe a été accueilli par le grand public de deux manières bien différentes.

Les uns l'ont prôné, admiré avec enthousiasme; les autres l'ont méprisé, vilipendé et traité avec horreur. Je puis assurer les hommes de bonne foi que le livre de M. Bruce Lowe ne méritait ni cet excès d'honneur ni cette indignité.

Amis et ennemis n'avaient aucune raison de manifester d'une façon aussi bruyante leur joie ou leur haine, car les deux sentiments qu'ils ont exprimé dans leurs écrits ou dans la conversation, viennent de la même source.

Les premiers, les enthousiastes, ont obéi franchement à leur sentiment intime. Comme tous les éleveurs et tous les publicistes, ils avaient toujours pensé que l'exemple des résultats obtenus devait être utilisés, et par conséquent que l'étude du Stud-Book et le résultat des courses formaient le fond de la science de l'élevage. Par conséquent, ils ont été heureux de voir condenser dans un espèce de système mnémotechnique des résultats souvent difficiles à retenir et à expliquer rapidement.

Les seconds, les critiques mécontents, qui espéraient posséder à eux seuls ce qu'ils croyaient aussi une science, ont été ennuyés de voir livrer au premier venu les résultats qui leur avaient demandé tant de temps à apprendre et à rechercher.

J'ai voulu donner à mes lecteurs, dans le chapitre consacré au Pur Sang, une idée de ce qu'était ce fameux système publié il y a trois ans, et qui a provoqué à la fois tant de colère et tant de bienveillance. Seulément, je ne veux pas leur laisser lire cet ouvrage sans les prévenir de ne pas s'y méprendre.

Il n'y a rien de scientifique dans le système des nombres de Bruce Lowe.

Cela n'empêche nullement ce livre d'avoir beaucoup de valeur. Il a d'abord jeté une clarté très grande dans un sujet qui avait été tenu volontairement, jusqu'à ce jour, dans une ombre discrète.

De plus, il est basé inconsciemment sur une loi scientifique que M. Bruce Lowe ne connaissait pas et qu'il a devinée instinctivement, c'est *la loi de l'hérédité sexuelle.*

Cette loi avait été entrevue du reste, avant lui, par beaucoup d'éleveurs et entre autres par Frentzel et Hermann Goos, dont les tables publiées il y a quelques années n'ont pas d'autre raison d'être.

Le fait seul de choisir les mères et de conserver leurs filles avec un soin jaloux, principe qui est d'une origine lointaine dans tous les élevages, indique une intuition très nette de la loi de l'hérédité sexuelle.

De ce que Bruce Lowe et beaucoup d'éleveurs avant lui avaient deviné une loi naturelle sans en avoir eu la connaissance précise par la théorie scientifique, il ne faut pas considérer ces hommes comme inférieurs. Il faut, au contraire, les admirer et les regarder comme des esprits très puissants. Parce qu'un autre cerveau a eu cette connaissance par l'étude et par le livre, il n'a de ce fait aucune supériorité intellectuelle à revendiquer, mais il atteint un niveau supérieur parce qu'il peut généraliser des principes naturels et les appliquer à tous les règnes, à tous les organismes et à toutes les variétés des espèces.

Ainsi, lorsque Newton établit les lois de l'attraction universelle, il y fut conduit par l'étude de la pesanteur. L'effort de son intelligence, la puissance de son cerveau, se firent vraiment sentir et dénoncèrent le génie lorsqu'il réussit à élargir l'idée de gravité et à l'identifier avec l'idée de la force qui retient les planètes dans leurs orbites.

Il faut donc voir dans le travail de M. Bruce Lowe une extension du principe intuitif qui avait porté les éleveurs à considérer dans leurs animaux la descendance mâle en laissant plutôt de côté la descendance femelle. La conscience de la puissance du courant femelle en ligne féminine directe et de l'égalité de l'autorité de cette puissance avec celle de la ligne mâle fait donc le plus grand honneur à M. Bruce Lowe et à tous les esprits distingués qui ont eu cette intuition avant lui.

Il a cherché ensuite, par un travail considérable de compilation du Stud-Book et des compte-rendus des courses, à rendre visibles et faciles à appliquer les résulats de l'élevage depuis sa fondation.

Il a, pour ainsi dire, imaginé qu'il était l'éleveur universel, au-dessus du temps et de l'espace, et il a fait connaître sous une forme facile à retenir le résultat de ses observations.

Son procédé n'a pas d'importance; il est plus ou moins ingénieux et d'autres pourraient être inventés. Il serait possible, par exemple, de procéder par un graphique ou bien par des couleurs. Cela dépend de la tournure de l'esprit.

Mais il serait bien plus intéressant de procéder scientifiquement par l'étude et les principes naturels que nous avons exposés dans la première partie de ce volume et d'expliquer des faits que Bruce Lowe ne fait que constater.

Une pareille analyse serait bien plus suggestive et bien plus instructive, en ce sens qu'elle donnerait à ces constatations leur signification biologique et naturelle.

L'infériorité du système de Bruce Lowe consiste donc dans le fait du procédé lui-même qu'il a employé. Par rapport au principe de l'art, il a fait ce qu'on appelle *du métier*. Mais ici, de nombreuses réflexions s'imposent à l'esprit.

D'abord Bruce Lowe, en se substituant à tous les éleveurs du présent et du passé, ne pouvait être qu'un éleveur, c'est-à-dire un instinctif et, s'adressant à des éleveurs, il devait parler leur langage pour leur montrer simplement ce qui était, sans leur expliquer pourquoi.

C'est ce que j'ai pensé lorsque j'ai réuni quelques notes sur le Pur Sang Anglais, et sa transformation en trotteur par les soins de l'Administration des Haras de France. Je ne voulais pas faire imprimer mon livre, parce que je supposais bien que les éleveurs ne le liraient pas. Je crois en effet que si je n'avais pas employé dans la partie technique leur langage habituel et que j'eusse parlé un idiome savant, pas un n'aurait compris un mot. Malgré cela, je crains encore de n'être bien saisi que par des esprits cultivés et déjà préparés par des études préliminaires. Le volume de Bruce Lowe, au contraire, est facile à comprendre. Il n'explique rien. Il montre ce qui est, et conclut à ce qui sera nécessairement, il suffit amplement à l'éleveur. C'est une sorte de manuel professionnel de l'élevage du Pur Sang Anglais.

J'avoue qu'il ne me serait d'aucune utilité personnelle, mais je crois qu'il peut servir à des personnes intelligentes et qui ne veulent pas s'astreindre à des études sérieuses, ce qui est le cas le plus général en élevage.

Par exemple, toutes les fois que Bruce Lowe veut faire des incursions sur le domaine scientifique naturel, il n'est pas heureux. Il n'est plus, en effet, que le porte parole des légendes et des aphorismes qu'il a entendu raconter dans des réunions d'élevage.

Nous avons vu, par exemple, la faiblesse de sa conception à propos de son chapitre XIII qu'il a intitulé *The theory of Saturation : or Influence of Sire upon Dam* (La théorie de la Saturation : ou Influence du père sur la mère). (1)

Au lieu de se borner à constater un fait exact, dont les conséquences sont graves, et de le signaler aux éleveurs qui peuvent l'ignorer, il veut en donner une explication scientifique, et il renouvelle de vieux racontars qui ont traîné les anciens manuels d'hippiatrique et émet des assertions qui non seulement ne prouvent rien, mais tendraient à faire croire que les faits signalés l'ont été par des ignorants, amis du mystère, et qu'ils doivent être mis en doute.

Mais il y a un chapitre où la théorie de l'hérédité entre en jeu et où il faut voir le genre de science dont Bruce Lowe a le secret. Il est incroyable qu'un homme intelligent comme lui, se mette ainsi l'esprit à la torture pour dénaturer, non pas les faits, ce n'est pas possible, mais la cause biologique des faits. Et ce travestissement si pénible, on verra qu'il n'en avait nul besoin, et que s'il l'a publié, c'est qu'il a été victime d'une légende qu'il ne fait que rééditer pour la millième fois :

CHAPITRE IV

A. CLASSIFICATION OF THE FAMILIES

La classification des familles.

Maintenant que je me suis occupé des diverses familles en détail, que j'ai signalé leurs spécialités, leurs particularités, et caractérisé chacune par un chiffre, je me propose de les classer sous trois titres généraux : Running, Sire et Outside.

Les familles Running 1, 2, **3**, 4, 5, ont droit à cette distinction en raison du rang éminent qu'elles occupent comme victorieuses de courses classiques. Comme je l'ai dit plus haut, 1, 2 et **3** ont gagné chacune respectivement 42, 44, 42 des trois grandes épreuves classiques. Le n° 4 vient ensuite avec 28 succès et le n° 5 suit avec 24 victoires. Les n°s 6 et 7 sont ceux qui se rapprochent le plus de ceux-ci, le premier a 17 gains, le second 14. Les victoires de la famille 6 ont été obtenues dans la première époque par *Diomed, Eléonore, Priam*, etc., mais pendant les cinquante dernières années elle a été, à l'exception de *Musjid* (vainqueur du Derby en 1859), inféconde en vainqueurs classiques et ne mérite pas de figurer sous le titre de Running.

La famille n° 7 a été aussi stérile en vainqueurs depuis *West Australian*, en 1853 (à part *Donovan*. Derby et Saint-Léger).

Les familles de Sire **3, 8, 11, 12, 14,** ont bien mérité cette distinction, attendu que presque tous les Sires du monde qui ont remporté des succès depuis et y compris *Eclipse*, descendent directement des juments de ces familles, ou bien si elles n'appartenaient pas directement à ces familles, leurs pères ou les pères de leurs mères faisaient partie de l'une de ces cinq familles.

(1) Voir livre premier, chapitre V : *L'Imprégnation.*

Quand on rencontre quelques exceptions à cette règle, l'étalon ainsi engendré n'a eu de succès que quand il a été accouplé avec des juments sorties d'une famille Sire et ayant à l'origine un fort *inbred* sur des familles de Sire, ce qui prouve clairement que les grands Sire ne peuvent être engendrés sans l'aide des familles en question.

Afin de mieux faire voir la quantité de sang de Sire et sa position dans une généalogie, j'ai cru à propos d'écrire les nombres Sire en chiffres gras.

Les nombres Outside renferment tous les nombres en dehors de ceux de Running et de Sire. De ce qu'ils occupent cette position, il ne faut pas supposer qu'ils ne jouent aucun rôle dans les généalogies. Beaucoup des chevaux de courses phénomènes de l'histoire du turf remontent à ces familles Outside en ligne féminine directe.

On montrera cependant que dans tous les cas de ce genre, il y a eu un *inbred* très violent sur les familles de Running et de Sire.

Je ne peux pas trouver dans ce siècle un seul exemple de grands chevaux de courses *inbred* sur ces familles Outside seules dans les trois premiers rangs des ancêtres et sans l'aide des familles Running ou Sire à un degré rapproché.

Il est facile d'expliquer le fait d'après les lois d'hérédité.

Par suite de l'obscurité de leur origine, on peut supposer qu'il a dû y avoir de nombreux croisements avec une origine commune grossière avant la création du Stud-Book, par conséquent lorsque, même de nos jours, on les allie trop étroitement entre elles, leur tendance est de reproduire le type original de la famille, qu'il soit poney, flamand ou carrossier.

La même loi naturelle peut s'appliquer aux familles Running pures 1, 2 et 4, bien qu'admirables comme familles de gagnants de courses, leurs descendants sont destinés à un échec comme reproducteurs s'ils sont trop *inbred* sur eux-mêmes sans de fortes infusions de **3, 8, 11, 12, 14,** parce que un trop grand *inbred* tendrait ainsi à reproduire la caractéristique de leur pure origine orientale.

Comme de nos jours aucun propriétaire de haras ne donnerait un étalon arabe à des juments dans l'espérance d'obtenir comme résultat immédiat des chevaux de course de premier ordre, il doit de même éviter de prendre comme étalon tout cheval de course trop étroitement *inbred* sur ces trois lignes pures 1, 2, 4, dans ses parents les plus proches.

En poussant ce raisonnement jusqu'à sa conclusion logique, quelles que soient les qualités excellentes que possèdent les familles de Sire, qualités qui les rendent si précieuses à cet égard, elles seront certainement fortifiées et affermies par un *inbreeding* étroit l'un sur l'autre; du reste, comme nous allons le voir, la plupart des Sires illustres du Stud Book ont été obtenus de cette manière.

Ceux qui s'occupent de l'étude des origines comprendront facilement que quand on a commencé à réunir tous les éléments actuels du cheval de course anglais, plusieurs membres individuels des familles Sire et Running étaient rencontrés rarement dans n'importe quelle généalogie; maintenant il n'est pas rare de rencontrer dans un pedigree une agglomération de membres de la même famille. Il est donc nécessaire d'attirer l'attention de l'éleveur sur ce fait pour qu'il puisse apprécier plus complètement la grande valeur de certains noms anciens qui se trouvent dans le Stud Book, entre autres *Eclipse, Blacklock, Waltebone* et *Sire Hercules.*

Ce Throwing-Bak (retour de forme et de caractères naturels des ancêtres antérieurs, est un sujet auquel la plus grande partie des éleveurs n'ont pas accordé l'attention qu'il mérite, peut-être par la raison que très peu d'entre eux ont à la disposition les portraits de célébrités du turf ou du stud leur permettant de faire les comparaisons nécessaires.

Pendant mon séjour en Angleterre, en 1882-83, je visitai la plupart des fermes d'élevage et je n'avais pas beaucoup de peine à identifier les races de sang ou de parenté de la plupart des juments d'après leur apparence et leur couleur générale. En visitant le haras de Burgley-Paddocks le propriétaire me dit, après que j'eus établi la parenté de plusieurs juments : « Je crois que je puis dire en toute assurance que vous ne découvrirez pas l'origine de cette jument. » Il me montrait une brune. Je lui répondis : « Elle est trop jeune pour être une *Wild-Dayrell*, elle provient probablement d'un de ses fils. » En effet, on reconnut qu'elle provenait d'une fille de *Wild-Dayrell*, quoique obtenue par un cheval arabe ou le fils d'un arabe récemment importé. Ce qui montre combien il est difficile de faire disparaître les traits de famille. Un grand nombre des *Wild-Dayrell* que j'avais déjà vus en Australie et en Angleterre avaient la couleur et les traits caractéristiques de la jument en question.

J'avais avec moi, en Californie, une collection de portraits de célèbres chevaux de course; un de mes amis, M. Siméon Beedit, déclare qu'un nouveau champ était ainsi ouvert à lui dans l'étude du cheval et, certainement les portraits de *Herring* et de *Hall* permettent de faire des comparaisons entre les chevaux d'aujourd'hui et ceux d'autrefois et cela d'une manière qui aide beaucoup l'éleveur à reconnaître à quel ancêtre il doit reporter son poulain. Il y a une chose qu'il faut surtout remarquer, c'est la supériorité générale de l'aspect des membres des familles Sire ou de celles qui y sont fortement *inbred* à partir d'*Eclipse*. Pour ceux qui sont familiers avec ces vieux portraits, je n'ai besoin que d'indiquer des noms comme *Marske* (**8**), *Eclipse* (**12**), *Sedbury* (**12**) (décrit comme un cheval d'une beauté exquise, d'une grande symétrie de formes et le meilleur cheval de sa taille), *Pot-8-Os* (38) par *Eclipse* (**12**) par *Marske* (**8**) par *Squirt* (**11** ; également *Gohanna* (24), par *Eclipse*, *Orville* (**8**), *Walton* (7) par *Sir Peter* (**3**), *Wallebone* et *Whisker* (1) provenant de *Pénelope* par *Trumpator* (**14**) par *Conductor* (**12**), etc. (BRUCE LOWE, *Breeding Racehorce by the figure system*).

Ainsi Bruce Lowe ne se contente pas de classer ces familles en trois catégories : Sires, Running, Outside, il éprouve encore le besoin de nous faire la théorie scientifique naturelle par laquelle il explique que ces familles possèdent les qualités qu'il leur a reconnues.

Notez que pour l'établissement de son système, ces théories, dont nous allons examiner la valeur, ne servent absolument à rien; mais il a voulu aller plus loin et faire œuvre de naturaliste, et comme il ne s'était livré à aucune étude préalable sur les divers règnes des organismes, on peut immédiatement conclure que ses théories vont être fausses. C'est que, en effet, il faudrait un savant de tout premier ordre pour raisonner dogmatiquement sur un élevage quelconque. Si j'ai osé aborder la question sur un terrain aussi scabreux, c'est que j'avais pris des maîtres qui m'ont donné non seulement quelques bonnes leçons mais aussi, et c'est le plus important en matière scientifique, des méthodes critiques qui servent à ne pas contracter des erreurs.

Bruce Lowe est bien forcé de reconnaître que les familles 1, 2, 4 et 5 sont des familles issues de juments barbes pures parce que, par hasard, on a conservé dans les annales de l'élevage la filiation de ces familles jusqu'à la première jument barbe qui leur a donné naissance.

Quant aux familles de Sires **3, 8, 11, 12, 14,** il n'avance rien à leur sujet et j'en ai été étonné, car je m'attendais à ce qu'il les qualifiat d'impures. Mais s'il ne le dit pas tout à fait, il le laisse entendre. Pour les familles Outside, par exemple, il est formel.

« Par suite de l'obscurité de leur origine, dit-il, on peut supposer qu'il a dû y avoir de nombreux croisements sur une origine grossière. »

Ainsi nous sommes fixés, et le raisonnement ne manque pas d'exactitude scientique. Puisque nous ne savons rien, on peut supposer tout ce qu'on voudra, et il suppose immédiatement à ces familles une origine grossière et quand ces familles sont alliées entre elles trop étroitement, on obtient le type poney, flamand, carrossier.

Il s'est produit ici un phénomène curieux chez Bruce Lowe et qui n'est pas rare dans le cerveau des éleveurs. Il a tout simplement pris l'effet pour la cause.

S'il eut été se promener dans le Sud-Oranais ou au Maroc, il eut vu là l'ancien Barbe qui a formé toutes ces familles de Pur Sang, et il eut trouvé tous les modèles que nous rencontrons maintenant dans le Pur Sang de nos jours, avec la seule différence du type qui s'est conservé, tandis que le Pur Sang Anglais a varié dans le type. Il y a de très belles juments barbes aux lignes allongées, il y a des poneys, des chevaux plus communs, plus lourds, en un mot des modèles différents dans la même variété. Il aurait alors compris que nos poneys, nos cobs, nos carrossiers, nos hunters, sont le résultat de l'infusion du Pur Sang dans les races grossières, tandis qu'il imagine que le Pur Sang (dans les familles Outside), a été formé avec ces divers modèles qui n'existent que depuis lui et par lui.

Parti d'une semblable erreur, il explique à sa manière le rôle des trois catégories dans la formation des sujets de course et il fait intervenir le principe d'hérédité, après avoir commencé par dénaturer les ancêtres.

Eh bien! tout son travail eut été le même, s'il n'avait pas émis sa prétention qui pèche par la base.

Si nous revenons sur son chapitre de la théorie de la Saturation (ce que j'ai appelé l'Imprégnation), nous trouvons les mêmes points de départ faux et absurdes, mais cela ne l'empêche pas de raisonner d'une façon absolument imaginaire et, du reste, gratuite.

Je ne résiste pas au désir de reproduire une partie de ce curieux chapitre pour montrer combien une personne qui ne possède pas une méthode scientifique risque de raisonner dans l'erreur et dans le vide pendant des pages entières :

CHAPITRE XIII

THÉORIE DE LA SATURATION (OU INFLUENCE DU PÈRE SUR LA MÈRE)

Après avoir indiqué dans les chapitres précédents comment on engendre les pères et les mères à succès, expliqué d'où vient la grande puissance nécessaire pour produire les chevaux de course phénoménaux, je me propose maintenant, avec une certaine défiance de moi-même, d'aborder le côté physiologique de la question, qui est un des facteurs les plus importants dans la production des chevaux de course.

Ceux qui étudient les généalogies, diffèrent beaucoup sur les causes qui produisent de bons ou de mauvais effets dans les divers problèmes de la production que les éleveurs soumettent tous les ans à leur examen. Je crois que je n'ai pas tort de dire que nous sommes complètement d'accord sur un point, à savoir que toutes nos théories et nos systèmes sont plus ou moins impuissants en présence du fait désagréable que deux propres frères sont rarement égaux comme valeur de chevaux de course.

Pendant mes longues études, des sceptiques en élevage m'ont si souvent posé cette question, que j'ai été forcé de rechercher soigneusement les raisons pour lesquelles un frère surpasse tellement son successeur ou son prédécesseur immédiat, engendré et élevé dans des conditions qui semblent exactement les mêmes. J'expose maintenant le résultat de ces recherches à mes lecteurs, qui pourront juger par eux-mêmes.

En 1889, j'ai écrit une lettre à l'*Australasian* de Melbourne, dans laquelle j'avais consigné mes vues, en appelant l'attention des éleveurs sur cet épouvantail que les stud-master rencontrent sur leur chemin.

Dans cet article et dans le *Pastoralist* de Sydney, ce sujet a été traité à fond (Threshed out), et chose assez curieuse, la même question, comme je l'ai appris plus tard, a été en même temps agitée à la colonie du Cap par M. Hutcheon V. S. Quelques années auparavant, j'avais consulté un éminent physiologiste d'Australie sur les effets possibles d'une production répétée d'une jument avec le même père, et s'il y avait une communication réelle entre le fœtus et la mère.

Bien qu'il fut disposé à se ranger à l'opinion orthodoxe et scientifique qu'il n'y a aucun échange réel de la mère au fœtus, il fut tellement ébranlé dans ses idées par les exemples que je lui citais, qu'il m'encouragea à pousser plus loin mes recherches, et j'eus le bonheur d'avoir à ma disposition l'expérience de M. H. C. White de Havilah, habile éleveur de chevaux, de bétail et de moutons de la Nouvelle-Galles du Sud. Sentant que j'étais bien appuyé, je me décidai, dans l'intérêt des éleveurs, d'écrire, comme je l'ai dit, à l'*Australasian* et au *Pastoralist*, pour rendre publique la théorie que je m'étais faite sur le sujet.

En peu de mots, cela signifie que, à chaque gestation, la mère absorbe une partie de la nature et de la circulation réelle du foal, jusqu'à ce qu'elle devienne pour ainsi dire saturée du sang du père du poulain. Je citais tout naturellement le cas authentique de la jument ayant eu un produit d'un zèbre et dont la postérité ultérieure, par un étalon de pur sang, montrait des signes évidents de métissage de zèbre, qui ne disparurent qu'après un second et troisième croisement avec un étalon de pur sang.

Naturellement, dans les croisements de ce genre, les traces de la première union avec le zèbre se remarquaient clairement dans les produits subséquents. Il n'en serait pas ainsi dans l'union des animaux d'une même espèce. Cependant, cela se passe évidemment de la même manière dans les deux cas, bien que la chose soit moins visible et que l'attention y soit moins portée.

Beaucoup d'écrivains ont attribué l'apparence du zèbre dans les poulains issus de cette jument et d'un cheval de sang aux effets de l'imagination. Mais je ne puis pas croire que l'imagination aie pu jouer un rôle aussi considérable, et je crois que le résultat était dû à ce que la jument avait absorbé du jeune hybride vivant et respirant, qu'elle portait, une partie de sa circulation et de sa nature.

J'ai vu chez des chevaux et dans le bétail tant d'exemples où les produits subséquents du père et de la même mère ressemblaient beaucoup plus au père que le premier né, que je suis convaincu que cela devait provenir de la puissance d'absorption de la mère.

Ce qui s'applique à l'animal, s'applique aussi à la nature humaine, et dans les masses qui nous entourent, la plupart des personnes ont des occasions beaucoup plus favorables pour étudier les lois naturelles que dans l'élevage domestique.

Pendant le cours de la controverse à laquelle je fais allusion, j'ai reçu force lettres de félicitations d'éleveurs, de père en fils, doués d'une intelligence plus qu'ordinaire et dont je citerais volontiers les noms si je n'avais pas de bonnes raisons pour ne pas le faire.

L'on m'a cité le cas suivant qui s'est présenté chez des êtres humains : « Un homme aux yeux bleus et aux cheveux légèrement rougeâtres, épousa une femme de couleur (provenant du croisement d'un blanc et d'une femme indigène), a trois filles : la première porte des traces évidentes de sang noir, ses cheveux et ses yeux sont d'un brun foncé; on pourrait placer la seconde parmi un groupe de filles anglo-saxonnes, et si l'attention ne se portait pas sur elle, elle passerait pour être de pure origine blanche; la troisième fille, qui a maintenant environ sept ou huit ans, a des cheveux d'un blond clair et les yeux bleus, et quand sa peau n'est pas exposée au soleil, elle est d'une blancheur remarquable. » (Bruce Lowe, *Breeding Racehorce by figure system*).

Ce chapitre de la Saturation a été un de ceux qui m'ont le plus intéressé dans le livre de Bruce Lowe, parce qu'on y voit les erreurs les plus grossières érigées en théories scientifiques, contrairement à tous les principes de la science et à leur mépris le plus constant.

Bruce Lowe est d'abord inquiet d'aborder le côté physiologique, mais il reconnaît que sa connaissance est un des facteurs les plus importants dans la production des chevaux de course. C'est pourquoi il s'empresse de ne pas étudier la question à ce point de vue. Il consulte un éminent physiologiste qui le prévient pour le mettre en garde contre une erreur aussi grande que celle qui consisterait à produire la prétention d'une influence quelconque du foal sur la mère. La mère nourrit son poulain de sa substance, mais ne reçoit rien de lui.

Il se passe, dans cette circonstance, le même fait que pour le germe du poulet qui est dans l'œuf. Lorsque le germe du poulet se développe, la substance de l'œuf est absorbée par le fœtus jusqu'à ce que celui-ci soit viable et jamais on ne songerait à dire que le poussin peut transmettre quelque chose de lui-même au jaune ou au blanc de l'œuf.

Comme l'homme de science le gène, il s'appuie sur l'expérience d'un habile éleveur de la Nouvelle-Galles du Sud.

Chose curieuse, aberration profonde, contradiction étrange, Bruce Lowe, qui veut faire de la physiologie, s'en rapporte à un éleveur qui est toujours le contraire d'un homme de science et se sentant, dit-il, bien appuyé, il publie sa théorie.

Les faits sur lesquels il s'appuie sont vrais, mais il les interprète à sa manière. Quelques-uns même, n'ont aucun rapport avec sa théorie.

Le fait qu'il appelle la Saturation et que j'ai qualifié d'Imprégnation, consiste dans l'influence d'un mâle sur une fécondation ultérieure de la femelle par un autre mâle. Mais si le mâle ne change pas, il n'y a aucune raison pour que le phénomène ait des suites.

Ce que Bruce Lowe ne savait pas, c'est que le produit est toujours la moitié du principe mâle et la moitié du principe femelle. Par conséquent, lorsqu'il essaie d'expliquer la différence entre les produits du même mâle et de la même femelle par sa théorie de la Saturation, il est dans l'erreur et l'absurdité la plus considérable.

Ces différences s'expliquent le plus naturellement du monde par la théorie si simple de l'hérédité appliquée aux animaux domestiques et par les principes et les causes du retour des divers ancêtres dans un ordre différent.

Bruce Lowe, en un mot, confond l'hérédité elle-même qui est une loi naturelle, avec une perturbation de l'hérédité produite par le fait de la domestication. Supprimez la domestication, le fait de l'Imprégnation n'existe plus, et dans tous les cas, il n'a aucune importance.

Quand on en arrive à émettre une théorie aussi absurde, *a priori*, que celle qui consiste à soutenir cette prétention, que plus un homme a d'enfants, plus les derniers venus lui ressembleront, on peut en tirer toutes les conséquences qu'on voudra, mais on peut être certain que ces conséquences seront erronées.

Je le répète, le livre de Bruce Lowe, quand il ne montre que les faits, est juste, mais lorsque l'auteur s'engage dans une théorie scientifique à laquelle aucune étude préalable ne l'a préparé, il tombe dans des divagations d'élevages qui quelquefois sont inoffensives, mais qui souvent entraînent l'éleveur à des imprudences et à des essais inutiles ou dangereux.

Si je me décide à publier un travail sur le Pur Sang, je serai amené à donner plus d'extension à la critique de ce livre, mais certainement je ne discuterai pas les théories scientifiques qui y sont contenues, car elles ne sont pas soutenables.

TABLE DES MATIÈRES

CHAPITRE IV

Les croisements. — Considérations générales sur l'humanité et les animaux domestiques. — Le bien-être, l'hygiène, la médecine. — Affaiblissement progressif des espèces domestiquées, diminution de la période de croissance et de la longévité. — Les variétés dites pures obtenues par la sélection. — Les espèces croisées. — Leur fixité. — Complication des lois de croisements. — Délimitation de l'étude actuelle. — Les croisements entre variétés voisines et entre variétés différenciées. — La variabilité des animaux domestiques. — L'acclimatement. — Difficulté de former une variété fixe après un premier croisement entre variétés différenciées. — *Un seul passage* pour acquérir de nouveau un caractère qui tend à diminuer. — La différence entre les variétés, résultat de croisement, et les variétés obtenues par une longue sélection consanguine. — L'élevage des animaux à reproduction multiple et l'élevage des animaux à reproduction annuelle. — Provocation du retour par le croisement.

CHAPITRE V

De l'imprégnation des organes génitaux femelles par la substance germinative mâle. — Une légende arabe. — Etude scientifique de Darwin. — Embarras des naturalistes pour fournir une explication théorique. — La théorie de l'imprégnation. — Inanité de la théorie de la saturation de Bruce Lowe — Conséquence de l'imprégnation au point de vue particulier de l'élevage du cheval. — Perturbation des lois de l'hérédité et de la variabilité. — Détermination des limites de ces perturbations.

LIVRE DEUXIÈME

(Partie technique).

CHAPITRE PREMIER

Considérations générales sur l'élevage et l'éleveur. — L'ancien éleveur. — L'éleveur moderne. — Inanité des anciens errements — Une série d'aphorismes de l'élevage et de l'hippologie. — Une méthode rationnelle : l'analyse et la synthèse du fait. — Difficultés de l'observation et du raisonnement avec l'inconnu qui existe en demi-sang. — L'origine exacte de *Lady Pierce*. — Une certitude absolue à cet égard résultant de l'observation. — Objet de la présente étude. — Position de la question. — Opinions diverses pour l'amélioration de la race trotteuse d'hippodrome en France — Celle de l'Administration des Haras. — Laisser faire et laisser dire. — La question de l'amélioration du Trotteur Français doit être serrée de près. — L'agent améliorateur d'une variété de chevaux de courses ne peut être qu'un cheval de courses. — Elimination de l'Arabe, du Norfolk. — Le Trotteur Russe, le Trotteur Américain. — Le cheval anglais de pur sang. — Considérations générales sur l'origine de la race anglo-normande. — La sélection pure et simple du trotteur actuellement existant. — Le dosage du sang pur. — Les éléments inconnus. — Dosage conventionnel. — Le pedigree en France et en Angleterre — Le pedigree en Russie. — Tableau de quelques pedigrees français établis à la russe. — Conséquences, déductions, enseignements. — Les autres aptitudes nécessaires au Trotteur Anglo-Normand pour faire un véritable cheval d'hippodrome. — La précocité, l'endurance, le tempérament, le cœur, l'unique source de toutes ces aptitudes.

CHAPITRE II

Le Pur Sang Anglais, sa genèse, son amélioration, sa sélection par les courses — Le Stud Book anglais. — Opinions diverses sur l'origine controversée du Pur Sang Anglais. — La vérité. — Le Pur Sang Anglais est le produit du croisement de l'étalon arabe et de la jument barbe. — Comment il faut comprendre que les trois grands Arabes sont les pères de la race actuelle. — Les juments primitives, comment elles ont été les mères de la race. — Hermann Goos, Frentzel, Bruce Lowe. — Les juments barbes, les *Royal Mares*. — *Godolphin Arabian*, *Darley Arabian*. — Confirmation de la théorie de l'hérédité sexuelle — Un préjugé contre le Pur Sang Anglais. — Première importation de l'Arabe en Angleterre en 1121. — Le système empirique de Bruce Lowe. — Les tables d'Hermann Goos, traduction de sa préface. — Les familles Running, Sire, Outside — Un article d'Hermann Goos sur le système de Bruce Lowe, traduit du *Sport Velt*. — La nomenclature des cinquante juments primitives. — Préjugé sur le sang barbe comme courant de sang trotteur. — La variabilité de l'aptitude galopeuse en aptitude trotteuse du Pur Sang Anglais. — Diverses erreurs à propos de *Rattler*, de *Messenger* et de *The heir of Linne*. — La prépondérance d'*Eclipse*. — La grande objection des adversaires du croisement du trotteur et du Pur Sang Anglais galopeur. — Un lancier dans les dragons. — Le Pur Sang trotteur.

CHAPITRE III

Une digression nécessaire. — *Messenger*, le pur sang anglais fondateur de la variété trotteuse américaine. — M. le professeur J. Roussel. — Histoire de *Messenger*. — Son origine. — Ses descendants : *Mambrino-Messenger*, Abdallah, Hambletonian. — Une étude chronologique du trotting, aux Etats-Unis. — Un lien entre *Messenger* et *Rattler*. — La sélection du Trotteur Américain. — La folie du record. — Les ambleurs, variété du trotteur. — Le croisement du Trotteur Français et du Trotteur Américain. — Conclusions.

CHAPITRE IV

Le Norfolk. — Son introduction en France. — Son alliance avec le Pur Sang et l'Anglo-Normand. — Extraordinaire influence de ces alliances. — Conquérant, Phaëton, Fuschia, Lavater, The Norfolk Phoenomenon, Niger, etc. — Conséquences. — Analyse naturelle de ces alliances. — Provocation de la variabilité du Pur Sang galopeur dans l'aptitude trotteuse par l'alliance avec le Norfolk. — Inconvénients de l'emploi du Norfolk au point de vue du cheval d'hippodrome. — Disparition certaine dans un délai rapproché de la descendance mâle du Norfolk. — Moindres inconvénients dans la descendance femelle si elle est suffisamment nourrie de sang pur.

CHAPITRE V

Rattler et sa descendance. — Y. Rattler. — Les courses au trot en France. — L'élevage du trotteur sous la direction de l'Administration des Haras. — Les courants de sang de Y. Rattler. — La spontanéité naturelle de *Rattler* dans l'aptitude trotteuse. — Conquérant et Normand. — La ligne mâle de Conquérant, Reynolds, Fuschia — Analyse de l'action de Fuschia en élevage. — La ligne mâle de Normand, Serpolet-Bai, Cherbourg. — Analyse de ces pedigrees — Mode d'action. — Degré d'*inbreeding* sur *Rattler*. — Juvigny. — Etude sur Azur. — La branche de Baugé. — Conclusions.

CHAPITRE VI

The heir of Linne et sa descendance. — Le numérotage de Bruce Lowe appliqué à ce Pur Sang. — La famille de *The heir of Linne*. — Le sang barbe. — Un coup d'œil sur le pedigree de *The heir of Linne* — *The heir of Linne* et *The Flying Dutchman*, enfants du frère et de la sœur. — Aptitude du sang de *The Flying Dutchman* au trot. — *Dollar, Tourmalet, Jasmin, Le Lion*. — *Galopin*, très proche parent de *The heir of Linne* — *Dolma-Baghché* possède trois courants de *The heir of Linne*, par sa mère *Alaska*. — *Gardefeu*, vainqueur du Derby en 1898, arrière-petit-fils de *The heir of Linne*. — Conclusion sur la difficulté à discerner les Pur Sang capables de reproduire l'aptitude trotteuse par des signes extérieurs. — Seules données exactes par les courants de sang. — Considérations historiques. — Mode d'action de *The heir of Linne* : Orphée, Pactole, Phaëton. — L'alliance de Lavater avec les filles de *The heir of Linne*. — Mode d'action de Phaëton au haras. — Analyse naturelle du pedigree de Phaëton. — Ses filles et ses fils : Tricoteuse, Belle-Charlotte, James-Watt, Harley, etc.

CHAPITRE VII

Les autres Pur Sang employés pour constituer la race trotteuse anglo-normande : *Sylrio, Napoléon, Friedland, Eastham, Royal Oak, Brocardo, Fitz-Pantaloon, Kaolin, Ministère, Monfort, Pick-Pocket, Plutus, Pretty-Boy, Quid-Juris, Bagdad* (père d'Hippomène), *Schamyl, Sir Quid Pigtail, Tarrare, The Juggler, Tipple-Cider, Tonnerre des Indes* (père de *Fortuna*), *Affidavit* (père du premier Qui vive!). — Les étalons de pur sang sympathiques au trotteur, les antipathiques, les spontanés. — Un petit roman naturel. — *Bruce, Galopin, Clamart, Stuart, Border-Minstrel, Fitz-Roya, Chêne-Royal, Palmiste*, possèdent le plus puissant courant de sang trotteur de *The heir of Linne*.

CHAPITRE VIII

Le Trotteur Anglo-Normand a été obtenu par croisements. — Nécessité de continuer de se servir du Pur Sang d'une façon indéfinie en théorie. — Commentaire sur l'esprit sportif. — Le sport. — L'avenir du Trotteur Anglo-Normand. — L'idée sportive. — L'Anglo-Arabe. — Le Hunter. — Le cheval de troupe. — Le demi-sang galopeur. — Nécessité de la constitution d'un Stud-Book de la race trotteuse d'hippodrome. — Le cheval de concours. — Influence morale et physiologique résultant de l'emploi du Pur Sang. — Le jardon et l'éparvin. — La production de la vitesse chez le Trotteur d'hippodrome. — Les grands étalons et les grandes poulinières. — Difficultés d'élevage. — Les stayers et les flyers au trot. — Généralisations philosophiques sur les lois qui régissent les organismes. — L'anarchie. — Inanité de la science sans l'étude préalable de la matière. — Nécessités pour l'éleveur de s'appuyer sur les lois de la nature. — Nécessité de l'étude naturelle, même pour les autres classes de la Société. — Impuissance de l'homme à créer ou à détruire — Le bœuf de trait. — La non corrélation entre les aptitudes et la conformation. — Le cheval sauvage. — La Panmixie. — Autre forme de la non corrélation de la conformation et des aptitudes. — Conséquences au point de vue de la conformation générale. — Opinions et proverbes d'amateurs — Conséquences de la Panmixie en pur sang. — Conformation du Trotteur d'hippodrome. — Encore le Temps. — L'acheteur et l'éleveur. — Quelques considérations diverses. — Conclusions philosophiques.

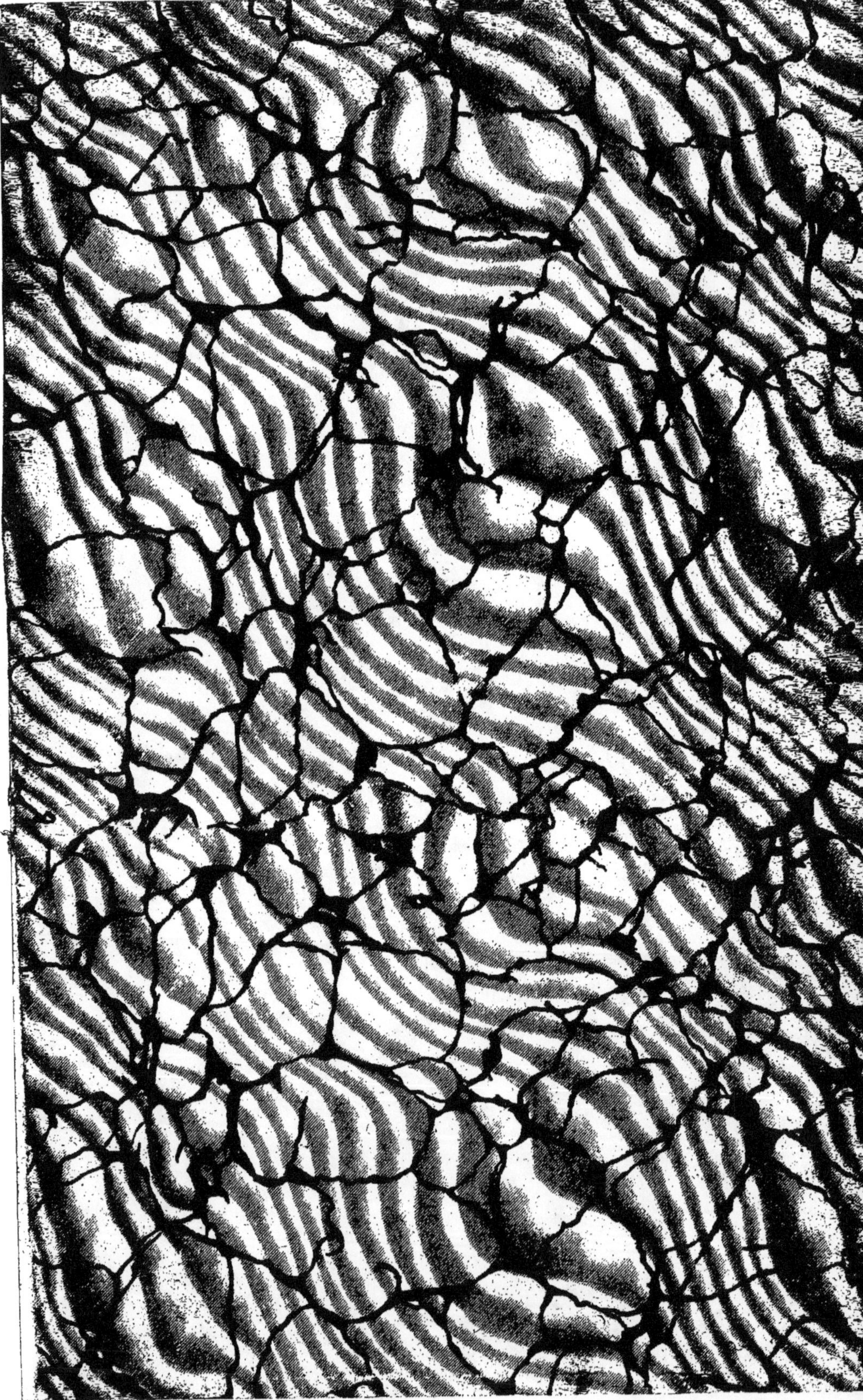

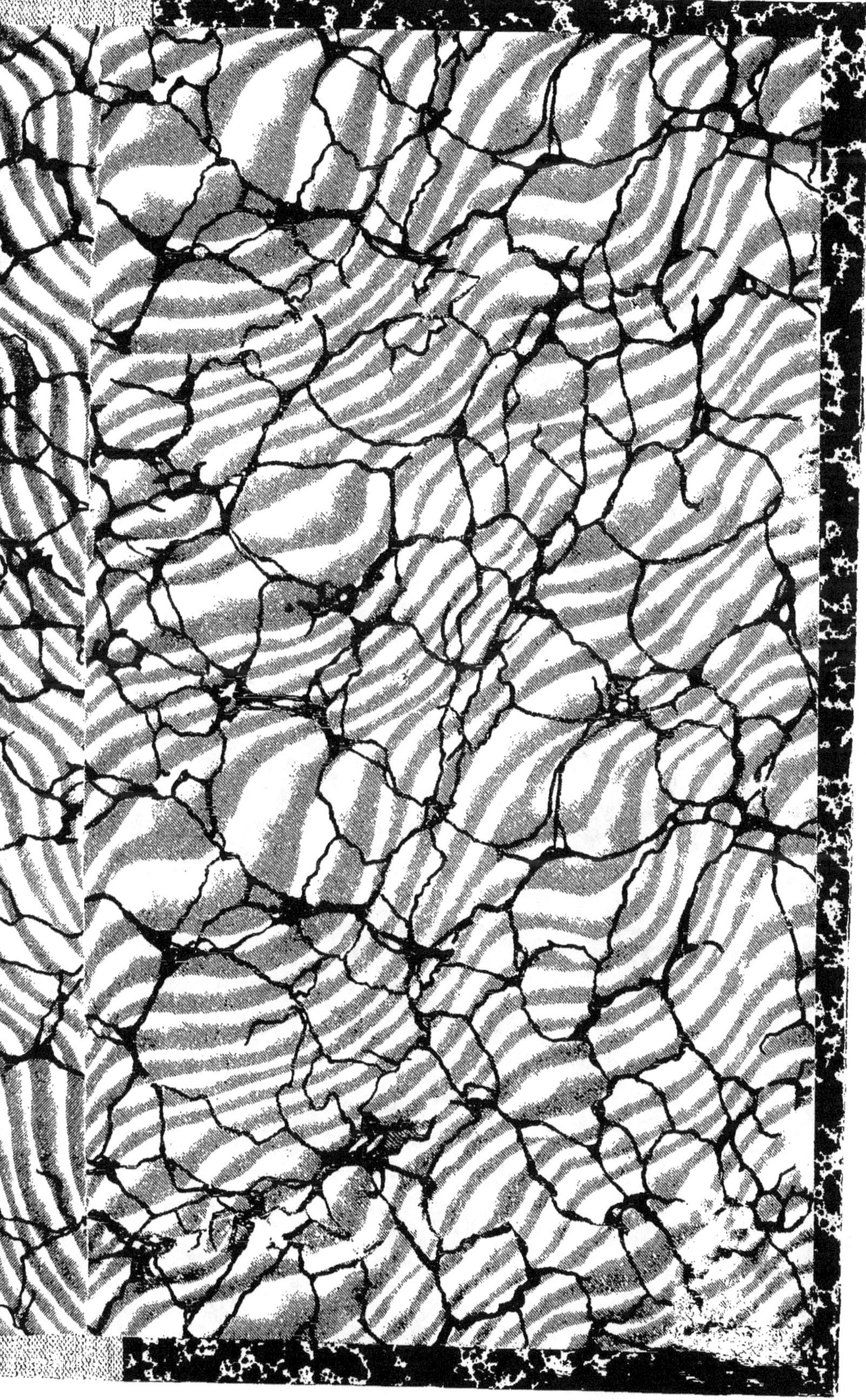

www.ingramcontent.com/pod-product-compliance
Lightning Source LLC
Chambersburg PA
CBHW060126200326
41518CB00008B/948

* 9 7 8 2 0 1 9 6 0 5 7 6 6 *